普通物理简明教程

力学

周乐柱 张耿民 编著

北京大學出版社
PEKING UNIVERSITY PRESS

图书在版编目(CIP)数据

普通物理简明教程：力学/周乐柱，张耿民编著. —北京：北京大学出版社，2011.9
ISBN 978-7-301-16066-4

Ⅰ. ①普…　Ⅱ. ①周…②张…　Ⅲ. ①力学－高等学校－教材　Ⅳ. ①O3

中国版本图书馆 CIP 数据核字(2011)第 173956 号

书　　　名：普通物理简明教程：力学
著作责任者：周乐柱　张耿民　编著
责 任 编 辑：王　华
标 准 书 号：ISBN 978-7-301-16066-4/TP・1188
出 版 发 行：北京大学出版社
地　　　址：北京市海淀区成府路 205 号　100871
网　　　址：http://www.pup.cn　电子信箱：zpup@pup.pku.edu.cn
电　　　话：邮购部 62752015　发行部 62750672　编辑部 62765014　出版部 62754962
印　刷　者：北京虎彩文化传播有限公司
经　销　者：新华书店
730 毫米×980 毫米　16 开本　21 印张　382 千字
2011 年 9 月第 1 版　2024 年 9 月第 3 次印刷
定　　　价：42.00 元

内 容 提 要

本书以经典力学矢量力学为主要内容。

第一章从矢量运算和微积分基础出发，导出质点速度和加速度的普遍公式和刚体的运动学公式。第二章阐述质点动力学基本定律（牛顿三定律）及其应用。第三章阐述力学相对性原理，引入惯性系和非惯性系的概念；在非惯性系中，引入惯性力，从而把质点动力学基本定律推广到非惯性系。第四章、第五章从质点动力学基本定律出发，首先导出质点运动定理（动量定理、动量矩定理和动能定理），然后在引入质点组的质心和内力的基础上导出质点组运动定理。作为质点组运动定理的应用，介绍了刚体动力学和流体力学的基本知识。有心运动是应用质点运动学和动力学规律解决实际问题最完美的例子，是经典力学发展史上的闪光点，也是现代航天技术的基础，故作为第六章单独阐述。第七章阐述机械振动。首先介绍简谐振动的运动微分方程及其解，简谐振动合成的概念和计算方法。然后分别介绍阻尼振动和受迫振动，着重讨论了弱阻尼振动的特性参量和稳定受迫振动振幅的频率响应曲线。第八章阐述波动，首先介绍简谐波的运动学方程和机械波的动力学方程；然后讨论了有关波传播的三个重要问题——波的干涉、驻波和多普勒频移。第九章简单介绍了狭义相对论，讨论了相对论的时空观，相对论的质量、动量和能量的关系以及电磁波的多普勒频移。本书内容全部讲授约需 60 学时，带“*”的章节略去不讲约需 45 学时。

本书给出了一定数量的习题和相应的解答，希望对学生和自学者会有所帮助。本书每章附有思考题，其目的是为了帮助读者理解和掌握基本概念和基本理论，养成提出问题、思考问题的习惯。

为了满足一年级新生学习力学课程的要求。本书给出了附录“微积分和矢量运算简介”。附录着重在物理问题的基础上建立微积分和矢量的最基本的概念，学会最简单的计算；至于精确的数学表述和较难的计算，则留待学生在正规数学课程中去完成。该附录的内容教学共需 6—8 学时，可安排在力学课程前集中学习。

本书可作为普通高等院校理工科的基础物理教材，也可作为中学物理教师的教学或自学参考读物，还可作为考研的辅导教材。

前　　言

基础物理教育是高等学校理工科、特别是电子信息类本科生专业素质培养必不可缺的重要环节，但是基础物理课程内容必须少而精；在经典力学课程中，基础物理力学课程应以矢量力学为主，理论力学课程应以分析力学为主。为了贯彻这一思想，笔者在从事力学和理论力学多年的基础上编写了《理论力学简明教程》(北京大学出版社，2005)，现在又编写了这本《普通物理简明教程：力学》，希望使学生能用较少的学时，掌握力学的基本规律、概念和方法，在抽象思维、理论分析方面得到一定的训练和提高。

本书希望通过如下努力使其具有自己的特色：第一，注重利用日常生活中的生动有趣的例子，例如逆风行船、自动回滚的乒乓球等，以提高学生的学习兴趣。第二，注重利用经典物理发展史上的闪光点，例如万有引力定律的发现、原子核模型的建立等，让学生从中体会基础实验和基本理论在科学发展中的重大作用。第三，注重力学原理和有关结论与其他学科的联系，例如把机械振动系统(单摆和弹簧振子)与谐振电路联系起来，把机械振动系统的李萨如图和电磁波的线极化、圆极化、椭圆极化概念联系起来，把机械波在传播介质分界面上的行为与电子设备的阻抗匹配联系起来等等，以扩大学生的眼界，培养学生触类旁通、举一反三的能力。上述强调的内容分别冠以“有趣的例子”、“有趣的现象”、“历史的启示”和“力学之外”等小标题，以吸引读者的注意。此外，本书在强调物理概念、物理图像的同时，也重视重要的物理定理和计算公式的推导，目的是使学生不仅知其然，而且知其所以然，更重要的是使学生通过严谨、复杂的推导而得到简单结论的过程体会到物理和数学之美。

本书以笔者的讲义和习题材料为基础，正文、数学附录及数学附录题解由笔者编写，习题解答由张耿民老师执笔统一进行了修订和补充。张耿民、郭等柱和邢英杰老师在多年的教学中，对讲义和习题提出了若干有益的建议，在此深表感谢。

由于水平所限，本书的缺点和错误在所难免，恳切希望读者批评指正，以期进一步改进。

周乐柱

于北京大学燕北园

2011 年 6 月

引　言

一、力学是什么

● 自然界中存在着各种各样的运动形态，在这些运动形态中，物体位置的变动——机械运动——是最基本的运动形态，研究这种最基本的运动形态的科学就称为力学。由于几乎其他所有的运动形态（电磁、化学、生物）都包含这种运动形态，因此力学是研究其他学科的基础。

● 力学是古老而又富有生命力的学科。说它古老，是因为如果从其经典力学的奠基之作——牛顿的《自然哲学的数学原理》发表的1687年算起，至今已有三百多年；从拉格朗日的《分析力学》发表的1788年算起，至今有二百多年；即使是现代力学的相对论力学和量子力学的建立算起，也有一百来年。说它富有生命力，不仅是因为它和我们的日常生活密切相关，而且因为它的基本原理和理论在现代科技前沿，如卫星、航天等领域仍然有直接、广泛而重要的应用。

二、力学的重要性

美国《伯克利物理学教程》的作者在该书第一卷“力学”的“致学生”中有这么一段话：“大学物理课的头一年一向是最困难的。在这一年里，学生要接受的新思想，新概念和新方法，要比他们在大学高年级或研究院课程中所学到的还要多得多。一个学生，如果清楚地了解了力学中所阐述的基本物理内容，即使他还不能在复杂的情况下运用自如，他也已经克服了学习物理学的大部分真正的困难了”。

这段话说得何等好啊！确实，我们通过力学课程会接受若干新思想。例如，我们会通过力学从宏观物体满足的经典力学到微观高速物体满足的相对论量子力学的发展过程领会到真理的相对性。我们通过力学课程会接受若干新概念。例如动量矩的概念，知道物体在不受外力作用的时候，除了作匀速直线运动外，还可维持匀角速转动。我们会通过基本理论的学习及习题练习，学会若干新方法，例如对于复杂物体复杂运动的简化处理方法，对于求解实际物理问题时，“从物理问题出发，变为数学问题求解，再回到物理问题”的思维方式和求解方法等。这些思想和概念，这些思维方式和处理问题的方法，不仅对于我们学习物理或专业后续课程有用，而且无论将来工作在何领域，都会终身受益。

三、力学的内容

力学包括经典力学和相对论力学。经典力学包括矢量力学(牛顿力学)和分析力学(拉格朗日力学)。矢量力学是本课程的主要内容,分析力学则是理论力学课程的主要内容。

相对论力学包括狭义相对论和广义相对论。狭义相对论主要在电磁学和光学课程中进行，广义相对论主要在理论物理课程中进行。

目　　录

第一章 运 动 学

本章提要

力学研究物体的运动,首先要解决如何描述物体运动的问题,这就是运动学.本章讨论如何描述质点和刚体的运动——质点运动学和刚体运动学.首先给出运动学有关的基本概念,然后讨论质点的位置、速度、加速度的定义和在几种常见坐标系的比表达式,最后讨论刚体运动的描述和速度、加速度的表达式.

1.1 基 本 概 念

1. 质点

力学研究物体位置的变动,但是自然界中,物体的种类繁多、性质各异、大小差别很大,从何处着手呢?我们从最简单的物体——质点着手.所谓质点是指没有几何大小的物体.实际上没有这样的物体存在,它只是一个为了研究方便而假设的理想化的模型.一个物体能否视为质点,不取决于该物体的实际大小,而取决于有关考察问题的性质.例如地球很大,但若考虑其绕太阳的公转运动,就可视为质点;电子很小,但若研究其自旋运动,也不能视为质点.为什么要引进质点呢?第一,在若干问题中,组成物体的各部分的运动与其整体的运动关系不大.我们只研究其整体的运动,把它视为质点就突出了主要矛盾,便于问题的解决.第二,任何物体都看作由质点组成的质点组,研究清楚了质点的运动规律,就有可能研究质点组的运动规律.

2. 运动的相对性和参考系

研究物体运动时我们发现,同一个物体的运动,在不同的观察者看来,运动情况可能完全不同.例如,随火车一同前进的人,对于火车而言,他是静止的,但对于地面上的人而言,他是运动的.这种现象,称为运动的相对性.既然运动是相对的,我们在研究或描述某个物体的运动时,必须首先指出这个物体的运动是相对于哪个物体而言的.这个被选作为相对运动基准的物体称为参考系.参考系必须是三维体.参考系选定后,被考察物体的运动情况(速度,加速度,轨迹)等就完全确定了.

3. 坐标系

参考系选定后,被考察物体的运动情况就完全确定了.但是为了定量地描述运动情况,还必须建立坐标系.坐标系是固定在某个参考系上的位置标度系统,它由坐标原点、坐标轴(坐标平面或曲面族)组成. 常见的坐标系有直角坐标系，平面极坐标系、柱坐标系和球坐标系等.

4. 时间、空间的标度，经典时空观

为了定量地描述物体的位置，必须对坐标轴用一定的标准长度进行标度；为了定量地描述物体运动的快慢，还需引进时间. 这就牵涉到我们对于时间和空间的总的观念——时空观和时间空间的标度问题.

经典力学采用的是经典时空观：时间永远在均匀地流逝，它与空间无关、与任何物体和事件无关；空间是均匀各向同性的，可以向四面八方无限延伸，它与时间无关，与其中是否有物体或物体如何运动无关. 经典时空观只适用于物体做低速(比真空光速小得多)运动的情况. 以后我们将会看到，当物体的运动速度接近于光速时经典时空观不再成立. 在那种情况下，时间和空间彼此相关，时间、空间和质量均与运动有关，这就是相对论的时空观.

时间和空间是两个最基本的物理量，确定它们的基准问题是一个非常重要的问题. 时间的标准"秒"的定义和空间的标准"米"的定义，是随着科学技术的发展不断更新的，有兴趣的读者可参阅文献[1]8—9 页.

1.2 质点的直线运动

为定量研究质点的直线运动，取质点所在直线为 x 轴，任意确定点为原点，某一方向为 x 轴正向，建立 Ox 轴，如图 1.1 所示.

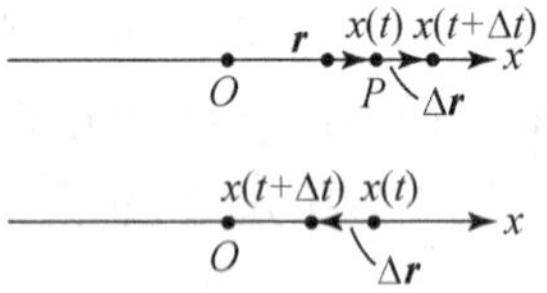

图 1.1 质点直线运动的位矢和位移

(上图为 $\Delta x>0$，下图为 $\Delta x<0$)

设 t 时刻，质点的位置矢量为

$$\boldsymbol{r}=\overrightarrow{OP}=x(t)\boldsymbol{i},$$

则 $t\to t+\Delta t$ 时刻，质点位置的变化为

$$\begin{aligned}\Delta\boldsymbol{r}&=\boldsymbol{r}(r+\Delta t)-\boldsymbol{r}(t)\\&=[x(t+\Delta t)-x(t)]\boldsymbol{i}=(\Delta x)\boldsymbol{i}\begin{cases}\boldsymbol{i}\text{ 方向}, & \text{当 }\Delta x>0\\-\boldsymbol{i}\text{ 方向}, & \text{当 }\Delta x<0,\end{cases}\end{aligned}$$

称为位移.

$t \to t+\Delta t$ 时间间隔内的**平均速度**为 $\bar{\boldsymbol{v}}=\dfrac{\Delta \boldsymbol{r}}{\Delta t}=\dfrac{\Delta x}{\Delta t}\boldsymbol{i}$.

t 时刻的瞬时速度，即**速度**为 $\boldsymbol{v}=\lim\limits_{\Delta t\to 0}\bar{\boldsymbol{v}}=\lim\limits_{\Delta t\to 0}\dfrac{\Delta x}{\Delta t}\boldsymbol{i}=\dfrac{\mathrm{d}x}{\mathrm{d}t}\boldsymbol{i}=v\,\boldsymbol{i}$,

速率　　$v=\dfrac{\mathrm{d}x}{\mathrm{d}t}$　可 >0，或 <0，

由速度定义可得位置和速度的关系式

$$\Rightarrow \int_{x_0}^{x}\mathrm{d}x=\int_{t_0}^{t}v\,\mathrm{d}t \Rightarrow x=x_0+\int_{t_0}^{t}v\,(t)\mathrm{d}t$$

同理可得

$t \to t+\Delta t$ 时间间隔内的**平均加速度** $\bar{\boldsymbol{a}}=\dfrac{\boldsymbol{v}(t+\Delta t)-\bar{\boldsymbol{v}}(t)}{\Delta t}=\dfrac{\Delta \boldsymbol{v}}{\Delta t}=\dfrac{\Delta v}{\Delta t}\boldsymbol{i}$.

t 时刻的瞬时加速度，即**加速度**为 $\boldsymbol{a}=\lim\limits_{\Delta t\to 0}\bar{a}=\dfrac{\mathrm{d}v}{\mathrm{d}t}\boldsymbol{i}=a\boldsymbol{i}$,

加速度的大小　　$a=\dfrac{\mathrm{d}v}{\mathrm{d}t}$　可 >0，或 <0，

请读者思考两个问题：$a>0 \Rightarrow v>0$?

$$a>0 \Rightarrow |v| \text{ 一定增加吗?}$$

由加速度定义可得速度和加速度的关系式

$$\Rightarrow \int_{v_0}^{v}\mathrm{d}v=\int_{t_0}^{t}a\mathrm{d}t \Rightarrow v=v_0+\int_{t_0}^{t}a\mathrm{d}t.$$

例题 1　质点作匀加速($a=a_0$)直线运动，已知 $t=0$ 时，$v=v_0$，$x=x_0$，求 $x(t)$，$v(t)$.

解：$v=v_0+\displaystyle\int_0^t a_0\,\mathrm{d}t=v_0+at$,

$$x=x_0+\int_0^t(v_0+at)\mathrm{d}t=x_0+\int_0^t v_0\,\mathrm{d}t+a_0\int_0^t t\mathrm{d}t=x_0+v_0t+\frac{1}{2}at^2.$$

这就是我们在中学所熟知的匀加速直线运动的运动学公式.

1.3　质点在三维空间的曲线运动

1. 位置的描述——位置矢量

我们采用一个矢量——位置矢量 $\boldsymbol{r}$，即连接坐标原点到质点所在位置的有向线段

$$\boldsymbol{r}=\overrightarrow{OP}=r\boldsymbol{e}_r, \tag{1.1}$$

来描述质点的位置，其中 r 是从坐标原点到质点所在位置的线段长度，$\boldsymbol{e}_r$ 是从坐标原点到质点所在位置方向的单位矢量，如图 1.2 所示.

在不同坐标系中位置矢量 $\boldsymbol{r}$ 有不同的分量表达式，在直角坐标系中

$$\boldsymbol{r} = x(t)\boldsymbol{i} + y(t)\boldsymbol{j} + z(t)\boldsymbol{k}.$$

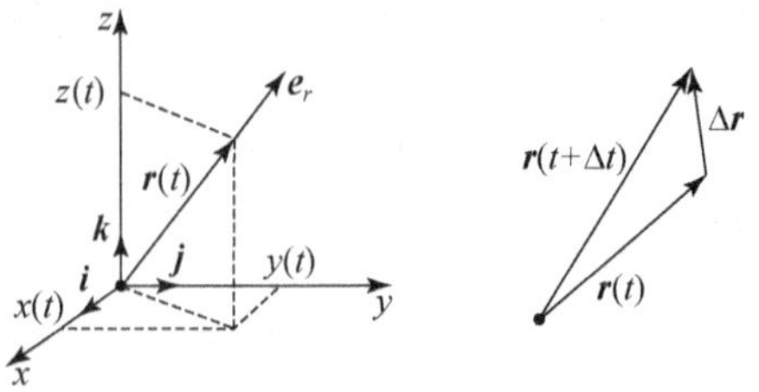

图 1.2　质点在三维空间直角坐标系中的位矢和位移

2. 位置变化的描述——位移

设 $t \to t+\Delta t$ 时刻，质点的位置变化为 $\boldsymbol{r}(t) \to \boldsymbol{r}(t+\Delta t)$，

则定义位移矢量，简称位移为 $\Delta\boldsymbol{r} = \boldsymbol{r}(t+\Delta t) - \boldsymbol{r}(t)$.　　(1.2)

我们说位移是矢量，是因为：① 它有大小，有方向；② 它满足相加的平行四边形法则(三角形法则).

3. 位置变化快慢的描述——速度

质点在 $t \to t+\Delta t$ 时刻的平均速度矢量，简称**平均速度**，定义为

$$\bar{\boldsymbol{v}} = \frac{\boldsymbol{r}(t+\Delta t) - \boldsymbol{r}(t)}{\Delta t} = \frac{\Delta\boldsymbol{r}}{\Delta t}, \tag{1.3}$$

它只能粗略反映 $t \to t+\Delta t$ 时间间隔内的运动快慢，不能反映每个时刻精确的运动情况，为了精确反映每个时刻的运动情况，引入瞬时速度矢量，简称**速度**，定义为

$$\boldsymbol{v} = \lim_{\Delta t \to 0}\bar{\boldsymbol{v}} = \lim_{\Delta t \to 0}\frac{\Delta\boldsymbol{r}}{\Delta t} = \frac{\mathrm{d}\boldsymbol{r}}{\mathrm{d}t}, \tag{1.4}$$

由此可见，速度矢量等于位置矢量的时间微商，它精确反映了每个时刻的运动情况. 速度的大小，称为**速率**

$$v = |\boldsymbol{v}| = \left|\frac{\mathrm{d}\boldsymbol{r}}{\mathrm{d}t}\right|. \tag{1.5}$$

由速度定义积分可得速度与位置的关系式

$$\boldsymbol{r} = \boldsymbol{r}_0 + \int_{t_0}^{t}\boldsymbol{v}\mathrm{d}t. \tag{1.6}$$

为定量进行计算，一般应选择坐标系，变矢量微积分为坐标量的标量微积分.

4. 速度变化快慢的描述——加速度

质点在 $t \to t+\Delta t$ 时刻的平均加速度矢量，简称**平均加速度**，定义为

$$\bar{\boldsymbol{a}} = \frac{\boldsymbol{v}(t+\Delta t) - \boldsymbol{v}(t)}{\Delta t} = \frac{\Delta\boldsymbol{v}}{\Delta t}.$$

同样,为了精确反映每个时刻的速度变化情况,引入瞬时加速度矢量,简称**加速度**,定义为

$$\boldsymbol{a}=\lim_{\Delta t\to 0}\overline{\boldsymbol{a}}=\lim_{\Delta t\to 0}\frac{\Delta \boldsymbol{v}}{\Delta t}=\frac{\mathrm{d}\boldsymbol{v}}{\mathrm{d}t}. \tag{1.7}$$

由此可见,加速度矢量等于速度矢量的时间微商,积分可得速度与加速度的关系式

$$\boldsymbol{v}=\boldsymbol{v}_0+\int_{t_0}^{t}\boldsymbol{a}\mathrm{d}t. \tag{1.8}$$

强调说明几点:

(1) 因为位移是矢量,所以速度、加速度也是矢量,它们都满足"平行四边形"或"三角形"相加法则.在本书以后的篇幅中,除非特别指明,我们所说的速度和加速度都是指速度和加速度矢量,包括其大小和方向.

(2) 速度相加具有具体的物理内容.例如物体同时参加两种运动,划小船过河和转盘上小虫的运动都属于这种情况.这时,小船相对于地面的速度等于水流速加上小船相对于水的速度,$\boldsymbol{v}=\boldsymbol{v}_{水}+\boldsymbol{v}_{船静水}$;转盘上小虫相对于地面的的速度等于转盘上小虫所在处的速度加上小虫相对于转盘的速度,$\boldsymbol{v}=\boldsymbol{v}'_{爬}+\boldsymbol{v}_{转}$.另外,在研究相对运动时,也会出现速度相加的情况.例如 A、B 独立地相对地面运动,在 A 看来,B 的运动速度等于 B 相对于地的速度加上地相对于 A 的速度,即 $\boldsymbol{v}'_{B(A)}=\boldsymbol{v}_B+(-\boldsymbol{v}_A)$,如图 1.3 所示.

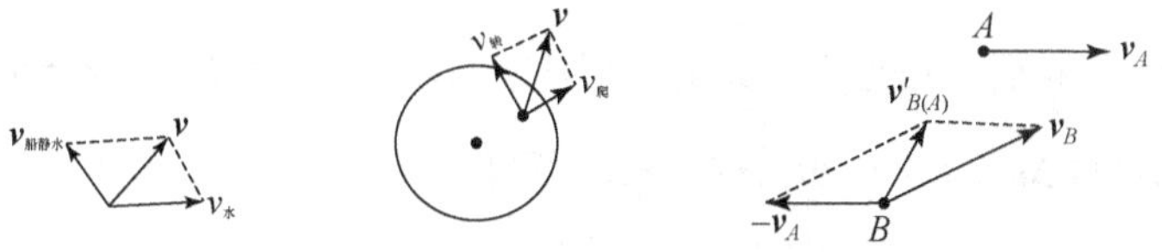

图 1.3　速度相加的例

1.4　速度、加速度在各种坐标系中的应用

上节给出了质点在三维空间的位置、速度和加速度的普遍定义,为了使读者加深对曲线运动中速度和加速度的矢量概念的理解,我们先简单介绍自然坐标系.然后推导出速度和加速度在直角坐标系和平面极坐标系中的表达式,便于定量计算.

1. 自然坐标系

质点在空间运动,其经过的位置点就组成一条连续的曲线,称为质点的**运动轨迹**.当质点运动的轨迹已知时,常用自然坐标系.

在自然坐标系中，质点的位置，可用位置矢量 $\overrightarrow{OP}=\boldsymbol{r}(t)$ 表示，也可用轨迹曲线上质点与曲线上定点 O' 的曲线距离 $\overset{\frown}{O'P}=s(t)$ 表示.

基本矢量：自然坐标系的基本矢量为**切向矢量** $\boldsymbol{e}_t$ 和**法向矢量** $\boldsymbol{e}_n$. 切向矢量 $\boldsymbol{e}_t$ 为质点所在位置的曲线切向并指向质点运动的方向；法向矢量 $\boldsymbol{e}_n$ 在曲线密切圆所在平面，垂直于曲线切向并指向密切圆圆心的方向. 二者都是单位矢量，大小＝单位 1. 很明显，自然坐标系的基本矢量是随质点的位置和时间而变化的.

速度：由速度的普遍定义(1.4)可得

$$\boldsymbol{v}=\lim_{\Delta t\to 0}\frac{\Delta\boldsymbol{r}}{\Delta t}=\lim_{\Delta t\to 0}\frac{\Delta s}{\Delta t}\boldsymbol{e}_{p_1p_2},$$

由图 1.4 可见：当 $\Delta t\to 0$ 时，$\Delta\boldsymbol{r}$ 的大小 $|\Delta\boldsymbol{r}|\to\Delta s$；$\Delta\boldsymbol{r}$ 的方向、亦即有向线段 $\overrightarrow{p_1p_2}$ 的方向 $\boldsymbol{e}_{p_1p_2}\to$ 轨迹在该点的切线方向 $\boldsymbol{e}_t$，因此

$$\boldsymbol{v}=\frac{\mathrm{d}s}{\mathrm{d}t}\boldsymbol{e}_t. \tag{1.9}$$

由此得出重要结论：

(1) 速度 $\boldsymbol{v}$ 恒沿切线方向 $\boldsymbol{e}_t$，亦即法向速率 $v_n\equiv 0$；

(2) 速率 $v=|\boldsymbol{v}|=\dfrac{\mathrm{d}s}{\mathrm{d}t}$ 为曲线路程的变化率.

加速度：由加速度的普遍定义(1.7)可得

$$\boldsymbol{a}=\frac{\mathrm{d}\boldsymbol{v}}{\mathrm{d}t}=\frac{\mathrm{d}}{\mathrm{d}t}(v\boldsymbol{e}_t)=\frac{\mathrm{d}v}{\mathrm{d}t}\boldsymbol{e}_t+v\frac{\mathrm{d}\boldsymbol{e}_t}{\mathrm{d}t}, \tag{1.10}$$

问题是 $\dfrac{\mathrm{d}\boldsymbol{e}_t}{\mathrm{d}t}=$？我们采用直观形象的证明法. 由图 1.4 可以看出 $\Delta\boldsymbol{e}_t=\boldsymbol{e}_t(t+\Delta t)-\boldsymbol{e}_t(t)$ 的大小为 $|\Delta\boldsymbol{e}_t|=1\cdot\Delta\theta$；方向 $\to\boldsymbol{e}_n$. 所以

$$\frac{\mathrm{d}\boldsymbol{e}_t}{\mathrm{d}t}=\lim_{\Delta t\to 0}\frac{\Delta\boldsymbol{e}_t}{\Delta t}=\boldsymbol{e}_n\cdot\frac{\mathrm{d}\theta}{\mathrm{d}t}. \tag{1.11}$$

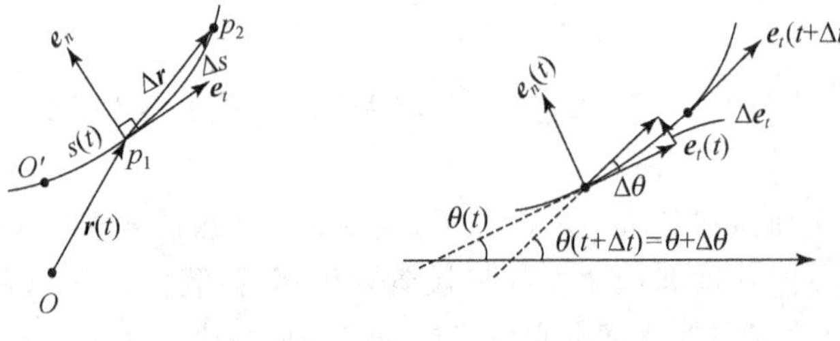

图 1.4　质点在自然坐标系中的位矢和位移

(1.11)代入(1.10)得

$$\boldsymbol{a}=\frac{\mathrm{d}v}{\mathrm{d}t}\boldsymbol{e}_t+v\frac{\mathrm{d}\theta}{\mathrm{d}t}\cdot\boldsymbol{e}_n, \tag{1.12}$$

问题又产生了：$v\dfrac{\mathrm{d}\theta}{\mathrm{d}t}=?$

$$
\begin{aligned}
v\frac{\mathrm{d}\theta}{\mathrm{d}t} &= \lim_{\Delta t\to 0} v\frac{\Delta\theta}{\Delta t}\cdot\frac{\Delta s}{\Delta s} = \lim_{\Delta t\to 0} v\frac{\Delta s}{\Delta t}\bigg/\frac{\Delta s}{\Delta\theta} \\
&= v\cdot v/\lim_{\Delta\theta\to 0}\frac{\Delta s}{\Delta\theta} = v^2\bigg/\frac{\mathrm{d}s}{\mathrm{d}\theta} \\
&= v^2/\rho,
\end{aligned}
\tag{1.13}
$$

其中，$\rho=\dfrac{\mathrm{d}s}{\mathrm{d}\theta}$ 为曲率半径.（注意：两切线夹角 $\Delta\theta$＝两法线夹角 $\Delta\theta$）.（1.13）代入（1.12）得

$$
\boldsymbol{a}=\frac{\mathrm{d}v}{\mathrm{d}t}\boldsymbol{e}_t+\frac{v^2}{\rho}\boldsymbol{e}_\mathrm{n}=a_t\boldsymbol{e}_t+a_n\boldsymbol{e}_\mathrm{n}. \tag{1.14}
$$

这里有两个重要的结论：**切向加速度** $a_t=\dfrac{\mathrm{d}v}{\mathrm{d}t}$ 代表速度大小（速率）的变化；**法向加速度** $a_n=\dfrac{v^2}{\rho}$ 代表速度方向的变化.

2. 直角坐标系

直角坐标系的基本矢量为每个直角坐标轴的单位矢量 $\boldsymbol{i},\boldsymbol{j},\boldsymbol{k}$，大小＝单位1，方向保持不变，如图 1.5 所示.

位置矢量　　$\boldsymbol{r}=\boldsymbol{r}(t)=x(t)\boldsymbol{i}+y(t)\boldsymbol{j}+z(t)\boldsymbol{k},$　　(1.15)

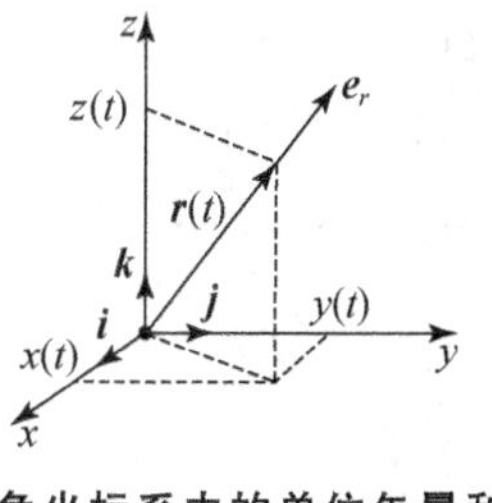

图 1.5　直角坐标系中的单位矢量和位置矢量

三个坐标分量随时间的变化关系式
$$
\begin{cases}
x=x(t)\\
y=y(t)\\
z=z(t),
\end{cases}
\tag{1.16}
$$

称为运动方程，消去 t 得轨迹方程.

速度　　$\boldsymbol{v}=\dfrac{\mathrm{d}\boldsymbol{r}}{\mathrm{d}t}=\dfrac{\mathrm{d}x}{\mathrm{d}t}\boldsymbol{i}+\dfrac{\mathrm{d}y}{\mathrm{d}t}\boldsymbol{j}+\dfrac{\mathrm{d}z}{\mathrm{d}t}\boldsymbol{k}=v_x\boldsymbol{i}+v_y\boldsymbol{j}+v_z\boldsymbol{k},$

即

$$
\boldsymbol{v}=\dot{x}\boldsymbol{i}+\dot{y}\boldsymbol{j}+\dot{z}\boldsymbol{k}, \tag{1.17}
$$

其中，v_x,v_y,v_z 为速度的 x,y,z 分量. 注意，由于直角坐标系的基本矢量 $\boldsymbol{i},\boldsymbol{j},\boldsymbol{k}$ 不随时间变化，所以上式中的微分运算只对坐标分量进行. 如果已知 x,y,z 随

时间的变化，可用导数运算求速度；如果已知速度随时间的变化，可用积分运算求位置.即

$$\begin{cases} v_x = \dfrac{dx}{dt} = \dot{x} \\ v_y = \dfrac{dy}{dt} = \dot{y} \\ v_z = \dfrac{dz}{dt} = \dot{z} \end{cases} \qquad \begin{cases} x = x_0 + \displaystyle\int_{t_0}^{t} v_x dt \\ y = y_0 + \displaystyle\int_{t_0}^{t} v_y dt \\ z = z_0 + \displaystyle\int_{t_0}^{t} v_z dt, \end{cases} \tag{1.18}$$

速率
$$v = |\boldsymbol{v}| = \sqrt{\dot{x}^2 + \dot{y}^2 + \dot{z}^2}. \tag{1.19}$$

加速度
$$\boldsymbol{a} = \frac{d\boldsymbol{v}}{dt} = \frac{d}{dt}\left(\frac{dx}{dt}\right)\boldsymbol{i} + \frac{d}{dt}\left(\frac{dy}{dt}\right)\boldsymbol{j} + \frac{d}{dt}\left(\frac{dz}{dt}\right)\boldsymbol{k},$$

即
$$\boldsymbol{a} = \ddot{x}\boldsymbol{i} + \ddot{y}\boldsymbol{j} + \ddot{z}\boldsymbol{k}. \tag{1.20}$$

加速度的数值
$$a = |\boldsymbol{a}| = \sqrt{\ddot{x}^2 + \ddot{y}^2 + \ddot{z}^2}. \tag{1.21}$$

请读者思考问题：由 $\boldsymbol{v} = \dfrac{d\boldsymbol{r}}{dt}$ 能否推出 $v = |\boldsymbol{v}| = \dfrac{d|\boldsymbol{r}|}{dt}$?

由 $\boldsymbol{a} = \dfrac{d\boldsymbol{v}}{dt}$ 能否推出 $a = |\boldsymbol{a}| = \dfrac{dv}{dt}$?

例题 2 已知：质点在 xy 面上运动，$x = a\cos\omega t$，$v_y = b\omega\sin\omega t$，且 $t=0$ 时，$y=b$.其中，a、b 和 ω 为常数.求：质点的速度、加速度和运动轨迹.

解： ① 速度 $\boldsymbol{v} = v_z\boldsymbol{i} + v_y\boldsymbol{j}$，其中

$$\begin{cases} v_x = \dot{x} = -aw\sin\omega t \\ v_y = bw\sin\omega t, \end{cases}$$

速率 $v = \sqrt{v_x^2 + v_y^2} = \sqrt{a^2 + b^2}\,\omega\,|\sin\omega t|$，

速度方向与 x 轴夹角为 θ，$\tan\theta = \dfrac{v_y}{v_x} = -\dfrac{b}{a} \Rightarrow \theta = \tan^{-1}\left(-\dfrac{b}{a}\right)$.

② $\boldsymbol{a} = \dot{v}_x\boldsymbol{i} + \dot{v}_y\boldsymbol{j}$

$= (-a\omega^2\cos\omega t)\boldsymbol{i} + (a\omega^2\cos\omega t)\boldsymbol{j}$.

③ 轨迹方程

由已知 $x = a\cos wt$，

由 $v_y = \dfrac{dy}{dt} = bw\sin\omega t$ 积分得

$$\int_b^y dy = \int_0^t b\omega\sin\omega t\,dt, \text{即 } y = b(2 - \cos\omega t),$$

运动方程为 $\begin{cases} y = b(2-\cos\omega t) \\ x = a\cos\omega t \end{cases}$

消去时间的轨迹方程 $y = 2b - \dfrac{b}{a}x$.

这是一条斜率等于$-\frac{b}{a}$的直线，质点限制在此直线上运动，而且$x\in[-a,a]$，$y\in[b,3b]$，如图 1.6 所示.

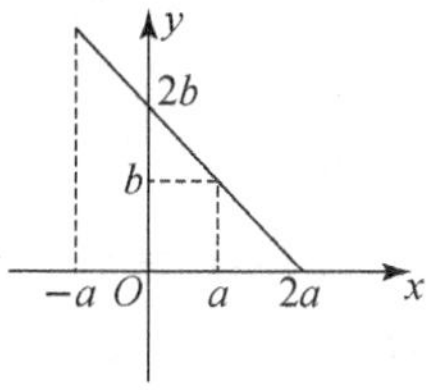

图 1.6　例题 2 中质点的运动轨迹

3. 平面极坐标系

平面极坐标系是应用非常广泛的坐标系. 有的问题，如质点在万有引力场中的运动问题，用直角坐标系表达很不方便，但是用平面极坐标系就非常方便.

平面极坐标系中，首先定义极点 O 和极轴$\overrightarrow{OA}$（Ox）轴. 质点的位置用位置矢量

$$\boldsymbol{r}=\overrightarrow{OP}=\rho\boldsymbol{e}_{\rho} \tag{1.22}$$

表示. 其中，ρ 为极点到质点的距离，称为矢径，$\boldsymbol{e}_{\rho}$为由极点指向质点的单位矢量，称为**径向基本矢量**. 矢径与极轴之间的夹角 φ 称为**极角**，与 $\boldsymbol{e}_{\rho}$ 垂直并指向 φ 增加方向的单位矢量 $\boldsymbol{e}_{\varphi}$ 称为**角向（横向）基本矢量**. 如图 1.7 所示. 注意，平面极坐标系中的单位矢量 $\boldsymbol{e}_{\rho}$ 和 $\boldsymbol{e}_{\varphi}$ 都是随质点的位置（时间 t）而变化的.

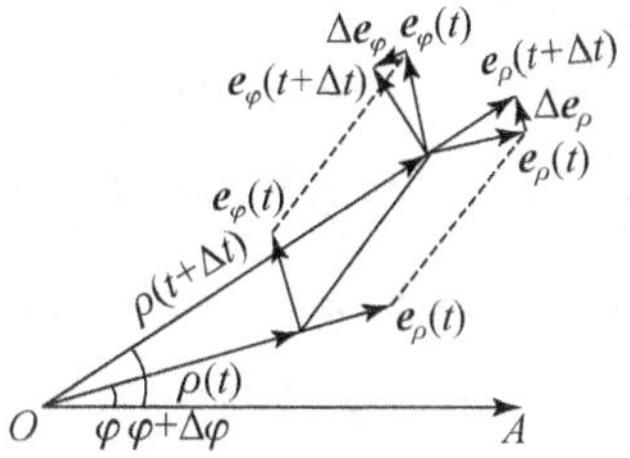

图 1.7　质点在平面极坐标系中的位矢和位移

求位置矢量对时间的微商可得速度

$$\boldsymbol{v}=\frac{\mathrm{d}\boldsymbol{r}}{\mathrm{d}t}=\frac{\mathrm{d}}{\mathrm{d}t}(\rho\boldsymbol{e}_{\rho})=\frac{\mathrm{d}\rho}{\mathrm{d}t}\boldsymbol{e}_{\rho}+\rho\frac{\mathrm{d}\boldsymbol{e}_{\rho}}{\mathrm{d}t}, \tag{1.23}$$

问题是 $\frac{\mathrm{d}\boldsymbol{e}_{\rho}}{\mathrm{d}t}=?$

这里采用形象直观的方法来证明. 首先，从图 1.7 上考察 $\Delta\boldsymbol{e}_{\rho}$ 的大小和方向. 从图上不难看出：

$\Delta \boldsymbol{e}_\rho$ 的大小：$|\Delta \boldsymbol{e}_\rho| = 1 \cdot \Delta\varphi$ 当 $dt \to 0$ 时 $|\Delta \boldsymbol{e}_\rho| \to \mathrm{d}\varphi$，

$\Delta \boldsymbol{e}_\rho$ 的方向：当 $\mathrm{d}t \to 0$ 时 $|\Delta \boldsymbol{e}_\rho| \to \boldsymbol{e}_\varphi$，

因此
$$\frac{\mathrm{d}\boldsymbol{e}_\rho}{\mathrm{d}t} = \frac{\mathrm{d}\varphi}{\mathrm{d}t}\boldsymbol{e}_\varphi, \tag{1.24}$$

同样得
$$\frac{\mathrm{d}\boldsymbol{e}_\varphi}{\mathrm{d}t} = -\frac{\mathrm{d}\varphi}{\mathrm{d}t}\boldsymbol{e}_\rho, \tag{1.25}$$

$$\Rightarrow \boldsymbol{v} = \dot{\rho}\,\boldsymbol{e}_\rho + \rho\dot{\varphi}\,\boldsymbol{e}_\varphi = v_\rho \boldsymbol{e}_\rho + v_\varphi \boldsymbol{e}_\varphi. \tag{1.26}$$

径向和角向(横向)的速度分量为

$$\begin{cases} v_\rho = \dot{\rho} \\ v_\varphi = \rho\dot{\varphi}, \end{cases} \tag{1.27}$$

$\dot{\varphi}$称为角速度 α. 求速度矢量对时间的微商可得加速度

$$\begin{aligned} \boldsymbol{a} &= \frac{\mathrm{d}\boldsymbol{v}}{\mathrm{d}t} = \frac{\mathrm{d}}{\mathrm{d}t}(\dot{\rho}\,\boldsymbol{e}_\rho + \rho\dot{\varphi}\,\boldsymbol{e}_\varphi) \\ &= \left(\ddot{\rho}\,\boldsymbol{e}_\rho + \dot{\rho}\frac{\mathrm{d}\boldsymbol{e}_\rho}{\mathrm{d}t}\right) + \left(\dot{\rho}\dot{\varphi}\,\boldsymbol{e}_\varphi + \rho\ddot{\varphi}\,\boldsymbol{e}_\varphi + \rho\dot{\varphi}\frac{\mathrm{d}\boldsymbol{e}_\varphi}{\mathrm{d}t}\right) \end{aligned}$$

应用公式(1.24)和(1.25)可得

$$\boldsymbol{a} = (\ddot{\rho}\boldsymbol{e}_\rho + \dot{\rho}\,\dot{\varphi}\boldsymbol{e}_\varphi) + (\dot{\rho}\,\dot{\varphi}\boldsymbol{e}_\varphi + \rho\ddot{\varphi}\boldsymbol{e}_\varphi - \rho\dot{\varphi}^2\boldsymbol{e}_\rho)$$

即

$$\boldsymbol{a} = (\ddot{\rho} - \rho\dot{\varphi}^2)\boldsymbol{e}_\rho + (\rho\ddot{\varphi} + 2\,\dot{\rho}\,\dot{\varphi})\boldsymbol{e}_\varphi \tag{1.28}$$

其中,径向和角向(横向)的加速度分量为

$$\begin{cases} a_\rho = \ddot{\rho} - \rho\dot{\varphi}^2 \\ a_\varphi = \rho\ddot{\varphi} + 2\,\dot{\rho}\,\dot{\varphi} \end{cases} \tag{1.29}$$

其中，$\ddot{\varphi} = \dfrac{d\dot{\varphi}}{dt}$ 称为角加速度 β，$2\,\dot{\rho}\,\dot{\varphi} = a_c$称为科里奥利加速度.

在圆周运动的特殊情况下，$\rho = R$，$\dot{\rho} = 0$，$\ddot{\rho} = 0$，我们得到熟知的结论

$$\begin{cases} v_\rho = 0, v_\varphi = R\dot{\varphi} = R\alpha \\ a_\rho = -R\dot{\varphi}^2 = -\dfrac{v^2}{R} \\ a_\varphi = R\ddot{\varphi} = R\beta. \end{cases}$$

(1.29)中横向角速度 a_φ 可以写成另一形式

$$a_\varphi = \rho\ddot{\varphi} + 2\,\dot{\rho}\,\dot{\varphi} = \frac{1}{\rho}\frac{\mathrm{d}}{\mathrm{d}t}(\rho^2\,\dot{\varphi}), \tag{1.30}$$

其中，$\rho^2\,\dot{\varphi} = 2 \cdot \dfrac{(1/2)\rho \cdot \rho\mathrm{d}\varphi}{\mathrm{d}t} = 2\,\dfrac{\mathrm{d}\sigma}{\mathrm{d}t}$ 为单位时间扫过的面积(称为面积速度)的 2 倍，见图 1.8. 若 $a_\varphi = 0$，则$\dfrac{1}{\rho}\dfrac{\mathrm{d}}{\mathrm{d}t}(\rho^2\,\dot{\varphi}) = 0 \Rightarrow \rho^2\,\dot{\varphi} =$常量. 这是质点作有心运动时

出现的情况.

在平面极坐标系的加速度中,人们对于$\ddot{\rho}$,$-\rho\dot{\varphi}^2$,$\rho\ddot{\varphi}$的来源都容易理解,但对于$2\dot{\rho}\dot{\varphi}$的来源却难于理解.下面给予较为形象的解释.

设有一质点在匀角速转动$\dot{\varphi}=\omega_0$(角加速度$\ddot{\varphi}=0$)的圆盘上以匀速率$\dot{\rho}=v_0$沿一条矢径向外运动.按我们的"常识",质点不大可能有角向加速度,事实是否真如此呢?让我们仔细考察在$\Delta t\to 0$时间内速度矢量的变化(即加速度).由图1.9可见,速度矢量的变化分为几部分,即径向速度的方向变化、角向速度的大小和方向变化

$$
\begin{aligned}
\Delta \boldsymbol{v} = & ① \ \boldsymbol{v}_\rho=\dot{\rho}\boldsymbol{e}_\rho=v_0\boldsymbol{e}_\rho \text{ 的方向变化} \dot{\rho}\Delta\varphi \\
& + ② \ \boldsymbol{v}_\varphi \text{ 的大小变化} \dot{\varphi}\Delta\rho \\
& + ③ \ \boldsymbol{v}_\varphi \text{ 的方向变化} \rho\dot{\varphi}\Delta\varphi,
\end{aligned}
$$

其中,第①②向是角方向的,两项相加即得科里奥利加速度,即$a_c=2\dot{\rho}\dot{\varphi}$.由此可见科里奥利加速度来源有两项:一项是径向速度的方向因为有转动而发生的变化;另一项是角向速度的大小因为有径向运动而发生的变化.

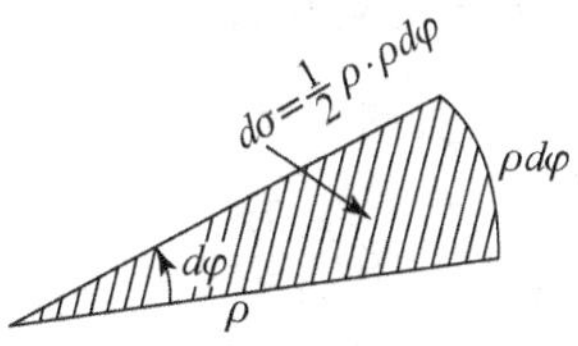

图1.8 面积速度示意图

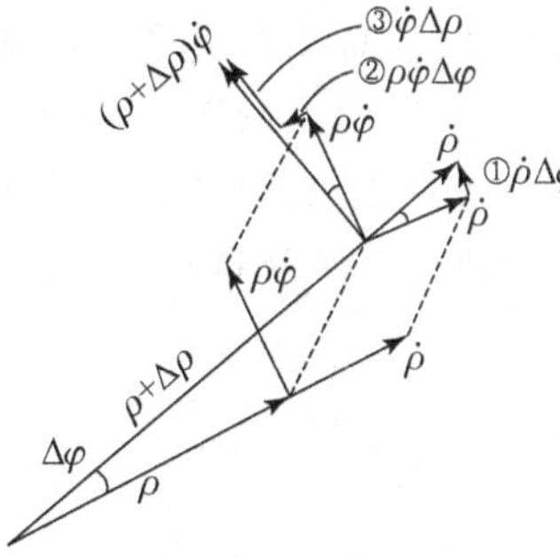

图1.9 科里奥利加速度的来源说明

例题3 已知:① 行星的运动轨迹为椭圆$\rho=\dfrac{p}{1+e\cos\varphi}$,② 面积速度$\rho^2\dot{\varphi}=h$为常量.

求:行星的加速度 ⇒ 所受的力.

解:利用公式$a_\varphi=\rho\ddot{\varphi}+2\dot{\rho}\dot{\varphi}=\dfrac{1}{\rho}\dfrac{\mathrm{d}}{\mathrm{d}t}(\rho^2\dot{\varphi})$,因$\rho^2\dot{\varphi}=h$得$a_\varphi=0$和$\dot{\varphi}=\dfrac{h}{\rho^2}$,$a_\rho=\ddot{\rho}-\rho\dot{\varphi}^2$,

因$\dot{\rho}=\dfrac{\mathrm{d}}{\mathrm{d}t}\left(\dfrac{p}{1+e\cos\varphi}\right)=\dfrac{-p(-e\sin\varphi)}{(1+e\cos\varphi)^2}\dot{\varphi}$,将$\dot{\varphi}=\dfrac{h}{\rho^2}$代入得

$$
\dot{\rho}=\frac{p^2(e\sin\varphi)}{(1+e\cos\varphi)^2p}\rho^2h=\frac{he}{p}\sin\varphi.
$$

再对时间求微商得

$$\ddot{\rho}=\frac{\mathrm{d}}{\mathrm{d}t}\left(\frac{he}{p}\sin\varphi\right)=\frac{h}{p}e\cos\varphi\cdot\dot{\varphi}.$$

将 $\dot{\varphi}=\frac{h}{\rho^2}$ 和 $\rho=\frac{p}{1+e\cos\varphi}$，即 $e\cos\varphi=\frac{p}{\rho}-1$ 代入得

$$\ddot{\rho}=\frac{h}{p}\left(\frac{p}{\rho}-1\right)\frac{h}{\rho^2}=\frac{h^2}{p}\left(\frac{p}{\rho^3}-\frac{1}{\rho^2}\right)=\frac{h^2}{\rho^3}-\frac{h^2/p}{\rho^2},$$

从而得

$$a_\rho=\ddot{\rho}-\rho\dot{\varphi}^2=\left(\frac{h^2}{\rho^3}-\frac{h^2/p}{\rho^2}\right)-\frac{h^2}{\rho^3}=-\frac{h^2/p}{\rho^2},$$

最后得

$$\boldsymbol{F}=m\boldsymbol{a}=m\boldsymbol{a}_\rho=-\frac{mh^2/p}{\rho^2}\boldsymbol{e}_\rho$$

由此看出，该作用力是与距离平方成反比的引力，称为平方反比引力，即万有引力.

历史的启示：该例题由开普勒行星运动定律导出了万有引力定律，现在看来非常简单，实际上历史走过的路并不简单：由 1609 年发现开普勒行星运动定律，经过 50 多年，牛顿于 1665 年建立了微积分，又经过近 20 年，到 1684 年才发现万有引力定律. 由此可见科学理论的重要性和科学的发展规律：实验发现、观测积累数据→总结规律→理论分析、研究→新的，更基本的规律.

1.5 刚体运动学

1. 基本概念

刚体的定义：运动过程中，其大小、形状均不改变的物体称为**刚体**. 大小、形状均不改变在数学上可表述为刚体上任意两点间的距离保持不变. 与质点一样，刚体是一个理想化模型.

自由度：自由度是确定一个物体的位置或描述其运动所需的独立变量个数. 如果事先已知物体运动所受到的约束，则该物体的自由度就会相应地减少. 例如可以在三维空间自由运动的质点的自由度为 3，如果限制在一个平面上运动，则自由度为 2，如果限制在一条曲线上运动，则自由度为 1. 刚体包含无穷多个（n 个）质点，其自由度是否是 $3n$ 或 $2n$ 呢？答案是否定的. 实际上，刚体的自由度在平面运动时为 3，在空间运动时为 6.

简单解释如下：刚体做平面运动时，要确定刚体的位置，需要不在同一直线的 3 个质点，确定每个质点需要 2 个坐标变量，但这些坐标变量不是完全独立的，存在 3 个标量方程（每两个点间的距离为常量）. 所以，作平面运动时刚体的

自由度为 3(点)×2(每点)—3(方程)= 3. 稍后我们会讲到,刚体的平面运动也可看成其上一个点的运动加上绕该点的转动.描述该点需要 2 个坐标变量,描述绕该点的转动需要一个角度变量,所以其自由度为 2(点)+ 1(转动)= 3.

刚体作三维空间运动时的情况与此相似.刚体作三维空间运动时,要确定刚体的位置,需要确定刚体上不在同一直线的 3 个质点,确定每个质点需要 3 个坐标变量,但这些坐标变量不是完全独立的,存在三个标量方程(每两个点间的距离为常量).所以,作三维空间运动时刚体的自由度为 3(点)×3(每点)—3(方程)= 6. 同样,刚体的三维空间运动也可看成其上一个点的运动加上绕过该点的一根轴的转动.描述该点需要 3 个坐标变量,描述转轴的空间取向,需要 2 个角度变量,描述绕该轴的转动又需要一个角度变量,所以其自由度为 3(点)+2(转轴)+ 1(转动)= 6.

2. 刚体的基本运动

(1) 平动.

定义: 运动过程中刚体上任一确定的直线始终保持平行,如图 1. 10(a)所示: $AB /\!/ A'B' /\!/ A''B'' /\!/ \cdots$

特点: 任意时间间隔刚体上每一点的位移都相等,$\overrightarrow{AA'}=\overrightarrow{BB'}=\overrightarrow{CC'}=\cdots$

$\Rightarrow$ 刚体上所有点的速度相等 $\boldsymbol{v}_A=\boldsymbol{v}_B=\boldsymbol{v}_C=\cdots$

请读者思考问题:平动=直线运动?

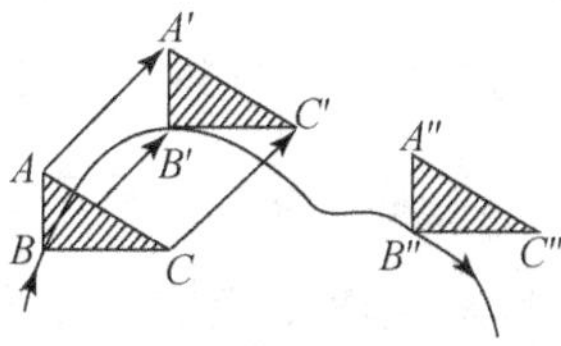

(a) 刚体的平动

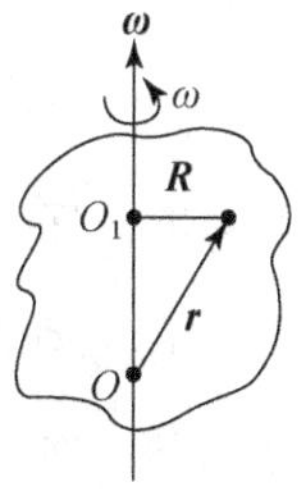

(b) 刚体的定轴转动

图 1.10　刚体的基本运动

(2) 定轴转动.

定义: 运动过程中,刚体上某一确定直线保持不动,如图 1. 10(b)所示.刚体上保持不动的直线即为转动轴.

特点: 刚体上所有点均绕该转轴作圆周运动.下面讨论刚体坐定轴转动时,其上任意点的速度表达式.

中学已经学过,圆周运动的线速度等于角速度与圆周半径的乘积,即刚体上任意点 P 的速度大小为 $v=\omega R$,方向为沿圆周切向并指向转动方向,R 是 P 点到转轴的垂直距离. 若定义角速度矢量，$\boldsymbol{\omega}=\omega\hat{\boldsymbol{\omega}}$，其中 $\hat{\boldsymbol{\omega}}$ 为转轴方向的单位矢量，与实际转动方向的关系由右手螺旋定则确定，如图 1.10(b)所示. 则

$$\boldsymbol{v}=\boldsymbol{\omega}\times\boldsymbol{R},$$

若选取转轴上的任意一点 o 作为坐标原点，因为 $\boldsymbol{R}=\boldsymbol{r}-\overrightarrow{oo_1}$，且 $\overrightarrow{oo_1}$ 与 $\boldsymbol{\omega}$ 平行，所以

$$\boldsymbol{v}=\boldsymbol{\omega}\times\boldsymbol{R}=\boldsymbol{\omega}\times(\boldsymbol{r}-\overrightarrow{oo_1})=\boldsymbol{\omega}\times\boldsymbol{r}-\boldsymbol{\omega}\times\overrightarrow{oo_1}=\boldsymbol{\omega}\times\boldsymbol{r},$$

这样，我们得到刚体作定轴转动时，其上任意一点的速度 $\boldsymbol{v}$ 的更为普遍的表达式

$$\boldsymbol{v}=\frac{\mathrm{d}\boldsymbol{r}}{\mathrm{d}t}=\boldsymbol{\omega}\times\boldsymbol{r},\tag{1.31}$$

其中，$\boldsymbol{r}$ 为转动轴上任一定点指向考察点的位矢.

特别地，若建立一个固定在刚体上、坐标原点在转轴上随刚体一起转动的坐标系 $O\text{-}x'y'z'$，在(1.31)式中分别令 $\boldsymbol{r}=\boldsymbol{i}',\boldsymbol{j}'$ 或 $\boldsymbol{k}'$，则有

$$\frac{\mathrm{d}\boldsymbol{i}}{\mathrm{d}t}=\boldsymbol{\omega}\times\boldsymbol{i},\ \frac{\mathrm{d}\boldsymbol{j}}{\mathrm{d}t}=\boldsymbol{\omega}\times\boldsymbol{j},\ \frac{\mathrm{d}\boldsymbol{k}}{\mathrm{d}t}=\boldsymbol{\omega}\times\boldsymbol{k}\tag{1.32}$$

该式表示，固定在刚体上的单位矢量的时间变化率等于刚体的转动角速度与该矢量的叉乘. 这个结论以后会经常用到.

将速度矢量的表达式(1.31)对时间求微商可得加速度

$$\boldsymbol{a}=\frac{\mathrm{d}}{\mathrm{d}t}\boldsymbol{v}=\frac{\mathrm{d}}{\mathrm{d}t}(\boldsymbol{\omega}\times\boldsymbol{r})=\frac{\mathrm{d}\boldsymbol{\omega}}{\mathrm{d}t}\times\boldsymbol{r}+\boldsymbol{\omega}\times\frac{\mathrm{d}\boldsymbol{r}}{\mathrm{d}t}$$

即

$$\boldsymbol{a}=\frac{\mathrm{d}\boldsymbol{\omega}}{\mathrm{d}t}\times\boldsymbol{r}+\boldsymbol{\omega}\times(\boldsymbol{\omega}\times\boldsymbol{r}),\tag{1.33}$$

该式表示，定轴转动刚体上任一质点的加速度包括两部分：第一部分由角加速度 $\frac{\mathrm{d}\boldsymbol{\omega}}{\mathrm{d}t}$ 引起，是该点作圆周运动的切向加速度；第二部分由角速度 $\boldsymbol{\omega}$ 引起，是该点作圆周运动的向心加速度. 在定轴转动时，角速度 $\boldsymbol{\omega}$ 只有大小发生改变，而其方向，即转动轴的方向不变.

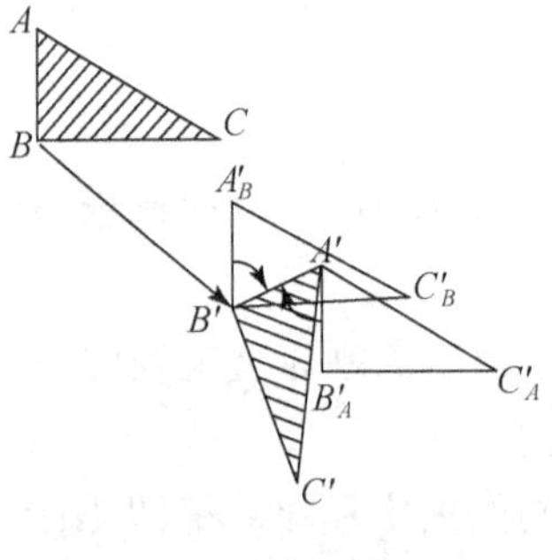

图 1.11　沙尔定理示意图

(3) 任意运动——沙尔定理.

沙尔定理： 刚体作任意运动的任一位移都可以分解为刚体随其上任一定点(基点)的平动位移与该绕点的一个定轴转动位移之和.

下面以平面运动为例对沙尔定理作简单说明. 如图 1.11 所示，刚体由位置 ABC 到 $A'B'C'$ 的位移可分解为：① 刚体随 B 平移到位置 $A'_BB'C'_B$；② 刚体由位置 $A'_BB'C'_B$ 绕 B' 转到最终位置 $A'B'C'$. (也可分解为：① 随 A 平移到 $A'B'_AC'_A$；② 绕 A' 转

到 $A'B'C'$.)刚体上点 A 的总位移等于由点 A 移动到点 A'_B 的位移加上由点 A'_B 移动到点 A' 的位移,但是由点 A 移动到点 A'_B 的位移等于由点 B 移动到点 B' 的位移,即

$$\overrightarrow{AA'} = \overrightarrow{AA'_B} + \overrightarrow{A'_BA'} = \overrightarrow{BB'} + \overrightarrow{A'_BA'},$$

也即 $\Delta \boldsymbol{r}_A = \Delta \boldsymbol{r}_B + \Delta \boldsymbol{r}_{A(B)}$,

除以 Δt,取极限得

$$\boldsymbol{v}_A = \boldsymbol{v}_B + \boldsymbol{\omega} \times \boldsymbol{r}_{A(B)} \tag{1.34}$$

上式用到定轴转动的速度公式(1.31),即 $\frac{\mathrm{d}\boldsymbol{r}_{A(B)}}{\mathrm{d}t} = \boldsymbol{\omega} \times \boldsymbol{r}_{A(B)}$.(1.33)式的物理意义为:刚体作任意运动时,任一点的速度等于另一点(基点)的速度加上绕过该基点的转动速度.

将(1.34)式对时间求微商可得到加速度的表达式

$$\begin{aligned} \boldsymbol{a}_A &= \frac{\mathrm{d}\boldsymbol{v}_A}{\mathrm{d}t} = \frac{\mathrm{d}}{\mathrm{d}t}(\boldsymbol{v}_B + \boldsymbol{\omega} \times \boldsymbol{r}_{A(B)}) = \frac{\mathrm{d}\boldsymbol{v}_B}{\mathrm{d}t} + \frac{\mathrm{d}}{\mathrm{d}t}(\boldsymbol{\omega} \times \boldsymbol{r}_{A(B)}) \\ &= \frac{\mathrm{d}\boldsymbol{v}_B}{\mathrm{d}t} + \frac{\mathrm{d}\boldsymbol{\omega}}{\mathrm{d}t} \times \boldsymbol{r}_{A(B)} + \boldsymbol{\omega} \times \frac{\mathrm{d}\boldsymbol{r}_{A(B)}}{\mathrm{d}t} \end{aligned}$$

最后得

$$\boldsymbol{a}_A = \boldsymbol{a}_B + \frac{\mathrm{d}\boldsymbol{\omega}}{\mathrm{d}t} \times \boldsymbol{r}_{A(B)} + \boldsymbol{\omega} \times (\boldsymbol{\omega} \times \boldsymbol{r}_{A(B)}) \tag{1.35}$$

该式表示,刚体作任意运动时,任一点的加速度等于基点的加速度加上绕该基点的转动加速度.转动加速度也包括两部分:第一部分由角加速度 $\frac{\mathrm{d}\boldsymbol{\omega}}{\mathrm{d}t}$ 引起;第二部分由角速度 $\boldsymbol{\omega}$ 引起.与定轴转动刚体不同之处在于,作任意运动时,刚体的加速度 $\boldsymbol{\omega}$ 的大小和方向都可能发生变化.

由图 1.11 可以看出:以 B 为基点,转动角为 $\angle A'_BB'A'$,以 A 为基点,转动角为 $\angle B'_AA'B'$.但是,$\angle A'_BB'A' = \angle B'_AA'B'$.因此选择不同的基点,平动速度不同,但转动角速度不因基点而改变.

例题 4　求证:刚体的转动角速度不因基点不同而不同.

证明:考察刚体上 A 点的运动速度,

以 B_1 为基点,有 $\boldsymbol{v}_A = \boldsymbol{v}_{B_1} + \boldsymbol{\omega}_1 \times \overrightarrow{B_1A}$,　①

以 B_2 为基点,有 $\boldsymbol{v}_A = \boldsymbol{v}_{B_2} + \boldsymbol{\omega}_2 \times \overrightarrow{B_2A}$,　②

以 B_1 为基点,考察 B_2 点的运动有

$$\boldsymbol{v}_{B_2} = \boldsymbol{v}_{B_1} + \boldsymbol{\omega}_1 \times \overrightarrow{B_1B_2}, \tag{③}$$

$$\Rightarrow \boldsymbol{v}_A = \boldsymbol{v}_{B_2} + \boldsymbol{\omega}_2 \times \overrightarrow{B_2A} = \boldsymbol{v}_{B_1} + \boldsymbol{\omega}_1 \times \overrightarrow{B_1B_2} + \boldsymbol{\omega}_2 \times \overrightarrow{B_2A}, \tag{④}$$

④与①比较得

$$\boldsymbol{\omega}_1 \times (\overrightarrow{B_1B_2} - \overrightarrow{B_1A}) + \boldsymbol{\omega}_2 \times \overrightarrow{B_2A} = 0,$$

即 $$\boldsymbol{\omega}_1\times\overrightarrow{AB_2}+\boldsymbol{\omega}_2\times\overrightarrow{B_2A}=(\boldsymbol{\omega}_1-\boldsymbol{\omega}_2)\times\overrightarrow{AB_2}=0,$$

∵ $\overrightarrow{AB_2}$为任意，∴ $\boldsymbol{\omega}_1-\boldsymbol{\omega}_2=0$，即 $\boldsymbol{\omega}_1=\boldsymbol{\omega}_2$.

例题 5 半径为 R 的圆盘在地面滚动，已知：角速度 ω 为常量，圆心速度 $v_C=\omega R$.

求：圆盘与地面接触点 O' 的速度和加速度.

解：以圆心 C 为基点，在图 1.12 所示的坐标系中，$\boldsymbol{v}_{o'}=\boldsymbol{v}_C+\boldsymbol{\omega}\times\overrightarrow{CO'}$. 而由已知条件，有 $\boldsymbol{v}_C=\omega R\boldsymbol{i}$. 所以

$$\boldsymbol{v}_{o'}=\boldsymbol{v}_C+\boldsymbol{\omega}\times\overrightarrow{CO'}=\omega R\boldsymbol{i}-\omega R\boldsymbol{i}=0.$$

O'点的瞬时速度为零，如果以 O' 为基点，则任意点 P 的速度 $\boldsymbol{v}_p=\boldsymbol{\omega}\times\overrightarrow{O'P}$ 为纯转动速度. 因此 O' 称为瞬时转动中心，简称"瞬心". 值得思考的问题是：瞬心的速度为零，加速度也为零吗？即能否由 $\boldsymbol{v}_{o'}=0$ 导出 $\boldsymbol{a}_{o'}=\dfrac{\mathrm{d}\boldsymbol{v}_{o'}}{\mathrm{d}t}=0$，否！求瞬心加速度的正确做法是：选一个加速度已知的点为基点，用刚体的加速度公式(1.35). 例如，以 C 为基点，得

$$\boldsymbol{a}_{o'}=\boldsymbol{a}_C+\dot{\boldsymbol{\omega}}\times\overrightarrow{CO'}+\boldsymbol{\omega}\times(\boldsymbol{\omega}\times\overrightarrow{CO'})=0+0+\omega^2R\boldsymbol{j}=\omega^2R\boldsymbol{j}$$

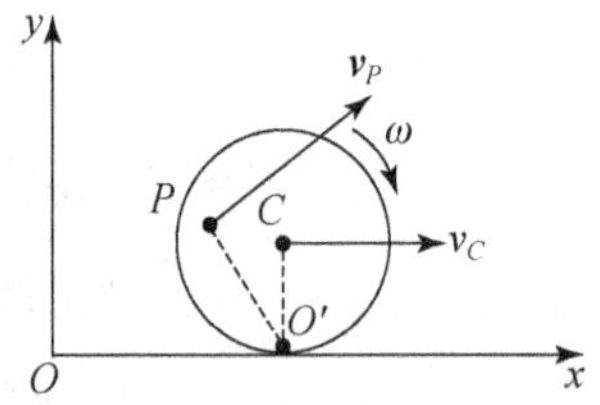

图 1.12 例题 5 图 圆盘的滚动

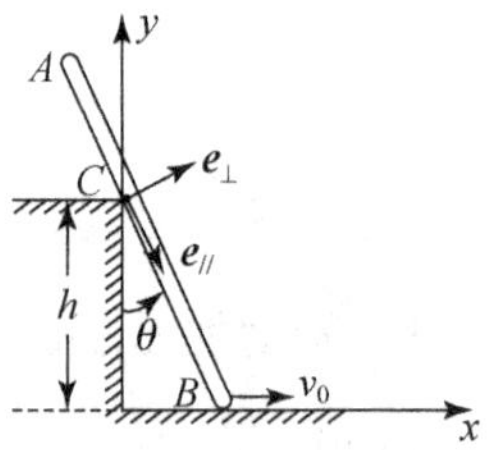

图 1.13 例题 6 图 杆 AB 的运动

例题 6 已知：刚体杆 AB，斜靠在高度为 h 的桌子角，B 端沿地面运动，速度 $v_B=v_0$ 为常量，如图 1.13 所示.

求：任意角 θ 时，AB 的转动角速度 ω，AB 上与桌面接触点 C 的速度和加速度.

解：$\boldsymbol{i},\boldsymbol{j},\boldsymbol{k}$ 分别是水平向右，竖直向上和垂直于纸面向外三个方向的单位矢量. 角速度可表示为

$$\boldsymbol{\omega}=\dot{\theta}\boldsymbol{k},$$

∵ $\theta=\tan^{-1}\left(\dfrac{x_B}{h}\right)$,

∴ $\omega=\dot{\theta}=\dfrac{1}{1+\left(\dfrac{x_B}{h}\right)^2}\cdot\dfrac{1}{h}\dot{x}_B=\dfrac{v_0}{h}\cos^2\theta.$

以 B 为基点

$$\begin{aligned}\boldsymbol{v}_C &= \boldsymbol{v}_B + \boldsymbol{\omega}\times\overrightarrow{BC} = v_0\boldsymbol{i} + (\omega\cdot\overline{BC}\cdot\sin 90^\circ)[-\boldsymbol{i}\cos\theta - \boldsymbol{j}\sin\theta]\\ &= v_0\boldsymbol{i} + v_0\cos\theta(-\boldsymbol{i}\cos\theta - \boldsymbol{j}\sin\theta)\\ &= (v_0 - v_0\cos^2\theta)\boldsymbol{i} - v_0\cos\theta\sin\theta\boldsymbol{j}\\ &= v_0\sin^2\theta\boldsymbol{i} - v_0\cos\theta\sin\theta\boldsymbol{j},\end{aligned}$$

如果将 $\boldsymbol{v}_C$ 投影到平行于杆和垂直于杆的方向,则得

$$\boldsymbol{v}_C = (v_0\cos\theta\boldsymbol{e}_\perp + v_0\sin\theta\boldsymbol{e}_{/\!/}) - v_0\cos\theta\boldsymbol{e}_\perp = v_0\sin\theta\boldsymbol{e}_{/\!/}.$$

可见,C 点沿杆的速度与 B 点沿杆的速度相等. C 点垂直于杆的速度为零,这是因为 AB 杆运动时始终靠着桌端的缘故.

$$\begin{aligned}\boldsymbol{a}_C &= \boldsymbol{a}_B + \dot{\boldsymbol{\omega}}\times\overrightarrow{BC} + \boldsymbol{\omega}\times(\boldsymbol{\omega}\times\overrightarrow{BC})\\ &= 0 + \left[\frac{\mathrm{d}}{\mathrm{d}t}\left(\frac{v_0}{h}\cos^2\theta\right)\boldsymbol{k}\right]\times\overrightarrow{BC} + \omega^2\,\overline{BC}\boldsymbol{e}_{/\!/}\\ &= 2\frac{v_0}{h}\cos\theta(-\sin\theta)\dot{\theta}\,\overline{BC}(-\boldsymbol{e}_\perp) + \omega^2\,\overline{BC}\boldsymbol{e}_{/\!/}\\ &= \omega^2\,\overline{BC}(2\tan\theta\boldsymbol{e}_\perp + \boldsymbol{e}_{/\!/})\\ &= \frac{v_0^2\cos^3\theta}{h}(2\tan\theta\boldsymbol{e}_\perp + \boldsymbol{e}_{/\!/}).\end{aligned}$$

问题:可否直接用上面得到的 $\boldsymbol{v}_C$ 求微商得 $\boldsymbol{a}_C$,$\boldsymbol{a}_C = \dfrac{\mathrm{d}}{\mathrm{d}t}(v_0\sin\theta\boldsymbol{e}_{/\!/})$ 或 $\boldsymbol{a}_C = \dfrac{\mathrm{d}}{\mathrm{d}t}(v_0\sin^2\theta\boldsymbol{i} - v_0\cos\theta\sin\theta\boldsymbol{j})$,为什么?

思　考　题

1. 如何理解物体和质点的概念?

2. 有人说:"在两物体的尺寸比它们的距离小很多时就可看作质点."你对这种说法有何见解?

3. 如何理解物体和刚体的概念?

4. 考察一个物体的运动时为什么参考系、参考坐标系是必需的?举例说明.

5. 质点沿圆轨道运动,当它运行到圆半周时,其位移是什么?当它回到起点时,位移又是什么?

6. 在以下三式中 $\boldsymbol{r}$ 为位矢:

(a) $\left|\dfrac{\mathrm{d}\boldsymbol{r}}{\mathrm{d}t}\right|$;(b) $\dfrac{\mathrm{d}|\boldsymbol{r}|}{\mathrm{d}t}$;(c) $\dfrac{\mathrm{d}\boldsymbol{r}}{\mathrm{d}t}$

(1) 以上三式哪一式表示速度?哪一式表示速率?

(2) 在什么特殊情况,以上三式皆可分别表示速度或速率?

7. 有人说:"在一段时间内,质点的速度对时间的积分等于质点所经历的路程."这种说法妥当吗?为什么?在什么条件下这种说法可以成立?

8. $\left|\frac{\mathrm{d}\boldsymbol{v}}{\mathrm{d}t}\right|=0$ 和 $\frac{\mathrm{d}|\boldsymbol{v}|}{\mathrm{d}t}=0$ 各表示什么运动？简述二者的异同.

9. 作直线运动的质点的加速度有何特点？

10. 作匀速率曲线运动的质点的加速度有何特点？

11. 一质点绕原点作匀角速度运动，该质点是否作匀角速度圆周运动？为什么？

12. 变速率圆周运动与匀速率圆周运动的加速度的表达式有何区别？

13. 径向加速度、法向加速度和向心加速度三者有何区别和联系？

14. 角向加速度和切向加速度有何区别和联系？

15. 在直角坐标系中有 $\frac{\mathrm{d}v_x}{\mathrm{d}t}=a_x$，在平面极坐标系中有 $\frac{\mathrm{d}v_r}{\mathrm{d}t}=a_r$，$\frac{\mathrm{d}v_\theta}{\mathrm{d}t}=a_\theta$ 吗？在自然坐标系中，有 $\frac{\mathrm{d}v_\tau}{\mathrm{d}t}=a_\tau$，$\frac{\mathrm{d}v_n}{\mathrm{d}t}=a_n$ 吗？

16. 在平面极坐标系中，质点的科里奥利加速度是什么方向的加速度？它的物理意义是什么？

17. 对于相对转动的参照系的科里奥利加速度与极坐标系的科里奥利加速度有何不同？

18. 已知一物体作自由落体运动，其轨迹必为一条直线，因而可以只用一个坐标描述它的位置. 该物体有几个自由度？为什么？

19. 何谓刚体的平动？何谓刚体的转动？

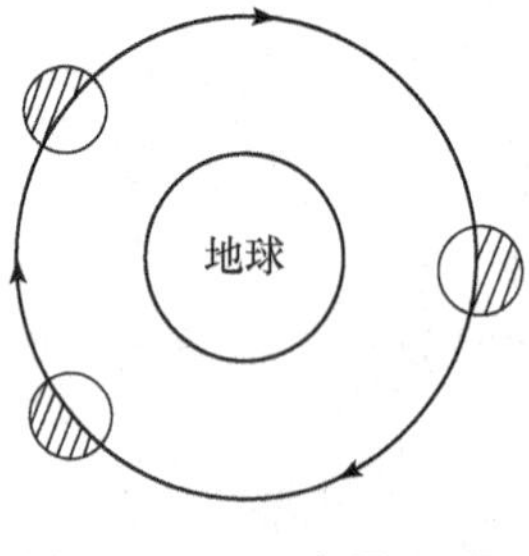

图 SK1.1　思考题 20 图

20. 月球绕地球运动，但始终以它的同一面面向地球，如图 SK1.1 所示. 对于月球的运动有以下三种说法：

月球相对于地球平动；

月球相对于地球转动；

月球相对于地球既有平动又有转动.

对于上述三种不同的说法，你有何见解？

21. 通常把地球的运动描述为自转与绕日公转. 公转是平动还是转动？为什么？

22. 三维空间有一根细棒（可认为无穷细），问它有几个自由度？

23. 如图 SK1.2 所示是一根细棒，可绕其一端 O 在纸平面上转动. 问：

(1) 若以 O 点的运动表示棒的平动，棒有几个自由度？

(2) 若以棒的中点（C 点）的运动表示棒的平动，棒有几个自由度？

(3) 选 O 点或 C 点作为它的平动代表点，问棒的转动角速度是否相同？为什么？

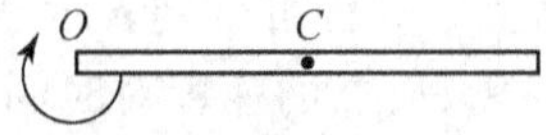

图 SK1.2　思考题 23 图

习 题 一

1.1 已知一质点的位矢为

$$\boldsymbol{r}=R\left(\cos t\,\boldsymbol{i}+\frac{1}{2}\sin t\boldsymbol{j}\right),$$

(1) 在平面直角坐标系中，画出 $t=0,\frac{1}{2}\pi,\pi,\frac{3}{2}\pi$(秒)时该质点的位矢；

(2) 以 $t=0$ 时的位置为初位置，画出 $t=\frac{1}{4}\pi,\pi,2\pi$(秒)时的位移；

(3) 求该质点的轨迹方程，并画出该质点的轨迹.

1.2 以下三式分别是三个质点的位矢，试求质点的速度、加速度、轨迹和轨迹切向方向的单位矢量. 设 $t\geqslant0$，且 A、α、R、k 和 ω 皆为正数.

(1) $\boldsymbol{r}=A\mathrm{e}^{-kt}\boldsymbol{i}+\alpha t\boldsymbol{j}$；

(2) $\boldsymbol{r}=R\cos\omega t\boldsymbol{i}+\alpha t\boldsymbol{j}$.

1.3 平面上质点的运动轨迹为 $r=r_0\mathrm{e}^{-k\theta}$，其中 r 和 θ 为质点在极坐标系中的坐标，且 $k>0$. $\dot{\theta}=\omega_0$ 为常量. $t=0$ 时，$\theta=0$. 求任意时刻质点的速度、加速度，加速度的切向分量和法向分量，以及轨迹的曲率半径.

1.4 已知三个质点的初位矢与速度分别为

(1) $\boldsymbol{r}(0)=3\boldsymbol{i}+4\boldsymbol{j}$，$\boldsymbol{v}(t)=v_0\mathrm{e}^{-kt}\boldsymbol{i}$；

(2) $\boldsymbol{r}(0)=R\boldsymbol{j}$，$\boldsymbol{v}(t)=v_0(\cos\omega t\boldsymbol{i}+\sin\omega t\boldsymbol{j})$；

(3) $\boldsymbol{r}(0)=R\boldsymbol{i}$，$\boldsymbol{v}(t)=v_0\boldsymbol{j}$.

式中 v_0，R，ω 和 k 为正的常量. 求质点的加速度和轨迹方程，并画出轨迹示意图.

1.5 一质点在极平面上作匀速率圆周运动，已知其速率为 v_0、轨迹方程为

$$\rho=2r\cos\varphi\ (r\text{ 为常量}),$$

求该质点在极坐标系中的角速度、径向速度和加速度.

1.6 已知三质点的加速度、初速度和初位矢分别为

(1) $\boldsymbol{a}=a_0\mathrm{e}^{-kt}\boldsymbol{j}$，$\boldsymbol{v}(0)=0$，$\boldsymbol{r}(0)=0$；

(2) $\boldsymbol{a}=a_0\cos\omega t\boldsymbol{i}$，$\boldsymbol{v}(0)=0$，$\boldsymbol{r}(0)=r_0\boldsymbol{j}$；

(3) $\boldsymbol{a}=-a_0\boldsymbol{i}$，$\boldsymbol{v}(0)=v_0\boldsymbol{i}$，$\boldsymbol{r}(0)=r_0\boldsymbol{j}$.

式中 a_0，v_0，r_0 和 k 为正的常量. 求三质点的速度与位矢，并扼要地说明三质点的运动情况.

1.7 一质点以恒定的速率 v_0 沿垂直于 x 轴的直线运动，如图 XT1.1 所示，

(1) 求该质点的径向速度和横向速度；

(2) 求该质点的径向加速度和横向加速度；

(3) 求该质点的角速度、角加速度和科里奥利加速度.

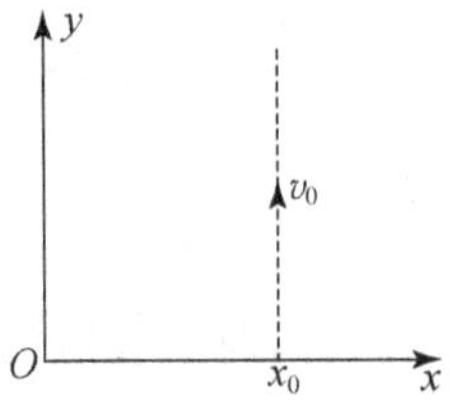

图 XT1.1　习题 1.7 图

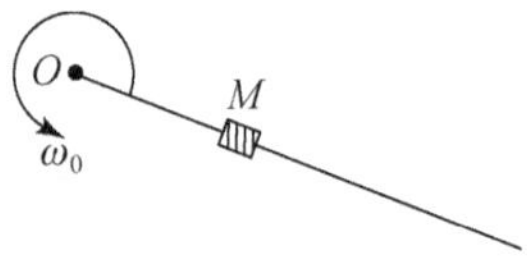

图 XT1.2　习题 1.9 图

1.8　已知两质点的位矢分别为

(1) $\boldsymbol{r}=R\cos\omega t\boldsymbol{i}$;

(2) $\boldsymbol{r}=R\cos\omega t\boldsymbol{i}+R\boldsymbol{j}$.

式中 R 和 ω 为常量.求两质点的角速度、角加速度和科里奥利加速度.

1.9　在地平面上有一细杆绕垂直的固定轴以角速度 ω_0 作匀角速度转动.一滑块 M 从固定端 O 出发,以匀速率 v_0 沿杆滑动,如图 XT1.2 所示.求:

(1) M 相对于杆的轨迹、速度和加速度;

(2) M 相对于地面的轨迹、速度和加速度.

1.10　已知一质点的位矢为

$$\boldsymbol{r}(t) = \boldsymbol{v}_0 t + \frac{1}{2}\boldsymbol{g}t^2,$$

式中 $\boldsymbol{v}_0 = v_0(\boldsymbol{i}\cos\alpha + \boldsymbol{j}\sin\alpha)$ 和 $\boldsymbol{g}=-g\boldsymbol{j}$ 是常矢量.

求该质点的切向加速度与法向加速度.

1.11　试论证:一个作匀速率运动的质点,若沿轨迹法线方向的加速度的数值保持不变(非零),则该质点必作匀速率圆周运动.

1.12　若一质点沿其轨迹法线方向的加速度恒为 0,则它的轨迹是什么曲线?

1.13　若有多个质点,同时从 P 点沿不同的光滑斜面自由下滑,如图 XT1.3 所示,试证明:在任一时刻这些质点必在同一圆周上.

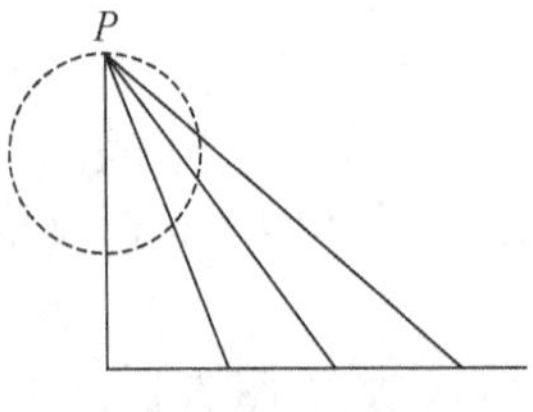

图 XT1.3　习题 1.13 图

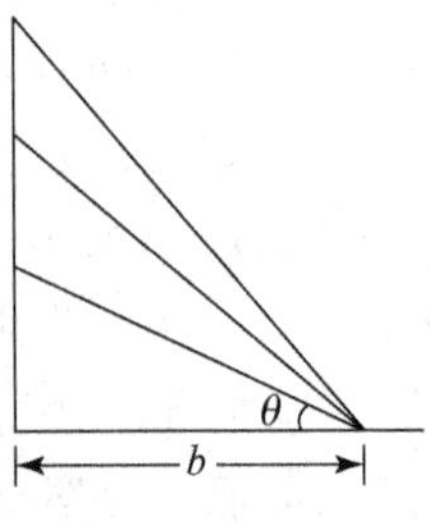

图 XT1.4　习题 1.14 图

1.14 如图 XT1.4 所示的几个光滑斜面有共同的底边$b=30$ cm. 问：

(1) 斜面的倾角θ应是多少，才能使物体从顶端滑到底所需的时间为 0.4 s?

(2) 斜面的倾角应是多少，才能使物体自顶端滑到底所需的时间最少？

1.15 一人以速率 50 m/min 向正东方向前进，觉得风从正南方向吹来. 若速率增至 75 m/min，便觉得风从东南方吹来. 求风相对于地面的速度.

1.16 一人划船渡江，江水的流速为 2.0 km/h，船相对于江水的速率为 4.0 km/h，江宽 4.0 km.

(1) 若希望用最短的时间渡江，人应按什么方向划行？

(2) 若想达到正对面的江岸，应按什么方向划行？要经过多少时间才能渡过去？

1.17 船A以速率v_A平行于平直海岸航行，离岸的垂直距离为d，如图 XT1.5. 快艇B从港口出发以速率v_B去拦截A. 已知$v_B>v_A$，若要拦截住A，B应按什么方向航行？

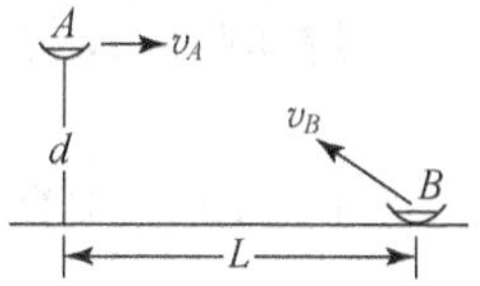

图 XT1.5 习题 1.17 图

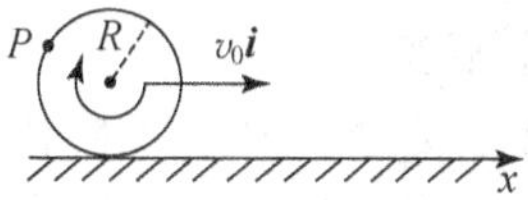

图 XT1.6 习题 1.19 图

1.18 若空气阻力可不计，试证明：以不同速率向不同方向抛出物体，它们的相对速度保持不变.

1.19 一半径为R的圆轮在水平地面上作无滑滚动，其圆心的速度为$v_0\boldsymbol{i}$，如图 XT1.6. 轮边缘上有一点P，求P点相对于地面的速度和加速度.

1.20 AB和CD是两根交叠在一起的细棒，A，B两端点的速度皆为$\boldsymbol{v}_1$，C，D两端点的速度皆为$\boldsymbol{v}_2$，如图 XT1.7 所示. $\boldsymbol{v}_1$和$\boldsymbol{v}_2$分别垂直于AB和CD.

(1) 这两根细棒是平动还是转动？为什么？

(2) 求两棒的交点M的速度.

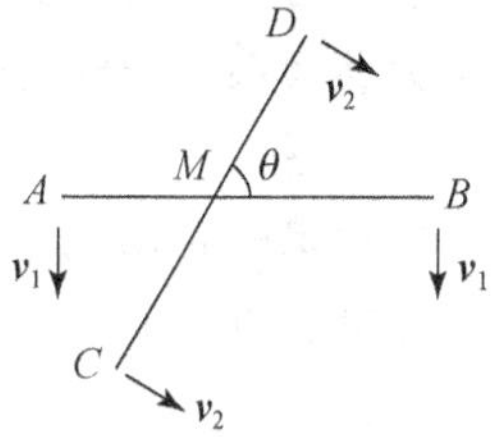

图 XT1.7 习题 1.20 图

1.21 如图 XT1.8 所示，AB是一根细棒. 在某一瞬间两端点的速度分别为$\boldsymbol{v}_1$和$\boldsymbol{v}_2$，试证明：两端点的相对速度必垂直于棒.

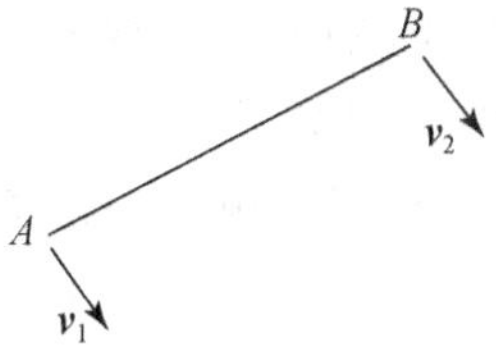

图 XT1.8 习题 1.21 图

第二章 质点动力学基本定律

本章提要

本章首先简单阐述质点动力学基本定律——牛顿三定律，然后介绍经典力学中常见的几种力的表达式及特点，在此基础上通过典型例子说明利用基本定律求解动力学基本问题的方法.

2.1 牛顿第一定律——惯性定律

牛顿第一定律定性解决力与加速度的关系.

表述：物体不受任何外力作用时(含外力为零)，保持其静止或匀速直线运动的状态不变.

说明：① 这里所说的物体是指质点，若为刚体或普通质点组，则只考察其作为整体的运动(质心的运动).

② 它是从大量实验现象中总结出的理想结果.

惯性：物体在不受外力(合外力为零)时，有保持其运动状况(静止或匀速直线运动)不变的特性，称为惯性. 因此牛顿第一定律又称为惯性定律.

惯性系：牛顿第一定律成立的参考系称为惯性参考系，简称惯性系；否则称为非惯性系. 例如，静止的车突然起动，考察置于车上平板上的光滑圆球. 以地为参考系：光滑圆球不受外力，相对地静止不动，惯性定律成立，因此地为惯性系. 以车为参考系：光滑圆球不受外力，但突然向后运动，惯性定律不成立，因此车为非惯性系.

牛顿第一定律的伟大意义：它定性解决了力与加速度的关系问题——是力学发展史上的一次思想解放、一次伟大的飞跃. 历史上，自亚里士多德(Aristohle, 384—322. B. C)以来，人们一直认为力和速度相联系，物体受力越大，速度越快. 直到伽利略(Galileo, 1564—1642)才把这一观念纠正过来，认为力和加速度相联系，物体受力越大，速度变化越快，即加速度越大. 这是一次伟大的思想革新. 有了它，人们才开始研究力和加速度的定量关系，才可能有牛顿(Newton, 1642—1727)第二定律. 从这一观点来看，说牛顿第一定律是牛顿第二定律的特殊情况这一说法是不对的.

2.2　牛顿第二定律

牛顿第二定律定量解决了力与加速度的关系.

表述： 物体运动的加速度与其所受的合外力成正比，与其质量成反比；即 $\boldsymbol{a} \propto \boldsymbol{F}/m$，$\boldsymbol{F}=km\boldsymbol{a}$.

说明：

① 这里所说的物体是指质点，若为刚体或普通质点组，则是指其质心的加速度.

② 牛顿自己的表述是“运动的改变与作用力和时间成正比”(这里的运动是指动量)，即：$\mathrm{d}\boldsymbol{p}=\mathrm{d}(M\boldsymbol{v})=\boldsymbol{F}\cdot\mathrm{d}t$. 低速运动时，$M$ 与 $\boldsymbol{v}$ 无关，为常量. 因此得 $M\mathrm{d}\boldsymbol{v}=\boldsymbol{F}\mathrm{d}t$. 近代物理表明，$M$ 随 $|\boldsymbol{v}|$ 的增加而增加，在高速运动的情况下，这种变化不能忽略. 但 $\mathrm{d}\boldsymbol{p}=\boldsymbol{F}\mathrm{d}t$，对高速运动仍成立，因此动量的表述更具普遍性.

③ 公式 $\boldsymbol{F}=km\boldsymbol{a}$ 中，k 决定于单位的选取.

存在两种选取单位的方法：

第一种方法：先定 m 和 a 的单位(kg，$\mathrm{m/s^2}$)，同时令 $k=1$，从而得到 F 的单位. 这样得到的力的单位是 牛顿$=\mathrm{kg\cdot m\cdot s^{-2}}$. 这种单位制称为国际单位制，是最常用的，本书也采用这种单位制. 在国际单位制中牛顿第二定律为

$$\boldsymbol{F}=m\boldsymbol{a}. \tag{2.1}$$

第二种方法：同时选定 m,a,F 的单位(kg，$\mathrm{ms^{-2}}$，千克力)，由此推出系数 k 的大小和单位. 因为 1 千克力(公斤)为 1 kg 质量的物体所受的重力，所以 1 千克力$=(1\ \mathrm{kg})\times(9.8\ \mathrm{ms^{-2}})\Rightarrow k=\frac{1}{9.8}$千克力/($\mathrm{kg\cdot ms^{-2}}$). 这种单位制称为——重力制. 1 千克力$=9.8$ 牛顿. 在重力制中牛顿第二定律为 $F=\frac{1}{9.8}ma$.

单位制和量纲： 在选择或定义物理量的单位时，有一些量的单位是独立规定的，称为基本量，其单位为基本单位. 另一些量的单位是根据定义、定理、定律等由基本量的单位导出的，称为导出量，其单位为导出单位. 例如，我们可以选取长度、时间、质量等物理量为基本量，其单位长度米(m)，时间秒(s)、质量千克(kg)为基本单位，而其他量，如速度、加速度、力等为导出量，它们的单位，如速度($\mathrm{ms^{-1}}$)、加速度($\mathrm{ms^{-2}}$)、牛顿(N)为导出单位. 导出单位与基本单位之间的关系式，称为量纲. 如果用 M、L、T 表示质量、长度、时间等物理量，力、速度、加速度的量纲可以表为：$\dim F=\mathrm{MLT^{-2}}$，$\dim v=\mathrm{LT^{-1}}$，$\dim a=\mathrm{LT^{-2}}$. 角度(弧度)的量纲为 dim 角(孤度)$=\dim S/R=0$，即无量纲，因此角速度和角加速度的量纲分别为 $\dim w=\mathrm{T^{-1}}$ 和 $\dim\beta=\mathrm{T^{-2}}$.

选用不同的基本量和基本单位，得到不同的单位制，例如国际单位制、重力制等. 有兴趣的读者可参阅文献[1]9—11 页.

2.3 牛顿第三定律——动量守恒定律

表述：如果两个物体的相互作用力分别 $\boldsymbol{F}$ 和 $\boldsymbol{F}'$，则 $\boldsymbol{F}$ 与 $\boldsymbol{F}'$ 大小相等，方向相反，并在同一直线上，即

$$\boldsymbol{F}=-\boldsymbol{F}'. \tag{2.2}$$

说明：

① 力作用在不同的物体上，不能说"相互抵消". 因为力作用在不同的物体上，尽管 $\boldsymbol{F}=-\boldsymbol{F}'$，但效果不同. 例如棒击球，棒对于球的作用力和球对于棒的作用力是大小相等、方向相反的，但效果不同：棒基本不动，而球飞出. 有时看起来似乎是相互抵消，其实不是. 如手用力 $\boldsymbol{F}$ 推桌子，桌子未动. 这不是手推桌子的力 $\boldsymbol{F}$ 与桌子对力的反作用力 $\boldsymbol{F}'$ 抵消，而是手推桌子的力 $\boldsymbol{F}$ 与桌子受的摩擦力 $\boldsymbol{F}_u'$ 抵消.

② 牛顿第三定律实质上是动量守恒定律. 设 m' 受 $\boldsymbol{F}$ 作用，有 $\boldsymbol{F}\mathrm{d}t=\mathrm{d}(m'\boldsymbol{v}')$；同时，$m$ 受 $\boldsymbol{F}'$ 作用，有 $\boldsymbol{F}'\mathrm{d}t=\mathrm{d}(m\boldsymbol{v})$. 两式相加，因动量守恒，有 $\mathrm{d}(m'\boldsymbol{v}'+m\boldsymbol{v})=0$，故有 $\boldsymbol{F}+\boldsymbol{F}'=0$.

在利用 $\boldsymbol{F}=m\boldsymbol{a}$ 分析问题之前，先介绍力学中常见的几种力.

2.4 几种常见的力

物体间的相互作用按物理基制可分为：万有引力，电磁力(原子、分子之间的相互作用力)，强、弱相互作用(原子核内的相互作用). 这里只介绍经典力学中常见的力.

1. 万有引力

表述：任意两质点之间存在着引力，引力的大小与质量成正比，与距离平方成反比，方向在其连线上. 如图 2.1 所示，m_1 所受的力为

$$\boldsymbol{F}_1=-\frac{Gm_1m_2}{r^2}\boldsymbol{e}_{1(2)}, \tag{2.3}$$

其中，$G=6.672\times10^{-11}\ \mathrm{m^2\cdot N\cdot kg^{-2}}$ 为万有引力常量，$\boldsymbol{e}_{1(2)}$ 是从 m_2 指向 m_1 的单位矢量.

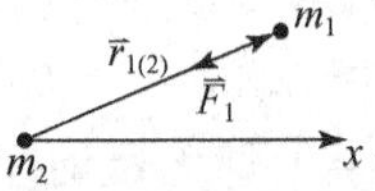

图 2.1 m_1 所受的万有引力

利用曲面积分和体积分可以严格证明：

① 质量均匀分布的球壳，对其外质点的吸引力，相当于全体质量全集中在球心时的吸引力；对其内任一质点的吸引力为零.

② 质量均匀分布的球体对其外质点的吸引力相当于全体质量全集中于球心的吸引力；对其内质点的吸引力相当于该质点所在球面所包围的小球体质量全集中在球心时的吸引力. 这个结果的数学表达式为

$$F=\begin{cases}\dfrac{GMm}{r^2} & r\geqslant R\\ Gm\left(\dfrac{M}{\dfrac{4}{3}\pi R^3}\right)\dfrac{4}{3}\pi r^3\cdot\dfrac{1}{r^2}=\dfrac{GMm}{R^3}r\propto r & r<R,\end{cases}\tag{2.4}$$

可以用图 2.2 表示.

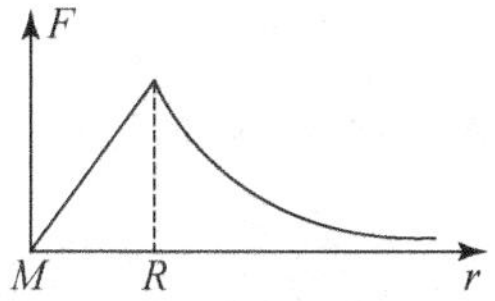

图 2.2　质量均匀分布的球体对其内部和外部质点的吸引力

2. 重力

表述为物体所受地球的吸引力。若将地球近似为一均匀球体，则重力随 r 的变化如图 2.2 所示. 在地表以上，距地心越近，重力越大；地表以下，距地心越近，重力越小. 请读者思考问题：设想打通一贯通地心的隧道，人纵身一跳，会发生什么现象？

设 R_e 为地球半径，h 为物体距地面的高度，考察物体所受地球引力的大小.

$$\begin{aligned}F&=\frac{GMm}{r^2}=\frac{GMm}{(R_e+h)^2}\doteq\frac{GMm}{R_e^2}\left(1+\frac{h}{R_e}\right)^{-2}\\&=\frac{GMm}{R_e^2}\left[1-2\frac{h}{R_e}+\frac{(-2)(-3)}{2}\left(\frac{h}{R_e}\right)^2+\cdots\right]\\&\doteq m\frac{GM}{R_e^2}\left[1-2\frac{h}{R_e}\right]\\&\doteq m\frac{GM}{R_e^2}=mg_0.\end{aligned}$$

由此可见，地表外物体所受的重力是与高度有关的，重力加速度的大小当然也是与高度有关的. 但因地球半径 R_e 均等于 6 370 km 很大，在地面上下 10 km 的范围内，重力的差别不过 10^{-4}. 故一般情况下可忽略这个差别，认为重力加速度是常量.但该微小差别可作为高度测量.

另外,根据万有引力定律,物体具有重力加速度 $\boldsymbol{g}=\boldsymbol{F}_{引力}/M_{引力}$；根据牛顿第二定律,物体具有重力加速度 $\boldsymbol{g}=\boldsymbol{F}_{引力}/M_{惯性}$.两个加速度当然是相等的,由此推出引力质量和惯性质量相等,即 $M_{引力}=M_{惯性}$.这是必然的吗？经典力学难于解释其原因;而根据广义相对论,二者相等是必然的,因为惯性力与引力等效.

3. 弹力

弹力是指物体发生形变时,因为具有恢复形变的能力而产生的力,这里主要介绍绳的张力、理想光滑约束的约束力、弹簧的弹性力.

(1) 绳的张力.

定义：绳的张力是指张紧的绳中任意一点两侧绳子间的相互作用力.

特点：

① 因为是拉伸形变产生的,故总是拉力；

② 方向总是沿绳切向；

③ 大小一般不能事先给定,只有求解整个运动后才能确定.如图 2.3 所示.

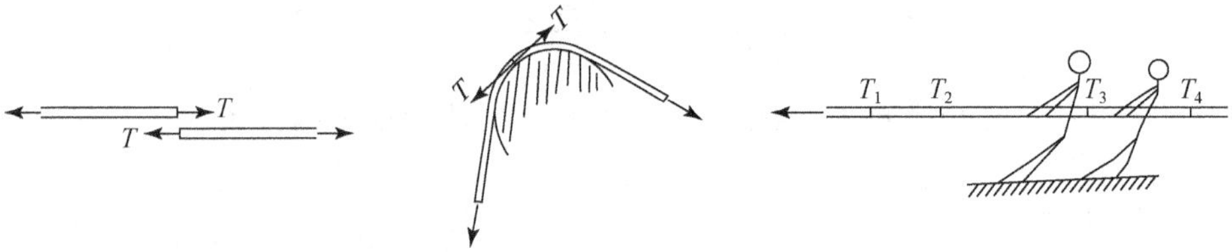

图 2.3 绳张力的图示

这里有几个简化假设：

① 绳子形变很小,称为"不可伸长"；

② 绳子质量可以忽略,称为"轻绳".对于轻绳,绳子侧面又不受力,则绳中各点张力处处相等.

(2) 理想光滑约束的约束力.

定义：理想光滑面、线上的约束力是指质点限制在理想光滑面、线上时所受到的约束面或线对它的作用力,如光滑桌面的弹力、光滑钢丝对其上小环的作用力等.如图 2.4 所示.

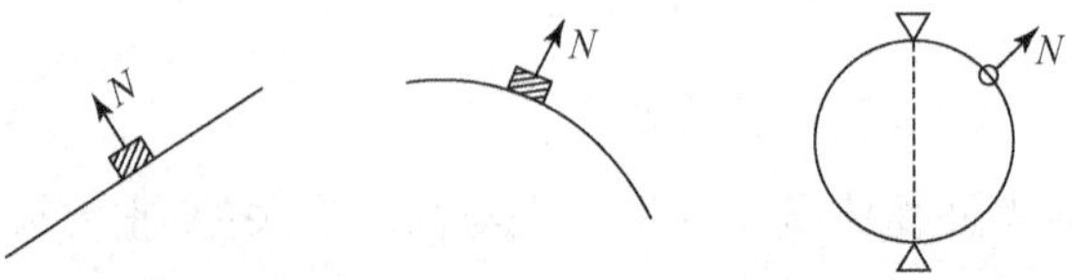

图 2.4 理想光滑约束的约束力

特点：

① 约束力的方向沿约束面、约束线的切向；

② 约束力的大小一般不能事先给定，只有求解整个运动后才能确定；

③ 如果不光滑，还受切向磨擦力；

④ 约束的形变很小，一般忽略不计.

(3) 弹簧的弹性力(形变较大，但在弹性限度内).

特点：在弹性限度内，弹力与相对于平衡位置的位移成正比，即 $|\boldsymbol{F}|=k|x|$.

以平衡位置为坐标原点，如图 2.5 所示，有

$$\boldsymbol{F}=F\boldsymbol{i}=-kx\boldsymbol{i},$$

即

$$F=-kx.$$

简化假设：

① 忽略弹簧质量，称为"轻弹簧"；

② 形变均匀，因而弹簧各处弹力相等.

弹簧串联和并联，如图 2.6 所示：

串联时，各处弹力相等

$$\Rightarrow F_1=F_2=F$$

$$\begin{cases}k_1\Delta x_1=k_2\Delta x_2=k\Delta x=F\\ \Delta x=\Delta x_1+\Delta x_2\end{cases}\Rightarrow \frac{1}{k}=\frac{1}{k_1}+\frac{1}{k_2}.$$

弹簧并联时，每个弹簧的形变相等

$$\left.\begin{array}{l}F=F_1+F_2\\ k\Delta x=k_1\Delta x+k_2\Delta x\end{array}\right\}\Rightarrow k=k_1+k_2.$$

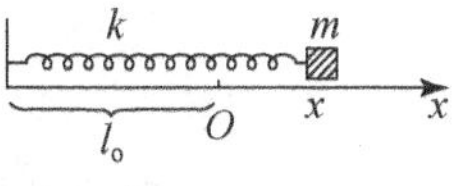

图 2.5　弹簧的弹性力

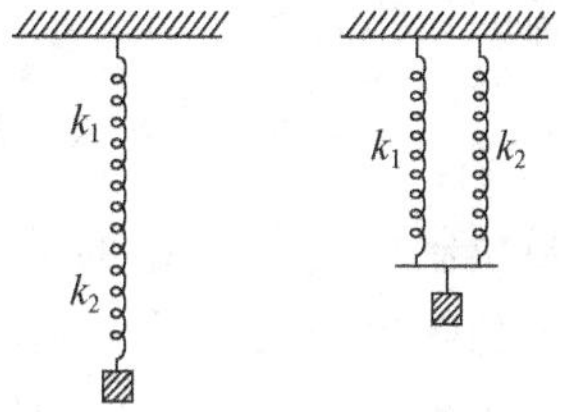

图 2.6　弹簧的串联和并联

4. 摩擦力

定义：摩擦力是指相互接触的物体，有相对运动或有相对运动趋势时物体间的相互作用力. 有相对运动时的相互作用力称为滑动摩擦，有相对运动趋势时的相互作用力称为静摩擦. 无论滑动摩擦还是静摩擦，摩擦力的方向总是沿接触面切向，并阻碍相对运动的发生.

分类：

① 干摩擦(固体—固体) $\begin{cases} \text{静摩擦} & 0 \to \mu_0 N \\ \text{滑动摩擦} & \mu N. \end{cases}$

如图 2.7 所示.其中 N 为正压力，μ_0 为静摩擦系数，μ 为滑动摩擦系数，在本课程中，简化假设 μ 为常量，且 $\mu \approx \mu_0$.

② 湿摩擦(固体—流体，流体—流体)，只有滑动摩擦.

速度较小时与相对速度成正比　$\boldsymbol{f} = -\gamma \boldsymbol{v}$　$\gamma > 0$

速度较大时与相对速度的平方成正比　$\boldsymbol{f} = -\gamma \boldsymbol{v} - \gamma_2 v \boldsymbol{v}$　$\gamma, \gamma_2 > 0$，

其中 γ 和 γ_2 为相应的摩擦系数. 如图 2.8 所示.

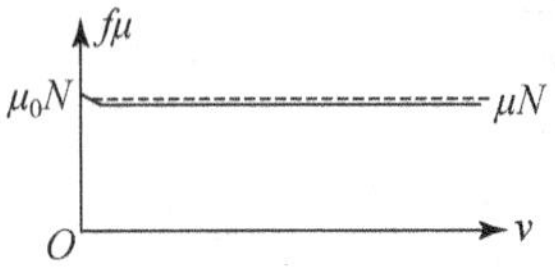

图 2.7　干摩擦的静摩擦和滑动摩擦与速度的关系

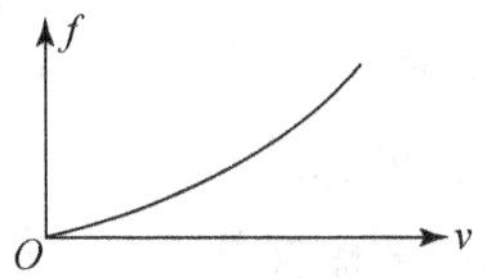

图 2.8　湿摩擦力与速度的关系

5. 电磁力——洛伦兹力

洛伦兹力：质量为 m，电荷量为 q 的质点在电磁场 $\boldsymbol{E}$，$\boldsymbol{B}$ 中以速度 $\boldsymbol{v}$ 运动时，所受到的力

$$\boldsymbol{F} = q(\boldsymbol{E} + \boldsymbol{v} \times \boldsymbol{B}),$$

在国际单位制中电场强度 E 的单位为伏/米，磁感应强度 B 的单位为特拉斯(韦伯/米^2)

库伦力：电荷量为 $q_1 q_2$ 的两点电荷间的作用力(第一个点电荷所受的第二个点电荷的作用力)

$$\boldsymbol{F}_1 = k \frac{q_1 q_2}{r^2} \boldsymbol{e}_{1(2)} \quad k = \frac{1}{4\pi\varepsilon_0} \quad \varepsilon_0 = 8.854 \times 10^{-12}\ \mathrm{F/m}$$

在国际单位制中电荷量 Q 的单位为库仑.

以上的各种力又可分为主动力和被动力. 主动力是指力的大小可根据位置或速度由明确的表达式给出；被动力的大小则不能根据位置或速度由明确的表达式给出，要求解出整个运动情况后才能得知，如绳弹力，桌面弹力，约束力，静摩擦等.

2.5　质点动力学定律应用举例

质点动力学要解决的基本问题包括：

① 由运动(位置、速度和加速度)求力，数学工具主要是微分；

② 由力求运动，数学上主要是积分；

③ 由部分力和运动求另一部分力和运动，数学上微分和积分都会用到.

本课程的要求是第一种情况，第二、三种情况只要求会分析受力和进行简单的积分.

应用质点动力学基本定律求解问题的基本方法——**隔离法**，该方法的主要步骤是：

① 把所考察的物体和与之相连的其他物体隔离开来(这样做的原因是牛顿第二定律的成立条件是质点或刚体；

② 在惯性系中考察被隔离物体的真实受力和运动情况；

③ 选取坐标，列出牛顿第二定律的分量方程；

④ 求解方程并进行结果讨论.

类型 1：运动 ⇒ 力

例题 1　已知：行星运动的运动情况 $\begin{cases} r=\dfrac{p}{1+e\cos\theta} \\ r^2\dot{\theta}=h \text{ 为常量,} \end{cases}$ 求：行星所受到的太阳的作用力.

解：(推导过程见第 1 章例题 3)　$\boldsymbol{F}=-\dfrac{c}{r^2}\boldsymbol{e}_r$

例题 2　已知：质点 m 的运动情况为 $\begin{cases} r=r_0\mathrm{e}^{-k\theta} \\ \dot{\theta}=\omega_0, \end{cases}$ 求：质点 m 所受的力.

解：由 $\dot{\theta}=\dfrac{\mathrm{d}\theta}{\mathrm{d}t}=\omega_0 \Rightarrow \ddot{\theta}=0$

$$\Rightarrow \theta=\int_0^t \omega_0\,\mathrm{d}t=\omega_0 t \Rightarrow r=r_0\mathrm{e}^{-k\omega_0 t}$$

$$\dot{r}=\frac{\mathrm{d}r}{\mathrm{d}t}=-k\omega_0 r_0\mathrm{e}^{-k\omega_0 t}$$

$$\ddot{r}=\frac{d\dot{r}}{dt}=(k\omega_0)^2 r_0\mathrm{e}^{-k\omega_0 t}$$

$$a_r=\ddot{r}-r\dot{\theta}^2=(k\omega_0)^2 r_0\mathrm{e}^{-k\omega_0 t}-r_0\omega_0^2\mathrm{e}^{-k\omega_0 t}=(k^2-1)r_0\omega_0^2\mathrm{e}^{-k\omega_0 t}$$

$$a_\theta=r\ddot{\theta}+2\dot{r}\dot{\theta}=0+2(-k\omega_0^2 r_0)\mathrm{e}^{-k\omega_0 t}=-2k\omega_0^2 r_0\mathrm{e}^{-k\omega_0 t}$$

$$\Rightarrow a=\sqrt{a_r^2+a_\theta^2}=(1+k^2)\omega_0^2 r_0\mathrm{e}^{-k\omega_0 t}$$

$$\boldsymbol{F}=m\boldsymbol{a}=m(\boldsymbol{a}_r+\boldsymbol{a}_\theta)$$

$$F=ma=m\sqrt{a_r^2+a_\theta^2}=m(1+k^2)\omega_0^2 r_0\mathrm{e}^{-k\omega_0 t}$$

类型 2：力 ⇒ 运动

例题 3　单摆的运动. 单摆——质点 m 系在长度为 l 的轻绳上，在一个竖直

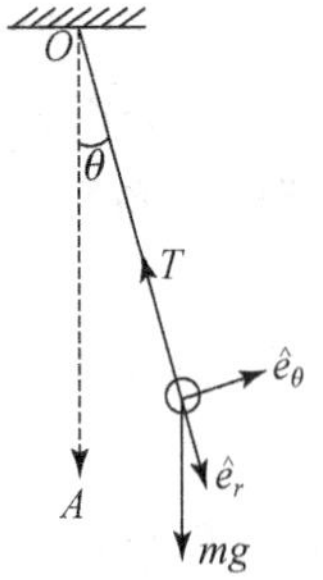

图 2.9　例题 3 图单摆

面运动. $t=0$ 时，$\theta=\theta_m$，从静止开始运动，求 $\theta=\theta(t)$ 和绳中的张力，如图 2.9 所示.

解：① 把物体 m 和绳子隔离开来.

② 分析物体 m 的受力情况：mg，T.

③ 以 O 为原点，$\overrightarrow{OA}$ 为极轴，建立极坐标系，列出分量方程

$$\mathbf{e}_r: mg\cos\theta - T = ma_r = m(\ddot{r} - r\dot{\theta}^2) = -ml\dot{\theta}^2 \quad (1)$$

$$\mathbf{e}_\theta: -mg\sin\theta = ma_\theta = m(l\ddot{\theta} + 2\dot{r}\dot{\theta}) = ml\ddot{\theta} \quad (2)$$

由(2) $\Rightarrow \ddot{\theta} + \frac{g}{l}\sin\theta = 0$　　(3)

当 $\theta \ll 1$ 时，$\sin\theta \sim \theta$，(2) $\Rightarrow \ddot{\theta} + \frac{g}{l}\theta = 0$

$$\ddot{\theta} + \omega^2\theta = \ddot{\theta} + (g/l)^2\theta = 0. \quad (4)$$

④ 求解运动微分方程(4).

用代入法可证明，方程(4)具有解 $\theta = A\cos(\omega t + \alpha)$，其中 $\omega = \sqrt{g/l}$.

θ 随时间作余弦变化的运动称为“简谐振动”，A 为振幅，若当 t 增加 T 时，振动重复，即 $\omega(t+T) = \omega t + 2\pi$，$\Rightarrow$

$T = \frac{2\pi}{\omega}$ 称为周期，

$\frac{1}{T} = f = \frac{\omega}{2\pi}$ 称为频率，

$\omega = 2\pi f$ 称为园频率(角频率)，

$\omega t + \alpha$ 称为相位，α 称为初相位. 不论 t 为何值，只要相位相同(或差 $2n\pi$)，就具有相同的运动状态(位置和速度).

⑤ A 和 α 的确定.

初条件 $\Rightarrow \begin{cases} \theta|_{t=0} = \theta_m = A\cos\alpha \\ \dot{\theta}|_{t=0} = -A\sin(\omega t + \alpha)|_{t=0} = -A\sin\alpha = 0 \end{cases} \Rightarrow \begin{matrix} A = \theta_m \\ \alpha = 0, \end{matrix}$

最后得 $\theta = \theta_m \cos\left(\sqrt{\frac{g}{l}}t\right)$.

例题 4　已知：弹簧振子(k, m)，$t=0$ 时，用力将另一木块 B 靠在振子 A 上，并有压缩量 l，然后放手，如图 2.10 所示.

求：振子重新达到最大压缩所用的时间，及最大压缩量.

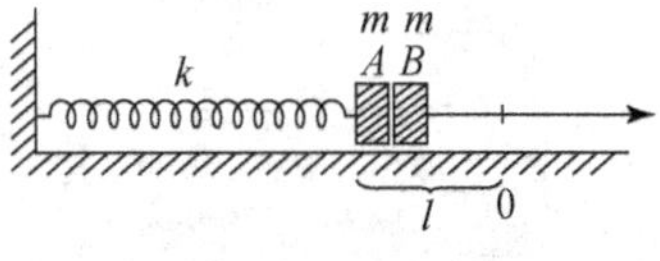

图 2.10　例题 4 图

解：思路——① 要求时间，首先就要求 $x=x(t)$；② 要求 $x=x(t)$，必须分析受力，列出 x 的微分方程；③ 系统运动复杂，B 可能脱离 A，需要分段分析.

第一阶段：弹簧由 $t=0$ 时的压缩状态到恢复自然长，这一阶段系统为 $k,2m$.

第二阶段：弹簧由自然长开始，B 开始脱离 A 运动，系统变为 k,m.

对第一阶段，任意位置 x 时，有

$$F=-kx_1=2m\ddot{x}_1 \Rightarrow \ddot{x}_1+\frac{k}{2m}x_1=0$$

$$\Rightarrow x_1=A_1\cos\left(\sqrt{\frac{k}{2m}}t+\alpha_1\right)$$

$$\text{由 } t=0 \text{ 时} \left.\begin{aligned}x&=A\cos\alpha_1=-l\\ \dot{x}&=-A\sqrt{\frac{k}{2m}}\sin\alpha_1=0\end{aligned}\right\}\Rightarrow \begin{aligned}A&=l\\ \alpha_1&=\pi\end{aligned}$$

$$\Rightarrow x_1=l\cos\left(\sqrt{\frac{k}{2m}}t+\pi\right)$$

到达 $x=0$ 时，所用时间 $\tau_1=\dfrac{T_1}{4}=\dfrac{1}{4}\dfrac{2\pi}{\omega_1}=\dfrac{\pi}{2}\sqrt{\dfrac{2m}{k}}$，

当 $t=\tau_1$ 时，A 和 B 的速度为 $\dot{x}=-l\sqrt{\dfrac{k}{2m}}\sin\left(\pi+\dfrac{\pi}{2}\right)=l\sqrt{\dfrac{k}{2m}}$

当 $t>\tau_1$ 后，B 脱离 A，进入第二阶段.

对第二阶段

$$F=-kx_2=m\ddot{x}_2 \Rightarrow x_2=A_2\cos\left(\sqrt{\frac{k}{m}}t+\alpha_2\right)$$

$$\text{由 } t=0 \text{ 时，} \left.\begin{aligned}x_2&=A_2\cos\alpha_2=0\\ \dot{x}_2&=-A_2\sqrt{\frac{k}{m}}\sin\alpha_2=l\sqrt{\frac{k}{2m}}\end{aligned}\right\}\Rightarrow \begin{aligned}A_2&=l/\sqrt{2}\\ \alpha&=-\frac{\pi}{2}\end{aligned}$$

最大压缩量由 l 减小为 $l/\sqrt{2}$，周期由 $2\pi\sqrt{\dfrac{2m}{k}}$ 减小为 $2\pi\sqrt{\dfrac{m}{k}}$

重新到达最大压缩时所用时间 $\tau=\dfrac{\pi}{4}T_1+\dfrac{3}{4}T_2=\dfrac{\pi}{2}\sqrt{\dfrac{m}{k}}(3+\sqrt{2})$.

例题 5　已知：M_1，M_2 之间的磨擦系数为 μ，M_2 与地之间光滑.

求：要将 M_2 从 M_1 下抽出，外力 $F=?$

解：(1) 有相对滑动时，必须隔离每个物体，单列每个物体的运动微分方程.

有相对滑动时 $f_\mu=\mu N_1=\mu m_1 g$.

考虑水平方向的受力情况.

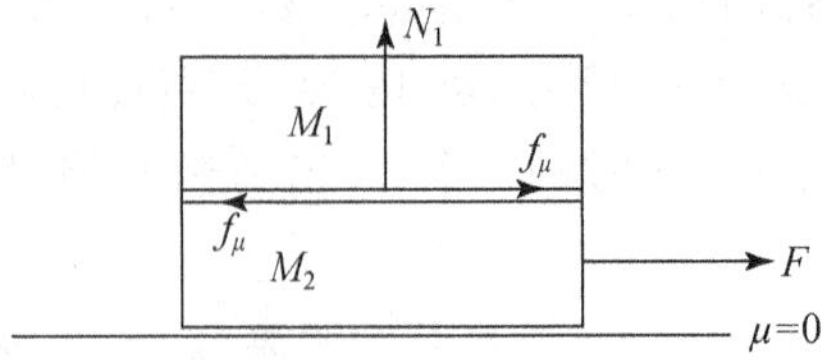

图 2.11　例题 5 图

M_2 受两个力作用：F，方向为→；$f_\mu=\mu m_1 g$，方向为←，

M_1 受一个力作用：$f_\mu=\mu m_1 g$，方向为→，

⇒ M_2 方程：$F-\mu m_1 g=m_2 a_2$，

M_1 方程：$\mu m_1 g=m_1 a_1$，

如果要把 M_2 抽出来，必须使 $a_2>a_1$.

$$\frac{F-\mu m_1 g}{m_2}>\mu g$$

$$\Rightarrow F>\mu(m_1+m_2)g.$$

(2) 无相对滑动时，$f_\mu\leqslant\mu N_1=\mu m_1 g$，$a_1=a_2=a$.

M_2 受力：F→，f_μ←，⇒ $F-f_\mu=m_2 a$，

M_1 受力：F→，⇒ $f_\mu=m_1 a$，

⇒ $F=(m_1+m_2)a$.

但对上面的物体 m_1，有 $f_\mu=m_1 a\leqslant\mu m_1 g$ ⇒ $a<\mu g$

⇒ $F=(m_1+m_2)a\leqslant\mu(m_1+m_2)g$.

有趣的例子："大力士"小孩. 把一个重物用绳子的一端系好，绳子的另一端在一个圆木柱子上绕上几圈后握在一个小孩手里. 一个孩子就能使 10 吨重的物体不致下滑，这个孩子是大力士吗？请看下面的分析.

例题 6　套在轮轴上的绳子，一端系一重物，一端用手拉着，求重物要往下滑、但未滑时，轮轴两边的绳子张力的关系($\mu\neq0$).

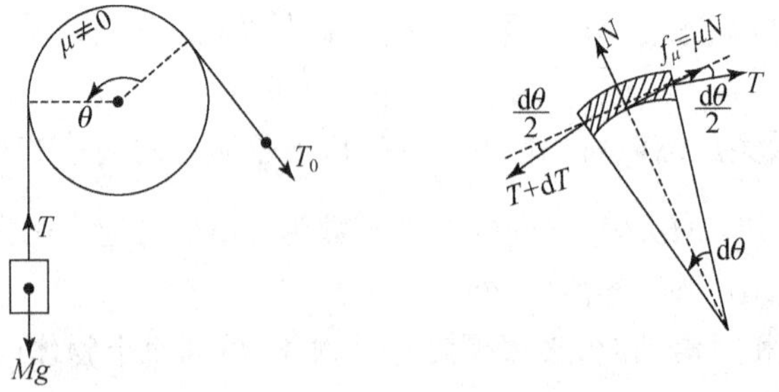

图 2.12　例题 6 图

解：分析绳子整体的受力非常困难，因为绳子上每一点所受的弹力和摩擦力的方向是不同的，大小也未知．所以我们隔离其中的任意一小段线元来分析．只要 $d\theta$ 足够小，这段线元上的摩擦力的方向就可看做沿该段中点的切线方向；所受的弹力 N 的方向沿该段中点的法线方向；在要滑未滑时，摩擦力的大小可表示为 μN．此外，该段绳子两端还受到绳子张力 T 和 $T+\mathrm{d}T$，方向分别为线元两端的切线方向．如图 2.12 所示．列出该段线元在其中点的切线方向和法线方向的分量方程为

$$\text{切线 } \boldsymbol{\tau} \text{ 方向：}(T+\mathrm{d}T)\cos\frac{\mathrm{d}\theta}{2}-T\cos\frac{\mathrm{d}\theta}{2}-\mu N=(\mathrm{d}m)\cdot a_\tau=0. \quad (1)$$

$$\text{法线 } \boldsymbol{n} \text{ 方向：}(T+\mathrm{d}T)\sin\frac{\mathrm{d}\theta}{2}+T\sin\frac{\mathrm{d}\theta}{2}-N=(\mathrm{d}m)\cdot a_n=0. \quad (2)$$

当 $\mathrm{d}\theta\to 0$ 时，$\sin\frac{\mathrm{d}\theta}{2}\doteq\frac{\mathrm{d}\theta}{2}$，$\cos\frac{\mathrm{d}\theta}{2}\doteq 1$，(1)和(2)变为

$$\mathrm{d}T-\mu N=0, \quad (3)$$

$$T\mathrm{d}\theta-N=0, \quad (4)$$

(4)代入(3) $\Rightarrow$ $\mathrm{d}T=\mu N=\mu T\mathrm{d}\theta$，移项、积分得

$$\int_{T_0}^{T}\frac{\mathrm{d}T}{T}=\int_0^\theta\mu\mathrm{d}\theta\Rightarrow\ln\frac{T}{T_0}=\mu\theta$$

$$T=T_0\mathrm{e}^{\mu\theta}\quad\text{或}\quad T_0=T\mathrm{e}^{-\mu\theta}.$$

分析解的物理意义：设 $T=Mg=10$ 吨 $=10\times10^3$ kg，$\mu=0.5$ $\theta=3\times2\pi$．代入上式得

$$T_0=Mg\,\mathrm{e}^{-0.5\times6\pi}\doteq 1.0\ \mathrm{kg}$$

可见，只需要很小的力就能将很重的物体拉住．

有趣的例子：逆风行船．看过风帆比赛的读者都知道，逆风行船是可能的，可是怎么实现的呢？关键是掌握风帆、船和风的相对方向．请看下面的分析．

例题 7　如图 2.13 所示，航向为北偏东 α 角的帆船遇到强度为 I ($\mathrm{N/m^2}$)的北风，问船帆应在什么方向，才能得到航向方向的推力，这个推力有多大？设风帆面积为 S．

解：隔离小船，分析水平方向的受力．小船受风力和水的阻力．

先分析风力．设风帆面与风向的夹角为 θ．风吹到帆上的力等于风强与风帆有效面积——风帆在垂直于风力方向的面积的乘积，即 $F=I\cdot S\cdot\sin\theta$．该力可分解为平行于帆面和垂直于帆面的分力．平行于帆面的分力从帆面掠过，对风帆、也即对小船没有作用，只有垂直于帆面的分力起作用，其大小为

$$F_\perp=F\cdot\sin\theta=IS\cdot\sin^2\theta.$$

作用于帆船的力还有水的作用力 N．由于风力的作用，船有沿船身侧向运动

的趋势，船身侧面水下部分必受到水的作用力，忽略水的粘滞阻力，该力的方向垂直于船身侧面，以阻碍侧面运动趋势. 如果忽略水的粘滞阻力、船头做得很好，帆船在航行方向受到的阻力也可以忽略. 这样帆船就只受到风力 $F_{\perp}$ 和侧面水阻力 N 的作用. 列出小船在航向和侧向的动力学方程，得

$$\text{航向：} F_{\perp} \cdot \sin(\alpha-\theta) = IS \cdot \sin^2\theta \cdot \sin(\alpha-\theta) = ma_{\Rightarrow},$$

$$\text{侧向：} N - F_{\perp} \cdot \cos(\alpha-\theta) = N - IS \cdot \sin^2\theta \cdot \cos(\alpha-\theta) = 0,$$

由此可见，帆船的动力

$$F_{\Rightarrow} = ma_{\Rightarrow} = IS \cdot \sin^2\theta \cdot \sin(\alpha-\theta)$$

来源于风力. 为了使船能逆风而行，不仅要求 $\alpha<\pi/2$，而且要求 $F_{\Rightarrow}>0$，即 $\alpha>\theta$，亦即风帆必须在风力线与船航向之间.

在 α 一定的前提下，由 $\mathrm{d}F_{\Rightarrow}/\mathrm{d}\theta=0$ 可求得使 $F_{\Rightarrow}$ 取极大值的 θ 值为

$$\theta = \tan^{-1}\left[(-3+\sqrt{9+8\tan^2\alpha})/2\tan\alpha\right]$$

当 $\alpha=45°$ 时，$\theta \doteq 29°$，当 $\alpha=30°$ 时，$\theta \doteq 20°$.

在上面的分析中，航向不是真正的逆风. 若要真正的逆风而行，帆船只要沿"之"字形路线前进即可，如图 2.13 所示所示.

请读者思考，为什么逆风会成为动力，其中水的侧面阻力起什么作用？其实，正是水的侧面阻力与风力的合力才是帆船的动力. 如果没有这个阻力，帆船就不会在任何逆风的方向运动.

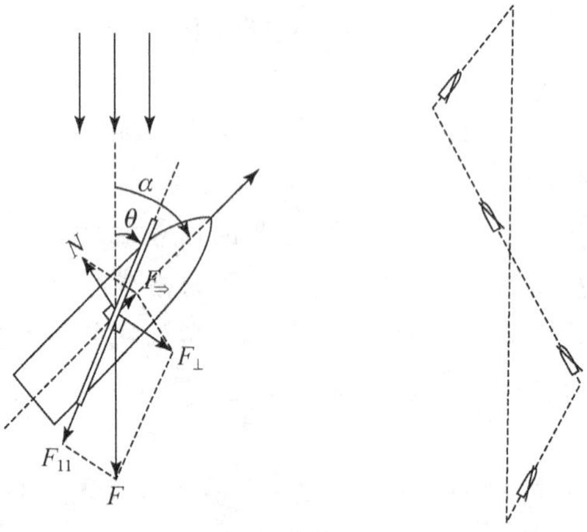

图 2.13　例题 7 图逆风行船

思　考　题

1. 运动第一定律表述为：物体不受任何外力作用时(含外力为零)，保持其静止或匀速直线运动的状态不变. 问：这里的物体应如何理解？

2. 为什么可以说运动第一定律蕴涵了惯性参照系的概念?

3. 试举例说明运动第一定律对于非惯性参照系不成立.

4. 既然牛顿用动量定理来表述运动第二定律,但是常用的表达式是 $F=Ma$,它的成立条件是什么?

5. 牛顿第二定律表述中的物体应如何理解?

6. 有人说运动第一定律是合外力为零时的第二定律,对于这种说法你有何见解?

7. 在力学的国际单位制中什么是基本量和基本单位,什么是导出量和导出单位?

8. 当前质量、时间和长度的基准是什么?

9. 人造卫星受到重力的作用,其反作用力作用在何处?

10. 大块头运动员与小个子运动员相撞,总是小个子被撞飞,因此有人说"作用力与反作用力不相等",你如何反驳?

11. 万有引力定律描述的是两个质点间的相互作用力,地球对于地球上物体的引力可看成处于地心的质点(其质量等于地球质量)与物体之间的万有引力,这里的成立条件是什么?

12. 设想在地面上某地打通一贯穿地心的隧道到达地球上的另一面,一人跳进该隧道,他将如何运动?

13. 为什么地球表面不同地区的重力加速度会有差异?为什么同一地区高度不同,重力加速度也会发生变化?

14. 在地面以上 10 000 m 的高度范围内,将重力加速度看作常数 g,相对误差可能多大?

15. 已知电子的电量为 $-e$($e=1.602\,19\times10^{-19}$ C),质量为 $0.910\,954\times10^{-27}$ g. 问:在氢原子中,氢核与电子的静电力是万有引力的多少倍?

16. 点电荷在稳恒磁场中的运动轨迹是什么?

17. 如图 SK2.1 所示是一竖直悬挂的弹簧振子. 试论证,若以重力与弹力平衡时 A 端的位置为坐标原点,则胡克定律保持它的形式不变,好像没有重力一样.

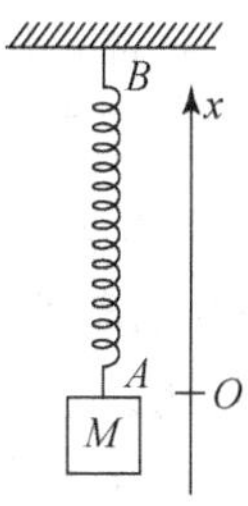

图 SK2.1　思考题 17 图

18. 设雨滴下降时质量不变，所受的空气阻力与速度成正比，试说明雨滴下降时速度的变化趋势.

习　题　二

2.1　求地球静止轨道卫星在地心系中的速度、加速度和距地面的高度.

2.2　一汽车以匀速率 v_0 通过两段圆弧组成的路段爬高，如图 XT2.1 所示. 圆弧的半径为 R、所对的圆心角为 θ：

(1) 求在路段上各处汽车对路面的正压力；

(2) 在什么情况下，汽车会离开路面“跳起”？

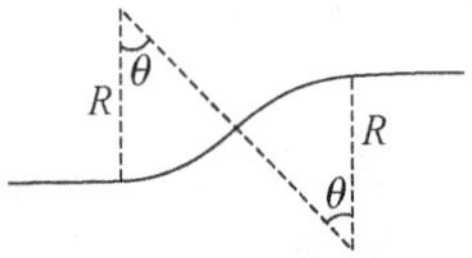

图 XT2.1　习题 2.2 图

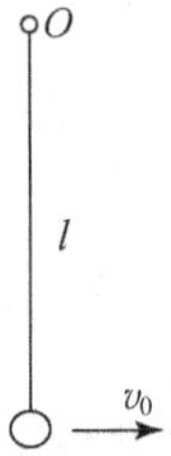

图 XT2.2　习题 2.3 图

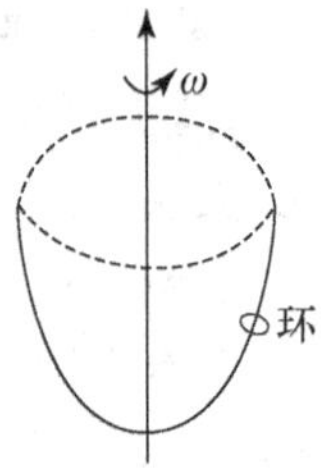

图 XT2.3　习题 2.5 图

2.3　由长为 l 的轻绳与小球组成的单摆悬挂于 O 点，如图 XT2.2 所示. 已知小球在最低点有水平方向的速度 v_0，试证明：若

$$v_0=\sqrt{(2+\sqrt{3})lg},$$

则小球的轨迹将通过 O 点.

2.4　在地平面上以初速度 $\boldsymbol{v}_0$ 斜抛一质量为 m 的物体，$\boldsymbol{v}_0$ 与地平面的夹角为 θ. 若空气的阻力可不计，求：

(1) 物体在落地时动量和动能的增量；

(2) 物体在地面以上的运行时间.

2.5　一光滑金属丝弯成对称的下凹曲线，其上套一小环，如图 XT2.3 所示. 金属丝以匀角速度 ω 绕它的铅直对称轴转动. 问：金属丝应弯成什么形状，才能使小环在金属丝上任何位置都不滑动？

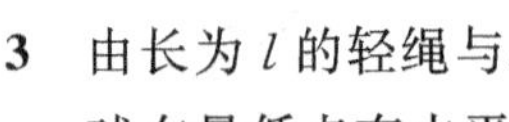

图 XT2.4　习题 2.6 图

2.6　在光滑水平面上有一质量为 M、长为 L 的均质杆，如图 XT2.4 所示. 若在杆的两端分别施加水平推力 $\boldsymbol{F}_1$ 和 $\boldsymbol{F}_2$，求杆中任一横截面两侧的相互作用力.

2.7　已知太阳离银河系中心的距离约 1.8×10^9 AU(1 AU 约等于日地平均距离)，且以近似的圆轨道绕银河系中心运动，其周期约为 2×10^8 年. 以太阳的质量为单位估计太阳轨道内部的银河系质量(在计算太阳受到的引力时可以假设该部分质量集中于银河系中心).

2.8 已知交变电场沿 $\boldsymbol{j}$ 方向,强度为 $E(t)=E_0\cos\omega t$. 电场中有一电子,初始时位于原点,$\boldsymbol{v}=v_0\boldsymbol{i}$. 求这个电子的轨迹.

2.9 一电子以初速度 $v_0\boldsymbol{i}$ 射入平行板电容器,如图 XT2.5 所示. 电容器的板长为 L,其中有均匀电场 $E_0\boldsymbol{j}$. 求:

(1) 电子在电容器两极板之间的轨迹;

(2) 电子在穿过电容器之后,其速度矢量与 x 轴的夹角.

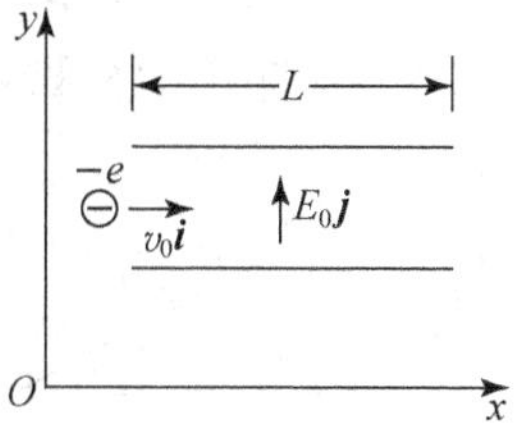

图 XT2.5　习题 2.9 图

2.10 已知月球的质量为 $M_m=735\times10^{22}$ kg,半径为 $R_m=1.74\times10^3$ km. 求任一物体在月球表面受到的月球引力与它在地面的重力之比.

2.11 有一长为 L、劲度系数为 k 的弹簧,现将它分为等长的两段(见附图):

(1) 求每段弹簧的劲度系数;

(2) 若将两段弹簧并联,组成如图 XT2.6 所示的组合弹簧,求组合弹簧的劲度系数.

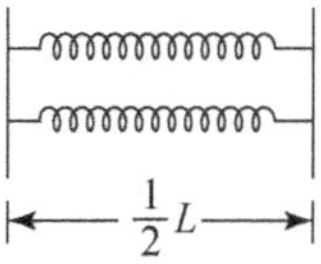

图 XT2.6　习题 2.11 图

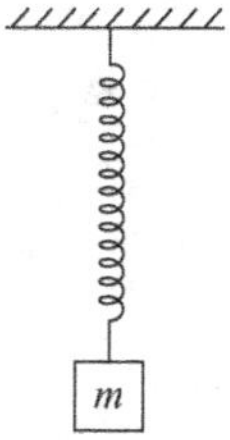

图 XT2.7　习题 2.12 图

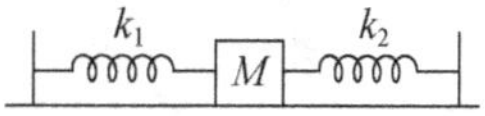

图 XT2.8　习题 2.13 图

2.12 如图 XT2.7 所示是垂直悬挂的弹簧振子. 若振子在不受其他外力的条件下沿铅垂方向运动,试证明振子的运动是简谐振动,并求振动周期.

2.13 在无摩擦的水平面上有如图 XT2.8 所示的振子,试求它的振动周期.

2.14 一物体在一固定的斜面上,以初速 1.5 m·s^{-1} 向上运动,斜面的倾角为 30°,如图 XT2.9 所示. 已知物体与斜面间的摩擦系数 $\mu=\sqrt{3}/12$,求该物体返回初始位置时的速率.

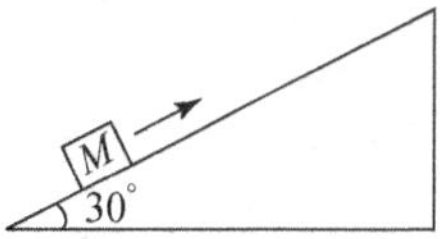

图 XT2.9　习题 2.14 图

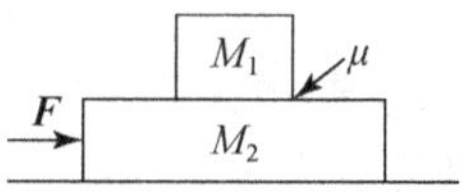

图 XT2.10　习题 2.15 图

2.15 在无摩擦的水平面上有两个重叠的立方体，它们的质量分别为 M_1 和 M_2，两物体间的摩擦系数为 μ，如图 XT2.10 所示. 现以水平推力 $\boldsymbol{F}$ 作用于下面的物体，问 $\boldsymbol{F}$ 不超过多大，才能使两物体无相对运动？

2.16 在水平面上有质量为 m_1 的板，其上有质量为 m_2 的物体. 物体与板以及板与水平面之间的摩擦系数皆为 μ. 现用水平力拉板. 问至少要用多大的力才能把板从物体下面抽出来？

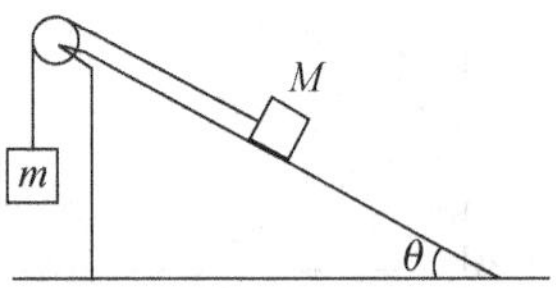

图 XT2.11　习题 2.17 图

2.17 如图 XT2.11 所示是一个固定的斜面，两物体通过弦线和定滑轮相连，它们的质量分别为 M 和 m. 已知 $M=2m$，M 与斜面间的摩擦系数 $\mu=0.25$. 问斜面的倾角 θ 多大时，才能使斜面上的物体向上或向下运动.

2.18 若有质量为 m 的自由下落的雨滴，除受重力作用外还受空气阻力 $\boldsymbol{f}$ 的作用.

已知 $\boldsymbol{f}=-\gamma\boldsymbol{v}$（$\boldsymbol{v}=v\boldsymbol{e}_t$ 是雨滴的速度），

(1) 求 γ 的量纲与单位；

(2) 求雨滴速度与时间的关系.

2.19 一跳水运动员，从高度为 H 的跳台跳下.

(1) 不计空气阻力，估算从起跳到入水所经历的时间和入水速度；

(2) 假定水的浮力恰好与重力平衡，水的阻力为 $-\gamma\boldsymbol{v}$，求入水后的速度与水面下深度的函数关系.

第三章　力学相对性原理和非惯性系动力学

本章提要

本章首先解决同一质点在不同的参考系中测到的速度和加速度之间的关系，即相对运动的运动学问题.在此基础上，先引入力学相对性原理(即所有的惯性系都是等价的)，然后建立了非惯性系和惯性力的概念，介绍了非惯性系中的动力学方程.以地球非惯性系为例，阐述了非惯性系中的动力学方程的应用及惯性力的动力学效应.

3.1　相对运动的运动学

本节要解决的问题，是同一质点在不同的参考系 S 和 S' 中测到的速度 $\boldsymbol{v}$ 和 $\boldsymbol{v}'$，加速度 $\boldsymbol{a}$ 和 $\boldsymbol{a}'$ 之间的关系.它至少包括两类问题：① 质点约束在 S'(如转动园盘)上运动，考察其相对于参考系 S 和 S' 的速度和加速度；② 质点与 S 系(地面)和 S'(如地面行走的汽车)均无约束关系，如鸟在空中飞行，考察其相对于地和汽车的速度.

不失一般性，采用直角坐标来进行推导.质点 P 在 S 系和 S' 系中的速度和加速度为

$$\boldsymbol{v} = \frac{\mathrm{d}\boldsymbol{r}}{\mathrm{d}t} = \dot{x}\boldsymbol{i} + \dot{y}\boldsymbol{j} + \dot{z}\boldsymbol{k}, \quad \boldsymbol{a} = \frac{\mathrm{d}\boldsymbol{v}}{\mathrm{d}t} = \ddot{x}\boldsymbol{i} + \ddot{y}\boldsymbol{j} + \ddot{z}\boldsymbol{k} \tag{3.1}$$

$$\boldsymbol{v}' = \frac{\tilde{\mathrm{d}}\boldsymbol{r}'}{\mathrm{d}t} = \dot{x}'\boldsymbol{i}' + \dot{y}'\boldsymbol{j}' + \dot{z}'\boldsymbol{k}', \quad \boldsymbol{a}' = \frac{\tilde{\mathrm{d}}\,\boldsymbol{v}'}{\mathrm{d}t} = \ddot{x}'\boldsymbol{i}' + \ddot{y}'\boldsymbol{j}' + \ddot{z}'\boldsymbol{k}', \tag{3.2}$$

注意，这里的微商是分别在 S 系和 S' 系中的微商，故其基本矢量都是不变的.在本节中为了区分在 S 系和 S' 系中的微商，我们把在 S 系和 S' 系中的微商分别记为 $\dfrac{\mathrm{d}}{\mathrm{d}t}$ 和 $\dfrac{\tilde{\mathrm{d}}}{\mathrm{d}t}$，如图 3.1 所示.

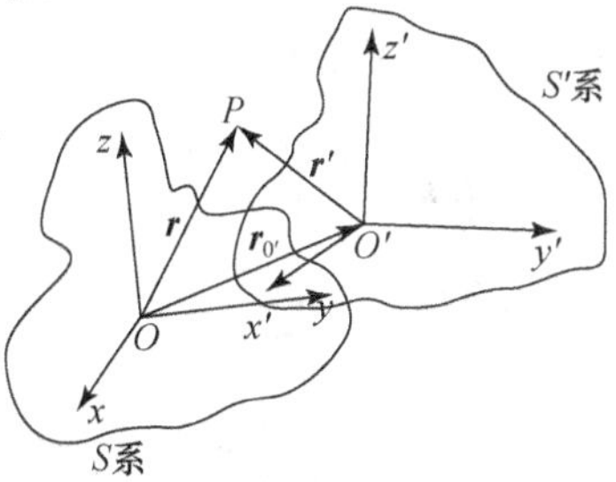

图 3.1　质点在 S 系和 S′系中的位置的相互关系

1. 平动参考系

首先指出，参考系可看成向四面八方无限延伸的刚体，因此参考系的运动可以应用刚体运动学的概念和公式. 设 S'系相对于 S 系平动，则刚体 S'上所有点具有相同的速度和加速度，我们用 S'上坐标原点的速度和加速度 $\boldsymbol{v}_{0'}$，$\boldsymbol{a}_{0'}$来表示. 另外，因 S'作平动，故有

$$\frac{\mathrm{d}\boldsymbol{i}'}{\mathrm{d}t}=\frac{\mathrm{d}\boldsymbol{j}'}{\mathrm{d}t}=\frac{\mathrm{d}\boldsymbol{k}'}{\mathrm{d}t}=0 \tag{3.3}$$

由图 3.1 可见，质点在 S 系中的位置矢量等于质点在 S'系中的位置矢量与 S'系的坐标原点在 S 系中的位置矢量之和，即

$$\boldsymbol{r}=\boldsymbol{r}_{0'}+\boldsymbol{r}', \tag{3.4}$$

两边在 S 系中对时间求微商：

$$左=\frac{\mathrm{d}\boldsymbol{r}}{\mathrm{d}t}=\frac{\mathrm{d}}{\mathrm{d}t}(x\boldsymbol{i}+y\boldsymbol{j}+z\boldsymbol{k})=\dot{x}\boldsymbol{j}+\dot{y}\boldsymbol{j}+\dot{z}\boldsymbol{k}=\boldsymbol{v},$$

得到质点在 S 系中的速度 $\boldsymbol{v}$；

$$右=\frac{\mathrm{d}}{\mathrm{d}t}(\boldsymbol{r}_{0'}+\boldsymbol{r}')=\frac{\mathrm{d}\boldsymbol{r}_{0'}}{\mathrm{d}t}+\frac{\mathrm{d}\boldsymbol{r}'}{\mathrm{d}t},$$

其中，$\dfrac{\mathrm{d}\boldsymbol{r}_{0'}}{\mathrm{d}t}=\boldsymbol{v}_{0'}$，为 S'系的坐标原点在 S 系中的速度，而

$$\begin{aligned}\frac{\mathrm{d}\boldsymbol{r}'}{\mathrm{d}t}&=\frac{\mathrm{d}}{\mathrm{d}t}(x'\boldsymbol{i}'+y'\boldsymbol{j}'+z'\boldsymbol{k}')\\&=(\dot{x}'\cdot\boldsymbol{i}'+\dot{y}'\boldsymbol{j}'+\dot{z}'\boldsymbol{k}')+\left(x'\frac{\mathrm{d}}{\mathrm{d}t}\boldsymbol{i}'+y'\frac{\mathrm{d}}{\mathrm{d}t}\boldsymbol{j}'+z'\frac{\mathrm{d}}{\mathrm{d}t}\boldsymbol{k}'\right)\\&=\boldsymbol{v}'+0=\boldsymbol{v}'\end{aligned}$$

为质点在 S'系中的速度. 故

$$\boldsymbol{v}=\boldsymbol{v}_{0'}+\boldsymbol{v}', \tag{3.5}$$

该式再对时间求微商，并利用

$$\frac{\mathrm{d}\boldsymbol{v}_{0'}}{\mathrm{d}t}=\boldsymbol{a}_{0'}$$

和

$$\begin{aligned}\frac{\mathrm{d}\boldsymbol{v}'}{\mathrm{d}t}&=\frac{\mathrm{d}}{\mathrm{d}t}(\dot{x}'\boldsymbol{i}'+\dot{y}'\boldsymbol{j}'+\dot{z}'\boldsymbol{k}')\\&=(\ddot{x}'\boldsymbol{i}'+\ddot{y}'\boldsymbol{j}'+\ddot{z}'\boldsymbol{k}')+\left(\dot{x}'\frac{\mathrm{d}}{\mathrm{d}t}\boldsymbol{i}'+\dot{y}'\frac{\mathrm{d}}{\mathrm{d}t}\boldsymbol{j}'+\dot{z}'\frac{\mathrm{d}}{\mathrm{d}t}\boldsymbol{k}'\right)\\&=\boldsymbol{a}'+0=\boldsymbol{a}',\end{aligned}$$

得

$$\boldsymbol{a}=\boldsymbol{a}_{0'}+\boldsymbol{a}'. \tag{3.6}$$

(3.5)和(3.6)两式表示，质点在 S 系中的速度和加速度(通常称为绝对速度和绝

对加速度)等于质点在S'中的速度和加速度(通常称为相对速度和相对加速度)与S'系的坐标原点在S系中的速度和加速度之和. 又因为S'系的坐标原点在S系中的速度和加速度等于质点固定在S'中不动时,由于S'平动而被牵连运动所具有的速度和加速度,所以(3.5)和(3.6)又可表述为:绝对速度(加速度)等于相对速度(加速度)加上牵连速度(加速度).

例题 1　河水流速为$\boldsymbol{v}_1$,渡船相对于河水以静水速$\boldsymbol{v}_2$运动,求渡船相对于地的速度$\boldsymbol{v}$.

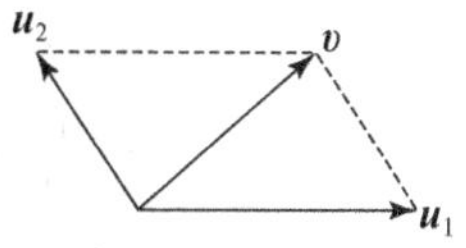

图 3.2　例题 1 图

解:以地为S系,河水为S'系,则$\boldsymbol{v}_{0'}=\boldsymbol{v}_1$, $\boldsymbol{v}'=\boldsymbol{v}_2$, $\boldsymbol{v}=\boldsymbol{v}_{0'}+\boldsymbol{v}'=\boldsymbol{v}_1+\boldsymbol{v}_2$

例题 2　敌舰A在我方炮台B东北方向相对于地球以$\boldsymbol{v}_A$向东运动,鱼雷速度$|\boldsymbol{v}_B|=2|\boldsymbol{v}_A|$,求:击中$A$的鱼雷发射方向.

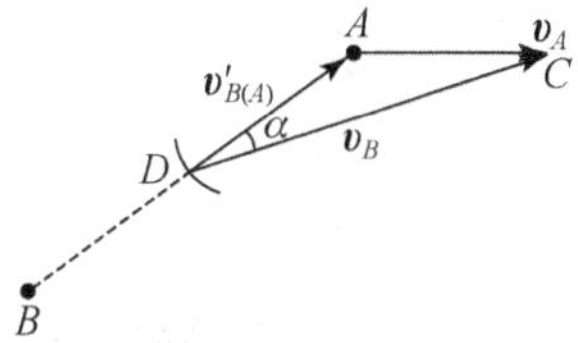

图 3.3　例题 2 图

解:以A为S'系,$\boldsymbol{v}_{0'}=\boldsymbol{v}_A$,

鱼雷速度$\boldsymbol{v}_B=\boldsymbol{v}_{0'}+\boldsymbol{v}'_{B(0')}=\boldsymbol{v}_A+\boldsymbol{v}'_{B(A)}$,

鱼雷B要能击中目标A,就要求B相对于A的速度$\boldsymbol{v}'_{B(A)}$的方向为$\overrightarrow{BA}$. 这样,在由公式$\boldsymbol{v}_B=\boldsymbol{v}_A+\boldsymbol{v}'_{B(A)}$确定的三角形中,我们已知$\boldsymbol{v}_A$、$|\boldsymbol{v}_B|$和$\boldsymbol{v}'_{B(A)}$的方向,需要求出$\boldsymbol{v}_B$的方向. 可以用作图法:在图3.3中,以$\boldsymbol{v}_A$箭头$C$为圆心,$2v_A$为半径作圆弧,与$BA$交于$D$,则$\overrightarrow{DC}=\boldsymbol{v}_B$. 方位角$\alpha$由下式确定

$$\frac{\sin\alpha}{v_A}=\frac{\sin(90+45°)}{2v_A}\Rightarrow\sin\alpha=\frac{\sqrt{2}}{4}.$$

2. 平动转动参考系

设S'系(刚体)相对于S系作任意运动,可分解为基点(S'系的坐标原点o')的平动($v_{0'}$,$\boldsymbol{a}_{0'}$)和绕基点的转动($\boldsymbol{\omega}$,$\dot{\boldsymbol{\omega}}$). 由刚体运动学公式(1.32)知,在$S$系看来,$S'$系的基本矢量对时间的微商

$$\frac{\mathrm{d}\boldsymbol{i}'}{\mathrm{d}t}=\boldsymbol{\omega}\times\boldsymbol{i}',\ \frac{\mathrm{d}\boldsymbol{i}'}{\mathrm{d}t}=\boldsymbol{\omega}\times\boldsymbol{j}',\ \frac{\mathrm{d}\boldsymbol{i}'}{\mathrm{d}t}=\boldsymbol{\omega}\times\boldsymbol{k}'.\tag{3.7}$$

该式表示:转动坐标系中基本矢量对时间的微商等于转动角速度与该基本矢量的叉乘. 下面推导将用到这个表达式.

对位置矢量$\boldsymbol{r}=\boldsymbol{r}_{0'}+\boldsymbol{r}'$在$S$系中求时间的微商,得

$$左=\frac{\mathrm{d}\boldsymbol{r}}{\mathrm{d}t}=\boldsymbol{v},$$

这是质点在S系中的速度;

$$右=\frac{\mathrm{d}}{\mathrm{d}t}(\boldsymbol{r}_{0'}+\boldsymbol{r}')=\frac{\mathrm{d}\boldsymbol{r}_{0'}}{\mathrm{d}t}+\frac{\mathrm{d}\boldsymbol{r}'}{\mathrm{d}t},$$

其中,

$$\frac{\mathrm{d}\boldsymbol{r}_{O'}}{\mathrm{d}t}=\boldsymbol{v}_{O'}$$

$$\begin{aligned}\frac{\mathrm{d}\boldsymbol{r}'}{\mathrm{d}t}&=\frac{\mathrm{d}}{\mathrm{d}t}(x'\boldsymbol{i}'+y'\boldsymbol{j}'+z\boldsymbol{k}')\\&=\dot{x}'\boldsymbol{i}'+\dot{y}'\boldsymbol{j}'+\dot{z}'\boldsymbol{k}'+x'\boldsymbol{\omega}\times\boldsymbol{i}'+y'\boldsymbol{\omega}\times\boldsymbol{j}'+z'\boldsymbol{\omega}\times\boldsymbol{k}'\\&=\dot{x}'\boldsymbol{i}'+\dot{y}'\boldsymbol{j}'+\dot{z}'\boldsymbol{k}'+\boldsymbol{\omega}\times(x'\boldsymbol{i}'+y'\boldsymbol{j}'+z'\boldsymbol{k}')\\&=\frac{\tilde{\mathrm{d}}\boldsymbol{r}'}{\mathrm{d}t}+\boldsymbol{\omega}\times\boldsymbol{r}'=\boldsymbol{v}'+\boldsymbol{\omega}\times\boldsymbol{r}',\end{aligned}$$

由此得速度的公式

$$\boldsymbol{v}=\boldsymbol{v}'+\boldsymbol{v}_{O'}+\boldsymbol{\omega}\times\boldsymbol{r}',\tag{3.8}$$

其中，$\boldsymbol{v}_{O'}+\boldsymbol{\omega}\times\boldsymbol{r}'$ 等于质点固定在 S' 系（刚体）时所具有的速度，因此称为牵连速度. 该式表示绝对速度等于相对速度加上牵连速度，但这时的牵连速度包括平动牵连速度和转动牵连速度两部分.

注意，在推导(3.8)式时我们曾得到

$$\frac{\mathrm{d}\boldsymbol{r}'}{\mathrm{d}t}=\frac{\tilde{\mathrm{d}}\boldsymbol{r}'}{\mathrm{d}t}+\boldsymbol{\omega}\times\boldsymbol{r}',\tag{3.9}$$

该式表明，质点在 S' 系中位置矢量在 S 系中的时间微商等于其在 S' 系中的时间微商与转动角速度与该位置矢量叉乘之和. $\frac{\mathrm{d}}{\mathrm{d}t}(\quad)=\frac{\tilde{\mathrm{d}}}{\mathrm{d}t}(\quad)+\boldsymbol{\omega}\times(\quad)$这个关系式具有普遍意义，例如对于质点在 S' 系中的速度位置矢量 $\boldsymbol{v}'$ 在 S 系中的时间微商，同样可以证明

$$\frac{\mathrm{d}\boldsymbol{v}'}{\mathrm{d}t}=\frac{\tilde{\mathrm{d}}\boldsymbol{v}'}{\mathrm{d}t}+\boldsymbol{\omega}\times\boldsymbol{v}'=\boldsymbol{a}'+\boldsymbol{\omega}\times\boldsymbol{v}'\tag{3.10}$$

对速度式 $\boldsymbol{v}=\boldsymbol{v}'+\boldsymbol{v}_{O'}+\boldsymbol{\omega}\times\boldsymbol{r}'$ 的两边再对时间求微商，并利用 $\frac{\mathrm{d}\boldsymbol{v}}{\mathrm{d}t}=\boldsymbol{a}$，$\frac{\mathrm{d}\boldsymbol{v}_{O'}}{\mathrm{d}t}=\boldsymbol{a}_{O'}$ 以及(3.9)和(3.10)式可得

$$\begin{aligned}\boldsymbol{a}&=\frac{\mathrm{d}\boldsymbol{v}'}{\mathrm{d}t}+\frac{\mathrm{d}\boldsymbol{v}_{O'}}{\mathrm{d}t}+\frac{\mathrm{d}}{\mathrm{d}t}(\boldsymbol{\omega}\times\boldsymbol{r}')\\&=(\boldsymbol{a}'+\boldsymbol{\omega}\times\boldsymbol{v}')+\boldsymbol{a}_{O'}+\left[\frac{\mathrm{d}\boldsymbol{\omega}}{\mathrm{d}t}\times\boldsymbol{r}'+\boldsymbol{\omega}\times\frac{\mathrm{d}\boldsymbol{r}'}{\mathrm{d}t}\right]\\&=(\boldsymbol{a}'+\boldsymbol{\omega}\times\boldsymbol{v}')+\boldsymbol{a}_{O'}+\left[\frac{\mathrm{d}\boldsymbol{\omega}}{\mathrm{d}t}\times\boldsymbol{r}'+\boldsymbol{\omega}\times(\boldsymbol{v}'+\boldsymbol{\omega}\times\boldsymbol{r}')\right],\end{aligned}$$

最后得

$$\boldsymbol{a}=\boldsymbol{a}'+(\boldsymbol{a}_{O'}+\dot{\boldsymbol{\omega}}\times\boldsymbol{r}'+\boldsymbol{\omega}\times(\boldsymbol{\omega}\times\boldsymbol{r}'))+2\boldsymbol{\omega}\times\boldsymbol{v}',\tag{3.11}$$

它表示，绝对加速度 $\boldsymbol{a}$ 等于相对加速度 $\boldsymbol{a}'$、平动牵连加速度 $\boldsymbol{a}_{O'}$、转动牵连加速度 $\dot{\boldsymbol{\omega}}\times\boldsymbol{r}'+\boldsymbol{\omega}\times(\boldsymbol{\omega}\times\boldsymbol{r}')$ 与科里奥利加速度 $2\boldsymbol{\omega}\times\boldsymbol{v}'$ 之和.

(3.11)式的几种特殊情况：

(1) 质点固定在 S' 中，这时有 $\boldsymbol{v}'=0$，$\boldsymbol{a}'=0$，得到刚体运动学公式

$$\boldsymbol{v}=\boldsymbol{v}_{0'}+\boldsymbol{\omega}\times\boldsymbol{r}',$$

$$\boldsymbol{a}=\boldsymbol{a}_{0'}+\dot{\boldsymbol{\omega}}\times\boldsymbol{r}'+\boldsymbol{\omega}\times(\boldsymbol{\omega}\times\boldsymbol{r}').$$

(2) S' 系中，存在一点固定不动，取该点为 o' 点，有 $\boldsymbol{v}_{o'}=0$，$\boldsymbol{a}_{o'}=0$，得到纯转动公式

$$\boldsymbol{v}=\boldsymbol{\omega}\times\boldsymbol{r}'+\boldsymbol{v}',$$

$$\boldsymbol{a}=\boldsymbol{a}'+\dot{\boldsymbol{\omega}}\times\boldsymbol{r}'+\boldsymbol{\omega}\times(\boldsymbol{\omega}\times\boldsymbol{r}')+2\boldsymbol{\omega}\times\boldsymbol{v}'.$$

(3) $\boldsymbol{\omega}\equiv0$，$S'$ 系为平动参考系，得到平动参考系公式

$$\boldsymbol{v}=\boldsymbol{v}'+\boldsymbol{v}_{o'},$$

$$\boldsymbol{a}=\boldsymbol{a}'+\boldsymbol{a}_{0'}.$$

3.2　惯性参考系，力学相对性原理

1. 平动参考系的运动学公式

设 S' 系相对于 S 系作平动，则

$$\boldsymbol{r}=\boldsymbol{r}_{0'}+\boldsymbol{r}';$$

$$\boldsymbol{v}=\boldsymbol{v}_{0'}+\boldsymbol{v}';$$

$$\boldsymbol{a}=\boldsymbol{a}_{0'}+\boldsymbol{a}'.$$

如果做匀速平动(匀速直线运动)，即 $\boldsymbol{v}_{o'}=$ 常矢量，则有 $\boldsymbol{a}_{o'}\equiv0$，$\Rightarrow \boldsymbol{a}=\boldsymbol{a}'$，即质点在相互做匀速直线运动的参考系中的加速度相等.

2. 惯性系，力学相对性原理

设 S' 系相对于 S 系作匀速平动，则有 $\boldsymbol{a}=\boldsymbol{a}'$. 若 S 系为惯性系，即：在 S 中质点所受所有真实力之和 $\boldsymbol{F}=m\boldsymbol{a}$ 成立，而真实相互作用力不随坐标系改变，因此在 S' 系中，$\boldsymbol{F}=m\boldsymbol{a}'$ 也成立，由此我们推出 S' 系也为惯性系.

结论：相对于惯性系作匀速直线运动的参考系也是惯性系. 由于在 S 系与 S' 系中，都有 $\boldsymbol{F}=m\boldsymbol{a}=m\boldsymbol{a}'$，因此我们可以推知，在 S 系与 S' 系中动量、角动量、动能等变化规律的形式都相同. 这就是说，在所有的惯性系中，一切力学规律都具有相同的形式. 这就是力学相对性原理. 例如在匀速直线运动的火车上，我们上抛物体，它会竖直下落，不会因火车前进而落在后面. 斜抛的规律也与地面一样. 这说明在地面和相对地面做匀速直线运动的火车这两个惯性系中的力学规律是一样的. 在这个例子中我们也知道，如果不和外面的信息比较，我们根本无法得知火车运动速度的大小和方向. 从无数类似的例子中我们得到相对性原理另一表述：在相对于惯性系做匀速直线运动的参考系中，一切力学过程都不受

这个匀速直线运动的影响，也即：如果不与外界比较，在该系统内部所进行的任何实验都不能确定该系统的运动速度.

随着科学的发展，人们对力学相对性原理的认识也日益深入. 1905 年爱因斯坦提出，不仅力学规律，包括电磁学在内的一切物理规律在所有惯性系中都是相同的、对等的，不存在任何一个特殊的惯性系. 这就是普遍的相对性原理. 据此爱因斯坦建立了狭义相对论.

3. 伽利略变换

设 S' 系相对于 S 系作匀速平动，取平动速度方向为 S' 和 S 系中的 x 轴方向，并取两坐标系中的坐标轴彼此平行，如图 3.4 所示. 由平动参考系的运动学公式(3.5)并令 $\boldsymbol{v}_{o'}=v\boldsymbol{i}$，得 $\boldsymbol{u}=\boldsymbol{v}_{0'}+\boldsymbol{u}'$ 的分量式

$$\begin{cases}u_x = v + u'_x \\ u_y = o + u'_y \\ u_z = o + u'_z\end{cases} \tag{3.12}$$

积分，并设 $t=0$ 时，$x=x'=0$，$y=y'$，$z=z'$ 得

$$\begin{cases}x = vt' + x' \\ y = y' \\ z = z' \\ (t = t'),\end{cases} \tag{3.13}$$

这就是伽利略变换. 它包含经典的时空观：① 时间与参考系无关；② 长度也不随时间改变. 例如，固定在 S' 系中的尺子，在 S' 系中的长度为 $\Delta L'=x'_2-x'_1$. 在 S 系中的长度为

$$\Delta L = x_2 - x_1 = v(t'_2 - t'_1) + x'_2 - x'_1 = v(t_2 - t_1) + \Delta L',$$

但应同时测量，即 $t_2=t_1 \Rightarrow \Delta L=\Delta L'$.

以后我们将会看到，在相对运动的速度相当大时伽利略变换(3.13)不再成立，它将被洛伦兹变换所代替

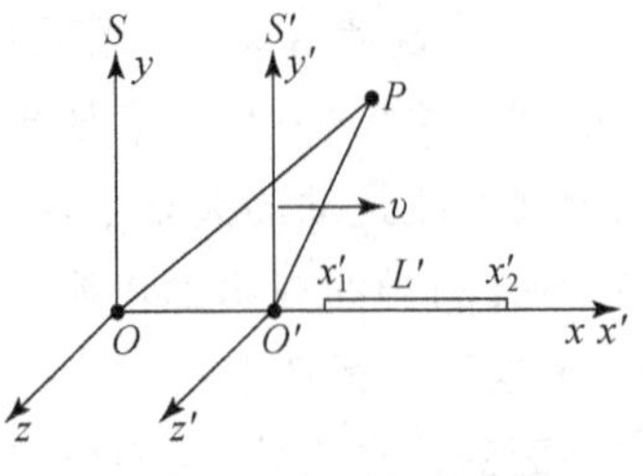

图 3.4　伽利略变换的坐标系

$$\begin{cases}x = \gamma(x' + vt') \\ y = y' \\ z = z' \\ t = \gamma\left(t' + \dfrac{v}{c^2}x'\right),\end{cases} \tag{3.14}$$

其中，$\gamma=1/\sqrt{1-v^2/c^2}$ 称为相对论因子，c 为真空光速. 这时，时间和空间相关连，而且都与运动相关连.

3.3　非惯性系动力学，惯性力

1. 相对运动的运动学公式

S'系相对于 S 系，既有平动 $\boldsymbol{v}_{o'}$，又有转动 $\boldsymbol{\omega}$，则有

$$\boldsymbol{v}=\boldsymbol{v}'+\boldsymbol{v}_{0'}+\boldsymbol{\omega}\times\boldsymbol{r}', \tag{3.15}$$

$$\boldsymbol{a}=\boldsymbol{a}'+\boldsymbol{a}_{o'}+\dot{\boldsymbol{\omega}}\times\boldsymbol{r}'+\boldsymbol{\omega}\times(\boldsymbol{\omega}\times\boldsymbol{r}')+2\boldsymbol{\omega}\times\boldsymbol{v}'. \tag{3.16}$$

2. 非惯性系、惯性力

假设有两个参考系，S'系相对于 S 系运动($\boldsymbol{v}_{o'}$，$\boldsymbol{\omega}$)．质点 P 所受的真实力为 $\boldsymbol{F}$(它不因参考系改变)．若 S 系为惯性系，则有 $\boldsymbol{F}=m\boldsymbol{a}$ 成立，由(3.16)得 $\boldsymbol{a}\neq\boldsymbol{a}'$ 故 $\boldsymbol{F}=m\boldsymbol{a}'$一定不成立．由此得出结论：相对于惯性系作加速运动($\boldsymbol{a}_{o'}\neq0$，或 $\boldsymbol{\omega}\neq0$，或 $\boldsymbol{a}_{o'}$ 与 $\boldsymbol{\omega}$ 均不为零)的参考系一定不是惯性系，我们称之为非惯性系．

参考系作加速运动的含义：

① 平动，$\boldsymbol{\omega}=0$，但 $\boldsymbol{a}_{o'}\neq0$；

② 纯转动，$\boldsymbol{v}_{o'}\equiv0$，$\boldsymbol{a}_{o'}=0$，但 $\boldsymbol{\omega}\neq0$；

③ $\boldsymbol{a}_{0'}$，$\boldsymbol{\omega}$ 均不为零．

由于 $\boldsymbol{F}=m\boldsymbol{a}=m(\boldsymbol{a}'+\boldsymbol{a}_{0'}+\dot{\boldsymbol{\omega}}\times\boldsymbol{r}'+\boldsymbol{\omega}\times(\boldsymbol{\omega}\times\boldsymbol{r}')+2\boldsymbol{\omega}\times\boldsymbol{v}')$，所以 $\boldsymbol{F}\neq m\boldsymbol{a}'$，即在 S'系中牛顿第二定律不成立．但如果我们把上式右边除去 $m\boldsymbol{a}'$的项移到左边，得

$$m\boldsymbol{a}'=\boldsymbol{F}-m\boldsymbol{a}_{o'}-m\dot{\boldsymbol{\omega}}\times\boldsymbol{r}'-m\boldsymbol{\omega}\times(\boldsymbol{\omega}\times\boldsymbol{r}')-2m\boldsymbol{\omega}\times\boldsymbol{v}' \tag{3.17}$$

很明显，如果把(3.17)式中等号右边的项都看作力 $\sum\boldsymbol{F}$，那么，在非惯性参考系中 $m\boldsymbol{a}'=\sum\boldsymbol{F}$，即牛顿第二定律形式上就成立了．我们把(3.17)式中除去真实力的其他项定义为惯性力，其中，$-m\boldsymbol{a}_{o'}$ 称为平动惯性力，$-m\dot{\boldsymbol{\omega}}\times\boldsymbol{r}'$ 称为加速转动惯性力，$-m\boldsymbol{\omega}\times(\boldsymbol{\omega}\times\boldsymbol{r}')$称为惯性离心力，$-2m\boldsymbol{\omega}\times\boldsymbol{v}'$ 称为科里奥利力．引入惯性力后，在非惯性系中，牛顿第二定律形式上就成立了．这样做的好处在于：由牛顿第二定律推出的一系列定理(如动量、角动量、功能定理等)形式上也成立了．因此只要引入惯性力，就可把非惯性系作为惯性系来处理，很多情况下是很方便的．

需要指出，虽然(3.16)和(3.17)是借助于 $\boldsymbol{v}'$和 $\boldsymbol{a}'$的直角坐标表达式推导出来的，但最后得到的是矢量表达式，它们适用于任何坐标系，可根据实际情况，选用方便的坐标系来表达速度和加速度．

惯性力是一个新概念，需要强调它的几个特点：

① 惯性力是虚拟的力，不是真实相互作用，不存在施力的物体，只存在受力

的物体，因此不存在反作用力（有的书上说“惯性离心力是向心力的反作用力”是不正确的说法）.

② 惯性力虽然是虚拟的，但在 S' 系中观察，有动力学效应，会引起形变，会产生相对加速度等.

③ 惯性力与质点质量成正比，类似于重力，特别是平动惯性力.

例题 1 以 $\boldsymbol{a}$ 加速运动的汽车里有一弹簧系统，相对于车是静止的，如图 3.5 所示. 试以不同的参考系分析弹簧振子的运动.

解： 以地面为参考系：m 以 $\boldsymbol{a}$ 运动；弹簧伸长有拉力 $\boldsymbol{F} \Rightarrow \boldsymbol{F}=m\boldsymbol{a}$，牛顿第二定律成立 ⇒ 地面参考系是惯性系.

以车参考系：m 以 $\boldsymbol{a}'=0$ 运动；弹簧伸长有拉力 $\boldsymbol{F} \Rightarrow \boldsymbol{F}\neq m\boldsymbol{a}'$，牛顿第二定律不成立 ⇒ 车参考系是非惯性系.

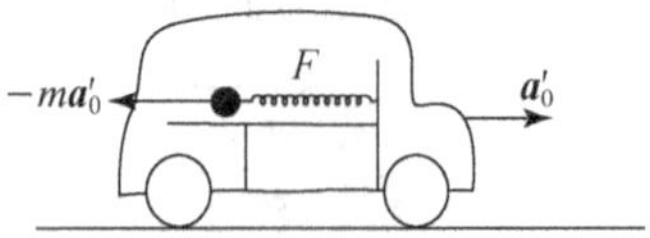

图 3.5 例题 1 图

在车参考系中，若引入惯性力 $\boldsymbol{F}_G=-m\boldsymbol{a}$，则 $\boldsymbol{F}+\boldsymbol{F}_G=(m\boldsymbol{a})+(-m\boldsymbol{a})=0=m\boldsymbol{a}' \Rightarrow$ 在非惯性系车中，牛顿第二定律形式上也成立了.

注意，在车中的人看来，向后的惯性力有动力学效应，它使弹簧发生了形变.

例题 2 以 $\boldsymbol{a}$ 加速运动的汽车里有单摆系统，相对于车静止，如图 3.6 所示. 试以不同的参考系分析单摆的运动.

解： 以地面为参考系：m 受重力和绳张力的合力以 $\boldsymbol{a}$ 运动 $\Rightarrow \boldsymbol{F}=m\boldsymbol{g}+\boldsymbol{T}=m\boldsymbol{a}$，牛顿第二定律成立 ⇒ 地面参考系是惯性系.

以车参考系：m 受重力和绳张力的作用，合力 $\boldsymbol{F}=m\boldsymbol{g}+\boldsymbol{T}$ 不为零，但 $\boldsymbol{a}'=0 \Rightarrow \boldsymbol{F}=m\boldsymbol{g}+\boldsymbol{T}\neq m\boldsymbol{a}'$，牛顿第二定律不成立 ⇒ 车参考系是非惯性系.

在车参考系中，若引入惯性力 $\boldsymbol{F}_G=-m\boldsymbol{a}$，则 $\boldsymbol{F}+\boldsymbol{F}_G=m\boldsymbol{g}+\boldsymbol{T}+(-m\boldsymbol{a})=0=m\boldsymbol{a}' \Rightarrow$ 在非惯性系车中，牛顿第二定律形式上也成立.

注意，在车中的人看来，是向后的惯性力使绳产生了倾斜.

在车参考系中，

$\boldsymbol{r}$：$ma\cos\theta+m\boldsymbol{a}_{0'}\sin\theta-T=ma_r'=0$，

$\boldsymbol{\theta}$：$ma\sin\theta-m\boldsymbol{a}_{0'}\cos\theta=ma_\theta'=0$，

可得：$\tan\theta=\dfrac{a_{0'}}{g}$，$a_{0'}$ 增加，θ 增加，

当 $a_{0'}=g$ 时，$\theta=\pi/4$，

当 $a_{0'}\to\infty$ 时，$\theta=\pi/2$.

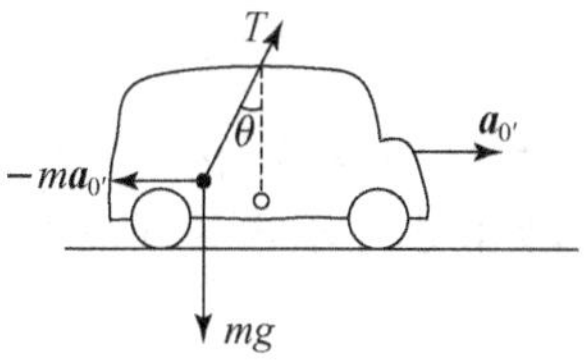

图 3.6　例题 2 图

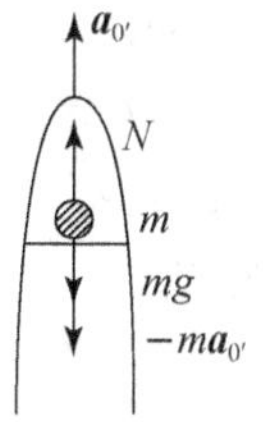

图 3.7　例题 3 图

例题 3　飞船以 $\boldsymbol{a}$ 加速度上升，如图 3.7 所示. 以飞船为参考系，分析宇航员的受力情况.

解： 以飞船为参考系，宇航员在三个力（真实力 $m\boldsymbol{g}+\boldsymbol{N}$ 和惯性力 $\boldsymbol{F}_G=-m\boldsymbol{a}$）的作用下平衡，$\boldsymbol{a}'=0$. 因此有

$$\boldsymbol{F}'=m\boldsymbol{g}+\boldsymbol{N}+\boldsymbol{F}_G=m\boldsymbol{g}+\boldsymbol{N}+(-m\boldsymbol{a})=m\boldsymbol{a}'=0,$$

以向上为正，将上式写成标量式：

$$-mg+N-ma=0,\quad 即\quad N=mg+ma>mg.$$

远航员处于超重状态. 飞船降落时，要向下减速（向上加速），因而宇航员也处于超重状态.

思考题： 何时处于失重状态？

例题 4　电梯运动状态如图 3.8 所示，分析其中的视重.

(a) 向上启动（加速上升）；(b) 向下启动（加速下降）；(c) 向上制动（减速上升）；(d) 向下制动（减速下降）.

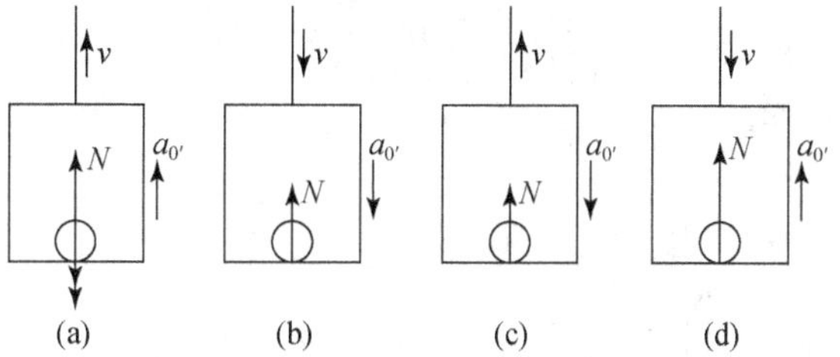

图 3.8　例题 4 图

以电梯为非惯性参考系，以向上为正方向，建立牛顿第二定律的分量方程.

在(a)、(d)两种情况下，$\boldsymbol{a}_{0'}$ 向上，惯性力向下，$N-mg-ma_{0'}=0 \Rightarrow N=mg+ma_{0'}$ 超重；

在(b)、(c)两种情况下，$\boldsymbol{a}_{0'}$ 向下，惯性力向上，$N-mg+ma_{0'}=0 \Rightarrow N=mg-ma_{0'}$ 部分失重；

电梯以 $\boldsymbol{a}_{0'}=\boldsymbol{g}$ 下落，则 $\boldsymbol{N}+m\boldsymbol{g}+(-m\boldsymbol{a}_{0'})=\boldsymbol{N}=0$ 失重.

例题 5　小金属环 m 可在光滑金属丝上自由滑动，光滑金属丝绕其对称轴以 ω 匀角速度转动，如图 3.9 所示. 求解金属丝的形状 $y=y(x)$，使小金属环相

对金属丝静止不动.

解： 方法 1　在惯性系中，受力 $m\boldsymbol{g}+\boldsymbol{N}$，具有加速度

$$\boldsymbol{a}=\boldsymbol{a}'+\dot{\boldsymbol{\omega}}\times\boldsymbol{r}'+\boldsymbol{a}_{0'}+\boldsymbol{\omega}\times(\boldsymbol{\omega}\times\boldsymbol{r}')+2\boldsymbol{\omega}\times\boldsymbol{v}',$$

其中，根据已知条件，有匀角速转动 $\dot{\boldsymbol{\omega}}=0$；$o'$点静止 $\boldsymbol{a}_{0'}$；小环相对金属丝静止 $\boldsymbol{v}'=0$ 因此

$$\boldsymbol{a}=\boldsymbol{\omega}\times(\boldsymbol{\omega}\times\boldsymbol{r}')=\omega^2x'(-\boldsymbol{i}').$$

写出 $m\boldsymbol{g}+\boldsymbol{N}=m\omega^2x'(-\boldsymbol{x}')$ 在金属丝的切向和法向的分量式：

$$\boldsymbol{\tau}\text{：}mg\sin\theta=\omega^2x'\cos\theta\ \text{得}\ \tan\theta=\frac{\omega^2x'}{g},$$

$$\boldsymbol{n}\text{：}N-mg\cos\theta=m\omega^2x'\sin\theta,$$

$$\Rightarrow\frac{\mathrm{d}y'}{\mathrm{d}x'}=\tan\theta=\omega^2x'/g,$$

$$\Rightarrow\int_0^{y'}\mathrm{d}y'=\int_0^{x'}\frac{\omega^2}{g}x'\mathrm{d}x'\Rightarrow y'=\frac{\omega^2}{2g}x'^2\ \text{为抛物线.}$$

方法 2　在非惯性系中，受力 $m\boldsymbol{g}+\boldsymbol{N}+\boldsymbol{F}_G=m\boldsymbol{a}'=0$，平衡静止，

其中 $\boldsymbol{F}_G=-m\boldsymbol{\omega}\times(\boldsymbol{\omega}\times\boldsymbol{r}')=m\omega^2x'(-\boldsymbol{x}')$，

写出 $m\boldsymbol{g}+\boldsymbol{N}+\boldsymbol{F}_G=m\boldsymbol{a}'=0$ 的分量式：

$$\boldsymbol{\tau}\text{：}mg\sin\theta-m\omega^2x'\cos\theta=ma'_\tau=0\ \text{得}\ \tan\theta=\frac{\omega^2x'}{g},$$

$$\boldsymbol{n}\text{：}N-mg\cos\theta-m\omega^2x'\sin\theta=ma'_n=0,$$

$$\Rightarrow\frac{\mathrm{d}y'}{\mathrm{d}x'}=\tan\theta=\omega^2x'/g.$$

结果与(方法 1)相同.

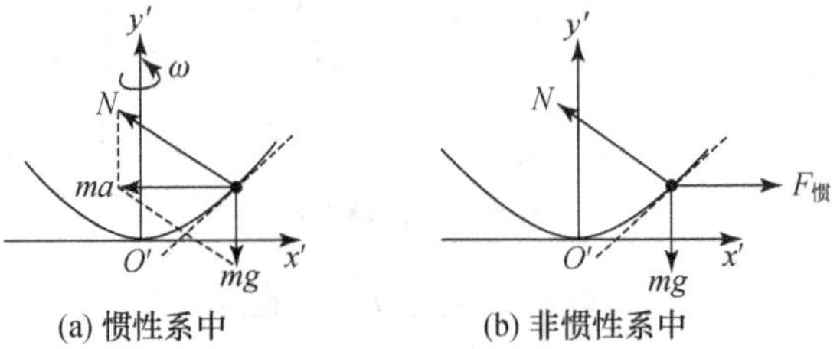

图 3.9　例题 5 图

3.4　地球自转的动力学效应

1. 质点在地球参考系中的运动微分方程

太阳为惯性系，地球参考系(坐标原点在地心并随地球一起转动的参考系)相对太阳参考系既有平动(地心绕太阳的公转)，又有转动($\omega=2\pi/24h=2\pi/$

86 400≐7.27×10⁻⁵)，因此是非惯性系.

在地球非惯性参考系中质点 m 所受的作用力有：地球引力 $m\boldsymbol{g}_0=-\frac{GM_e m}{r_{em}^3}\boldsymbol{r}_{em}$，太阳引力 $-\frac{GM_s m}{r_{sm}^3}\boldsymbol{r}_{sm}$，其他真实力的合力 $\boldsymbol{F}$，惯性力等.运动微分方程为

$$m\boldsymbol{a}'=\boldsymbol{F}-\frac{GM_e m}{r_{em}^3}\boldsymbol{r}_{em}-\frac{GM_s m}{r_{sm}^3}\boldsymbol{r}_{sm}$$
$$+(-m\boldsymbol{a}_0-m\dot{\boldsymbol{\omega}}\times\boldsymbol{r}_{em}-m\boldsymbol{\omega}\times(\boldsymbol{\omega}\times\boldsymbol{r}_{em})-2m\boldsymbol{\omega}\times\boldsymbol{v}'),\quad(3.18)$$

其中，$\dot{\boldsymbol{\omega}}\doteq 0$，$\boldsymbol{a}_0=\left(-\frac{GM_sM_e}{r_{se}^3}\boldsymbol{r}_{se}/M_e\right)=-\frac{GM_s}{r_{se}^3}\boldsymbol{r}_{se}$.

在地面附近，由于 $r_{se}\gg$ 地球半径 r_e，故质点对太阳的矢径与地心对太阳的矢径近似相等，即 $\boldsymbol{r}_{sm}\approx\boldsymbol{r}_{se}$，

可推出 $-\frac{GM_s m}{r_{se}^3}\boldsymbol{r}_{sm}+(-m\boldsymbol{a}_0)=-\frac{GM_s m}{r_{sm}^3}\boldsymbol{r}_{sm}+\frac{GM_s m}{r_{se}^3}\boldsymbol{r}_{se}\approx 0$，

该式表示，在地球参考系中，质点所受的太阳引力与由于地球公转引起的平动惯性力二者抵消，均可不计.从太阳惯性系中看，该式则表示，地球上质点之所以具有随地球一起公转的加速度 $\boldsymbol{a}_0$，正是由于太阳引力的作用.考虑以上因素后，地球非惯性参考系中的运动微分方程(3.18)简化为

$$m\boldsymbol{a}'=\boldsymbol{F}+m\boldsymbol{g}_0-m\boldsymbol{\omega}\times(\boldsymbol{\omega}\times\boldsymbol{r})-2m\boldsymbol{\omega}\times\boldsymbol{v}',\quad(3.19)$$

其中，惯性力只需考虑惯性力离心力 $-m\boldsymbol{\omega}\times(\boldsymbol{\omega}\times\boldsymbol{r})$ 和科里奥利力 $-2m\boldsymbol{\omega}\times\boldsymbol{v}'$.

2. 惯性力离心力的动力学效应——视重

地球表面物体平衡静止时 $\boldsymbol{v}'=0$，$\boldsymbol{a}'=0$，科里奥利力 $-2m\boldsymbol{\omega}\times\boldsymbol{v}'=0$.因此，地球非惯性参考系中的运动微分方程(3.19)简化为

$$0=m\boldsymbol{a}'=\boldsymbol{N}+m\boldsymbol{g}_0-m\boldsymbol{\omega}\times(\boldsymbol{\omega}\times\boldsymbol{r}),$$

即

$$-\boldsymbol{N}=m\boldsymbol{g}_0-m\boldsymbol{\omega}\times(\boldsymbol{\omega}\times\boldsymbol{r}),\quad(3.20)$$

该式表示，支持力等于地球引力与惯性离心力的合力，其大小称为视重.从太阳惯性系中看，该式则表示，地球上的物体之所以能够随地球一起自转，具有加速度 $\boldsymbol{\omega}\times(\boldsymbol{\omega}\times\boldsymbol{r})$，是由于地球引力和支持力的作用.支持力、地球引力和惯性离心力的关系如图 3.10 所示.在纬度为 α 的地方，惯性离心力的大小为

$$|m\boldsymbol{\omega}\times(\boldsymbol{\omega}\times\boldsymbol{r})|=m\omega^2 r_e\sin(90°-\alpha)=m\omega^2 r_e\cos\alpha,$$

视重 $N=m\sqrt{g_0^2+(\omega^2 r_e\cos\alpha)^2-2g_0\omega^2 r_e\cos\alpha\cdot\cos\alpha}$，

因为

$$\frac{\omega^2 r_e}{g_0}\doteq\frac{(7.27\times10^{-5})^2\times6.37\times10^6}{9.8},$$

$$=\frac{7.27^2\times 6.37}{9.8}\times 10^{-3}\doteq 3.44\times 10^{-3}\ll 1,$$

所以

$$N\doteq mg_0\sqrt{1-2\frac{\omega^2 r_e\cos^2\alpha}{g_0}}\doteq mg_0\left(1-\frac{\omega^2 r_e\cos^2\alpha}{g_0}\right). \tag{3.21}$$

可见视重随纬度变化.但是因为由于

$$\frac{\omega^2 r_e}{g_0}\doteq 3.44\times 10^{-3}\ll 1,$$

所以，在地球表面由于纬度不同引起的视重大小的差别很小(最大约为 0.003)，对视重方向的影响则可忽略.但是，利用 N 与 mg_0 的微小差别可测质点所在处的纬度.在以下的章节中我们通常用视重来代替 $m\boldsymbol{g}_0$，记为 $m\boldsymbol{g}$.

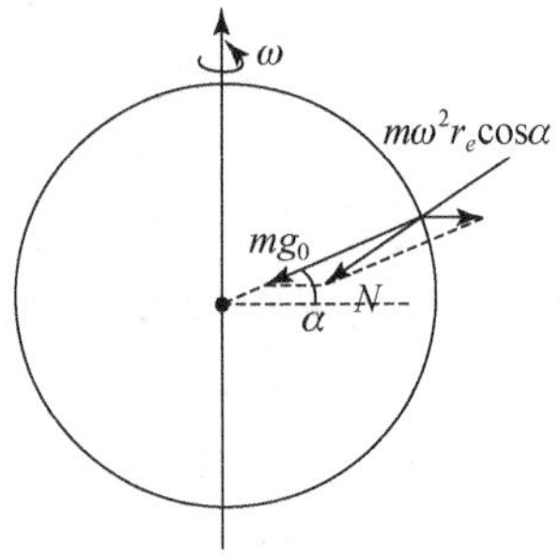

图 3.10　惯性离心力对重力的影响

3. 科里奥利力 $F_{科}$ 的动力学效应——傅科摆、落体东偏、伯尔定律

考虑视重后，质点在地球参考系中的运动微分方程为

$$m\boldsymbol{a}'=\boldsymbol{F}+m\boldsymbol{g}-2m\boldsymbol{\omega}\times\boldsymbol{v}', \tag{3.22}$$

因为

$$\frac{F_{科}}{mg}\doteq\frac{2m\omega v'\sin(\boldsymbol{\omega}\times\boldsymbol{v}')}{mg_0}\leqslant\frac{2\omega v'}{g_0}$$

对汽车 $v'\doteq 100\ \text{km/h}\doteq 28\ \text{m/s}$，$\frac{2\omega v'}{g_0}\doteq 4\times 10^{-4}$，对于超音速飞机 $v'\doteq 500\ \text{m/s}$，$\frac{2\omega v'}{g_0}\doteq 7\times 10^{-3}$.因此科里奥利力的影响一般可略去不计.

尽管科里奥利力的影响很小，但其效应仍可观察到，这里主要介绍傅科摆、落体东偏和地理上的伯尔定律.

(1) 傅科摆.

1851 年法国物理学家傅科(1819—1968)首次用单摆摆平面的周期性转动证明了地球的自转效应.它当时所用的单摆，摆长为 67 m，摆锤质量为 28 kg.至今，世界各地的天文馆，都有这种演示地球自转的单摆，称为傅科摆.下面简单证明单摆摆面为何转动.

当单摆摆长很大时，单摆质点可近似看作在水平面运动. 在水平面内以单摆平衡位置为极坐标的原点，单摆质点的速度 $v'=\dot{r}$. 如果没有横向力的作用就没有横向运动，则摆平面就不会改变.

简单起见，先假定在北极，则 $\boldsymbol{\omega}$ 垂直于水平面向上，如图 3.11 所示.

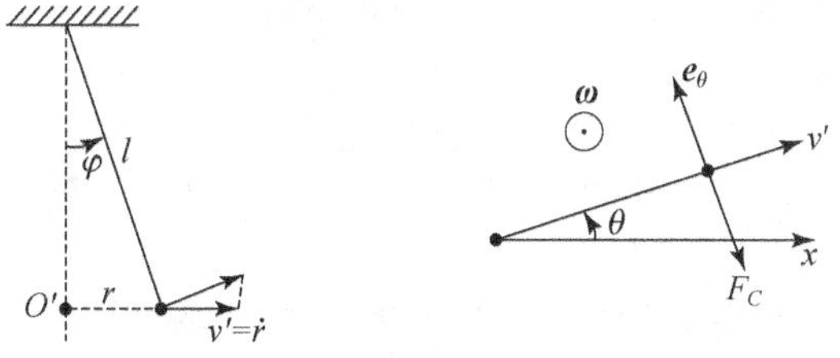

图 3.11 傅科摆的侧视图和俯视图

由科里奥利力的定义得 $\boldsymbol{F}_C=-2m\boldsymbol{\omega}\times\boldsymbol{v}'=-2m\omega\dot{r}\,\boldsymbol{e}_\theta$ (3.23)

质点在水平方向只受科里奥利力的作用，由极坐标下的牛顿第二定律得

$$\boldsymbol{F}_C = ma_\theta\boldsymbol{e}_\theta = \left[m\frac{1}{r}\frac{\mathrm{d}}{\mathrm{d}t}(r^2\dot{\theta})\right]\boldsymbol{e}_\theta, \tag{3.24}$$

因而

$$-2\omega\dot{r}=\frac{1}{r}\frac{\mathrm{d}}{\mathrm{d}t}(r^2\dot{\theta}), \tag{3.25}$$

$$-2\omega r\dot{r}\,\mathrm{d}t = \mathrm{d}(r^2\dot{\theta}) \quad\Rightarrow\quad -2\omega\int_0^r r\,\mathrm{d}r = \int_0^{r^2\dot{\theta}}\mathrm{d}\,(r^2\,\dot{\theta})$$

$$\Rightarrow -\omega r^2 = r^2\,\dot{\theta} \quad\Rightarrow\quad \dot{\theta}=-\omega, \tag{3.26}$$

可见单摆面以 $-\omega$ 转动，即向地球自转的反方向转动. 在纬度为 α 处，只有 $\omega_\perp=\omega\sin\alpha$ 起作用，这时摆面转动的角速度 $\dot{\theta}=-\omega\sin\alpha$. 在两极，$\alpha=90°$，$\dot{\theta}=-\omega$ 最大，在赤道，$\alpha=0$，$\dot{\theta}=0$，单摆面不转.

请读者思考：根据(3.23)当 $\dot{r}>0$ 时，科里奥利力沿 $-\boldsymbol{e}_\theta$ 方向，但当质点反方向运动时 $\dot{r}<0$，科里奥利力应沿 $+\boldsymbol{e}_\theta$ 方向. 为何摆面的转动恒为 $-\boldsymbol{e}_\theta$ 方向呢？

(2) 落体东偏.

以物体所在处(纬度为 α)的表观重力向上为 z 轴正向，水平向南为 x，水平向东为 y，近似分析质点 m 的自由落体运动. 考虑视重后，质点在地球参考系中的运动微分方程为

$$m\boldsymbol{a}' = m\boldsymbol{g} - 2m\boldsymbol{\omega}\times\boldsymbol{v}', \tag{3.27}$$

设

$$\boldsymbol{v}'=\dot{x}\boldsymbol{i}+\dot{y}\boldsymbol{j}+\dot{z}\boldsymbol{k}\doteq\dot{z}\boldsymbol{z}\ \ (\dot{x},\dot{y}\ll\dot{z}),$$

则

$$-2m\boldsymbol{\omega}\times\boldsymbol{v}'=-2m\omega\dot{z}\cos\alpha\cdot\boldsymbol{y}, \tag{3.28}$$

而 $$\boldsymbol{g}=-g\boldsymbol{k},$$
写出 $m\boldsymbol{a}'=m\boldsymbol{g}-2m\boldsymbol{\omega}\times\boldsymbol{v}'$的分量式，得

$$m\ddot{x}=0,$$

$$m\ddot{y}=-2m\omega\dot{z}\cos\alpha,$$

$$m\ddot{z}=-gm,$$

对于 z 方向的分量方程积分得 $$\dot{z}=-gt+v_{z_0}=-gt, \tag{3.29}$$
再积分得

$$\int_H^0 \mathrm{d}z=-g\int_0^T t\mathrm{d}t \Rightarrow H=\frac{1}{2}gT^2 \Rightarrow T=\sqrt{\frac{2H}{g}}, \tag{3.30}$$

把 $\dot{z}=-gt$ 代入 y 方向的分量方程积分得 $\dfrac{\mathrm{d}\dot{y}}{\mathrm{d}t}=-2\omega(-gt)\cos\alpha=(2\omega\cos\alpha)gt$，

积分得

$$\frac{\mathrm{d}y}{\mathrm{d}t}=\dot{y}=\int_0^{\dot{y}}\mathrm{d}\dot{y}=(2\omega\cos\alpha)g\int_0^t t\mathrm{d}t=g\omega\cos\alpha\cdot t^2,$$

再积分

$$\int_0^{\Delta y}\mathrm{d}y=g\omega\cos\alpha\cdot\int_0^T t^2\,\mathrm{d}t,$$

得自由落体东偏的距离

$$\Delta y=\frac{1}{3}g\omega\cos\alpha\cdot T^3=\frac{1}{3}(g\omega\cos\alpha)\left(\frac{2H}{g}\right)^{\frac{3}{2}}, \tag{3.31}$$

在赤道上方，$\cos\alpha=1$，$H=100$ m，得出 $\Delta y\approx 2.2$ cm，可见这个东偏值是相当小的，完全可以忽略.

思考题：从太阳系看，地球由西向东转，自由落地应偏西，为何偏东？

(3) 伯尔定律.

在地理学上，有伯尔定律：地球上北(南)半球的河流(无论向北流还是向南流)，右(左)岸冲刷得比较厉害，如图 3.12 所示.

从地球上看，在北半球，河水受科里奥利力的指向右岸的作用，但没有向右的运动，必受右岸的阻挡作用，右岸对河水的力与河对右岸的力互为反作用力. 就是这个河水对右岸的力使右岸冲刷得比较厉害. 注意，惯性力科里奥利力是作用于河水的，是虚拟的，因此认为科里奥利力冲刷右岸的说法是错误的.

从太阳系看，河水具有加速度 $2\boldsymbol{\omega}\times\boldsymbol{v}'$，指向右岸，必有真实的相互作用与之对应，这就是右岸对河水的作用力，其反作用就是河水对右岸的作用力.

(4) 大气环流.

类似于河水,空中的气流也会受到科里奥利力的作用,但因为无河岸限制,所以在北半球向右偏移形成逆时针的漩涡(如图 3.13 所示),水池排水也有类似的现象.

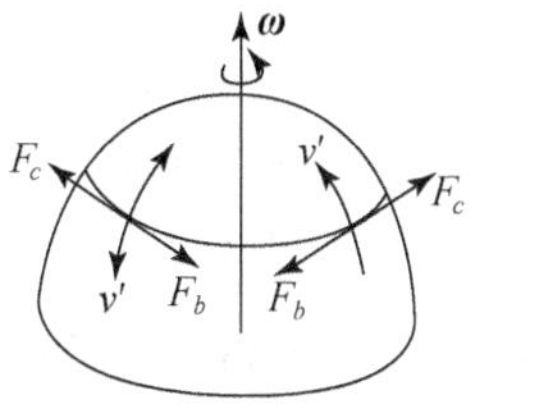

图 3.12　北半球河水所受的力

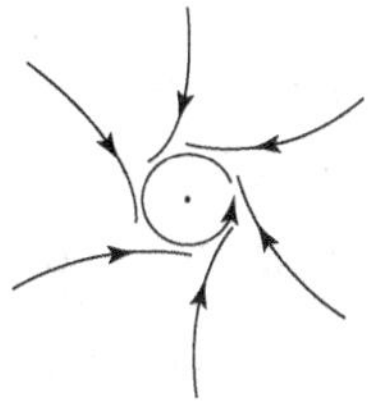

图 3.13　北半球的大气环流

例题 6　半径为 R,圆心为 O 的大圆环绕其竖直直径以匀角速度转动. 质量为 m 的小圆环套在大圆环上可以无摩擦地滑动(如图 3.14 所示). 求小圆环可在大圆环上保持相对静止的位置和小圆环在平衡位置附近做小振动时周期.(设角速度较大.)

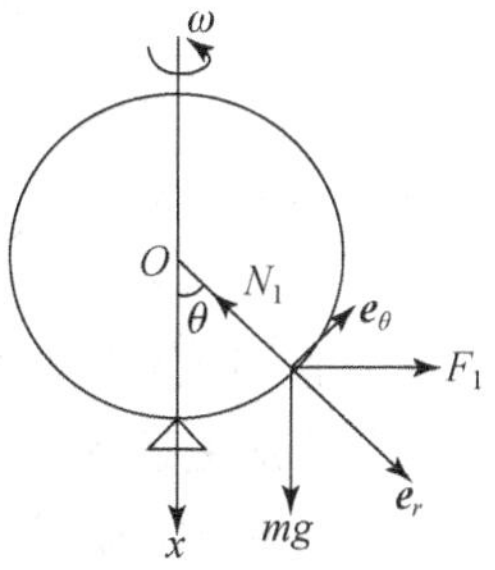

图 3.14　例题 6 图

解:一般而言,在求解非惯性系动力学问题时,若求平衡位置,在惯性系和非惯性系中分析均可;但欲求质点相对于非惯性系的运动,则必须在非惯性系中分析. 在本例中,我们都在非惯性系中进行分析.

在非惯性系(大圆环)中,质点沿大圆环运动,用直角坐标系不能分离弹力 N,故用平面极坐标. 在以大圆环圆心为坐标原点的平面极坐标中,相对速度和相对加速度可以表示为

$$\boldsymbol{v}' = R\dot{\theta}\boldsymbol{e}_\theta,$$

$$\boldsymbol{a}' = (R\ddot{\theta} + 2\dot{R}\dot{\theta})\boldsymbol{e}_\theta + (\ddot{R} - R\dot{\theta}^2)\boldsymbol{e}_r = R\ddot{\theta}\boldsymbol{e}_\theta - R\dot{\theta}^2\boldsymbol{e}_r,$$

在大圆环参考系中的牛顿第二定律的表达式为

$$m\boldsymbol{a}' = m\boldsymbol{g} + \boldsymbol{N}_1 + \boldsymbol{N}_2 - m\boldsymbol{a}_{o'} - m\dot{\boldsymbol{\omega}} \times \boldsymbol{r}' - m\boldsymbol{\omega} \times (\boldsymbol{\omega} \times \boldsymbol{r}') - 2m\boldsymbol{\omega} \times \boldsymbol{v}',$$

写成分量式,即

$$\boldsymbol{e}_\theta:\ mR\ddot{\theta} = -mg\sin\theta + m\omega^2 R\sin\theta\cos\theta, \tag{1}$$

$$\boldsymbol{e}_r:\ -R\dot{\theta}^2 = mg\cos\theta - N_1 + m\omega^2 R\sin\theta\sin\theta, \tag{2}$$

$$\boldsymbol{R}':\ 0 = N_2 + 2m\omega R\dot{\theta}\cos\theta, \tag{3}$$

平衡时 $\ddot{\theta} = 0$,由(1)式得 $-mg\sin\theta_0 + m\omega^2 R\sin\theta_0\cos\theta_0 = 0$,即得平衡位置 θ_0

$$\cos\theta_0 = \frac{g}{\omega^2 R} \Rightarrow \theta_0 = \arccos\frac{g}{\omega^2 R},$$

在平衡位置 θ_0 附近做小振动时，令 $\theta=\theta_0+\hbar$，$\hbar\ll 1$，代入(1)式得

$$R\ddot{\theta} = R\ddot{\hbar} = [-g+\omega^2 R\cos(\theta_0+\hbar)]\sin(\theta_0+\hbar), \tag{4}$$

利用

$$\sin(\theta_0+\hbar) = \sin\theta_0\cos\hbar + \cos\theta_0\sin\hbar \approx \sin\theta_0 + \hbar\cos\theta_0,$$
$$\cos(\theta_0+\hbar) = \cos\theta_0\cos\hbar - \sin\theta_0\sin\hbar \approx \cos\theta_0 - \hbar\sin\theta_0,$$

并略去二阶小量 $\hbar^2\sin\theta\cos\theta$，(4)式化为

$$R\ddot{\hbar} = -g\sin\theta_0 - g\hbar\cos\theta_0 + \omega^2 R[\sin\theta_0\cos\theta_0 + \hbar(\cos^2\theta_0 - \sin^2\theta_0)],$$

再利用平衡时 $-g\sin\theta_0+\omega^2 R\sin\theta_0\cos\theta_0=0$ 和 $\cos\theta_0=\frac{g}{\omega^2 R}$，上式化简为

$$\ddot{\hbar} + \omega^2\sin^2\theta_0\hbar = 0,$$

这是一个简谐振动方程，其振动周期为

$$T = \frac{2\pi}{\omega\sqrt{1-\left(\frac{g}{\omega^2 R}\right)^2}}.$$

思　考　题

1. 在密闭的车船中，能否用一些最简单的实验来判断该船是作匀速直线运动，还是作加速运动？

2. 按相对性原理，在一个作匀速直线运动的惯性系中无论作什么实验都无法测出该参考系自身的运动速度，但是汽车里的速度表就指示出了汽车的速度，这是否和力学相对性原理矛盾？

3. 站在车上的人，在车迅速加速或刹车时容易倾倒. 问坐在车上的观察者和地面上的观察者各如何解释这种现象？

4. 有人认为，只要是在转动参照系中，惯性离心力就肯定不为零，只要相对速度不为零科里奥利力就绝对不为零，你说对吗？

5. 有人认为，在非惯性参考系中，科里奥利力不做功. 你说对吗？

6. 已知地球的赤道半径约为 6.37×10^3 km. 求纬度 α 处的地面在地心系(坐标原点固定在地心的平动参考系)中的速度和加速度.

7. 地球绕日公转的轨道近似于圆，轨道半径约为 1.496×10^8 km. 求地球的地心在日心系的加速度.

8. 在用地心系分析地球附近物体的运动时，常不计太阳对物体的引力，也不计地心加速度对应的惯性力，为什么？在太阳惯性系中又如何解释这一问题？

9. 在地球参考系中，视重等于地球引力与惯性离心力的合力. 在太阳惯性系中又如何解释这一问题？

10. 地球由西至东转，因此由高处自由下落的物体应落在下落点垂足的西边，可实际上是东偏，为什么？

11. 仔细观察水池排水的全过程，观察涡旋的形成，说明其中科里奥利力起的作用.

习　题　三

3.1　在水平面上有一三棱柱，它的斜面倾角 $\theta=30°$. 柱体具有水平向左的加速度 $\boldsymbol{a}$. 斜面上有一物体，与斜面之间的摩擦系数 $\mu=\frac{\sqrt{3}}{2}$. 试分析物体在斜面上的运动情况，如图 XT3.1 所示.

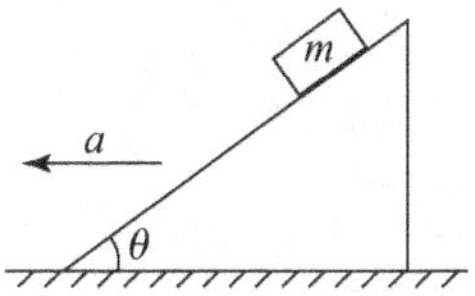

图 XT3.1　习题 3.1 图

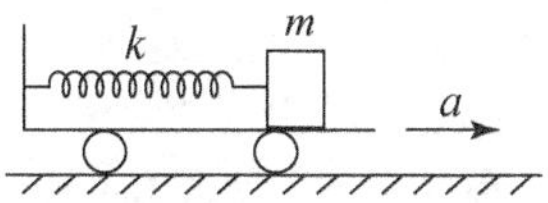

图 XT3.2　习题 3.2 图

3.2　弹簧振子静止放置在小车上，如图 XT3.2 所示. 自 $t=0$ 开始小车以加速度 $\boldsymbol{a}$ 在水平面上作直线运动. 求振子的频率与振幅.

3.3　小车以匀加速度 $\boldsymbol{a}$ 在水平面上作直线运动，如图 XT3.3 所示，车里有一桶水. 求水面与水平面之间的夹角和桶底的压强分布.

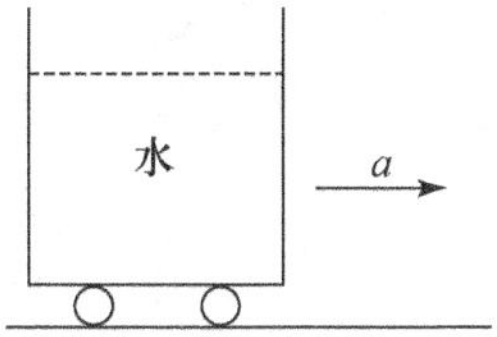

图 XT3.3　习题 3.3 图

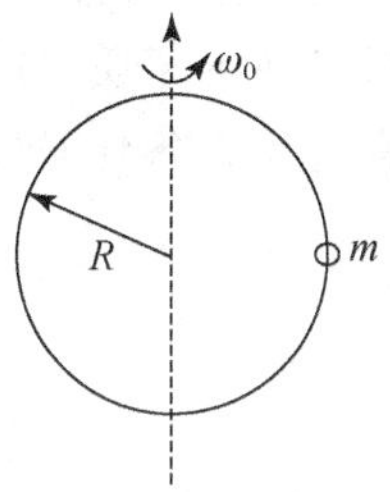

图 XT3.4　习题 3.4 图

3.4　半径为 R 的无摩擦圆环，以匀角速度 ω_0 绕竖直的直径转动，如图 XT3.4 所示. 小圈套在圆环上.

(1) 求小圈可以相对于环保持静止状态的位置；

(2) 求小圈在平衡位置附近作小振动的周期.

3.5 一流感病毒粒子，直径 $D=10^{-7}$ m，对水的比重为 1.15. 当它在水中以速率 v 运动时，受到的阻力为

$$f = 3\pi\eta vD, \quad \eta \approx 9.8\times10^{-3}\ \mathrm{N\cdot m^{-1}}.$$

(1) 求病毒粒子在悬浮液中自然沉降时的沉降速率；

(2) 将试管置于离心机上，其到转动轴的距离为 4 cm，转速为 1000 r/s，求病毒粒子的沉降速率.

3.6 一桶水以恒定角速度 $\boldsymbol{\omega}_0$ 绕竖直的对称轴旋转，水面为轴对称下凹曲面，如图 XT3.5 所示. 求水面的形状.

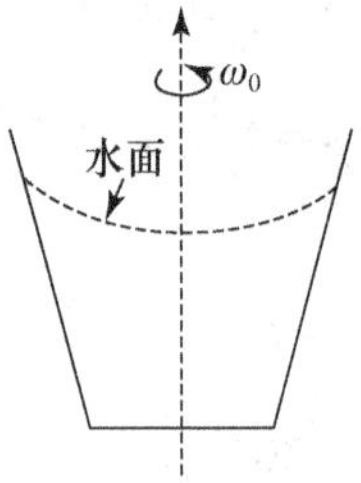

图 XT3.5　习题 3.6 图

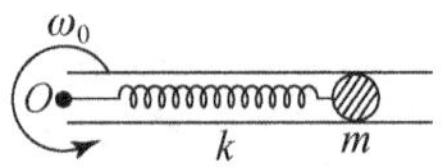

图 XT3.6　习题 3.7 图

3.7 在无摩擦的细管内有一弹簧振子(m,k). 细管绕它的端点 O 以匀角速度 ω_0 在水平面内转动，$\omega_0^2<k/m$. 弹簧的自然长度为 l_0，如图 XT3.6 所示. 求出振子的运动和科里奥利力.

3.8 如图 XT3.7 所示，一内部光滑的细管绕其上一固定点 O 点在竖直平面内以匀角速度 ω_0 转动. 一质点可以在细管内自由滑动. $t=0$ 时，杆处于水平位置，质点到 O 点的距离为 ρ_0，且以速率 v_0 远离 O 点运动.

(1) 写出并求解质点的运动微分方程；

(2) 满足什么条件时，质点相对于杆作简谐振动？

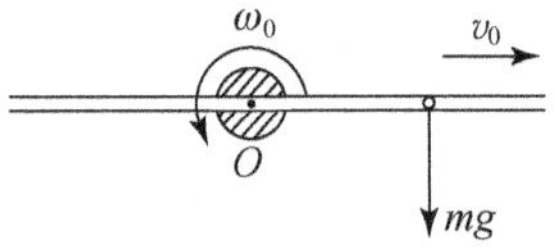

图 XT3.7　习题 3.8 图

3.9 一单位质量的物体，以音速沿地球表面的一条经线运动. 求

(1) 惯性离心力的最大值与最小值；

(2) 科里奥利力的最大值与最小值.

第四章　动量和动量矩

本章提要

上两章讨论了如何利用质点动力学基本定律—牛顿定律来求解质点的运动. 利用牛顿定律求解得到的是关于质点坐标的二阶微分方程,要经过积分才能得到速度. 那么,不经过数学上的积分能否直接得到速度呢? 这就是运动定理(动量、动量矩和动能定理)所要解决的问题. 本章首先讨论质点的动量定理和动量矩定理,然后引入质点组的内力、外力和质心的概念. 在此基础上导出了质点组的动量和动量矩定理,通过例子说明他们的应用. 最后,作为质点组运动定理的应用阐述了如何求解简单的刚体动力学问题.

4.1　动量定理和动量守恒律

1. 质点动量定理

(1) 质点动量.

质点动量定义为质点质量与速度的乘积,即 $\boldsymbol{K}=m\boldsymbol{v}$. 很明显,它具有两个特点: 第一是矢量;第二,与速度一样,它与参考系有关. 例如,质点被墙弹回,动量的大小不变,但动量矢量的改变为 $m(\boldsymbol{v}_2-\boldsymbol{v}_1)=2m\boldsymbol{v}_2$;又如,质点作匀速率圆周运动,动量的大小不变,但是动量矢量在不断地改变(如图 4.1 所示):

$$|m\boldsymbol{v}_2-m\boldsymbol{v}_1|=\sqrt{2}mv,$$
$$|m\boldsymbol{v}_3-m\boldsymbol{v}_1|=2mv.$$

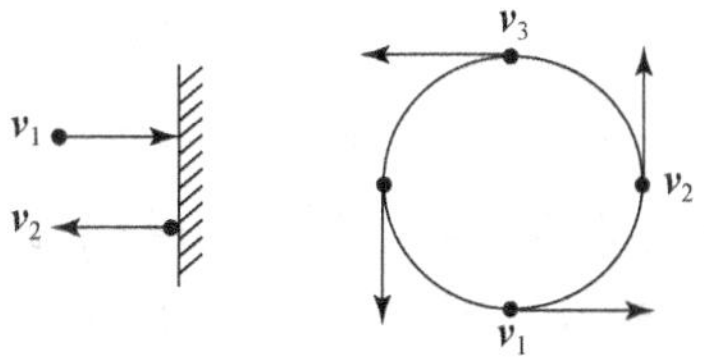

图 4.1　动量大小不变,但方向改变的例子

(2) 质点动量定理,力的冲量.

牛顿第二定律 $\Rightarrow \boldsymbol{F}=m\dfrac{\mathrm{d}\boldsymbol{v}}{\mathrm{d}t}=\dfrac{\mathrm{d}\boldsymbol{K}}{\mathrm{d}t} \Rightarrow \mathrm{d}\boldsymbol{K}=\boldsymbol{F}\mathrm{d}t$,

力 $\boldsymbol{F}$ 与作用时间 $\mathrm{d}t$ 的乘积 $\boldsymbol{F}\mathrm{d}t$ 称为力在这段时间的冲量. 上式即**质点动量定理**的微分形式：质点动量的改变等于力的冲量. 动量定理的积分形式为

$$\boldsymbol{K}_2 - \boldsymbol{K}_1 = \int_{\boldsymbol{K}_1}^{\boldsymbol{K}_2} \mathrm{d}\boldsymbol{K} = \int_{t_1}^{t_2} \boldsymbol{F}\mathrm{d}t.$$

(3) 质点动量守恒律.

若 $\boldsymbol{F}\equiv 0$，则，$\boldsymbol{K}_2=\boldsymbol{K}_1=$常矢量，这就是**动量守恒律**.

若力在空间某一方向的分量 $F_l=\boldsymbol{F}\cdot\boldsymbol{l}\equiv 0$，则动量在该方向的分量 $K_l=\boldsymbol{K}\cdot\boldsymbol{l}=$常量，质点动量在该方向的分量守恒. **质点动量的分量守恒**是比质点动量的整个矢量守恒更为常见. 例如，在水平光滑面上，物体水平方向不受外力，则水平方向动量守恒. 斜抛物体，忽略空气阻力，水平方向不受外力，则水平方向动量守恒，如图 4.2 所示.

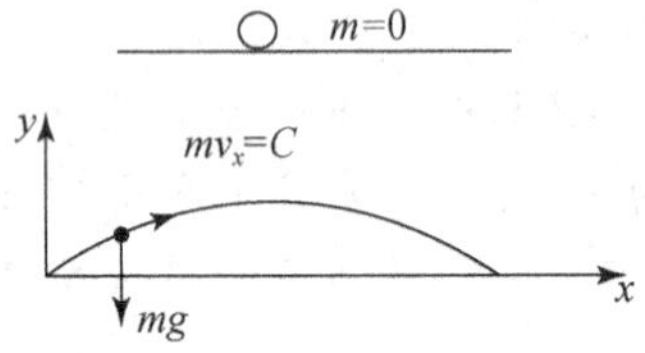

图 4.2　水平方向动量守恒的例子

2. 质点组的内力、外力、质心

下面考察质点组的动量变化规律. 为此，先要提出和研究内力和外力的概念、质心的概念.

(1) 内力和外力.

内力是组内质点的相互作用力. **外力**是组内物体所受组外物体的作用力.

内力的特点：成对出现，大小相等，方向相反，在一条直线上. 如图 4.3 所示，质点 i 和质点 j 的相互作用力大小相等、方向相反，在一条直线上，即：$\boldsymbol{F}_{i(j)}^{(内)}=-\boldsymbol{F}_{j(i)}^{(内)}$.

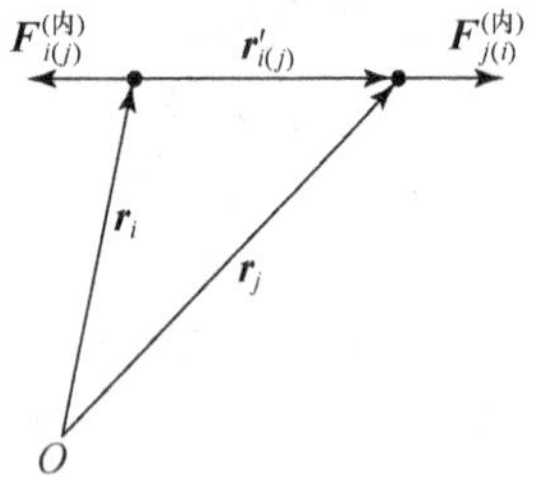

图 4.3　质点组的一对内力

因作用在不同的质点上，不能相互抵消，但对整个质点组的总体效果而言，其作用能否抵消，要看问题而定. 以后我们将会看到，对质点组的总动量、总动量矩可抵消，总动能则不一定.

(2) 质心.

质心概念的引入：质量分别为 mg 和 $3mg$ 的质点由质量可忽略的刚性杆连在一起，如图 4.4 所示. 经验告诉我们，当支撑点位于 x_c 处时，杆便能平衡. x_c 称为质心，其位置可由下面方法计算出来. 设质点 1 和质点 2 的 x 坐标分别为 1 和 5，则质心的坐标 x_c 为

$$x_c = \frac{x_1\times m + x_2\times 3m}{m+3m} = \frac{1\times m + 5\times 3m}{m+3m} = 4.$$

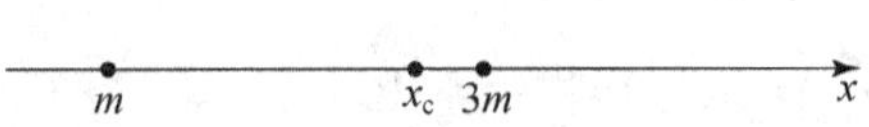

图 4.4　两个质点组成的质点组的质心的位置

由此可见，**质心坐标是各质点坐标的质量加权平均值**. 对于三维质点组，若 Δm_i 代表其中的任一质点的质量，$\boldsymbol{r}_i$ 代表该质点的位置矢量，则**质心位矢是质点组各质点位矢的质量加权平均值**，即

$$\boldsymbol{r}_c = \frac{1}{M}\sum_i \boldsymbol{r}_i \Delta m_i = \frac{1}{M}\int \boldsymbol{r}\mathrm{d}m,$$

分量表达式：

$$\begin{cases} x_c = \dfrac{1}{M}\sum\limits_i x_i \Delta m_i = \dfrac{1}{M}\displaystyle\int x\mathrm{d}m \\ y_c = \dfrac{1}{M}\sum\limits_i y_i \Delta m_i = \dfrac{1}{M}\displaystyle\int y\mathrm{d}m \\ z_c = \dfrac{1}{M}\sum\limits_i z_i \Delta m_i = \dfrac{1}{M}\displaystyle\int z\mathrm{d}m, \end{cases}$$

质心的速度 $v_c=(\dot{x}_c,\dot{y}_c,\dot{z}_c)$ 为**各质点速度的质量加权平均值**：

$$\begin{cases} \dot{x}_c = \dfrac{1}{M}\sum\limits_i \dot{x}_i \Delta m_i = \dfrac{1}{M}\displaystyle\int v_x\mathrm{d}m \\ \dot{y}_c = \dfrac{1}{M}\sum\limits_i \dot{y}_i \Delta m_i = \dfrac{1}{M}\displaystyle\int v_y\mathrm{d}m \\ \dot{z}_c = \dfrac{1}{M}\sum\limits_i \dot{z}_i \Delta m_i = \dfrac{1}{M}\displaystyle\int v_z\mathrm{d}m, \end{cases}$$

质心的加速度 $\boldsymbol{a}_c=(\ddot{x}_c,\ddot{y}_c,\ddot{z}_c)$ 为**各质点加速度的质量加权平均值**：

$$\begin{cases} \ddot{x}_c = \dfrac{1}{M}\sum\limits_i \ddot{x}_i \Delta m_i = \dfrac{1}{M}\displaystyle\int a_x\mathrm{d}m \\ \ddot{y}_c = \dfrac{1}{M}\sum\limits_i \ddot{y}_i \Delta m_i = \dfrac{1}{M}\displaystyle\int a_y\mathrm{d}m \\ \ddot{z}_c = \dfrac{1}{M}\sum\limits_i \ddot{z}_i \Delta m_i = \dfrac{1}{M}\displaystyle\int a_z\mathrm{d}m. \end{cases}$$

说明：

(1) 质心的位置决定于质量分布，与坐标的选取无关，选取不同的坐标只是为了计算和表达质心位置的方便.

(2) 质心及其速度、加速度，有明确的物理含义.（不论质点组各质点运动如何复杂，质心的运动仅由外力决定，与内力无关）

质心位置的求法：

方法 1　按定义进行求和或积分. 对分离质点，用求和；对质量连续分布的质点组，用积分.

例题 1　求长为 l，杆质量不均匀分布（单位长密度为 $\rho(x)=ax$）的杆（如图 4.5 所示）的质心位置.

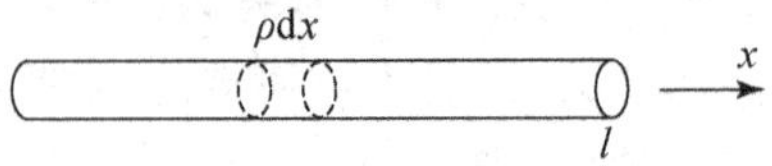

图 4.5　质量不均匀的细杆

解：$x_c=\dfrac{\int_0^l x\rho(x)\,\mathrm{d}x}{\int_0^l \rho(x)\,\mathrm{d}x}=\dfrac{\int_0^l xax\,\mathrm{d}x}{\int_0^l ax\,\mathrm{d}x}=\dfrac{\frac{1}{3}al^3}{\frac{1}{2}al^2}=\dfrac{2}{3}al.$

方法 2　质点组可分成若干组，求出每组的质心位置，然后把每组看成一个质点，再求总质心.

$$\begin{aligned}\boldsymbol{r}_c&=\frac{1}{M}\Big[\sum_{i=1}^{N_1}m_i\boldsymbol{r}_i+\sum_{i=N_1+1}^{N_1+1+N_2}m_i\boldsymbol{r}_i+\cdots\Big]\\&=\frac{1}{M}\Big[\frac{M_1}{M_1}\sum_{i=1}^{N_1}m_i\boldsymbol{r}_i+\frac{M_2}{M_2}\sum_{i=N_1+1}^{N_1+1+N_2}m_i\boldsymbol{r}_i+\cdots\Big]\\&=\frac{1}{M}[M_1\boldsymbol{r}_{c1}+M_2\boldsymbol{r}_{c2}+\cdots].\end{aligned}$$

例题 2　求半径为 R，质量为 M 的匀质半圆盘的质心.

解：如图 4.6 所示，由对称性 $x_c=0$，只需求 y_c. 把整个圆盘分成若干平行于 y 轴的竖条，每条的质量为 $\mathrm{d}m=\rho y\mathrm{d}x$，质心都位于该条的中点，即 $y/2$ 处.

$$\begin{aligned}y_c&=\frac{1}{M}\int\frac{y}{2}\mathrm{d}m=\frac{1}{M}\int_{-R}^{r}\frac{y}{2}\rho y\,\mathrm{d}x\\&=\frac{\rho}{M}\int_{-R}^{r}\frac{y^2}{2}\mathrm{d}x=\frac{\rho}{M}\int_0^r(\sqrt{r^2-x^2})^2\,\mathrm{d}x\\&=\frac{\rho}{M}\left(R^2x-\frac{1}{3}x^2\right)\Big|_0^r=\frac{\rho\,\frac{2}{3}R^3}{\frac{1}{2}\pi r^2\rho}\\&=\frac{4}{3\pi}R\end{aligned}$$

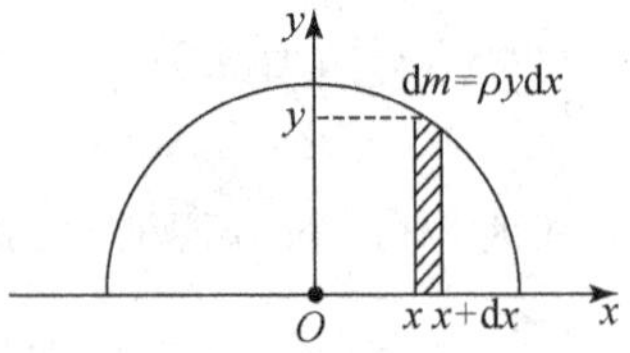

图 4.6　半径为 R，质量为 M 的匀质半圆盘

例题 3　求偏心铜钱的质心. 其中,正方形空心部分的中心在圆中心偏左 $R/6$ 处,边长为 R.

解: 以圆心为坐标原点,如图 4.7 所示. 该铜钱可看作两部分组成. 一部分质量为 $M_1 = \pi R^2 \rho$,质心为 $x_{c1} = 0$;另一部分质量为 $M_2 = -\rho R^2$,质心为 $x_{c2} = -R/6$. 两部分合成的总质心为

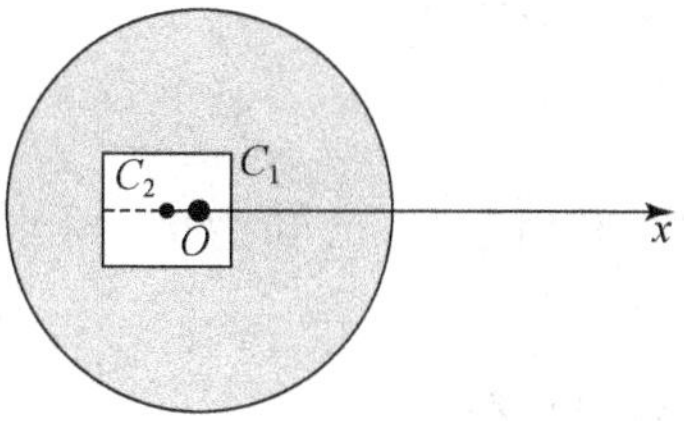

图 4.7　偏心中空的匀质圆盘

$$
\begin{aligned}
x_c &= \frac{1}{M_1 + M_2}(M_1 x_{c1} + M_2 x_{c2}) \\
&= \frac{\pi R^2 \cdot 0 + (-\rho R^2)(-R/6)}{(\pi - 1)R^2 \rho} \\
&= \frac{R}{6(\pi - 1)}
\end{aligned}
$$

3. *质点组的动量定理*

(1) 质点组总动量定义.

质点组总动量定义为该质点组所有质点的动量的矢量和,即

$$\boldsymbol{K} = \sum_i \boldsymbol{K}_i = \sum_i m_i \boldsymbol{v}_i,$$

由质心速度的定义可得

$$\boldsymbol{K} = (\sum_i m_i \boldsymbol{v}_i)\frac{M}{M} = M\boldsymbol{V}_c = \boldsymbol{K}_c,$$

即,质点组的动量等于质心的动量 $\boldsymbol{K}_c = M\boldsymbol{V}_c$.

(2) 质点组动量定理.

对第 i 个质点 m_i,有质点动量定理:$(\boldsymbol{F}_i^{(外)} + \boldsymbol{F}_i^{(内)})\mathrm{d}t = \mathrm{d}\boldsymbol{K}_i = \mathrm{d}(m_i \boldsymbol{v}_i)$

将上式对所有点求和:

$$左 = \sum (\boldsymbol{F}_i^{(外)} + \boldsymbol{F}_i^{(内)})\mathrm{d}t = \sum \boldsymbol{F}_i^{(外)} \mathrm{d}t,$$

$$右 = \mathrm{d}(\sum_i m_i \boldsymbol{v}_i) = \mathrm{d}\boldsymbol{K} = \mathrm{d}\boldsymbol{K}_c,$$

上式左边用到了所有内力矢量和为零,右边用到了质点组的动量等于质心的动量. 由此得

$$(\sum_i \boldsymbol{F}_i^{(外)})\mathrm{d}t = \mathrm{d}\boldsymbol{K} = \mathrm{d}\boldsymbol{K}_c,$$

即

$$\sum_i \boldsymbol{F}_i^{(外)} = \frac{\mathrm{d}\boldsymbol{K}}{\mathrm{d}t} = \frac{\mathrm{d}\boldsymbol{K}_c}{\mathrm{d}t} = M\frac{\mathrm{d}\boldsymbol{v}_c}{\mathrm{d}t},$$

该式称为**质点组动量定理**,又称**质心运动定理**. 该式表明,质点组的总体运动,即质心的运动,仅由外力决定,与内力无关. 这是一个有用而有趣的结论. 动量定理

的积分形式为

$$\int_{t_1}^{t_2}(\sum_i \boldsymbol{F}_i^{(外)})\mathrm{d}t=\int_{t_1}^{t_2}\mathrm{d}\boldsymbol{K}_c=\boldsymbol{K}_{c2}-\boldsymbol{K}_{c1},$$

利用该式，已知力时，可求动量变化；已知速度或动量变化时，可求力的冲量.

动量守恒律：在时间 $t_1 \to t_2$ 内，若合外力为零，即 $\sum_i \boldsymbol{F}^{(外)}\equiv 0$，

$$\Rightarrow \boldsymbol{K}_c=\boldsymbol{K}_{c0}=M\boldsymbol{v}_{c0}，质心速度恒不变.$$

动量分量守恒：若合外力的某一分量 x 分量为零，即 $\sum_i \boldsymbol{F}_{ix}\equiv 0$，

$$\Rightarrow \boldsymbol{K}_{cx}=常量\ \boldsymbol{K}_{cx0}=Mv_{cx0}，质心速度在该方向的分量恒不变.$$

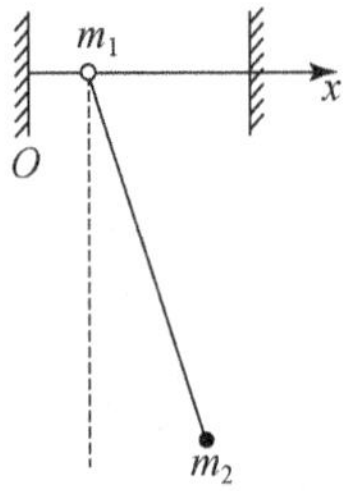

图 4.8　套在光滑水平钢丝上的单摆

质点组动量的分量守恒是比质点组动量的整个矢量守恒更为常见. 例如水平光滑钢丝上套一小环 m_1，再连一单摆(l, m_2)，在钢丝所在竖直面内摆动，如图 4.8 所示. 系统(m_1+m_2)在水平方向(x 方向)上不受外力，在水平方向动量守恒：$K_x=m_1\dot{x}_1+m_2\dot{x}_2=$常量 K_{x0}. 若初始时静止，则 $m_1\dot{x}_1+m_2\dot{x}_2=M\dot{x}_c=0\Rightarrow$ 质心水平位置静止不动.

[有趣的现象]

1. 炮弹质心的轨迹

炮弹出膛后未爆炸前，轨迹为斜抛运动. 在空中炸成无数块，但爆炸前后，外力为重力不变. 爆炸力为内力，不影响质心轨迹. 所以质心轨迹不变，仍为斜抛运动轨迹，直至有部分落地(落地部分外力变为重力＋支持力)后为止.

2. 跳远

起跳后初速度决定了质心的轨迹，运动员在空中的动作或姿势不会改变质心的轨迹，但在空中的姿势决定了落地前瞬间的姿态，决定了实际跳远距离，如图 4.9 所示.

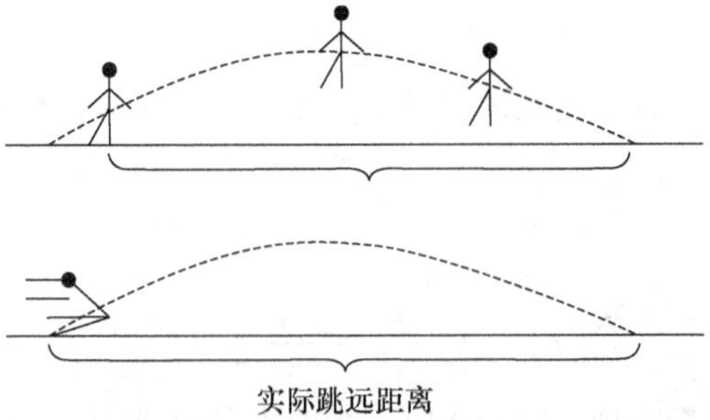

图 4.9　跳远时人的姿势和质心的轨迹

3. 跳高

起跳后初速度决定了质心的轨迹和最大高度，运动员采取的跳高姿势将会影响实际跳过的高度，如图 4.10 所示.

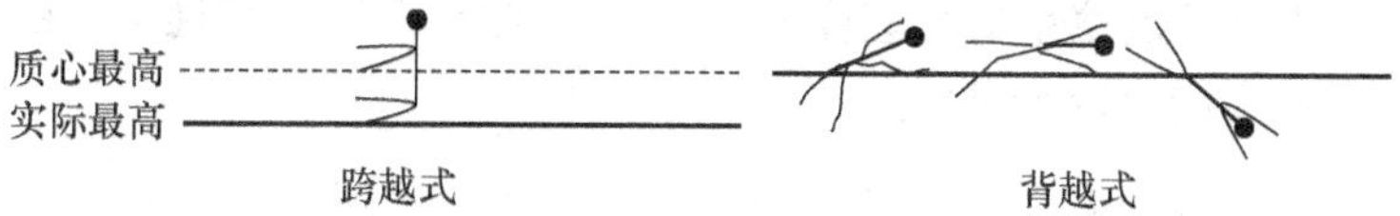

图 4.10　跳高时人的姿势、质心的最大高度和实际跳过高度

4. 质心系、质心系中的动量

质心系是坐标原点固定在质心，并随质心一起运动的平动参考系.

由如图 4.11 所示，质点组中任一点 m_i 在 S 系中的位置矢量 $\boldsymbol{r}_i$ 等于质心在 S 系中的位置矢量 $\boldsymbol{r}_c$ 与该质点在质心系中的位置矢量 $\boldsymbol{r}'_{i(c)}$ 之和，即

$$\boldsymbol{r}_i = \boldsymbol{r}_c + \boldsymbol{r}'_{i(c)},$$

由平动的相对运动的运动学公式可以得到，质点在 S 系中的速度 $\boldsymbol{v}_i$ 等于质心在 S 系中的速度 $\boldsymbol{v}_c$ 与该质点在质心系中的速度 $\boldsymbol{v}'_{i(c)}$ 之和，即

$$\boldsymbol{v}_i = \boldsymbol{v}_c + \boldsymbol{v}'_{i(c)},$$

由此可以推出，质点组在 S 系中的总动量 $\boldsymbol{K} = \sum_i m_i \boldsymbol{v}_i$ 等于质心在 S 系中的动量 $\sum_i m_i \boldsymbol{v}_c = M\boldsymbol{v}_c$ 与质点组在质心系中的总动量 $\sum_i m_i \boldsymbol{v}'_{i(c)} = \boldsymbol{K}'_{(c)}$ 之和，即

$$\sum_i m_i \boldsymbol{v}_i = \sum_i m_i \boldsymbol{v}_c + \sum_i m_i \boldsymbol{v}'_{i(c)},$$

即

$$\boldsymbol{K} = \boldsymbol{K}_c + \boldsymbol{K}'_{(c)},$$

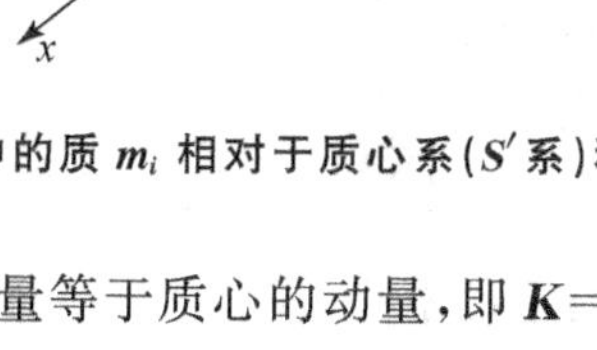

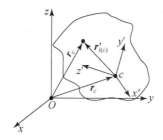

图 4.11　质点组中的质 m_i 相对于质心系(S' 系)和 S 系的位矢关系

上式中，因为质点组的总动量等于质心的动量，即 $\boldsymbol{K}=\boldsymbol{K}_c$，因而

$$\boldsymbol{K}'_{(c)} = 0,$$

该式表明，**质点组在质心系中的总动量恒为零.**

5. 非惯性系中的动量定理

在非惯性系中，$d(m_i\boldsymbol{v}'_i)=(\boldsymbol{F}_{i真实}+\boldsymbol{F}_{i惯})dt=\boldsymbol{F}_i dt$，参考本节第 3 段的推导过程，可知，非惯性系动量定理仍成立，只要将惯性力考虑进去就可以了.

设质心相对于惯性系的加速度 $\boldsymbol{a}_c\neq 0$，则质心系 S' 为非惯性系. 在这个非惯性的质心系中，质点组的动量为

$$
\begin{aligned}
d\boldsymbol{K}'_{(c)} &= \sum_i(\boldsymbol{F}_i^{(外)}+\boldsymbol{F}_i^{(惯)})dt \\
&= \sum_i \boldsymbol{F}_i^{(外)}dt+\sum_i m_i(-\boldsymbol{a}_c)dt=\sum_i \boldsymbol{F}_i^{(外)}dt-M\boldsymbol{a}_c=0.
\end{aligned}
$$

$\Rightarrow \boldsymbol{K}'_{(c)}=$常量.

可见，质心系是特殊的参考系，即使它是非惯性系，其惯性力对质点组总动量的影响也可不考虑.

4.2 动量定理和动量守恒律应用举例

类型 1 由质心加速度 $\boldsymbol{a}_C$求质点组所受的总外力.

例题 1 质量均匀、长为 l、质量为 m 的杆 OB 绕过一端的垂直轴 O 在水平面内以 $\omega=\omega_0 e^{-\alpha t}$转动，如图 4.12 所示. 求其中点 A 两边水平方向的相互作用力.

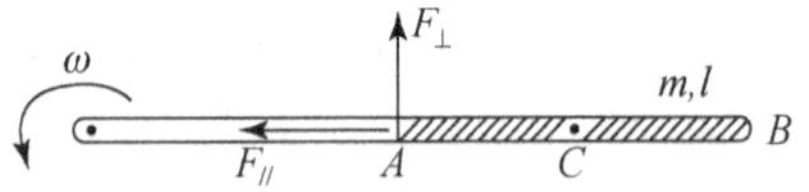

图 4.12 绕垂直轴在水平面内转动的匀质杆

解： 隔离 A 点外的杆 AB，在水平方向的外力——来自 A 点里的杆 OA 的作用力的作用下质心 C 作圆周运动. 质心 C 到转轴的距离为$\frac{3}{4}l$，根据质心运动定理，得

$$F_{\perp}=M_{AB}a_{c\perp}=M_{AB}\overline{OC}\cdot\dot{\omega}=\frac{m}{2}\cdot\frac{3}{4}l\cdot(-\alpha)\omega_0 e^{-\alpha t},$$

$$F_{/\!/}=M_{AB}a_{c/\!/}=M_{AB}\overline{OC}\cdot\omega^2=\frac{m}{2}\cdot\frac{3}{4}l\cdot\omega_0^2 e^{-2\alpha t}.$$

例题 2 求如图 4.13 所示的复摆(质量为 m、质心 C 到转轴的距离为 l_c)与其转轴的相互作用力. 已知复摆摆角随时间的变化为 $\theta=\theta_m\cos\omega t$.

解：隔离摆杆，在外力—重力和轴对杆的作用力的作用下，质心 C 作圆周运动. 根据质心运动定理，得

$$F_\theta - mg\sin\theta = ma_\theta = ml_c \cdot \ddot{\theta} = - ml_c\theta_m\omega^2\cos\omega t,$$

$$mg\cos\theta - F_r = ma_r = m(-l_c\dot{\theta}^2) = - ml_c\theta_m^2\omega^2\sin^2\omega t,$$

即

$$F_\theta = mg\sin(\theta_m\cos\omega t) - ml_c\theta_m\omega^2\cos\omega t,$$

$$F_r = mg\cos(\theta_m\cos\omega t) + ml_c\theta_m^2\omega^2\sin^2\omega t.$$

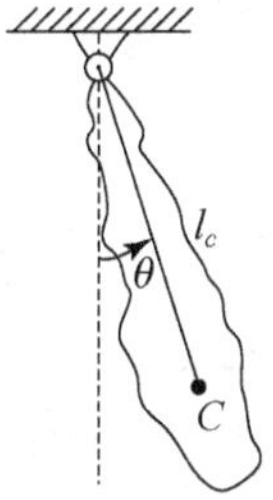

图 4.13 质量为 m、质心 C 到转轴的距离为 l_c 的复摆

例题 3 长为 l 的软绳，底端着地，然后放手任其自由下落，如图 4.14 所示. 求绳上端位置为 x 时绳下端对桌面的压力.

解：隔离整根绳子，所受的外力为桌面支持力和整根绳子的重力. 由质心运动定理得

$$N - Mg = N - \rho lg = M\ddot{x}_c, \tag{1}$$

关键是求出 $\ddot{x}_c$. 为此，先求质心坐标 x_c.

$$x_c = \frac{\rho x \cdot \frac{x}{2} + 0 \cdot \rho(l-x)}{\rho l} = \frac{x^2}{2l}, \tag{2}$$

由此得质心速度
$$\dot{x}_c = \frac{1}{l}x\dot{x}, \tag{3}$$

和加速度
$$\ddot{x}_c = \frac{1}{l}(\dot{x}^2 + x\ddot{x}), \tag{4}$$

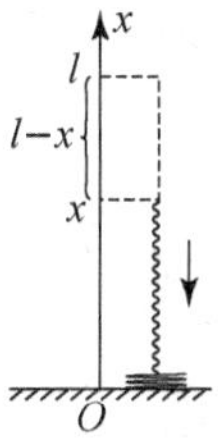

图 4.14 长为 l 的软绳自由下落

因为绳子下落时，未被拉伸，所以空间任何一部分绳子不受相邻绳子作用，只受重力作用，是自由下落. 当绳子上端下落 $l-x$ 距离时，自由落体的速度和加速度为

$$\begin{cases} \dot{x} = -\sqrt{2g(l-x)} \\ \ddot{x} = -\sqrt{2g}\,\dfrac{-\dot{x}}{2\sqrt{l-x}} = -g, \end{cases} \tag{5}$$

将(5)代入(4)得

$$\ddot{x}_c = \frac{1}{l}(\dot{x}^2 + x\ddot{x}) = \frac{1}{l}[2g(l-x) - xg] = \frac{1}{l}(2gl - 3gx), \tag{6}$$

再代入(1)得

$$N = M(g + \ddot{x}_c) = l\rho\left(g + \frac{2gl - 3gx}{l}\right) = 3\rho g(l - x), \tag{7}$$

落地瞬间 $x=0$，$N=3\rho gl=3Mg>Mg$.

为什么 N 由 $0\to 3Mg$，大于绳自重 Mg？这是因为要使速度不为 0 的绳子速度减为 0，需要向上的冲量.

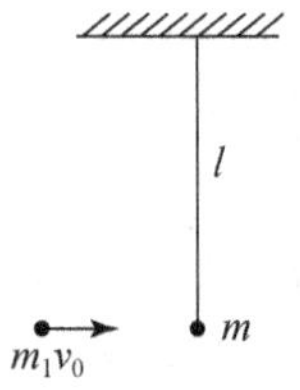

4.15 质点与单摆的碰撞

类型 2 打击、碰撞、爆炸一类瞬间相互作用问题，有限外力的冲量可忽略，总动量守恒.

例题 4 质量为 m_1 的质点以水平速度 v_0 与静止单摆(摆长 l，质量 m)发生完全非弹性碰撞，如图 4.15 所示. 求碰后瞬间质点的速度.

解： 碰前后瞬间质点组水平方向不受外力，水平方向动量守恒：

$$m_1 v_0 = (m_1 + m)v \Rightarrow v = \frac{m_1}{m_1 + m}v_0$$

例题 5 质点 m 在斜抛过程中经过最高点时爆炸为质量相同的两块. 已知：爆炸前速度方向水平，大小为 $mv_0\cos\theta$，炸后其中一块速度方向向下，大小为 v_1，如图 4.16 所示. 求另一块的速度 $\boldsymbol{v}$.

解： 爆炸前后瞬间总动量守恒，得

$$mv_0\cos\theta \cdot \boldsymbol{i} = \frac{m}{2}\boldsymbol{v}_1 + \frac{m}{2}\boldsymbol{v},$$

写成分量式

$$\left.\begin{aligned} \boldsymbol{i}: mv_0\cos\theta &= \frac{m}{2}v_x \\ \boldsymbol{j}: 0 &= \frac{m}{2}v_y - \frac{m}{2}v_1 \end{aligned}\right\} \Rightarrow \begin{cases} v_x = 2v_0\cos\theta \\ v_y = v_1. \end{cases}$$

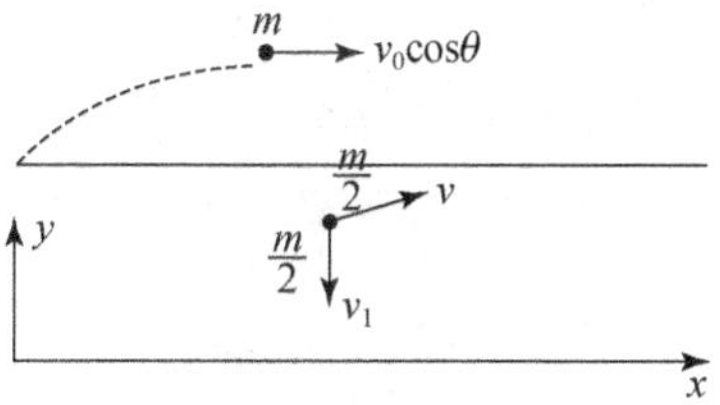

图 4.16 质点 m 在斜抛过程最高点时的爆炸

例题 6 质量为 M 的大木块置于光滑水平面上，初始时质量为 m 的小木块置于大木块的光滑斜面的顶端，然后放手任其自由下滑. 求小木块的运动轨迹.

解: 建立固定于地面的直角坐标系，大木块质心的水平坐标为 x_c；同时建立固定于大木块的直角坐标系，小木块在斜面上的相对坐标为 x'，如图 4.17 所示.

整个系统水平方向不受外力⇒水平方向动量守恒

$$M\dot{x}_c + m(\dot{x}_c - \dot{x}'\cos\theta) = 0 \Rightarrow (M+m)\dot{x}_c = m\dot{x}'\cos\theta, \tag{1}$$

设 $t=0$ 时，$x'=0$ 时，$x_c=0$，将(1)式积分得

$$(M+m)x_c = mx'\cos\theta, \tag{2}$$

设大木块质心 c 距其右立边的距离为 l，则小木块 m 的绝对坐标为

$$\begin{cases} x_m = l + x_c - x'\cos\theta = l - \dfrac{M}{m}x_c \\ y_m = h - x'\sin\theta = h - \dfrac{M+m}{m\cos\theta}\sin\theta \cdot x_c, \end{cases}$$

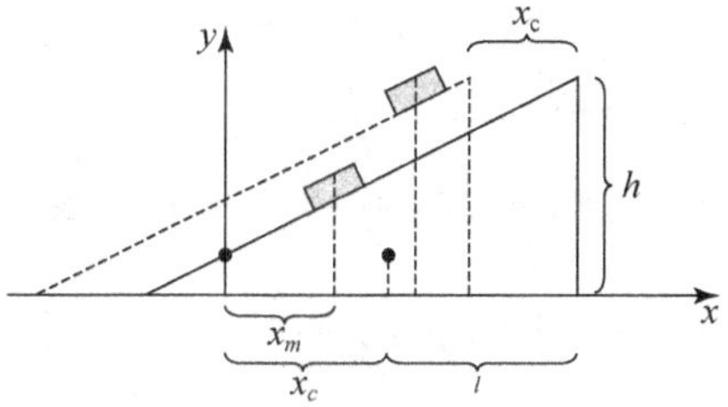

图 4.17 小木块在光滑大木块上下滑

消去 $x_c \Rightarrow y_m = h + \dfrac{M+m}{M\cos\theta}\sin\theta \cdot (x_m - l)$ 为直线.

若要求 $\dot{x}'$ 或 $\dot{x}_c$ 的大小，除(2)式外还需一方程.

以 M 为参考系，m 受力为重力 mg、支持力 N 和惯性力 $-m\ddot{x}_c$，列出在平行斜面和垂直斜面方向上的运动微分方程：

$$\begin{cases} m\ddot{x}' = m\ddot{x}_c\cos\theta + mg\sin\theta & (3) \\ 0 = m\ddot{y}' = mg\cos\theta - N - m\ddot{x}'_c\sin\theta & (4) \end{cases}$$

(2)和(3)两式联立,即 $\begin{cases}(M+m)\ddot{x}_c=m\ddot{x}'\cos\theta\\ \ddot{x}'=\ddot{x}_c\cos\theta+g\sin\theta,\end{cases}$

可得
$$\begin{cases}\ddot{x}_c=\dfrac{mg\sin\theta\cos\theta}{M+m\sin^2\theta}\\ \ddot{x}'=\dfrac{(M+m)g\sin\theta}{M+m\sin^2\theta},\end{cases}$$

由(4)式可得小木块所受的支持力为 $N=\dfrac{M}{M+m\sin^2\theta}mg\cos\theta$,显然,它与大木块静止时所受的支持力 $mg\cos\theta$ 不同.

类型 3 “变质量”问题

这里的变质量是指:所考察的物体在运动过程中总有部分质量离开物体主体而使主体质量不断减少(如运行中的火箭,总有部分燃料燃烧喷出而离开火箭主体使火箭质量不断减少);或者所考察的物体在运动过程中总有部分质量加入使主体质量不断增加(如在云层中下落的雨滴,不断有水蒸汽凝固于其上使雨滴质量增加).对于这类问题,可由质点组动量定理或动量守恒定律导出其运动微分方程.

火箭问题

设 t 时刻,火箭质量为 m、速度为 $\boldsymbol{v}$,动量为 $m\boldsymbol{v}$;到 $t+\mathrm{d}t$ 时刻,火箭因喷出质量为 $-\mathrm{d}m$、相对速度为 $\boldsymbol{u}'$ 的燃料后,主体质量变为 $m+\mathrm{d}m$,速度变为 $\boldsymbol{v}+\mathrm{d}\boldsymbol{v}$,动量变为 $(m+\mathrm{d}m)(\boldsymbol{v}+\mathrm{d}\boldsymbol{v})+(\boldsymbol{v}+\mathrm{d}\boldsymbol{v}+\boldsymbol{u}')(-\mathrm{d}m)$,如图 4.18 所示.

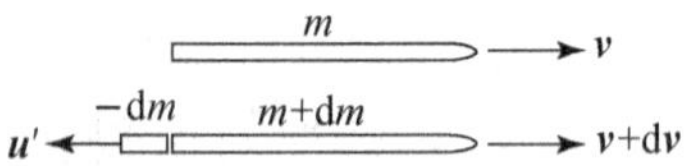

图 4.18　t 到 $t+\Delta t$ 时间间隔内火箭总动量的变化

注意,在 t 到 $t+\mathrm{d}t$ 时间间隔内,把喷出物与火箭作为一质点组,总质量并无改变,仍可用质点组动量定理:

$$\begin{aligned}\boldsymbol{F}\cdot\mathrm{d}t&=[(m+\mathrm{d}m)(\boldsymbol{v}+\mathrm{d}\boldsymbol{v})+(\boldsymbol{v}+\mathrm{d}\boldsymbol{v}+\boldsymbol{u}')(-\mathrm{d}m)]-[m\boldsymbol{v}]\\&=[m\boldsymbol{v}+\boldsymbol{v}\mathrm{d}m+m\mathrm{d}\boldsymbol{v}+\mathrm{d}m\cdot\mathrm{d}\boldsymbol{v}-\mathrm{d}m\cdot\mathrm{d}\boldsymbol{v}-\boldsymbol{v}\mathrm{d}m-\boldsymbol{u}'\mathrm{d}m]-m\boldsymbol{v}-[m\boldsymbol{v}]\\&=m\mathrm{d}\boldsymbol{v}-\boldsymbol{u}'\mathrm{d}m,\end{aligned}$$

其中,$\boldsymbol{F}$ 是系统所受的合外力.上式即

$$\boldsymbol{F}=m\frac{\mathrm{d}\boldsymbol{v}}{\mathrm{d}t}-\boldsymbol{u}'\frac{\mathrm{d}m}{\mathrm{d}t},$$

有的书把该式称为变质量物体的运动微分方程.

当 $\boldsymbol{F}=0$ 时,上式变为 $m\dfrac{\mathrm{d}\boldsymbol{v}}{\mathrm{d}t}=\boldsymbol{u}'\dfrac{\mathrm{d}m}{\mathrm{d}t}$,

对火箭问题，$\boldsymbol{u}'$与 $\boldsymbol{v}$ 反向，以 $\boldsymbol{v}$ 方向为正，将上式写成分量式，得

$$m\mathrm{d}v = -u'\mathrm{d}m,$$

积分得

$$\int_{v(t_0)}^{v(t)} \mathrm{d}v = -u' \int_{m(t_0)}^{m(t)} \frac{\mathrm{d}m}{m}$$

$$\Delta v = v(t) - v(t_0) = -u' \ln \frac{m(t)}{m(t_0)} = u' \ln \frac{m_0}{m},$$

由此可见，火箭速度的增量取决于喷出物的相对速度 u' 和初始质量 m_0 与终了质量 m 之比．现代火箭技术能获得的 u' 最大值约为 2.5 $\mathrm{km \cdot s^{-1}}$，质量比最大值约为 6，得到的速度增量约为 4.5 $\mathrm{km \cdot s^{-1}}$．人造卫星所需的速率大于 7.9 $\mathrm{km \cdot s^{-1}}$，显然不能达到这个要求．要提高速度增量人们想出了多级火箭的办法．多级火箭由几个单级火箭组成，发射初期是一个整体．运行中当一级火箭的燃料烧完后，该级火箭的外壳自动脱离，同时启动下一级．由于抛弃了前一级火箭的外壳，便提高了下一级的质量比，因而可以得到更高的最终速度．

4.3　两质点的碰撞问题*

本节讨论的两质点的碰撞问题是两物体碰撞的实际情况的理想情形，其中有几个基本假定：(1) $\Delta t \to 0$ 时，假定外力的冲量也趋于零，因此总动量守恒．(2) 假定物体没有转动，故不计其转动动能．(3) 假定碰撞过程中质点的质量不变，即不考虑原子碰撞时质量可能发生变化的问题．这里需要解决的基本问题是：求解碰撞前后两质点的速度 $\boldsymbol{v}_1, \boldsymbol{v}_2, \boldsymbol{v}_1', \boldsymbol{v}_2'$ 之间的相互关系．有两种求解的基本方法．

方法 1　在实验室参考系中处理．

首先有动量守恒

$$m_1\boldsymbol{v}_1 + m_2\boldsymbol{v}_2 = m_1\boldsymbol{v}_1' + m_2\boldsymbol{v}_2' = (m_1 + m_2)\boldsymbol{v}_c, \tag{4.1}$$

其次还有能量关系或其他已知条件，例如完全弹性碰撞的能量守恒方程

$$\frac{1}{2}m_1\boldsymbol{v}_1^2 + \frac{1}{2}m_2\boldsymbol{v}_2^2 = \frac{1}{2}m_1\boldsymbol{v}_1'^2 + \frac{1}{2}m_2\boldsymbol{v}_2'^2, \tag{4.2}$$

或完全非弹性碰撞条件

$$\boldsymbol{v}_1' = \boldsymbol{v}_2' = \boldsymbol{v}'. \tag{4.3}$$

联立求解这些方程即可．这种方法简单直接，缺点是物理图象不清楚．

方法 2　先在质心系中处理，然后回到实验室参考系．这种方法物理图象清楚，便于理论分析．

下面着重介绍第二种方法．

1．两质点在质心系中的速度的特点

两质点质心的速度可由每个质点在实验室参考系中的速度求出，它在碰撞前后保持不变：

$$\boldsymbol{v}_c = \frac{m_1\boldsymbol{v}_1 + m_2\boldsymbol{v}_2}{(m_1 + m_2)}, \tag{4.4}$$

碰撞前后两质点在质心系中的速度为

$$\begin{cases}\boldsymbol{u}_1=\boldsymbol{v}_1-\boldsymbol{v}_c=\dfrac{m_2(\boldsymbol{v}_1-\boldsymbol{v}_2)}{(m_1+m_2)}\\ \boldsymbol{u}_2=\boldsymbol{v}_2-\boldsymbol{v}_c=\dfrac{m_1(\boldsymbol{v}_2-\boldsymbol{v}_1)}{(m_1+m_2)}\end{cases}\quad\begin{cases}\boldsymbol{u}'_1=\boldsymbol{v}'_1-\boldsymbol{v}_c=\dfrac{m_2(\boldsymbol{v}'_1-\boldsymbol{v}'_2)}{(m_1+m_2)}\\ \boldsymbol{u}'_2=\boldsymbol{v}'_2-\boldsymbol{v}_c=\dfrac{m_1(\boldsymbol{v}'_2-\boldsymbol{v}'_1)}{(m_1+m_2)}.\end{cases}\tag{4.5}$$

因为质心系中的总动量恒为零，所以两质点碰撞前后在质心系中的速度满足：

$$m_1\boldsymbol{u}_1+m_2\boldsymbol{u}_2=0,\quad m_1\boldsymbol{u}'_1+m_2\boldsymbol{u}'_2=0,\tag{4.6}$$

这表明，两质点在质心系中的速度方向相反、在一条直线上，大小与质量成反比，即

$$\boldsymbol{u}_1=-\frac{m_2}{m_1}\boldsymbol{u}_2,\quad \boldsymbol{u}'_1=-\frac{m_2}{m_1}\boldsymbol{u}'_2.\tag{4.7}$$

图 4.19 给出了两质点碰撞前后在质心系中的速度关系：碰前，两质点向质心而来；碰后，两质点离质心而去.

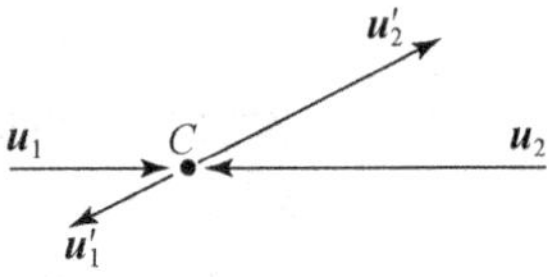

图 4.19 两质点碰撞前后在质心系中的速度关系

如果已知碰前的速度 $\boldsymbol{v}_1$，$\boldsymbol{v}_2$（由此可求得 $\boldsymbol{u}_1$，$\boldsymbol{u}_2$），要决定碰后的速度 $\boldsymbol{u}'_1$，$\boldsymbol{u}'_2$ 的大小和方向，还需要更多的信息，例如：① 碰撞过程中的能量关系，下面采用恢复系数 e 来描述. ② 两质点的结构或碰撞细节，下面只讨论光滑小球的正碰和斜碰这两种简单情况.

2. 恢复系数 e

实验证明：对两质点（小球）的正碰，两质点碰后相互离开的速度与碰前相互接近的速度之比仅由材料的性质决定，即

$$\frac{|\boldsymbol{u}'_1|}{|\boldsymbol{u}_1|}=\frac{|\boldsymbol{u}'_2|}{|\boldsymbol{u}_2|}=\frac{|\boldsymbol{v}'_1-\boldsymbol{v}'_2|}{|\boldsymbol{v}_1-\boldsymbol{v}_2|}=\frac{|\boldsymbol{u}'_1-\boldsymbol{u}'_2|}{|\boldsymbol{u}_1-\boldsymbol{u}_2|}=e\text{，称为恢复系数}\tag{4.8}$$

$$\Rightarrow e^2=\frac{\frac{1}{2}m_1|\boldsymbol{u}'_1|^2}{\frac{1}{2}m_1|\boldsymbol{u}_1|^2}=\frac{\frac{1}{2}m_2|\boldsymbol{u}'_2|^2}{\frac{1}{2}m_2|\boldsymbol{u}_2|^2}=\frac{\frac{1}{2}m_1|\boldsymbol{u}'_1|^2+\frac{1}{2}m_2|\boldsymbol{u}'_2|^2}{\frac{1}{2}m_1|\boldsymbol{u}_1|^2+\frac{1}{2}m_2|\boldsymbol{u}_2|^2}=\frac{T'_{(C)}}{T_{(C)}},\tag{4.9}$$

可以看出，恢复系数描述了碰撞过程的能量变化情况：

$e=1 \Leftrightarrow$ 质心系中的动能 $T'_{(C)}=T_{(C)}$ 不变 $\Leftrightarrow$ 总动能 $T=T_c+T'_{(C)}=T_c+T_{(C)}$ 不变，因此，$e=1$ 代表完全弹性碰撞，机械能守恒；

$e<1$ 代表非完全弹性碰撞，有部分机械能损失；

$e=0$ 时，$\boldsymbol{u}'_1=\boldsymbol{u}'_2=0$，$\boldsymbol{v}'_1=\boldsymbol{v}'_2=\boldsymbol{v}_c$，代表完全非弹性碰撞.

知道了恢复系数，就知道了两质点正碰后在质心系中的速度的大小：

$$|\boldsymbol{u}'_1|=e|\boldsymbol{u}_1|,\quad |\boldsymbol{u}'_2|=e|\boldsymbol{u}_2| \quad (0\leqslant e\leqslant 1). \tag{4.10}$$

3. 光滑小球的正碰和斜碰

两小球的正碰和斜碰如图 4.20 所示.

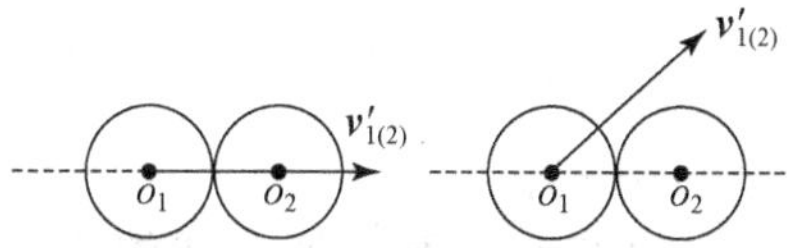

图 4.20　两小球的正碰和斜碰

正碰是碰前两质点的相对速度在其连心线上，碰后两质点的相对速度也必在其连心线上. 这是简单的直线碰撞问题.

斜碰是碰前两质点的相对速度与连心线成一夹角 α. 因为光滑，故两小球的相互作用只发生在连心线方向，在垂直于连心线的方向上无相互作用，因此在垂直于连心线的方向上两球的相对速度碰前碰后不变，即碰前碰后每个小球在垂直于连心线的方向上的速度分量不变.

根据以上分析，很容易直观地得到两质点相碰在质心系中的图像. 图 4.21 画出了两光滑小球碰前碰后的速度关系. 图中，$\boldsymbol{u}_1$，$\boldsymbol{u}_2$ 为碰前两小球在质心系中的速度，$\boldsymbol{u}_1-\boldsymbol{u}_2=\boldsymbol{v}_1-\boldsymbol{v}_2$ 为碰前两小球的相对速度；o_1o_2 为连心线方向，α 为碰前两质点的相对速度与连心线的夹角. 因为在垂直于连心线的方向上两球无相互作用，所以有 $u'_{1\perp}=u_{1\perp}$，$u'_{2\perp}=u_{2\perp}$，即 $\boldsymbol{u}'_1$，$\boldsymbol{u}'_2$ 的箭头必在过 $\boldsymbol{u}_1$，$\boldsymbol{u}_2$ 而平行于 o_1o_2 的两条平行线上. 因为两小球在连心线方向是正碰，而且碰前碰后相对速度方向相反，因而有 $\boldsymbol{u}'_{1,/\!/}=-e\boldsymbol{u}_{1,/\!/}$，$\boldsymbol{u}'_{2,/\!/}=-e\boldsymbol{u}_{2,/\!/}$. 由此不难得到碰后两小球在质心系中的速度矢量 $\boldsymbol{u}'_1$，$\boldsymbol{u}'_2$. 再由 $\boldsymbol{v}_c$ 可以得到碰后两小球在实验室参考系中的速度 $v'_1=\boldsymbol{v}_c+\boldsymbol{u}'_1$，$v'_2=\boldsymbol{v}_c+\boldsymbol{u}'_2$.

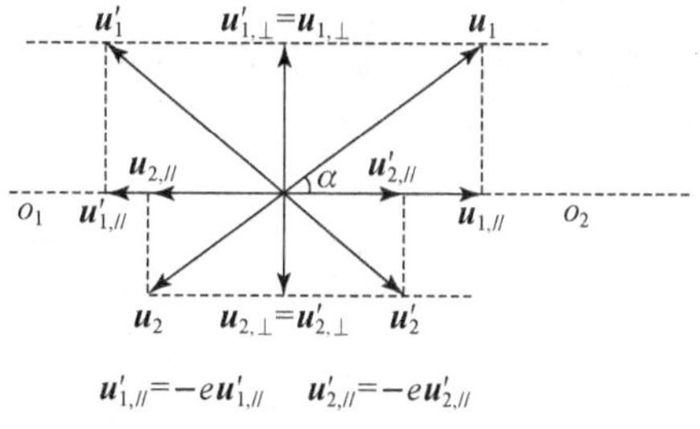

图 4.21　两光滑小球斜碰前后在质心系中的速度关系

例题 7 质点 $m_1=2m$ 以速度 $\boldsymbol{v}_1=\boldsymbol{v}_0$ 与静止质点 $m_2=m$ 发生完全弹性碰撞，已知 $\boldsymbol{v}_0$ 与连心线成 α 角. 求碰后两质点在质心系和实验室参考系的速度 $\boldsymbol{u}_1'$、$\boldsymbol{u}_2'$ 和 $\boldsymbol{v}_1'$、$\boldsymbol{v}_2'$.

解： 先在质心系中处理，然后回到实验室参考系. 碰撞前后质心速度均为

$$\boldsymbol{v}_c=\frac{m_1\boldsymbol{v}_1+m_2\boldsymbol{v}_2}{(m_1+m_2)}=\frac{2m\boldsymbol{v}_0+m\cdot 0}{2m+m}=\frac{2}{3}\boldsymbol{v}_0,$$

由此可得碰前两质点在质心系的速度为

$$\begin{cases}\boldsymbol{u}_1=\boldsymbol{v}_1-\boldsymbol{v}_c=\boldsymbol{v}_0-\dfrac{2}{3}\boldsymbol{v}_0=\dfrac{1}{3}\boldsymbol{v}_0\\[2ex]\boldsymbol{u}_2=\boldsymbol{v}_2-\boldsymbol{v}_c=0-\dfrac{2}{3}\boldsymbol{v}_0=-\dfrac{2}{3}\boldsymbol{v}_0,\end{cases}$$

很明显，他们大小相等、方向相反.

由已知条件，两球斜碰，因为在垂直于连心线的方向上两球无相互作用，所以 $\boldsymbol{u}_1'$，$\boldsymbol{u}_2'$ 的箭头必分别在过 $\boldsymbol{u}_1$，$\boldsymbol{u}_2$ 的箭头而平行于 o_1o_2 的两条平行线上. 再由恢复系数 $e=1$ 得 $u_{1/\!/}'=eu_{1/\!/}=u_{1/\!/}$，$u_{2/\!/}'=eu_{2/\!/}=u_{2/\!/}$. 由此不难得到碰后两小球在质心系中的速度矢量 $\boldsymbol{u}_1'$，$\boldsymbol{u}_2'$，如图 4.22 所示. 再由 $v_1'=\boldsymbol{v}_c+\boldsymbol{u}_1'$，$v_2'=\boldsymbol{v}_c+\boldsymbol{u}_2'$ 得到两小球在实验室参考系中的速度 $\boldsymbol{v}_1'$ 和 $\boldsymbol{v}_2'$. 显然，由于 m_2 只受到连心线方向的作用，故 $\boldsymbol{v}_2'$ 沿连心线方向.

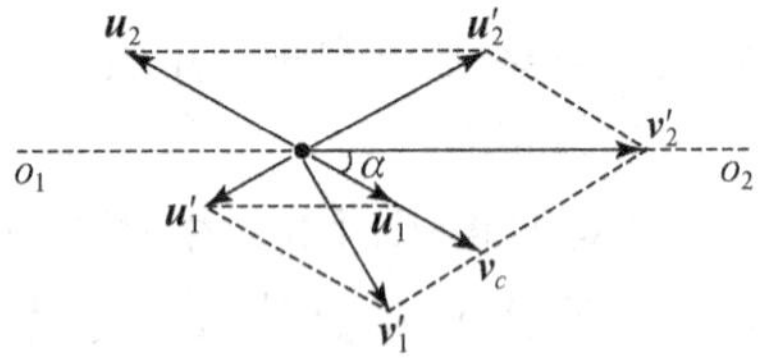

图 4.22　两质点斜碰前后的速度关系

由图示几何关系，不难得到：

$$v_2'=2v_c\cos\alpha=\frac{4}{3}v_0\cos\alpha,$$

$$\begin{aligned}\boldsymbol{v}_1'&=\sqrt{|\boldsymbol{u}_1'|^2+|\boldsymbol{v}_c|^2-2|\boldsymbol{u}'||\boldsymbol{v}_c|\cos2\alpha}\\&=v_0\sqrt{\left(\frac{1}{3}\right)^2+\left(\frac{2}{3}\right)^2-2\cdot\frac{1}{3}\cdot\frac{2}{3}\cos2\alpha}\\&=\frac{v_0}{3}\sqrt{5-4\cos2\alpha}.\end{aligned}$$

4.4　质点动量矩定理,动量矩守恒律

1. 力矩

力矩反映了受力质点相对参考点是否有转动趋势.中学学过,力矩等于力与力臂的乘积,即

$$L = f \cdot d = F \cdot r\sin\theta. \tag{4.11}$$

这里的力与力臂都在垂直于转轴的平面内,如图 4.23 所示,力矩是对转轴的力矩.

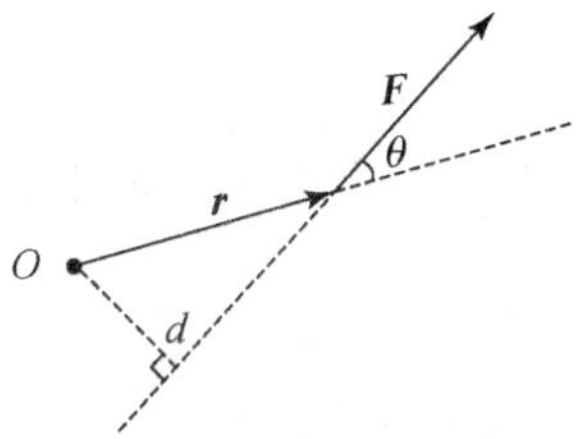

图 4.23　*r* 和 *F* 均垂直于转轴的情况

现在我们要把这个概念进行推广:① 把力矩推广到矢量;② 对转轴的力矩推广到对点的力矩.

首先,把对于转轴的力矩表达式(4.1)推广到矢量表示:

$$\begin{aligned} \boldsymbol{L} = \boldsymbol{r} \times \boldsymbol{F} &= Fr\sin\theta \cdot \boldsymbol{z} \\ &= \begin{vmatrix} \boldsymbol{x} & \boldsymbol{y} & \boldsymbol{z} \\ x & y & 0 \\ F_x & F_y & 0 \end{vmatrix} = \boldsymbol{k}(xF_y - yF_x). \end{aligned} \tag{4.12}$$

下面再把力矩推广到**对点的力矩**.设力 $\boldsymbol{F}$ 的作用点的位置矢量为 $\boldsymbol{r}$.其中,$\boldsymbol{r}$ 和 $\boldsymbol{F}$ 的几何关系任意,如图 4.24 所示.

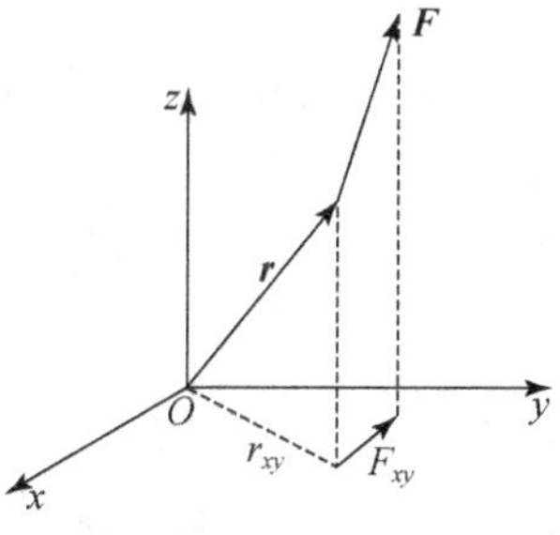

图 4.24　*r* 和 *F* 的几何关系任意的情况

定义该力对于坐标原点 O 的力矩为

$$\boldsymbol{L}=\boldsymbol{r}\times\boldsymbol{F}=\begin{vmatrix}\boldsymbol{i} & \boldsymbol{j} & \boldsymbol{k}\\ x & y & z\\ F_x & F_y & F_z\end{vmatrix}$$

$$=\boldsymbol{i}(yF_z-zF_y)+\boldsymbol{j}(zF_x-xF_z)+\boldsymbol{k}(xF_y-yF_x), \tag{4.13}$$

这个力矩的 z 轴分量为

$$L_z=\boldsymbol{k}\cdot(\boldsymbol{r}\times\boldsymbol{F})=xF_y-yF_x, \tag{4.14}$$

它与(4.12)相等.表明力对某轴的力矩等于力对轴上任一点的力矩在该轴上的分量.由(4.14)也可看出,平行于转轴 z 轴的力的分量 F_z 对于转轴的力矩等于零.

2. 质点的动量矩

设质点的速度为 $\boldsymbol{v}$,对某参考点的位置矢量为 $\boldsymbol{r}$,则质点对该参考点的**动量矩**定义为

$$\boldsymbol{J}=\boldsymbol{r}\times m\boldsymbol{v}. \tag{4.15}$$

很明显,动量矩既与参考系有关,又与参考点有关.在本书中,如不特别指出,参考系即指地面惯性系,参考点即指坐标原点.动量矩反映了质点对于参考点是否有转动.例如质点作匀速直线运动,如图 4.25 所示.

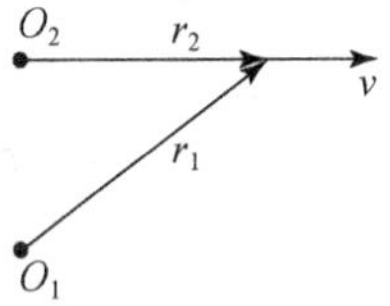

图 4.25　动量矩与参考点有关的例子

若选参考点为 O_1,$\boldsymbol{r}_1\times m\boldsymbol{v}\neq 0$,有转动;若选参考点为 O_2,$\boldsymbol{r}_2\times m\boldsymbol{v}=0$,则无转动.

3. 质点动量矩定理

根据牛顿第二定律,$\boldsymbol{F}=\frac{\mathrm{d}}{\mathrm{d}t}m\boldsymbol{v}$,两边用位置矢量叉乘得

$$\boldsymbol{L}=\boldsymbol{r}\times\boldsymbol{F}=\boldsymbol{r}\times\frac{\mathrm{d}\boldsymbol{K}}{\mathrm{d}t}=\frac{\mathrm{d}}{\mathrm{d}t}(\boldsymbol{r}\times m\boldsymbol{v})-\frac{\mathrm{d}\boldsymbol{r}}{\mathrm{d}t}\times m\boldsymbol{v}=\frac{\mathrm{d}}{\mathrm{d}t}(\boldsymbol{r}\times m\boldsymbol{v}),$$

即

$$\boldsymbol{L}=\boldsymbol{r}\times\boldsymbol{F}=\frac{\mathrm{d}}{\mathrm{d}t}(\boldsymbol{r}\times m\boldsymbol{v})=\frac{\mathrm{d}\boldsymbol{J}}{\mathrm{d}t}, \tag{4.16}$$

该式表示：质点对某点的动量矩的变化率等于质点所受的力对该点的力矩,这就是**质点动量矩定理**.上式推导中的最后一步用到：当参考点是参考系中的定

点时，有 $\frac{d\boldsymbol{r}}{dt}=\boldsymbol{v}$.

质心也可看成一质点，它满足质心运动定理

$$\sum_i \boldsymbol{F}_i^{(外)} = \frac{d}{dt}(M\boldsymbol{v}_c),$$

同样推导也可得到

$$\Rightarrow \boldsymbol{L}_c = \boldsymbol{r}_c \times \sum_i \boldsymbol{F}_i^{(外)} = \frac{d}{dt}(\boldsymbol{r}_c \times M\boldsymbol{v}_c) = \frac{d}{dt}\boldsymbol{J}_c. \qquad (4.17)$$

该式表示，**质心的动量矩定理**与质点的动量矩定理相同，即：质心对某点的动量矩的变化率等于质点组所受到的合外力对该点的力矩.

4. 质点动量矩守恒律

在(4.12)式中，若 $\boldsymbol{r}\times\boldsymbol{F}\equiv 0$，则 $\boldsymbol{J}=\boldsymbol{r}\times m\boldsymbol{v}=$常矢量，即**动量矩守恒**.

在(4.12)式中，若力矩的某一分量为零：$(\boldsymbol{r}\times\boldsymbol{F})\cdot\boldsymbol{l}=0$，则力矩在该方向的分量 $J_l=\boldsymbol{l}\cdot\boldsymbol{J}=(\boldsymbol{r}\times m\boldsymbol{v})_l$ 为常量，即动量矩的该方向分量守恒. 质点**动量矩分量守恒**比质点动量矩矢量守恒更常见.

例题 8　(1) 在图 4.26 中，写出质点在平面极坐标系中对坐标原点的动量矩和动量矩定理. (2) 若 $\boldsymbol{F}=-\frac{GMm}{r^2}e_r$，有何结论？

图 4.26　质点在平面极坐标系中的位矢和速度

解：(1) $\boldsymbol{v}=\dot{r}e_r+r\dot{\theta}e_\theta$，$\boldsymbol{r}=re_r$，

$$\boldsymbol{J}=\boldsymbol{r}\times m\boldsymbol{v}=m\boldsymbol{r}\times(\dot{r}e_r+r\dot{\theta}e_\theta)=mr^2\dot{\theta}\boldsymbol{e}_r\times\boldsymbol{e}_\theta=mr^2\dot{\theta}\boldsymbol{k},$$

$$\boldsymbol{r}\times\boldsymbol{F}=re_r\times(F_re_r+F_\theta e_\theta)=rF_\theta e_r\times e_\theta=rF_\theta\boldsymbol{k},$$

$$\boldsymbol{r}\times\boldsymbol{F}=\frac{d}{dt}\boldsymbol{J}\Rightarrow rF_\theta=m\frac{d}{dt}(r^2\dot{\theta}),$$

即

$$F_\theta=m\frac{d}{rdt}(r^2\dot{\theta})=m(r\ddot{\theta}+2\dot{r}\dot{\theta}),$$

可见，质点在平面极坐标系中的动量矩定理就是牛顿第二定律在 $\boldsymbol{\theta}$ 方向的分量方程.

(2) 若 $\boldsymbol{F}=-\frac{GMm}{r^2}e_r=F_re_r$，则 $F_\theta\equiv 0$，

$$\Rightarrow \frac{\mathrm{d}}{\mathrm{d}t}(mr^2\dot{\theta})=0 \Rightarrow mr^2\dot{\theta}=J=J_0 \text{ 常量}.$$

这个结果表明，当质点所受的力的作用线始终通过原点时（称为有心力），质点对原点的动量矩守恒. 以后我们会看到，这是一个非常有用的结论.

4.5　质点组动量矩定理，动量矩守恒律

上一节引入了质点动量矩的概念，推导了质点动量矩定理和相应的守恒律. 本节将要把上一节的结论推广到质点组的情况.

1. *质点组动量矩定义和计算法*

质点组动量矩定义为组成质点组的所有质点的动量矩的矢量和，即

$$\boldsymbol{J}=\sum_i \boldsymbol{J}_i=\sum_i \boldsymbol{r}_i \times m_i \boldsymbol{v}_i, \tag{4.18}$$

注意，所有质点的动量矩都是对同一参考系和同一参考点作出的.

可以证明，**质点组的动量矩 $\boldsymbol{J}$ 等于质心的动量矩 $\boldsymbol{J}_c=\boldsymbol{r}_c\times M\boldsymbol{v}_c$ 与质点组在质心系中对于质心的动量矩 $\boldsymbol{J}'_{(c)}=\sum_i \boldsymbol{r}'_{i(c)}\times m_i \boldsymbol{v}'_{i(c)}$ 之和**，即

$$\boldsymbol{J}=\boldsymbol{J}_c+\boldsymbol{J}'_{(c)}. \tag{4.19}$$

证明：质心系是坐标原点在质心 C 并随 C 以 $\boldsymbol{v}_c$ 平动的参考系，按相对运动的运动学，任一质点在固定参考系和质心系中的位置矢量和速度有（如图 4.27 所示）：

$$\boldsymbol{r}_i=\boldsymbol{r}_c+\boldsymbol{r}'_{i(c)}, \quad \boldsymbol{v}_i=\boldsymbol{v}_c+\boldsymbol{v}'_{i(c)},$$

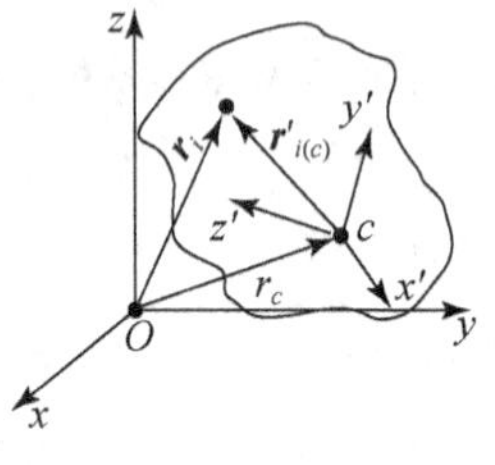

图 4.27　质点组中的质点相对于质心系（S′系）和 S 系的位矢关系

把上两式代入质点组动量矩的定义(4.18)，有

$$\begin{aligned}\boldsymbol{J}&=\sum_i \boldsymbol{r}_i\times m_i\boldsymbol{v}_i\\&=\sum_i(\boldsymbol{r}_c+\boldsymbol{r}'_{i(c)})\times m_i(\boldsymbol{v}_c+\boldsymbol{v}'_{i(c)})\\&=\sum_i m_i(\boldsymbol{r}_c\times\boldsymbol{v}_c+\boldsymbol{r}'_{i(c)}\times\boldsymbol{v}_c+\boldsymbol{r}_c\times\boldsymbol{v}'_{i(c)}+\boldsymbol{r}'_{i(c)}\times\boldsymbol{v}'_{i(c)})\end{aligned}$$

$$= \boldsymbol{r}_c \times M\boldsymbol{v}_c + \sum_i (m_i \boldsymbol{r}'_{(c)}) \times \boldsymbol{v}_c + \boldsymbol{r}_c \times \sum_i m_i \boldsymbol{v}'_{i(c)} + \sum_i \boldsymbol{r}'_{i(c)} \times m_i \boldsymbol{v}'_{i(c)}$$

$$= \boldsymbol{r}_c \times M\boldsymbol{v}_c + \sum_i \boldsymbol{r}'_{i(c)} \times m_i \boldsymbol{v}'_{i(c)} = \boldsymbol{J}_c + \boldsymbol{J}'_{(c)},$$

(4.19)式得证. 上面的证明推导中的第五步用到了质心在质心系中的坐标恒为零

$$\boldsymbol{r}'_{(c)} = \sum_i (m_i \boldsymbol{r}'_{i(c)})/M \equiv 0,$$

及质点组在质心系中的总动量恒为零,即

$$\sum_i m_i \boldsymbol{v}'_{i(c)} = 0,$$

注意,当质心 C 与参考点 O 重合时,$\boldsymbol{J}_c=0$, $\Rightarrow$ $\boldsymbol{J}=\boldsymbol{J}'_{(c)}$,即用绝对速度 $\boldsymbol{v}_i$ 求得的 $\boldsymbol{J}$ 与用质心系中的速度 $\boldsymbol{v}'_{i(c)}$ 求得的 $\boldsymbol{J}'_{(c)}$ 是一致的.

质点组动量矩的计算法：① 按定义直接计算；② 通过 $\boldsymbol{J}=\boldsymbol{J}_c+\boldsymbol{J}'_{(c)}$ 公式进行计算.

2. 质点组动量矩定理和动量矩守恒律

(1) 质点组动量矩定理.

质点组的任意质点 i 满足质点动量矩定理：$\boldsymbol{r}_i \times (\boldsymbol{F}_i^{(外)} + \boldsymbol{F}_i^{(内)}) = \dfrac{\mathrm{d}\boldsymbol{J}_i}{\mathrm{d}t}$,对所有质点求和,得

$$\sum_i \boldsymbol{r}_i \times \boldsymbol{F}_i^{(外)} + \sum_i \boldsymbol{r}_i \times \boldsymbol{F}_i^{(内)} = \sum_i \frac{\mathrm{d}\boldsymbol{J}_i}{\mathrm{d}t} = \frac{\mathrm{d}}{\mathrm{d}t}\sum_i \boldsymbol{J}_i = \frac{\mathrm{d}}{\mathrm{d}t}(\boldsymbol{J}_c + \boldsymbol{J}'_{(c)}), \tag{4.20}$$

其中,因为内力成对出现(如图 4.28 所示),有

$$\begin{aligned}
&\boldsymbol{r}_i \times \boldsymbol{f}_{i(j)}^{(内)} + \boldsymbol{r}_j \times \boldsymbol{f}_{j(i)}^{(内)} \\
&= \boldsymbol{r}_i \times \boldsymbol{f}_{i(j)}^{(内)} + \boldsymbol{r}_j \times (-\boldsymbol{f}_{i(j)}^{(内)}) \\
&= (\boldsymbol{r}_i - \boldsymbol{r}_j) \times \boldsymbol{f}_{i(j)}^{(内)} = \boldsymbol{r}_{i(j)} \times \boldsymbol{f}_{i(j)}^{(内)} \equiv 0,
\end{aligned}$$

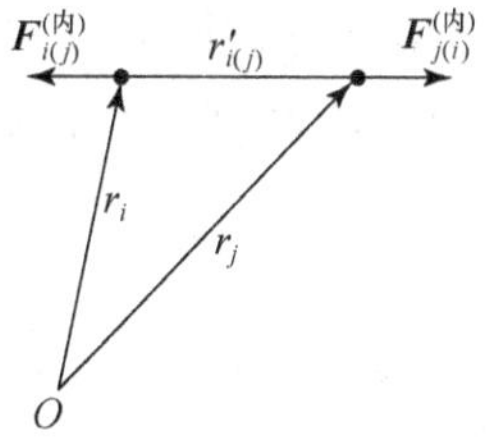

图 4.28　考察一对内力的力矩的示意图

由于每一对内力的力矩和均为零,所以(4.20)式中,内力的力矩和 $\sum_i \boldsymbol{r}_i \times \boldsymbol{F}_i^{(内)} = 0$,从而得**质点组的动量矩定理**：

$$\boldsymbol{L}=\sum_i \boldsymbol{r}_i\times\boldsymbol{F}_i^{(外)}=\frac{\mathrm{d}}{\mathrm{d}t}\boldsymbol{J}=\frac{\mathrm{d}}{\mathrm{d}t}(\boldsymbol{J}_c+\boldsymbol{J}'_{(c)}),\tag{4.21}$$

它表述为：质点组动量矩的变化率等于质点组所有外力的力矩和.（4.21）中因为

$$\sum_i \boldsymbol{r}_i\times\boldsymbol{F}_i^{(外)}=\sum_i(\boldsymbol{r}_C+\boldsymbol{r}'_{i(C)})\times\boldsymbol{F}_i^{(外)}=\boldsymbol{r}_C\times\sum_i\boldsymbol{F}_i^{(外)}+\sum_i\boldsymbol{r}'_{i(C)}\times\boldsymbol{F}_i^{(外)},$$

但是，对于质心有

$$\boldsymbol{L}_C=\boldsymbol{r}_C\times\sum_i\boldsymbol{F}_i^{(外)}=\frac{\mathrm{d}}{\mathrm{d}t}\boldsymbol{J}_c,$$

从而得到**质心系中的动量矩定理**：

$$\boldsymbol{L}'_{(C)}=\sum_i\boldsymbol{r}'_{i(C)}\times\boldsymbol{F}_i^{(外)}=\frac{\mathrm{d}}{\mathrm{d}t}\boldsymbol{J}'_{(c)}.\tag{4.22}$$

它表述为：质点组在质心系中动量矩的变化率等于质点组所有外力对于质心的力矩和.

即使质心系是非惯性系，（4.22）也成立．因为惯性力对质心的力矩

$$\sum_i\boldsymbol{r}'_{i(C)}\times(-m_i\boldsymbol{a}_C)=-(\sum_i m_i\boldsymbol{r}'_{i(C)})\times\boldsymbol{a}_C=-M\boldsymbol{r}'_{C(C)}\times\boldsymbol{a}_C=0.$$

（2）动量矩守恒律.

若 $\boldsymbol{L}=\sum_i\boldsymbol{r}_i\times\boldsymbol{F}_i^{外}\equiv0$，则 $\boldsymbol{J}=\boldsymbol{J}_c+\boldsymbol{J}'_{(c)}$ 为常矢量.

若力矩的某一分量为零：$\boldsymbol{L}\cdot\boldsymbol{l}=0$，则力矩在该方向的分量 $\boldsymbol{l}\cdot\boldsymbol{J}=J_l$ 为常量.

质点组动量矩的分量守恒是比质点组动量矩的矢量守恒更为常见.

为了方便地应用动量矩定理，有必要对质点组（特别是刚体）的动量矩的表达式作进一步分析，进一步研究动量矩与角速度和质量分布的关系.

3. 定轴转动的质点组对转轴时动量矩，转动惯量

（1）定轴转动的质点组对转轴的动量矩，转动惯量的定义.

设质点组以角速度 $\boldsymbol{\omega}$ 作定轴转动（如图 4.29 所示），则每个质点的速度为 $\boldsymbol{v}_i=\boldsymbol{\omega}\times\boldsymbol{r}_i$，质点组对于转轴上的原点 O 的动量矩为

$$\begin{aligned}\boldsymbol{J}&=\sum_i\boldsymbol{r}_i\times m_i\boldsymbol{v}_i=\sum_i\boldsymbol{r}_i\times m_i(\boldsymbol{\omega}\times\boldsymbol{r}_i)\\&=\sum_i(\boldsymbol{\omega}(\boldsymbol{r}_i\cdot\boldsymbol{r}_i)-\boldsymbol{r}_i(\boldsymbol{\omega}\cdot\boldsymbol{r})_i)m_i,\end{aligned}$$

即

$$\boldsymbol{J}=\sum_i(\boldsymbol{\omega}r_i^2-\boldsymbol{r}_i(\boldsymbol{\omega}\cdot\boldsymbol{r})_i)m_i,\tag{4.23}$$

可见，一般情况下动量矩 $\boldsymbol{J}$ 与角速度 $\boldsymbol{\omega}$ 并不平行．$\boldsymbol{J}$ 在 $\boldsymbol{\omega}$ 方向（转轴方向）上的分量称为对轴的动量矩，其大小为

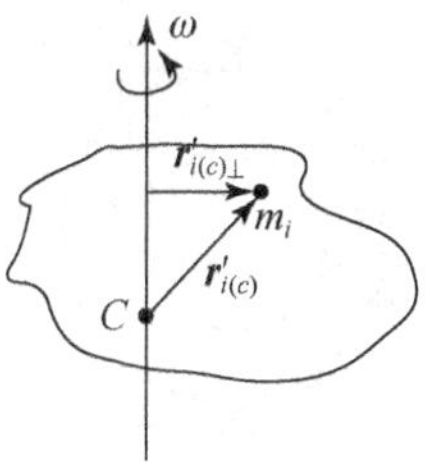

图 4.29 刚体作定轴转动的示意图

$$
\begin{aligned}
J_\omega &= \boldsymbol{J}\cdot\boldsymbol{\omega} \\
&= \sum_i (\omega r_i^2 - \boldsymbol{r}_i\cos\theta_i \cdot (\omega r_i\cos\theta_i))m_i \\
&= \sum_i (\omega(r_i^2 - r_i^2\cos^2\theta_i)m_i = \sum_i (\omega(r_i^2\sin^2\theta_i)m_i \\
&= \omega\sum_i (m_i r_{i\perp}^2),
\end{aligned}
$$

该式表示,$\boldsymbol{J}$ 在转轴方向上的分量 J_ω 与角速度 ω 成正比,比例系数为

$$\sum_i (m_i r_{i\perp}^2)$$

定义

$$I = \sum_i (m_i r_{i\perp}^2), \tag{4.24}$$

为质点组对于该转轴的**转动惯量**,则

$$J_\omega = I\omega, \tag{4.25}$$

该式表示,定轴转动的质点组对于转轴的动量矩等于质点组对于该转轴的转动惯量与角速度的乘积.

由动量矩定理 $\boldsymbol{L}=\frac{\mathrm{d}}{\mathrm{d}t}\boldsymbol{J}$ 在转轴上的投影得

$$L_\omega = \frac{\mathrm{d}}{\mathrm{d}t}J_\omega = \frac{\mathrm{d}}{\mathrm{d}t}(I\omega) = I\frac{\mathrm{d}\omega}{\mathrm{d}t}, \tag{4.26}$$

可以看出,对于同样的力矩,I 越大,ω 的变化越小,即 I 越大,惯性越大,转动情况越不易改变,这就是为什么称 I 为转动惯量的原因.

对于轴对称刚体,当转轴与对称轴重合时,由(4.23)式容易证明动量矩方向与角速度方向相同,即 $\boldsymbol{J}=\boldsymbol{J}_\omega=I\boldsymbol{\omega}$. 一个绕对称轴高速转动的刚体,若不受外力矩的作用,则动量矩守恒,因而转轴亦即对称轴的方向保持不变. 利用这一特性制作的装置称为回转仪或陀螺(如图 4.30 所示). 陀螺已广泛应用于船只和飞行器中,取代了磁性罗盘作导航之用. 陀螺也应用于人造卫星中,用来保持卫星的姿态稳定.

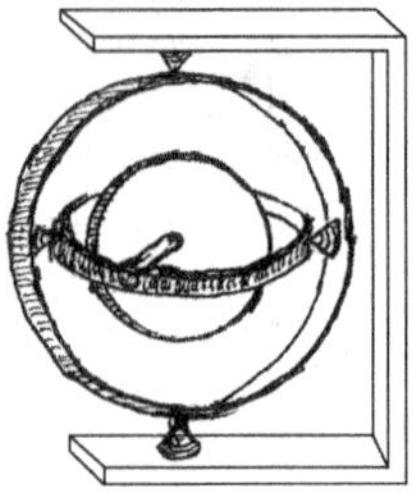

图 4.30　用于定向的陀螺模型

［有趣的现象］

芭蕾舞演员在作旋转运动时，可以认为外力矩为零，因而动量矩守恒，$J=I\omega$ 为常量. 四肢张开时，I 较大，ω 较小；四肢收缩，I 较小，ω 变大.

(2) 转动惯量的计算法.

转动惯量的计算可按定义(4.3.6)计算，但当质量是连续分布时，每个质点的质量 m_i 用 $\mathrm{d}m$ 代替，求和 $\sum$ 用积分 $\int$ 代替，即 $I=\sum_i(m_i r_{i\perp}^2)\rightarrow\int r^2\,\mathrm{d}m$.

在计算转动惯量时常常用两个定理——垂直轴定理和平行轴定理来简化计算.

垂直轴定理：平面刚体对于其垂直轴的转动惯量等于刚体对于其平面上过垂足的两个相互垂直的轴的转动惯量之和.

证明：如图 4.31(a)所示，平面刚体对于其垂直轴 z 轴的转动惯量

$$I_z=\sum_i m_i r_i^2=\sum_i m_i(x_i^2+y_i^2)=\sum_i m_i x_i^2+\sum_i m_i y_i^2,$$

其中，x_i 是到 y 轴的垂直距离，因而 $\sum_i m_i x_i^2=I_y$；同样 $\sum_i m_i y_i^2=I_x$，因此

$$I_z=I_y+I_x, \tag{4.27}$$

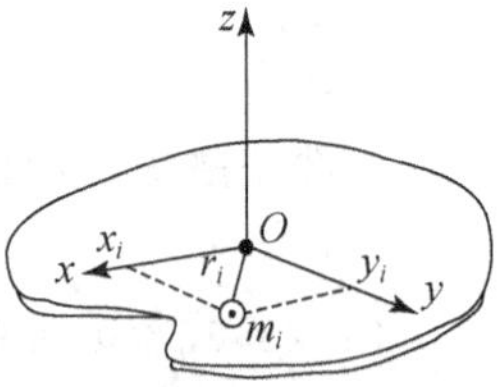

(a) 垂直轴定理示意图

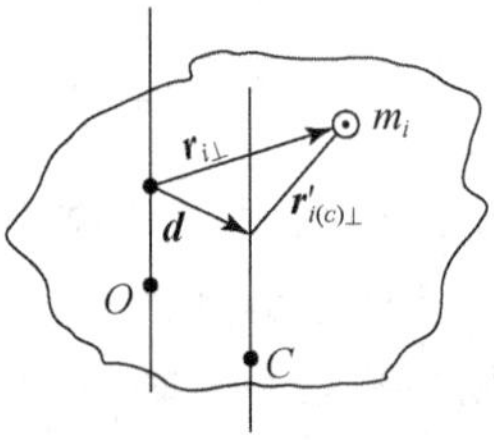

(b) 平行轴定理示意图

图 4.31　垂直轴和平行轴定理

平行轴定理：刚体对任意轴的转动惯量等于刚体对于过质心并与该轴平行的轴的转动惯量与质心对该轴的转动惯量之和，即

$$I_{(O)}=I_{(C)}+M\boldsymbol{d}^2 \tag{4.28}$$

证明：如图 4.31(b)所示，两条平行线分别代表过刚体上某一点 O 和质心 C 的平行轴，$\boldsymbol{r}_{i(O)\perp}$ 和 $\boldsymbol{r}'_{i(C)\perp}$ 表示任一质量元 m_i 分别相对于其在两平行轴上垂足的位置矢量，d 为两平行轴的距离，即质心 C 到过 O 点的轴的距离. 因为 $\boldsymbol{r}_{i(O)\perp}=\boldsymbol{d}+\boldsymbol{r}'_{i(C)\perp}$，所以刚体对于过 O 点的轴的转动惯量可以表示为

$$\begin{aligned} I_{(O)} &= \sum_i (m_i r^2_{i(O)\perp}) = \sum_i (m_i(\boldsymbol{d}+\boldsymbol{r}'_{i(C)\perp})\cdot(\boldsymbol{d}+\boldsymbol{r}'_{i(C)\perp})) \\ &= \sum_i (m_i(\boldsymbol{d}^2+\boldsymbol{r}'^2_{i(C)\perp}+2\cdot\boldsymbol{d}\cdot\boldsymbol{r}'_{i(C)\perp})) \\ &= (\sum_i m_i)\boldsymbol{d}^2+\sum_i(m_i\boldsymbol{r}'^2_{i(C)\perp})+2\boldsymbol{d}\cdot\sum_i m_i\boldsymbol{r}'_{i(C)\perp}, \end{aligned}$$

其中，第一项 $(\sum_i m_i)\boldsymbol{d}^2=Md^2$，第二项 $\sum_i(m_i\boldsymbol{r}'^2_{i(C)\perp})=I_{(C)}$，为刚体对于过质心的转轴的转动惯量，第三项中，$(\sum_i m_i\boldsymbol{r}'_{i(C)\perp})/M$ 为刚体质心到过质心的转轴的距离，当然为零. 因而

$$I_{(O)}=Md^2+I_{(C)}.$$

(3) 常见刚体的转动惯量.

① 质量为 m、长度为 l 的均匀杆(如图 4.32 所示).

对于过端点 O 的⊥轴的转动惯量

$$I_{(O)}=\int x^2\,\mathrm{d}m=\int_0^l x^2\rho\mathrm{d}x=\frac{1}{3}\rho l^3=\frac{1}{3}ml^2,$$

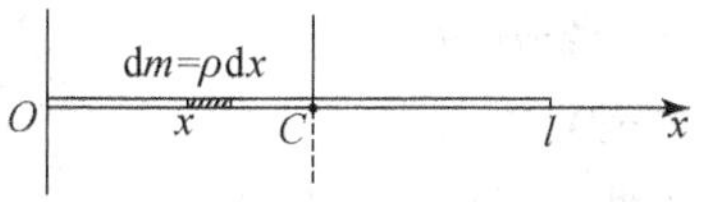

图 4.32　质量为 m、长为 l 的均匀杆，转轴过一端

对于过质心的⊥轴的转动惯量

$$I_{(O)}=I_{(C)}+m\left(\frac{l}{2}\right)^2,$$

$$I_{(C)}=I_{(O)}-\frac{1}{4}ml^2=\left(\frac{1}{3}-\frac{1}{4}\right)ml^2=\frac{1}{12}ml^2.$$

② 质量为 m、半径为 R 的均质环(如图 4.33 所示).

对于过其中心的⊥轴的转动惯量

$$I_{(C)}=\int R^2\mathrm{d}m=R^2\int\mathrm{d}m=mR^2,$$

对于过环上一点的⊥轴的转动惯量

$$I_{(O)}=I_{(C)}+mR^2=2mR^2,$$

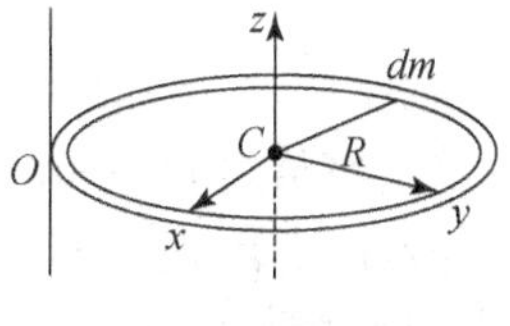

图 4.33　质量为 m、半径为 R 的均匀环

对于过直径的轴的转动惯量

$$I_Z = I_X + I_Y = 2I_X = 2I_Y,$$

$$I_X = I_Y = \frac{1}{2}I_Z = \frac{1}{2}mR^2.$$

③ 质量为 m、半径为 R 的匀质圆盘(如图 4.34 所示).

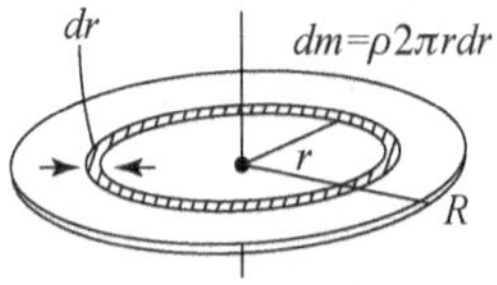

图 4.34　质量为 m、半径为 R 的均匀盘

可将圆盘分成很多半径为 r，宽为 $\mathrm{d}r$ 的小环，小环的质量为 $\mathrm{d}m=2\pi r\rho\mathrm{d}r$，对于过其中心的⊥轴的转动惯量为

$$\mathrm{d}I = r^2\mathrm{d}m = 2\pi\rho r^3\mathrm{d}r,$$

圆盘对于过其中心的⊥轴的转动惯量为这些小圆环转动惯量之和：

$$I = \int \mathrm{d}I = 2\pi\rho\int_0^r r^3\mathrm{d}r = \frac{1}{2}\pi\rho R^4 = \frac{1}{2}mR^2,$$

由垂直轴定理得圆盘对于过半径的轴的转动惯量为

$$I_X = I_Y = \frac{1}{2}I_Z = \frac{1}{4}mR^2.$$

④ 质量为 m、半径为 R 的匀质球壳(如图 4.35 所示).

要求对于过直径(z 轴)的转动惯量，可将球壳分成很多平行于 xy 面的小环，每个小环对于 z 轴的转动惯量为

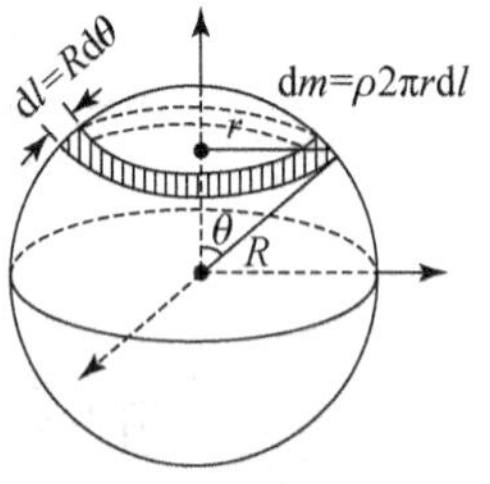

图 4.35　质量为 m、半径为 R 的均匀球壳

$$\mathrm{d}I_Z = r^2\mathrm{d}m = r^2 2\pi r\rho\mathrm{d}l$$
$$= 2\pi\rho(R\sin\theta)^3 R\mathrm{d}\theta,$$

整个球壳的转动惯量等于这些小环转动惯量之和：

$$I_Z = \int \mathrm{d}I_Z = 2\pi R^4\rho\int_0^\pi \sin^3\theta\mathrm{d}\theta$$
$$= \frac{8}{3}\pi\rho R^4 = \frac{2}{3}mR^2,$$

其中，关于 θ 的积分为

$$\int_0^\pi \sin^3\theta\mathrm{d}\theta = -\int_0^\pi \sin^2\theta\mathrm{d}\cos\theta$$
$$= \int_0^\pi (\cos^2\theta - 1)\mathrm{d}\cos\theta = \left(\frac{1}{3}\cos^3\theta - \cos\theta\right)\Big|_0^\pi = \frac{4}{3}.$$

⑤ 质量为 m、半径为 R 的匀质球体.

要求对于过直径(z 轴)的转动惯量，可将球体分成很多同心薄球壳，每个球壳的转动惯量为

$$\mathrm{d}I = \frac{2}{3}r^2\mathrm{d}m = \frac{2}{3}r^2 \cdot 4\pi r^2\rho\mathrm{d}r = \frac{8}{3}\pi\rho r^4\mathrm{d}r,$$

整个球体的转动惯量等于这些小球壳转动惯量之和：

$$I=\int \mathrm{d}I=\int_0^r \frac{8}{3}\pi\rho r^4\,\mathrm{d}r=\frac{8}{3}\pi\rho\frac{R^5}{5}=\frac{2}{5}mR^2.$$

根据转动惯量的可加性，复杂刚体或质点组的转动惯量可分解为若干部分的转动惯量之和.

4.6　初等刚体力学

1. 刚体动力学基本公式

刚体的动力学问题，一般以质心为基点，因为只要质心的速度和加速度解出来了，刚体上任意一点的速度和加速度就能根据刚体运动的运动学公式求出

$$\begin{cases}\boldsymbol{v}_p=\boldsymbol{v}_c+\boldsymbol{\omega}\times\boldsymbol{cp}\\ \boldsymbol{a}_p=\boldsymbol{a}_c+\dot{\boldsymbol{\omega}}\times\boldsymbol{cp}+\boldsymbol{\omega}\times(\boldsymbol{\omega}\times\boldsymbol{cp}),\end{cases}\tag{4.29}$$

而在外力已知的情形下，质心的运动可由质心运动定理确定，角速度可由动量矩定理确定

$$\sum_i \boldsymbol{F}_i^{(外)}=M\frac{\mathrm{d}\boldsymbol{v}_c}{\mathrm{d}t},\tag{4.30}$$

$$\sum_i \boldsymbol{r}'_{i(C)}\times\boldsymbol{F}_i^{(外)}=\frac{\mathrm{d}}{\mathrm{d}t}\boldsymbol{J}'_{(c)},\tag{4.31}$$

这两个方程可称为**刚体动力学基本方程**.

2. 静力学问题

刚体平衡时，质心静止不动，刚体角速度等于零，动力学基本方程变为**静力学方程**：

$$\sum_i \boldsymbol{F}_i^{(外)}=0,\tag{4.32}$$

$$\sum_i \boldsymbol{r}'_{i(C)}\times\boldsymbol{F}_i^{(外)}=0.\tag{4.33}$$

由这两个方程可求出平衡条件.

例题 9　长为 a，高为 b 的匀质木块放在倾角为 θ 的粗糙斜面上，如图4.36 所示. 已知 m、θ 和 μ，求木块不翻不滑的条件.

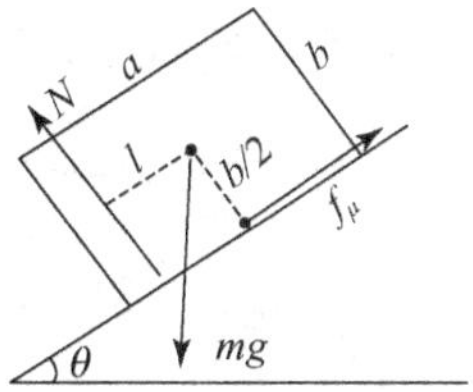

图 4.36　例题 9 均质木块放在粗糙斜面上

解： 木块受力 $m\boldsymbol{g}$，$\boldsymbol{N}$，$\boldsymbol{f}_\mu$，三力平衡，合外力为零. 写出质心运动定理的分量式：

⊥斜面方向：$N-mg\cos\theta=0 \Rightarrow N=mg\cos\theta$，

//斜面方向：$mg\sin\theta-f_\mu=0 \Rightarrow f_\mu=mg\sin\theta$.

设支持力的作用线与质心的距离为 l，由于对质心的力矩为零：

$$f_\mu \cdot \frac{b}{2} - N \cdot l = 0 \Rightarrow l = \frac{b}{2}\tan\theta.$$

该式表明，支持力的作用点为重力作用线与斜面的交点.

不滑条件：$f_\mu \leqslant \mu mg\cos\theta \Rightarrow \mu \geqslant \tan\theta$，

不翻条件：$l = \frac{b}{2}\tan\theta \leqslant a$，

利用对 A 点的力矩为零可得相同的结果.

3. 刚体的定轴转动

定轴转动问题，利用对轴的动量矩定理(4.5.9)式，即 $L_\omega = I\frac{d\omega}{dt}$，可求 ω，利用质心运动定理可求转轴对于刚体的作用力.

例题 10 刚体绕过其上一点的水平轴在竖直面内摆动就构成一个复摆. 考虑一个简单的复摆——质量为 m、长度为 l 的匀质杆，绕过其一端 o 的水平轴在竖直面内无磨擦摆动，如图 4.37 所示. 求：

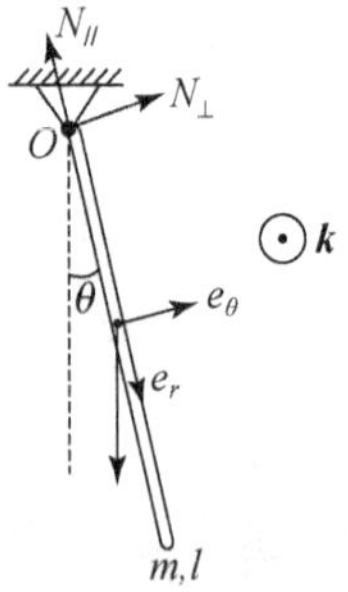

图 4.37 例题 10 图质量为 m、长度为 l 的匀质杆构成的复摆

① 摆杆与竖直线的夹角 θ 满足的方程.

② 转轴对杆的作用力.

③ 当 $\theta \ll 1$ 时，杆的摆动周期.

解：杆受力为重力 mg，轴支持力，$N_\perp$ 和 $N_{/\!/}$.

以垂直纸面向外为力矩和角速度的正方向，对 O 的动量矩定理：

$$L_Z = -mgl_C\sin\theta = I_z\ddot{\theta} \Rightarrow -mg\frac{l}{2}\sin\theta = \frac{1}{3}ml^2\ddot{\theta}$$

$$\ddot{\theta} + \frac{3g}{2l}\sin\theta = 0$$

当 $\theta \ll 1 \Rightarrow \ddot{\theta} + \frac{3g}{2l}\theta = 0 \Rightarrow T = 2\pi\sqrt{\frac{2l}{3g}}$.

若要求外力，则须用质心运动定理. 写出质心运动定理的分量式

$$\boldsymbol{e}_\theta: -mg\sin\theta + N_\perp = ma_{C\theta} = m\frac{l}{2}\ddot{\theta} \Rightarrow N_\perp = m\frac{l}{2}\ddot{\theta} + mg\sin\theta,$$

$$\boldsymbol{e}_r: mg\cos\theta - N_{/\!/} = ma_{Cr} = -m\frac{l}{2}\dot{\theta}^2 \Rightarrow N_{/\!/} = m\frac{l}{2}\dot{\theta}^2 + mg\cos\theta.$$

对如图 4.38 所示的任意复摆，可求出 θ 满足的方程和杆作小摆动的周期如下：

$$L_Z = -mgl_C\sin\theta = I_z\ddot{\theta}$$

$$\ddot{\theta}+\frac{mgl}{I_{(0)}}\sin\theta=0,\ \theta\ll 1\Rightarrow\ddot{\theta}+\frac{mgl}{I_{(0)}}\theta=0,$$

$$T=2\pi\sqrt{\frac{I_{(0)}}{mgl_{(c)}}}.$$

老式钟的钟摆通常就是一个复摆.可通过微调固定在其下端的螺帽位置来调整 $I_{(0)}$,l_C,从而调整时钟的快慢.

由此例还可看出,只要质心不在转轴上,转轴和刚体之间就存在相互作用力.很多机械(电动机等)的运动都可看作刚体的定轴转动,如果转动部分的质心不在转轴上,转轴和刚体之间存在的相互作用力就会产生极大的破坏作用,损坏刚体、转轴或固定转轴的基座,这是应该尽量避免的.

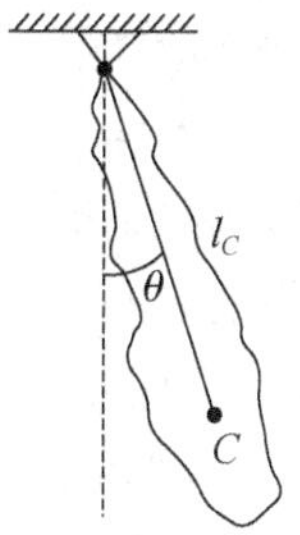

图 4.38 质心距转轴的距离 l_C 和转动惯量 $I_{(0)}$ 的复摆

小结:对于刚体的定轴转动问题,一般用对于转轴的动量矩定理即可求出刚体的转动角速度 ω 和质心的速度和加速度(这样做可以避免轴上未知的外力);然后用质心运动定理求出刚体转轴上所受的外力.利用对质心的动量矩定理也可得到有关的运动微分方程,但这时要用到所有外力对质心的力矩,而轴上外力往往是未知的,需要和质心运动定理联立才能消去外力,这样做比直接利用对转轴的转动定理要复杂得多.

4. 刚体的平面平行运动

定义:刚体运动时其上任一点的轨迹都在与一个固定平面平行的平面内,刚体的这种运动称为平面平行运动.平面平行运动可看作平面刚体在自身平面内的运动.

特点:

(1) 平面平行运动刚体上任一点的位置矢量均与刚体的转动角速度垂直,如图 4.39 所示.由此可简化刚体上任一点加速度的表达式:

$$\boldsymbol{\omega}\perp\boldsymbol{r}\Rightarrow\boldsymbol{\omega}\times(\boldsymbol{\omega}\times\boldsymbol{r})=\boldsymbol{\omega}(\boldsymbol{\omega}\cdot\boldsymbol{r})-\omega^2\boldsymbol{r}=-\omega^2\boldsymbol{r},$$

$$\begin{aligned}\boldsymbol{a}_p&=\boldsymbol{a}_0+\dot{\boldsymbol{\omega}}\times\boldsymbol{op}+\boldsymbol{\omega}\times(\boldsymbol{\omega}\times\boldsymbol{op})\\&=\boldsymbol{a}_0+\dot{\boldsymbol{\omega}}\times\boldsymbol{op}-\omega^2\boldsymbol{r}.\end{aligned}$$

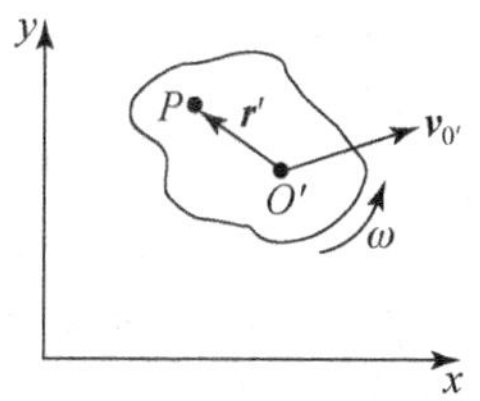

图 4.39 平面平行运动刚体

刚体在质心系中对质心的动量矩和动量矩表达式可以简化为

$$\boldsymbol{J}'_{(C)} = I_{(c)}\boldsymbol{\omega} \quad 和 \quad \sum_i \boldsymbol{r}'_{i(C)} \times \boldsymbol{F}_i^{(外)} = I_{(c)}\boldsymbol{\omega}.$$

(2) 由于刚体限制在自身平面内运动，所以只需考虑平面内的作用力.

(3) 平面平行运动刚体有三个自由度，完全求解需要三个方程. 所以，当外力完全已知时，由质心运动定理的 2 个标量方程和动量矩定理的 1 个方程即可完全求解刚体的运动. 外力不是完全已知时，还要加上其他条件.

[**有趣的例子**]

自动返回的小球. 读者可能有这样的经验，我们在桌面上用手压一个乒乓球，它就会向前弹出，但当对面的朋友伸手要抓它时，小球却掉头滚回来了. 这是为什么呢？请看下面的分析.

例题 12 如图 4.40 所示，用手压乒乓球，使其以质心速度为 $\boldsymbol{v}_c = v_0\boldsymbol{i}$ 和转动角速度为 $\boldsymbol{\omega} = \omega_0\boldsymbol{k}$ 弹出，分析乒乓球弹出以后的运动.

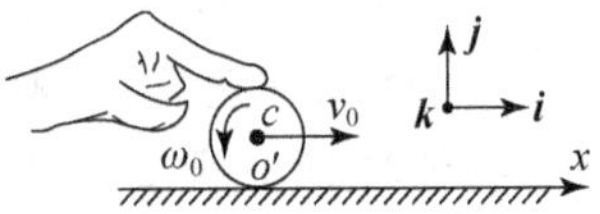

图 4.40 用手压乒乓球使其弹出

解：受力分析：小球竖直方向受重力和地面支持力，两力平衡；水平方向受摩擦力 f_μ，大小和方向待定.

刚弹出时，接地点的速度

$$\boldsymbol{v}_{o'} = \boldsymbol{v}_c + \boldsymbol{\omega} \times \overrightarrow{co'} = (v_0 + \omega_0 R)\boldsymbol{i},$$

沿正 x 轴方向，故

$$\boldsymbol{f}_\mu = -\mu N\boldsymbol{x} = -\mu mg\boldsymbol{i},$$

沿负 x 轴方向，列出质心运动定理的分量方程：

$$\boldsymbol{j}\ 方向 \quad N - mg = m\ddot{y}_c = 0 \Rightarrow N = mg,$$

$$\boldsymbol{i}\ 方向 \quad -\mu N = m\frac{\mathrm{d}v_c}{\mathrm{d}t} \Rightarrow \int_{v_0}^{v_c}\mathrm{d}v_c = -\mu g\int_0^t \mathrm{d}t \Rightarrow v_c = v_0 - \mu gt, \qquad (1)$$

可见，当时间增加时，质心速度减少，当时间增加到

$$t_1 = v_0/\mu g,$$

时，$v_c = 0$.

列出对质心的动量矩定理：

$$\boldsymbol{k}: -\mu mgR = \frac{2}{3}mR^2\frac{\mathrm{d}\omega}{\mathrm{d}t},$$

即 $\mathrm{d}\omega = -\dfrac{3\mu g}{2R}\mathrm{d}t$，积分得

$$\omega = \omega_0 - \frac{3\mu g}{2R}t, \tag{2}$$

可见当时间增加时,转动角速度减少,当时间增加到

$$t_2 = 2R\omega_0/(3\mu g),$$

时,$\omega=0$.

由(1)和(2)可得接地点 o' 的速度为

$$\begin{aligned} \boldsymbol{v}_{o'} &= \boldsymbol{v}_c + \boldsymbol{\omega} \times \overrightarrow{co'} = (v_0 + \omega_0 R)\boldsymbol{i} \\ &= \left[(v_0 - \mu g t) + \left(\omega_0 - \frac{3\mu g}{2R}t\right)R\right]\boldsymbol{i} \\ &= \left[(v_0 + \omega_0 R) - \frac{5\mu g}{2}t\right]\boldsymbol{i}, \end{aligned} \tag{3}$$

可见当时间增加时,接地点 o' 的速度减少,当时间增加到

$$t_3 = 2(v_0 + R\omega_0)/(5\mu g),$$

时,$v_{o'}=0$.

下面讨论几种情况:

情况 1　$t_1 < t_2$,这时 $\frac{v_0}{\mu g} < \frac{2R\omega_0}{3\mu g}$,即 $v_0 < \frac{2}{3}R\omega_0$.

当 $t=t_1$ 时,因 $v_c=0$,$\omega=\omega_0-\frac{3\mu g}{2R}t_1=\omega_0-\frac{3v_0}{2R}>0$ 故 $t>t_1$ 后球开始后滚.质心速度和角速度的变化仍满足(1)和 (2)式,即

$v_c=v_0-\mu g t$ 从零开始变为负值,且数值也越来越大;

$\omega=\omega_0-\frac{3\mu g}{2R}t$ 保持为正值,但数值越来越小.

v_c 和 ω 的上述变化使接地点 o' 的速度

$$\boldsymbol{v}_{o'} = \boldsymbol{v}_c + \boldsymbol{\omega} \times \overrightarrow{co'} = \left[(v_0 - \mu g t) + \left(\omega_0 - \frac{3\mu g}{2R}t\right)R\right]\boldsymbol{i},$$

由负值逐渐增加,到 $t=t_3$ 时,$\boldsymbol{v}_{o'}=0$.

当 $t>t_3$ 后如何运动? 可以证明,在此之后,$f_\mu=0$,小球开始作匀角速纯滚动.采用反证法:设 $t>t_3$ 后,$f_\mu<0$,摩擦力的这个方向使(1),(2)两式仍成立,由此推知 ω 继续为正,但数值减少;而 v_c 则变得更负.这两种趋势使 $v_{o'}$ 由零变负.由 $v_{o'}<0 \Rightarrow f_\mu>0$,这与原假设 $f_\mu<0$ 矛盾.反之,若设 $t>t_3$ 后,$f_\mu>0$,这个方向的摩擦力使 v_c 由负向正变化;使 ω 继续为正,且数值越来越大.这两种趋势使 $v_{o'}$ 由零变正.而由 $v_{o'}>0 \Rightarrow f_\mu<0$,这也与原假设 $f_\mu>0$ 矛盾.

因此,在 $t>t_3$ 后,只有 $f_\mu=0$,这使得 $v_{o'}$ 保持为零,小球作纯滚动.

情况 2　$t_1>t_2$,在这种情况下,当 $t=t_2$ 时,ω 先变为零.这以后小球继续向前边滑边滚.在边滑边滚过程中,(1)(2)两式仍对,因此 ω 由零变负,v_c 继续为

正，但数值减少．这两种趋势最终使 $v_{o'}$ 由正变为零，从此开始作纯滚动．

刚体动力学的基本问题，除上述静力学的平衡问题、定轴转动问题和平面平行运动问题外，还有一些问题包含刚体和刚体、刚体和质点相互作用（爆炸，碰撞）的问题．

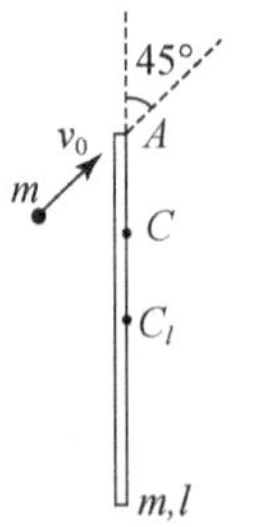

图 4.41 例题 4 图 质点与静止的杆端相碰

例题 4 光滑水平面的质点 m 以 $\boldsymbol{v}_0$ 与长度为 l、质量为 m 的静止杆的杆端 A 相碰，并粘在一起，如图 4.41 所示．求碰后杆和质点组成的系统的运动．

解：光滑水平面质点与杆不受外力，总动量守恒

$$\boldsymbol{K}_{后} = \boldsymbol{K}_{前} = m\boldsymbol{v}_0 = (m+m)\boldsymbol{v}_c \Rightarrow \boldsymbol{v}_c = \boldsymbol{v}_0/2,$$

对系统质心 C 的动量矩

$$\boldsymbol{J}'_{(c)前} = \boldsymbol{J}_{(c)前} = m\overrightarrow{CA}\times\boldsymbol{v}_0 = m\frac{l}{4}v_0\sin 45°\cdot\boldsymbol{k} = \frac{\sqrt{2}v_0 l}{8}\boldsymbol{k}$$

$$\boldsymbol{J}'_{(c)后} = m\left(\frac{l}{4}\right)^2\omega\boldsymbol{k} + \left[\frac{1}{12}ml^2 + m\left(\frac{l}{4}\right)^2\right]\omega\boldsymbol{k} = \frac{5}{24}ml^2\omega\boldsymbol{k}$$

由动量矩守恒 $\boldsymbol{J}'_{(c)后} = \boldsymbol{J}'_{(c)前}$ 得

$$\omega = \frac{3\sqrt{2}}{5}\cdot\frac{v_0}{l}$$

注意，在求 $\boldsymbol{J}'_{前(C)}$ 时，我们利用了 $\boldsymbol{J}'_{前(C)} = \boldsymbol{J}_{前(c)}$．关于这一点我们在阐述质点组动量矩的定义和计算法时已作了说明，即：求对于质心的动量矩时，用绝对速度 $\boldsymbol{v}_i$ 求 得的 $\boldsymbol{J}_{(c)}$ 与用质心系中的速度 $\boldsymbol{v}'_{i(c)}$ 求得的 $\boldsymbol{J}'_{(c)}$ 是一致的．

该题也可用对于 A 点的动量矩守恒：

$$\begin{aligned}\boldsymbol{J}_{(A)前} = 0 = \boldsymbol{J}_{(A)后} &= \boldsymbol{J}_{C(A)后} + \boldsymbol{J}'_{(C)后} \\ &= \overrightarrow{Ac}\times(2m)\boldsymbol{v}_c + \left[m\left(\frac{l}{4}\right)^2 + \frac{1}{12}ml^2 + m\left(\frac{l}{4}\right)^2\right]\boldsymbol{\omega} \\ &= \left\{-\frac{l}{4}\cdot 2m\cdot\frac{v_0}{2}\sin 45° + \left[\frac{5}{24}ml^2\omega\right]\right\}\boldsymbol{k} \\ &= \left\{-\frac{\sqrt{2}lv_0}{8}m + \frac{5}{24}ml^2\omega\right\}\boldsymbol{k}\end{aligned}$$

最后得到相同的结果 $\omega = \dfrac{3\sqrt{2}}{5}\cdot\dfrac{v_0}{l}$．

思　考　题

1. 两个分子以相同的速率垂直地射向器壁，其中一个吸附在器壁上，另一个以原速率反弹回来．问哪一个分子的动量改变量大？它们的动量改变量指向什么方向？

2. 试用气体分子与容器壁的碰撞和动量定理定性地解释气体对容器壁的压强.

3. 已知一质点作匀速率圆周运动,问:该质点的动量是否变化?该物体所受的冲量的数值,是否随时间单调地增大或减小?

4. 若一均匀球绕过中心的轴旋转,其角速度逐渐增大.这个球的动量是否越来越大?这个球是否受外部作用?合冲量多大?

5. 怎样理解运动定律中所说的物体可以是质点,也可以是质点组?为什么运动第一定律和第二定律不涉及物体的内力?

6. 作用于质点组上的外力,常是只作用于一部分质点上,为什么只用质心的加速度说明力的效果?难道力的效果与它的作用位置无关吗?

7. 若有一均匀的三角形薄板,试论证它的质心必在中线的交点.

8. 既然质心的运动与内力无关,跳高、跳远运动员在空间的动作不是做无用功吗?

9. 试论证:一对作用力与反作用力对任意点的力矩和为零.

10. 在平面极坐标系中,质点对原点的动量矩守恒有何几何意义?

11. 匀质圆盘绕过其中心的固定垂直轴转动,问:圆盘的动量为多少?圆盘对其转轴的动量矩为多少?

12. 动量矩是与参考点和参考系都有关的物理量,为什么质点组在固定参考系中对于质心的动量矩与质点组在质心系中对于质心的动量矩二者相等?

13. 质心加速运动时,质心系是非惯性系,但是在质心系中应用动量定理和动量矩定理时可以不考虑由于质心加速度引起的惯性力,为什么?

14. 一根棒受两个方向相同的平行力 F_1,F_2 的作用(如图 SK4.1 所示).若要用一个力代替这两个力,求这个力的大小、方向和作用点.

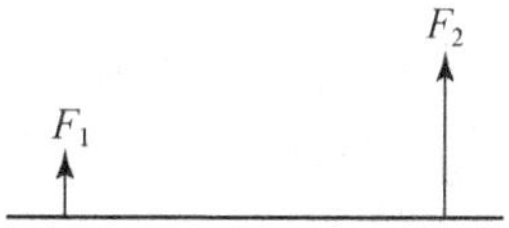

图 SK4.1　思考题 14 图

15. 若上题中 F_1 和 F_2 的方向相反,是否总可以用一个力表示这两个力的作用?

16. 质点组由若干小球组成,每个小球都绕过其质心的转轴转动,各小球的质心保持静止.问:质点组的动量矩为多少?是否与参考点有关?

17. 汽车的启动或制动,根本原因是内部相互作用(发动机使车轮转动或制动装置使车轮停止转动),但汽车的质心确得到加速或减速,试用质心运动定理解释之.

18. 摩托车猛然开动时,车头会抬起,有后翻的趋势;猛然刹车时,车尾会抬起,有前翻的趋势.试用动量矩定理解释之.

19. 汽车在光滑冰面上突然刹车时,往往会滑行很长的距离,同时发生打横和侧翻.试用质心运动定理和动量矩定理解释之.

20. 电动机总要固定在基座上才能使用，而且要求转子是轴对称的且质心在轴上. 若转轴未通过质心，会出现什么现象？

习　题　四

4.1 太阳的质量约为 1.99×10^{30} kg，地球的质量约为 5.98×10^{24} kg，地球的平均轨道半径约为 1.50×10^{11} m. 求太阳和地球系统的质心到日心的距离.

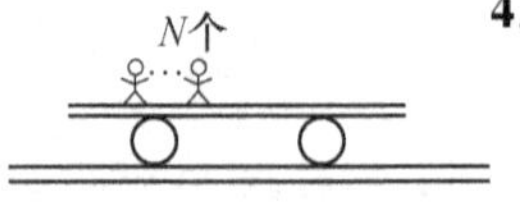

图 XT4.1　习题 4.2 图

4.2 一质量为 M 的平板车停在一条水平无摩擦的直轨道上，N 个质量均为 m 的人站在车上，如图 XT4.1 所示.

(1) 若这 N 个人集中在平板车的一端，同时以相对于平板车的速率 v 沿水平方向跳离平板车，求平板车的末速；

(2) 若这 N 个人仍然集中在车的一端，但是改为依次跳下，且跳下时相对于车的速率皆为 v，求车的末速.

4.3 有一匀质半球体，其半径为 R. 试求它的质心位置.

4.4 有一匀质薄圆板，其半径为 R. 现在它上面挖去半径为 $R/2$ 小圆，且小圆与薄板的圆周相切，如图 XT4.2 所示. 求这块异形板的质心位置.

4.5 在 CO 分子中，氧原子与碳原子之间的距离为 1.13×10^{-10} m. 求 CO 分子的质心的位置.

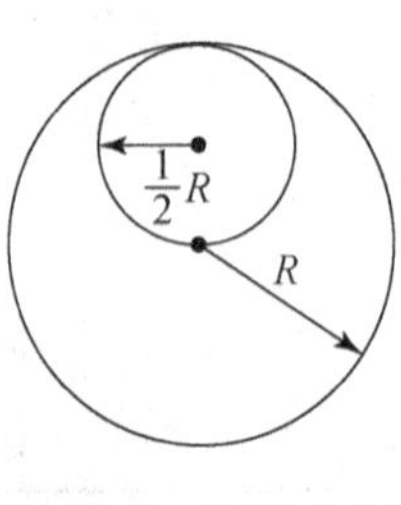

图 XT4.2　习题 4.4 图

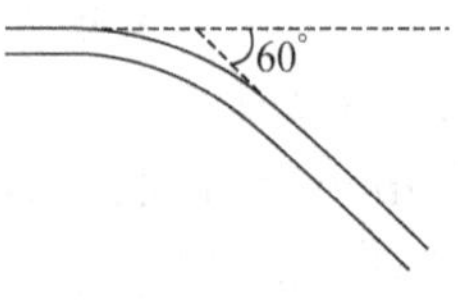

图 XT4.3　习题 4.6 图

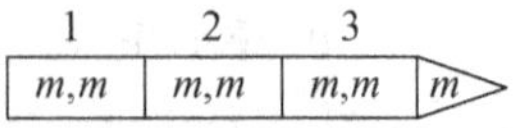

图 XT4.4　习题 4.8 图

4.6 一截面积为 50 cm² 的弯管，管的轴线偏转 60°，如图 XT4.3 所示，管中水的流速为 $3\ \mathrm{m\cdot s^{-1}}$，求弯管中水所受到作用力的大小与方向（设弯管置于一水平面上）.

4.7 全重为 5 t 的火箭垂直向上发射，发动机的喷气速率为 $2000\ \mathrm{m\cdot s^{-1}}$. 在启动时每秒要喷出多少燃料，才能使火箭有 $0.5g$ 向上的加速度？

4.8 三级火箭每级燃料和外壳的质量均为 m，有效载荷质量也为 m. 设燃料喷射的相对速度为 u，分两种情况计算最后有效载荷所具有的速度，如图 XT4.4 所示：

(1) 烧尽三级燃料后一起扔掉外壳；

(2) 烧完一级扔掉一级外壳.

4.9 在分子束中分子的质量为 5.4×10^{-26} kg，分子的数密度为 $5.0\times10^{27}\ \mathrm{m^{-3}}$。若分子以速率 $500\ \mathrm{m\cdot s^{-1}}$ 垂直地射到器壁上，又以原速率向反方向弹回，求器壁受到的压强.

4.10 在实验室中，质量为 $m_1=20$ kg 的物体，以 $1.5\ \mathrm{m\cdot s^{-1}}$ 的速率向正东运动；质量为 10 kg 的物体，以 $2.5\ \mathrm{m\cdot s^{-1}}$ 的速率向正西运动. 求：

(1) 两物体质心的动量；

(2) 两物体相对于它们质心的速度与动量.

4.11 同上题，若 m_1 受到 2.0 N 指向正南方的外力作用，求：

(1) m_1 的加速度；

(2) 两物体质心的加速度；

(3) 两物体相对于质心的加速度.

4.12 一粒子弹自枪口射出时的速率为 $300\ \mathrm{m\cdot s^{-1}}$. 子弹在枪筒中推进时受到的推力为

$$F=\left(400-\frac{4}{3}\times10^{5}t\right).$$

F 和 t 的单位分别为牛顿和秒. 已知子弹在出枪口的瞬间受到的推力为零，求作用于子弹的冲量和子弹的质量.

4.13 如图 XT4.5 所示是一静止的单摆，它的绳长为 $l=0.30$ m、摆锤质量为 $m=500$ g. 已知绳受力的极限为 10 N. 若在瞬间给摆锤以水平方向的冲量，问需多大的冲量才能将绳冲断？

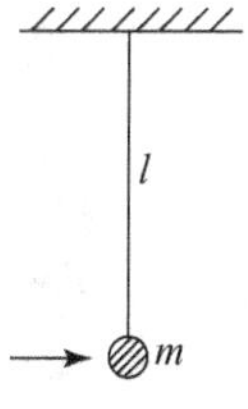

图 XT4.5　习题 4.13 图

4.14 一质量为 M、半径为 R 的匀质半圆环，直立于无摩擦水平面上，质量为 m 的小环套在半圆环上，如图 XT4.6 所示. 若小环自半圆环的顶端自由下滑.

(1) 将两个环划为一个质点组，定性地说明它们质心的运动情况；

(2) 写出站在水平面上观测到的小环的轨迹方程.

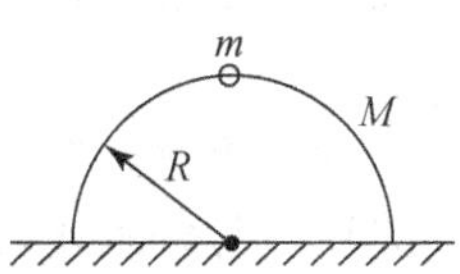

图 XT4.6　习题 4.14 图

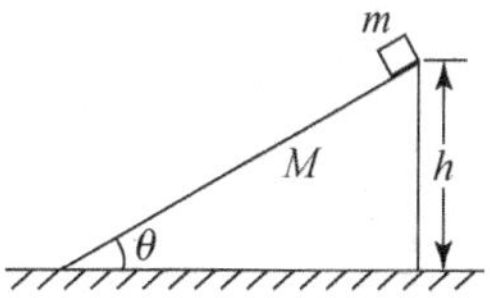

图 XT4.7　习题 4.15 图

4.15 在无摩擦的水平面上，有一高为 h、倾角为 θ、质量为 M 的斜面，如图 XT4.7 所示. 一质量为 m 的物体，自斜面顶端由静止无摩擦地下滑. 求：

(1) 站在水平面上观测到的 m 的轨迹；

(2) m 滑到底时的速度.

4.16 一 α 粒子与一相对于实验室静止的氧原子(16 原子质量单位)碰撞后,其运动方向相对于入射方向偏转 71°,氧原子则沿 41°的方向运动.求这两个粒子在碰撞后的速率比.

4.17 如图 XT4.8 所示是一个在地面上滑行的物体,它与地面之间的摩擦系数为 μ.

(1) 以图中地面上的 O_1 点为参考点,求物体受到的摩擦力矩;

(2) 以高 h 处的 O_2 点为参考点,求物体受到的摩擦力矩.

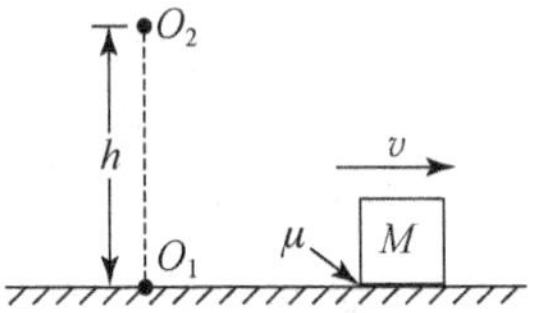

图 XT4.8 习题 4.17 图

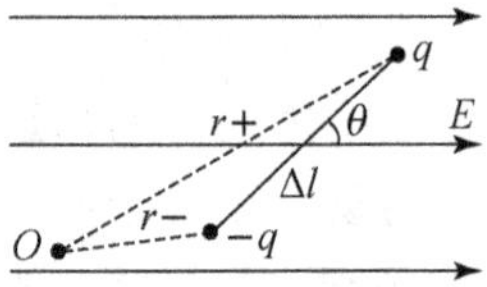

图 XT4.9 习题 4.18 图

4.18 在匀强电场中有一对等量异号的点电荷,它们之间保持有固定的距离 Δl,如图 XT4.9 所示.两电荷之间的连线与电力线的交角为 θ:

(1) 求电荷组受到的合电场力,以及对任一参考点(O)的合力矩;

(2) 定性地说明,在电场作用下这一对电荷将如何运动?

4.19 如图 XT4.10 所示所画为匀质细杆,求平衡时的 θ 角.

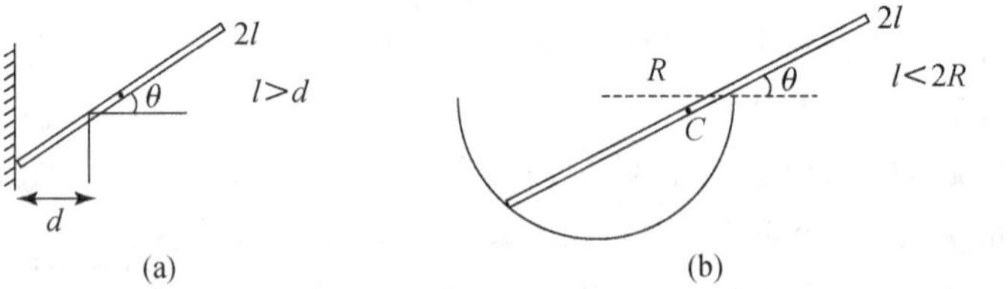

图 XT4.10 习题 4.19 图

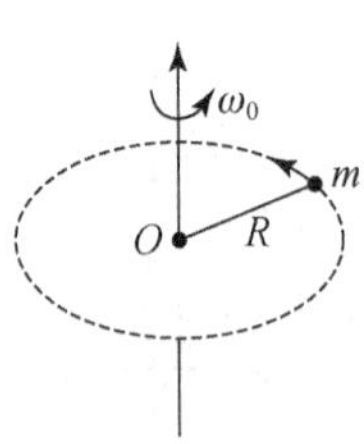

图 XT4.11 习题 4.20 图

4.20 一质点绕 O 点作匀速率圆周运动,其轨迹的半径为 R、角速度为 ω_0,如图 XT4.11 所示.以 O 点为原点设置柱坐标:

(1) 写出该质点的线动量与角动量的表示式;

(2) 写出该质点所受的外力与力矩的表示式.

4.21 有一长为 $2l$ 的细杆(质量可不计),其两端各有一质量为 m 的小物体,如图 XT4.12 所示.该系统绕通过质心并与杆垂直的轴旋转.

(1) 求该系统对给定轴的转动惯量和角动量;

(2) 证明该系统的动量矩与参考点无关.

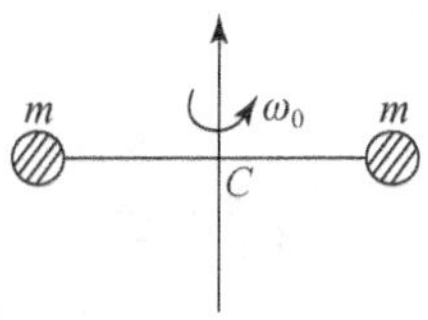

图 XT4.12　习题 4.21 图

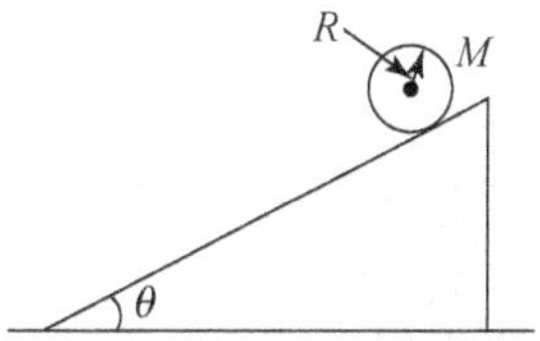

图 XT4.13　习题 4.23 图

4.22 若上题所述的系统初始时处于静止状态,在外部作用下经过 Δt 后以角速度 ω_0 绕给定轴转动,则外部应对该系统施加多大的合力或力矩? 在什么方向? 作用在什么部位?(假设:在固定于细杆的参考系中观察,外力皆为常矢量.)

4.23 在一粗糙的斜面上,有一竖立的匀质圆环无滑地向下滚动,如图 XT4.13 所示. 已知圆环的质量为 M、半径为 R. 求圆环质心的线加速度和环对质心的角加速度.

4.24 一质量为 M、半径为 R 的匀质圆环,其上绕有质量可不计的细线,线的一端固定在铅直的墙上,如图 XT4.14 所示. 在重力作用下圆环沿墙滚下,求圆环质心的加速度和对质心的角加速度.

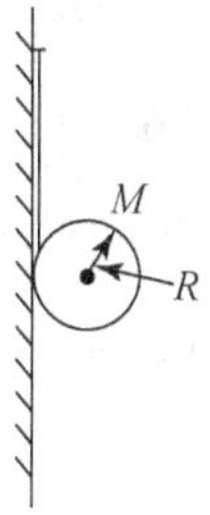

图 XT4.14　习题 4.24 图

4.25 用台球杆沿水平方向击球,如图 XT4.15 所示. 问:

(1) 击在什么位置才可使球恰好作无滑滚动?

(2) 击打位置偏高或偏低,会出现什么现象?

4.26 在水平地面上有一半径为 R、质量为 M 的均匀球,球与地面之间的摩擦系数为 μ. 在初始时刻,球以速度 v_0 平动,如图 XT4.16 所示. 问:

(1) 经过多长时间开始作无滑滚动? 滚动的角速度多大?

(2) 在运动过程中,球的动量矩如何变化?

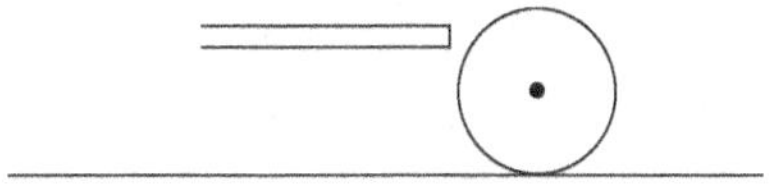

图 XT4.15　习题 4.25 图

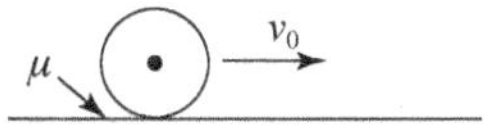

图 XT4.16　习题 4.26 图

4.27 如图 XT4.17 所示是一个钟摆,它由长为 l、质量为 m 的均匀杆,以及半径为 R、质量为 M 的均匀盘组成. 试写出摆的运动方程,并求摆作小振动的周期.

4.28 在无摩擦水平面上,静止放置一质量为 M、半径为 R 的匀质圆板. 一质量为 m 的小物体,以初速 v_0 沿一条切线射向板边,如图 XT4.18 所示,并粘在板边. 求碰撞后系统的质心速度和角速度.

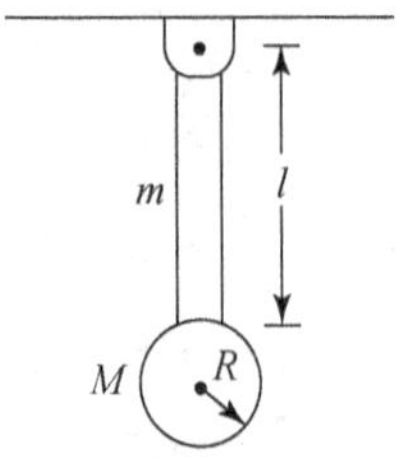

图 XT4.17　习题 4.27 图

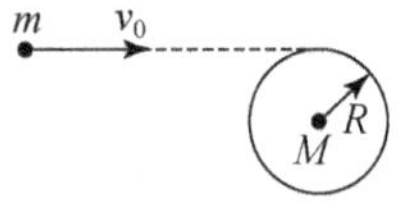

图 XT4.18　习题 4.28 图

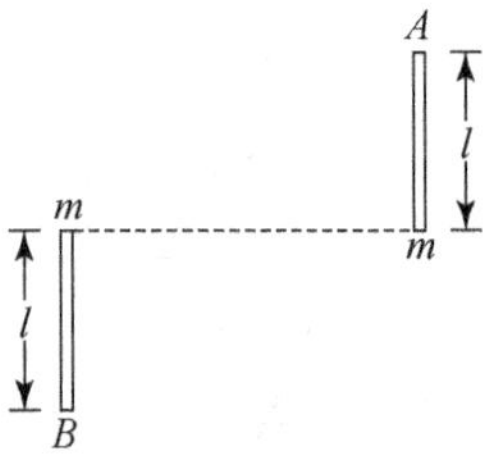

图 XT4.19　习题 4.29 图

4.29　在无摩擦的水平面上有两根平行的细杆，其长均为 l、质量均为 m，如图 XT4.19 所示. 若 A 静止，B 以速度 v_0 平动并与 A 碰撞. 其结果是两杆在端点粘合，成为一根直杆. 求碰撞后系统的平动速度和角速度.

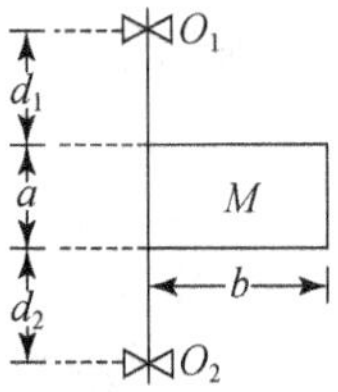

图 XT4.20　习题 4.30 图

4.30　在竖直的转动轴上有一块矩形板，如图 XT4.20 所示，其高为 a，宽为 b，质量为 M，板两边至轴承的距离分别为 d_1，d_2. 若该系统以角速度 ω 绕轴 O_1O_2 旋转，求两轴承对轴的水平作用力（设轴的质量可不计）.

第五章　功　和　能

本章提要

上章讨论了动量和动量矩定理及相应守恒律,利用它们求解动力学问题,在很多情况下不经过数学上的积分就能直接得到速度、转动角速度等物理量,比直接利用牛顿定律求解更为方便和简捷.本章将要介绍能直接得到速度、转动角速度等物理量的另一有利工具——动能定理及机械能守恒律.本章首先讨论功、动能和势能的概念,然后在质点动能定理和机械能变化和守恒律的基础上,导出了质点组的相应规律,通过例子说明了它们的应用.最后,作为质点组机械能变化和守恒律的应用,推导了理想流体的基本方程,阐述了如何利用它们求解简单的流体动力学问题.

5.1　功和能、质点动能定理

1. 功的概念

(1) 恒力对直线运动质点所做的功.

在图 5.1 中,恒力 $\boldsymbol{F}$ 使物体产生位移 $\boldsymbol{S}$ 所做功 W 为

$$W = F \cdot S \cdot \cos\theta = \boldsymbol{F} \cdot \boldsymbol{S} \tag{5.1}$$

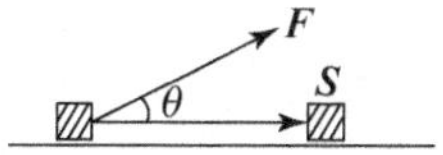

图 5.1　恒力对直线运动质点所做的功

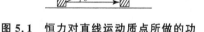

图 5.2　变力对曲线运动质点所做的功

(2) 变力对曲线运动质点所做的功.

要计算变力 $\boldsymbol{F}$ 对曲线运动质点所做的功(如图 5.2 所示),可把曲线分成若干小段,对每段都可看作恒力和直线,

所做的元功为

$$\mathrm{d}w = \boldsymbol{F} \cdot \mathrm{d}\boldsymbol{r}, \tag{5.2}$$

总功为

$$w = \int \mathrm{d}w = \int \boldsymbol{F} \cdot \mathrm{d}\boldsymbol{r} = \int F_x \mathrm{d}x + F_y \mathrm{d}y + F_z \mathrm{d}z, \tag{5.3}$$

在平面极坐标下

$$w = \int F_r \mathrm{d}r + F_\theta r \mathrm{d}\theta. \tag{5.4}$$

这是一个二型曲线积分,看似多个变量的积分,但可化为沿轨迹进行计算的单一变量的积分.

功的单位是：焦耳＝牛顿・米，量纲是$[w]=[ML^2T^{-2}]$.

(3) 变力对曲线运动质点所做的功率.

平均功率 $$p=\frac{\Delta w}{\Delta t}=\frac{\boldsymbol{F}\cdot\Delta\boldsymbol{r}}{\Delta t},$$

瞬时功率 $$p=\lim_{\Delta t\to 0}\frac{\Delta w}{\Delta t}=\boldsymbol{F}\cdot\boldsymbol{v},\tag{5.5}$$

功率的单位是瓦＝焦/秒，量纲是$[P]=[ML^2T^{-3}]$.

强调说明：$dw=\boldsymbol{F}\cdot d\boldsymbol{r}=\boldsymbol{F}\cdot\boldsymbol{v}dt$，因此

① 功与参考系有关的量，例如在图 5.3 所示的木块运动中，以地为参考系，拉力和摩擦力都做功；以木块为参考系，拉力和摩擦力都不做功.

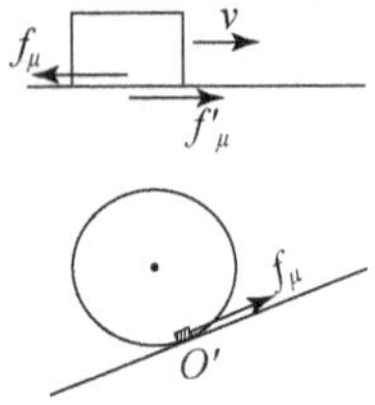

图 5.3 功与作用质点速度的关系

② 判断一个力是否做功，主要看力的作用质点的速度. 例如，圆盘在斜面作纯滚动时，因为被作用质点的瞬时速度为零，故摩擦力不做功，即 $\boldsymbol{f}_\mu\cdot\boldsymbol{v}_{o'}=\boldsymbol{f}_\mu\cdot\boldsymbol{0}=0$.

为了使读者对于功是与被作用质点的速度有关，因而也与参考系有关的概念有更加深入的理解. 我们再来分析一个简单的例子.

例题 1 如图 5.4 所示，手指推动木块在水平桌面上前进距离 S_1 的同时，手指从木块的一端滑到另一端，相对位移为 S_2，设手指与木块的相互作用力为 f 和 f'，且为常量. 试分别以地面和木块为参照系. 分析 f 和 f'所做的功及这一对力所做功之和.

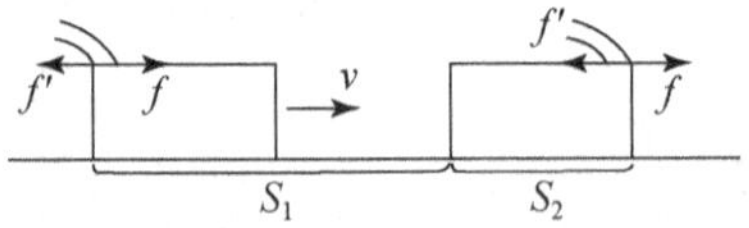

图 5.4 滑动的手指推动木块在水平桌面上前进做功

解：先以地面为参考系，考察 f 和 f'所做的功.

木块在手指力 f 的作用下，在力的方向上有位移 S_1+S_2，因而力 f 的功为 $w_f=f\cdot(S_1+S_2)$. 同样，手指在木块力 f' 的作用下，在力的反方向上有位移 $S_\text{I}+S_\text{II}$，因而力 f'的功为 $w_{f'}=-f'\cdot(S_1+S_2)=-w_f$. 由此得一对摩擦力所做的总功为 $w_{f'}+w_f=0$. 这个结论显然不对，因为手指在木块上滑动会摩擦生热，即摩擦力所做的总功在这里不为零.

那么问题出在哪儿呢？让我们用“功是与被作用质点的速度有关，因而也与参考系有关”的概念来重新考察一下 f 和 f'所做的功. 手指力 f 的作用点在木块上，虽然位置是不断变动的，但任一时刻，其速度都等于木块相对于地面的速度，设此速度为力 v，则手指力 f 的功为

$$w_f = \int f \cdot v\mathrm{d}t = f\int v\mathrm{d}t = f \cdot S_1.$$

木块对手指的作用力 f' 的作用点在手指尖，其相对于地面的速度等于木块相对于地面的速度 v 加上手指相对于木块的速度 v'，因此其功为 $w_{f'} = -\int f' \cdot (v+v')\mathrm{d}t = -f'\int(v+v')\mathrm{d}t = -f' \cdot (S_1+S_2)$. 一对摩擦力的总功为 $w_{f'}+w_f = -f \cdot S_2$，为负功，而且只与相对位移有关. 正是这部分功转化为热能.

在木块参考系中，手指力 f 的作用点在木块上，因而速度为零，其功为 $W'_f = \int f \cdot 0\mathrm{d}t = 0$. 木块力 f' 的作用点在手指尖，其相对于木块的速度为 v'，其功为 $W'_{f'} = -\int f' \cdot v'\mathrm{d}t = -f'\int v'\mathrm{d}t = -f' \cdot S_2$. 一对摩擦力的总功为负功即 $W'_{f'}+W'_f = -f' \cdot S_2 + 0 = -f \cdot S_2$，与在地面参考系中的结果相同. 由此可见，一对摩擦力所做的总功与参考系无关，只与相对位移有关. 正是这部分功转化为热能.

2. 几种常见的力所做的功

(1) 重力所做的功(在小范围内 $g=g_0$ 常量).

如图 5.5 所示考察质点由 A 运动到 B 时重力 $\boldsymbol{F}=-mg\boldsymbol{k}$ 所做的功为

$$w_{A\to B} = \int \boldsymbol{F} \cdot \mathrm{d}\boldsymbol{r} = \int_{z_A}^{z_B} -mg\,\mathrm{d}z = -mg(z_B - z_A), \tag{5.6}$$

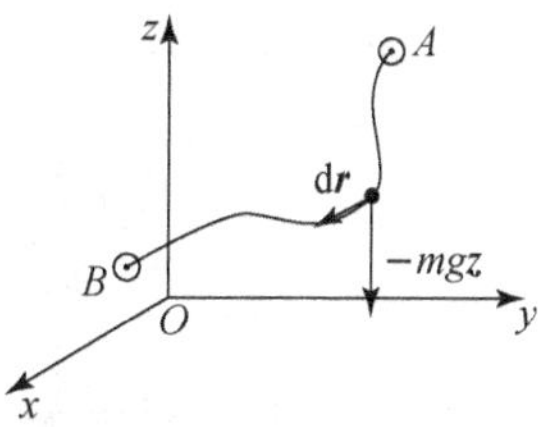

图 5.5　考察重力所做的功示意图

很明显，功与路径无关，仅与起终点的高度有关. 当 $z_A > z_B$，即物体由高处向低处运动时重力做正功 $W>0$；反之，当 $z_A < z_B$，即物体由低处向高处运动时重力做负功 $W<0$.

因为 $w_{B\to A} = -mg(z_A - z_B) = -w_{A\to B}$，所以重力沿闭合路径的功

$$w_{B\to A} + w_{A\to B} = \oint \boldsymbol{F} \cdot \mathrm{d}\boldsymbol{r} = 0 \text{ 为零.}$$

(2) 地球引力的功.

地球引力为　　$\boldsymbol{F} = -\dfrac{GMm}{r^2}\boldsymbol{e}_r$，$\mathrm{d}\boldsymbol{r} = \boldsymbol{e}_r\mathrm{d}r + \boldsymbol{e}_\theta r\,\mathrm{d}\theta$，

如图 5.6 所示，考察质点由 A 运动到 B 时，引力 F 所做的功为

$$w_{A\to B} = \int \boldsymbol{F} \cdot \mathrm{d}\boldsymbol{r} = \int_{r_A}^{r_B} -\frac{GMm}{r^2}\mathrm{d}r = -\left(\frac{GMm}{r_A} - \frac{GMm}{r_B}\right). \tag{5.7}$$

可见：

① 当 $r_A > r_B$，即物体由离地心远处向离地心近处运动时，地球引力做正功 $w_{A\to B} > 0$；

② 当 $r_A<r_B$，即物体由离地心近处向离地心远处运动时，地球引力做负功 $w_{A\to B}<0$；

③ 因为 $w_{A\to B}=-w_{B\to A}$，所以，引力沿闭合路径做的功

$$w_{B\to A}+w_{A\to B}=\oint \boldsymbol{F}\cdot \mathrm{d}\boldsymbol{r}=0 \text{ 为零；}$$

④ 当 $r_A, r_B \gg |r_A-r_B|$，引力在小范围内做的功为

$$w_{A\to B}=-\left(\frac{GMm}{r_A}-\frac{GMm}{r_B}\right)=-\frac{GMm}{r_A r_B}(r_B-r_A)=-mg(r_B-r_A),$$

即重力的功.

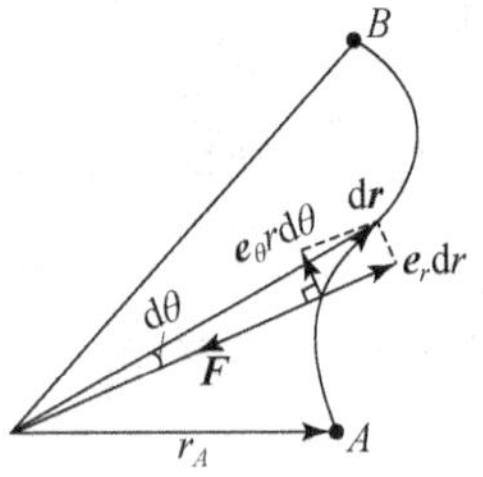

图 5.6　考察万有引力所做的功示意图

(3) 静电库伦力所做的功.

$$\boldsymbol{F}=\frac{kQq}{r^2}\boldsymbol{r},\ k=\frac{1}{4\pi\varepsilon_0}=8.8542\times 10^{-12}(\mathrm{c}^{-2}\mathrm{Nm}^2).$$

功的表达式与 $\boldsymbol{F}=-\dfrac{GMm}{r^2}\boldsymbol{r}$ 相同，只需把(5.7)中的 $-GMm$ 换成 kQq，即

$$w_{A\to B}=\int_A^B \boldsymbol{F}\cdot \mathrm{d}\boldsymbol{r}=-\left(\frac{kQq}{r_B}-\frac{kQq}{r_A}\right). \qquad (5.8)$$

同样也有库伦力沿闭合路径做的功为零.

(4) 弹力的功.

质点在 $\boldsymbol{F}=-kx\boldsymbol{i}$ 的作用下，由 A 运动到 B 时所做的功为

$$w_{A\to B}=\int \boldsymbol{F}\cdot \mathrm{d}\boldsymbol{r}=\int_{x_A}^{x_B}-kx\,\mathrm{d}x=-\frac{1}{2}k(x_B^2-x_A^2), \qquad (5.9)$$

很明显，功也与路径无关，或沿闭合路径做的功为零.

(5) 摩擦力的功.

如图 5.7 所示，质点由 A 运动到 B，摩擦力 $\boldsymbol{F}=-\mu N\boldsymbol{e}_\tau$，$\mathrm{d}\boldsymbol{r}=\boldsymbol{e}_\tau\mathrm{d}s$，所做的功为

$$w_{A\to B}=\int \boldsymbol{F}\cdot \mathrm{d}\boldsymbol{r}=\int_{s_A}^{s_B}-\mu N\,\mathrm{d}s, \qquad (5.10)$$

在 μN 为常量的简单情形下，$w_{A\to B}=-\mu NS_{AB}$.

显然，S_{AB} 为路径 $A\to B$ 的长度，与路径形状有关，而且

$$w_{A\to B}=-\mu NS_{AB}<0,\ w_{B\to A}=-\mu NS_{AB} \text{ 也} <0,$$

因而，摩擦力沿闭合路径做的功 $\oint \boldsymbol{F}_\mu\cdot \mathrm{d}\boldsymbol{r}\neq 0$.

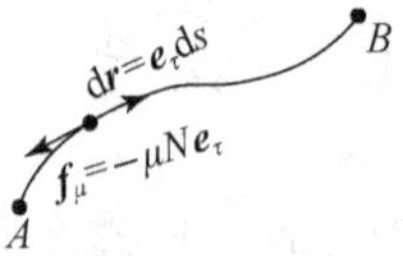

图 5.7　考察摩擦力所做的功示意图

3. 保守力和耗散力、势能

由以上例子可以看出，从做功的角度来看，力分为两类：一类力的功与路径无关，任意闭合路径的功为0，称为保守力；另一类力的功与路径有关，任意闭合路径的功不为零，称为非保守力或耗散力.

对保守力，由于功与路径无关，只与起终点的位置有关，所以可以用此功来定义一个由位置决定的函数——势能函数.

定义：B、A 两点**势能**差定义为质点由 A 运动到 B 时，力所做功的负值.

重力势能：

$$V(B)-V(A)=-w_{A\to B}=-\int_{z_A}^{z_B}-mg\,\mathrm{d}z=mg(z_B-z_A), \quad (5.11)$$

引力势能：

$$V(B)-V(A)=-w_{A\to B}=-\int_{r_A}^{r_B}-\frac{GMm}{r^2}\mathrm{d}r=-\left(\frac{GMm}{r_B}-\frac{GMm}{r_A}\right), \quad (5.12)$$

库仑力势能：

$$V(B)-V(A)=-w_{A\to B}=-\int_{r_A}^{r_B}\frac{kQq}{r^2}\mathrm{d}r=\left(\frac{kQq}{r_B}-\frac{kQq}{r_A}\right), \quad (5.13)$$

弹力势能：

$$V(B)-V(A)=w_{A\to B}=\int_{x_A}^{x_B}-kx\,\mathrm{d}x=\frac{1}{2}k(x_B^2-x_A^2). \quad (5.14)$$

由势能定义可知，它只能确定两点的势能差，即势能的相对大小，不能确定每点势能的绝对大小. 为确定和应用方便起见，我们可规定某一定点的势能为零，其他点的位能就是与该点的位能差. 例如：

重力势能 选 $z_A=0$ 处，即坐标原点的势能 $V(A)=0\Rightarrow V(z)=mgz$，当 $z>0$ 时，z 点的重力势能 >0；$z<0$ 时，z 点的重力势能 <0.

引力势能 选 $r_A=+\infty$ 时的势能 $V(A)=0\Rightarrow V(r)=-\dfrac{GMm}{r}$ 引力势能恒为负，这是因为当质点由 $+\infty\to r_B$ 时，引力做正功.

电场势能 选 $r_A=+\infty$ 时的势能 $V(A)=0\Rightarrow V(r)=\dfrac{kQq}{r}$，当 $Qq<0$，$V(r)<0$，引力势能为负；当 $Qq>0$，$V(r)>0$，斥力势能为正.

弹力势能 选 $z_A=0$，即坐标原点的势能 $V(A)=0\Rightarrow V(x)=\dfrac{1}{2}kx^2$，弹力势能恒大于零，这时当质点离开原点时，弹力总是做负功.

说明：① 已知有了力(其空间分布称为场一引力场，电力场等)，为什么还要引进势能(其空间分布称为势场). 这是因为力是矢量，势能是标量. 标量的描述和计算都要比矢量简单.一旦得知标量的空间分布,由微分运算可以得到其相应矢量的的空间分布.

② 为什么要用做功的负值来定义势.这是因为力作正功时,质点的动能增加,而总的机械能不变,势能减少.

③ 势能定义的微分表达式为

$$-\mathrm{d}V=\boldsymbol{F}\cdot\mathrm{d}\boldsymbol{r}\Leftrightarrow\boldsymbol{F}=-\nabla V,$$

已知 V,求梯度可得到力 $\boldsymbol{F}$:

$$F_x=-\frac{\partial V}{\partial x},\ F_y=-\frac{\partial V}{\partial y},\ F_z=-\frac{\partial V}{\partial z}.$$

4. 质点动能定理,机械能守恒定律

由牛顿二定律得

$$\boldsymbol{F}=m\frac{\mathrm{d}\boldsymbol{v}}{\mathrm{d}t}\Rightarrow\boldsymbol{F}\cdot\mathrm{d}\boldsymbol{r}=m\frac{\mathrm{d}\boldsymbol{v}}{\mathrm{d}t}\cdot\mathrm{d}\boldsymbol{r}=m\boldsymbol{v}\cdot\mathrm{d}\boldsymbol{v}=\mathrm{d}\left(\frac{1}{2}mv^2\right),$$

定义 $T=\frac{1}{2}mv^2$ 为质点的**动能**,和动量、动量矩一样,动能也是与参考系有关的物理量.上式即

$$\mathrm{d}w=\boldsymbol{F}\cdot\mathrm{d}\boldsymbol{r}=\mathrm{d}\left(\frac{1}{2}mv^2\right)=\mathrm{d}T,\tag{5.15}$$

这是**动能定理**的微分形式,积分形式为

$$\int_{(1)}^{(2)}\boldsymbol{F}\cdot\mathrm{d}\boldsymbol{r}=T_2-T_1=\frac{1}{2}mv_2^2-\frac{1}{2}mv_1^2.\tag{5.16}$$

在直角坐标系中,某一方向的分力所做的功等于该方向动能的改变,即

$$F_x\mathrm{d}x=\mathrm{d}\left(\frac{1}{2}mv_x^2\right),$$

这可以直接证明：$F_x\mathrm{d}x=F_xv_x\mathrm{d}t=v_xF_x\mathrm{d}t=v_x\mathrm{d}(mv_x)=\mathrm{d}\left(\frac{1}{2}mv_x^2\right)$.

但是,在平面极坐标系中,这一结论不成立.即：$F_r\mathrm{d}r\neq\mathrm{d}\left(\frac{1}{2}mv_r^2\right)$,$F_\theta r\mathrm{d}\theta\neq\mathrm{d}\left(\frac{1}{2}mv_\theta^2\right)$.

在(5.15)中,把质点所受的力分为保守力和非保守力,$\boldsymbol{F}=\boldsymbol{F}^{(保)}+\boldsymbol{F}^{(非保)}$,而保守力所做的功可以用势能来表示,从而得到

$$\mathrm{d}w=\boldsymbol{F}\cdot\mathrm{d}\boldsymbol{r}=\boldsymbol{F}^{(保)}\cdot\mathrm{d}\boldsymbol{r}+\boldsymbol{F}^{(非保)}\cdot\mathrm{d}\boldsymbol{r}=-\mathrm{d}V+\boldsymbol{F}^{(非保)}\cdot\mathrm{d}\boldsymbol{r}=\mathrm{d}T,$$

即

$$\mathrm{d}(T+V)=\boldsymbol{F}^{(非保)}\cdot\mathrm{d}\boldsymbol{r}=\mathrm{d}w^{(非保)}.\tag{5.17}$$

动能与势能之和$(T+V)$称为**机械能**.上式表示,质点机械能的改变等于非

保守力所做的功. 若质点不受非保守力作用，则 $d(T+V)=0$，即 $T+V=$ 常量. 这就是质点的**机械能守恒定律**：质点不受非保守力作用时，机械能守恒.

5.2 质点组动能定理

1. 质点组动能的定义和计算方法

定义：**质点组动能**定义为质点组所有质点动能之和，即

$$T=\sum T_i=\sum \frac{1}{2}m_i v_i^2, \tag{5.18}$$

和动量、动量矩一样，动能也是与参考系有关的物理量.

计算方法：① 根据定义；② 根据柯尼希定理.

柯尼希定理：质点组动能等于质心动能 T_C 与质点组在质心系中的动能 $T'_{(C)}$ 之和，即

$$T=T_C+T'_{(C)}. \tag{5.19}$$

证明：质点组中任一质点 m_i 的速度可以表示为质点在质心系中的速度 $\boldsymbol{v}'_{i(C)}$ 与质心速度 $\boldsymbol{v}_C$ 之和，因而质点组的总动能可以表为

$$\begin{aligned} T&=\sum \frac{1}{2}m_i v_i^2=\sum \frac{1}{2}m_i(\boldsymbol{v}_C+\boldsymbol{v}'_{i(C)})^2=\sum \frac{1}{2}m_i(v_C^2+2\boldsymbol{v}_C\cdot\boldsymbol{v}'_{i(C)}+v'^2_{i(C)}) \\ &=\sum \frac{1}{2}m_i\boldsymbol{v}_C^2+\boldsymbol{v}_C\cdot\sum m_i\boldsymbol{v}'_{i(C)}+\sum \frac{1}{2}m_i\boldsymbol{v}'^2_{i(C)}, \end{aligned}$$

其中，第一项为质心动能 $T_C=\frac{1}{2}M\boldsymbol{v}_C^2$；第三项为质点组在质心系中的动能 $T'_{(C)}=\sum \frac{1}{2}m_i\boldsymbol{v}'^2_{i(C)}$；第二项为零，因为 $\sum m_i\boldsymbol{v}'_{i(C)}$ 为质点组在质心系中的总动量，恒为零. 故

$$T=T_C+T'_{(C)}.$$

对于一般的质点组，计算其在质心系中的动能不是很简单，但是对于刚体，则有非常简单的表达式. **刚体在质心系中的动能**可以表示为

$$T'_{(C)}=\frac{1}{2}I_{(C)}\omega^2, \tag{5.20}$$

其中，$I_{(C)}$ 是刚体对过质心的转轴的转动惯量.

证明：刚体上任一点的速度等于质心的速度与质点在质心系中的速度之和，即

$$\boldsymbol{v}_i=\boldsymbol{v}_C+\boldsymbol{v}'_{i(C)},$$

其中，质点在质心系中的速度又可以用刚体的转动角速度 $\boldsymbol{\omega}$ 表示为

$$\boldsymbol{v}'_{i(C)} = \boldsymbol{\omega} \times \boldsymbol{r}'_{i(C)},$$

因此，刚体在质心系中的动能为

$$T'_{(C)} = \sum \frac{1}{2} m_i v_{i(C)}^2 = \sum \frac{1}{2} m_i (\boldsymbol{\omega} \times \boldsymbol{r}'_{i(C)})^2$$

$$= \sum \frac{1}{2} m_i \omega^2 (r'_{i(C)} \sin\theta_i)^2 = \frac{1}{2} (\sum m_i r'^2_{i(C)\perp}) \omega^2,$$

上式中，$r'_{i(C)} \sin\theta_i = r'_{i(C)\perp}$ 表示刚体质元 m_i 到过质心的转轴的垂直距离，如图 5.8 所示，因而 $\sum m_i r'^2_{i(C)\perp} = I_{(C)}$ 就是刚体对该转轴的转动惯量. 故

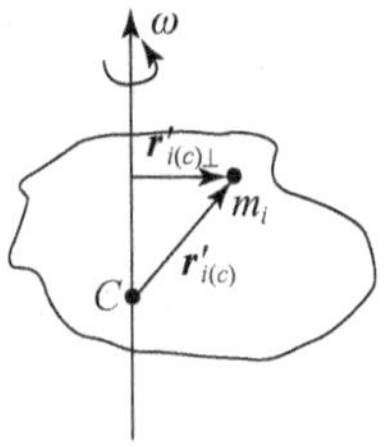

图 5.8 刚体在质心系中的转动

$$T'_{(C)} = \frac{1}{2} I_{(C)} \omega^2,$$

刚体的总动能

$$T = T_C + T'_{(C)} = \frac{1}{2} M v_C^2 + \frac{1}{2} I_{(C)} \omega^2. \quad (5.21)$$

类似地，可证定轴转动刚体的动能为 $T = \frac{1}{2} I_{(o)} \omega^2$，其中 $I_{(o)}$ 是刚体对定轴的转动惯量.

2. 质点组内力的功

质点组内力成对出现，大小相等，方向相反. 前面已经证明，内力对质点组的总动量和质心的动量无影响，对总动量矩也无影响. 因此动量定理和动量矩定理都无需考虑内力. 那么，内力对于动能的影响如何呢？

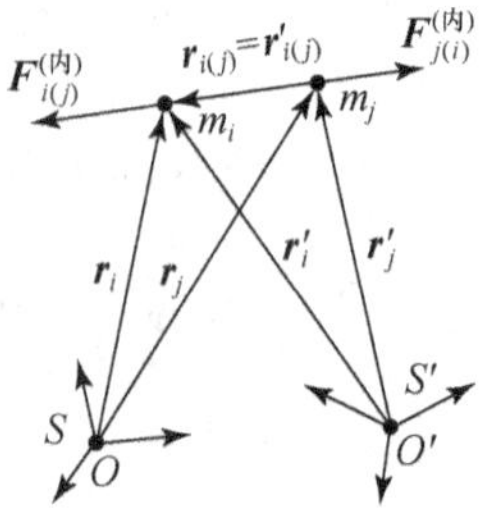

图 5.9 一对内力示意图

如图 5.9 所示，考察一对内力在 S 系中的功

$$\mathrm{d}w_{ij} = \boldsymbol{F}_{i(j)}^{(内)} \cdot \mathrm{d}\boldsymbol{r}_i + \boldsymbol{F}_{j(i)}^{(内)} \cdot \mathrm{d}\boldsymbol{r}_j$$

$$= (\boldsymbol{F}_{i(j)}^{(内)} \cdot \boldsymbol{v}_i + \boldsymbol{F}_{j(i)}^{(内)} \cdot \boldsymbol{v}_j)\mathrm{d}t = \boldsymbol{F}_{i(j)}^{(内)} \cdot (\boldsymbol{v}_i - \boldsymbol{v}_j)\mathrm{d}t,$$

与质点在 S 系中的相对速度 $\boldsymbol{v}_i - \boldsymbol{v}_j$ 有关. 同样，一对内力在 S' 系中的功为

$$\mathrm{d}w'_{ij} = \boldsymbol{F}_{i(j)}^{(内)} \cdot \mathrm{d}\boldsymbol{r}'_i + \boldsymbol{F}_{j(i)}^{(内)} \cdot \mathrm{d}\boldsymbol{r}'_j$$

$$= (\boldsymbol{F}_{i(j)}^{(内)} \cdot \boldsymbol{v}'_i + \boldsymbol{F}_{j(i)}^{(内)} \cdot \boldsymbol{v}'_j)\mathrm{d}t = \boldsymbol{F}_{i(j)}^{(内)} \cdot (\boldsymbol{v}'_i - \boldsymbol{v}'_j)\mathrm{d}t,$$

也与质点在 S' 系中的相对速度 $\boldsymbol{v}'_i - \boldsymbol{v}'_j$ 有关. 一般而言，这两个相对速度是与参考系有关的. 因此，$\mathrm{d}w_{ij}$ 与 $\mathrm{d}w'_{ij}$ 是否相等，需要进一步考察.

设 S' 系相对于 S 系既有坐标原点 o' 的平动，也有转动($\boldsymbol{\omega}$). 由相对运动的运动学公式(3.19)，质点 i 和质点 j 在 S 系和 S' 系中的速度存在下列关系：

$$\boldsymbol{v}_i = \boldsymbol{v}'_i + \boldsymbol{v}_{o'} + \boldsymbol{\omega} \times \boldsymbol{r}'_i \quad 和 \quad \boldsymbol{v}_j = \boldsymbol{v}'_j + \boldsymbol{v}_{o'} + \boldsymbol{\omega} \times \boldsymbol{r}'_j,$$

由此得两质点在 S 系和 S' 系中的相对速度的关系为

$$(\boldsymbol{v}_i - \boldsymbol{v}_j) = (\boldsymbol{v}'_i - \boldsymbol{v}'_j) + \boldsymbol{\omega} \times (\boldsymbol{r}'_i - \boldsymbol{r}'_j),$$

很明显是与参考系有关的，但因 $\boldsymbol{F}_{i(j)}^{(内)}$ 与 $(\boldsymbol{r}_i'-\boldsymbol{r}_j')$ 平行，故与 $\boldsymbol{\omega}\times(\boldsymbol{r}_i'-\boldsymbol{r}_j')$ 垂直，即 $\boldsymbol{F}_{i(j)}^{(内)}\cdot\boldsymbol{\omega}\times(\boldsymbol{r}_i'-\boldsymbol{r}_j')\equiv 0$. 所以一对内力的功

$$
\begin{aligned}
\mathrm{d}w_{ij} &= \boldsymbol{F}_{i(j)}^{(内)}\cdot(\boldsymbol{v}_i-\boldsymbol{v}_j)\mathrm{d}t = \boldsymbol{F}_{i(j)}^{(内)}\cdot(\boldsymbol{v}_i'-\boldsymbol{v}_j')\mathrm{d}t + \boldsymbol{F}_{i(j)}^{(内)}\cdot\boldsymbol{\omega}\times(\boldsymbol{r}_i'-\boldsymbol{r}_j') \\
&= \boldsymbol{F}_{i(j)}^{(内)}\cdot(\boldsymbol{v}_i'-\boldsymbol{v}_j')\mathrm{d}t = \mathrm{d}w_{ij}',
\end{aligned}
$$

与参考系无关. 但是，**一般而言**，$\mathrm{d}w_{ij}\neq 0$，**即内力的功不能忽略**.

对刚体而言，两质点间的距离 $|\boldsymbol{r}_{i(j)}'|=$ 常量，即 $\boldsymbol{r}_{i(j)}'$ 大小不变，只是方向变，因而相对位移 $\mathrm{d}\boldsymbol{r}_{i(j)}'\perp\boldsymbol{r}_{i(j)}'$，所以相对位移，故 $\mathrm{d}w_{ij}=0$，所以**刚体内力的功恒为零**.

3. 质点组动能定理、机械能守恒定律

质点组的任一质点的动能为 $T_i=\dfrac{1}{2}m_iv_i^2$，它满足质点动能定理，即 $(\boldsymbol{F}_i^{(内)}+\boldsymbol{F}_i^{(外)})\cdot\mathrm{d}\boldsymbol{r}_i=\mathrm{d}T_i$. 对质点组的所有质点求和，得

$$\sum_i\boldsymbol{F}_i^{(内)}\cdot\mathrm{d}\boldsymbol{r}_i+\sum_i\boldsymbol{F}_i^{(外)}\cdot\mathrm{d}\boldsymbol{r}_i=\sum_i\mathrm{d}T_i=\mathrm{d}T=\mathrm{d}T_c+\mathrm{d}T_{(c)}', \tag{5.22}$$

把上式的总功按内力和外力分，得

$$\mathrm{d}T=\mathrm{d}w^{(内)}+\mathrm{d}w^{(外)}, \tag{5.22a}$$

这就是**质点组的动能定理**，即：质点组动能的变化等于所有外力和内力所做的功. 把(5.22)式中的力按保守力和非保守力分，得

$$\mathrm{d}T=\mathrm{d}w^{(保)}+\mathrm{d}w^{(非保)}, \tag{5.22b}$$

而 $\mathrm{d}w^{(保)}=-\mathrm{d}V$，所以

$$\mathrm{d}(T+V)=\mathrm{d}w^{(非保)}. \tag{5.22c}$$

若质点组所有的内外力均为保守力，即 $\mathrm{d}w^{(非保)}=0$，得到

$$\mathrm{d}(T+V)=0\Rightarrow T+V=E\ 常量, \tag{5.23}$$

这就是**质点组的机械能守恒定律**.

在(5.22)式中，令 $\boldsymbol{r}_i=\boldsymbol{r}_c+\boldsymbol{r}_{i(c)}'$，(5.22)式的左边变为

$$\sum_i\boldsymbol{F}_i^{(外)}\cdot\mathrm{d}\boldsymbol{r}_c+\sum_i\boldsymbol{F}_i^{(外)}\cdot\mathrm{d}\boldsymbol{r}_{i(c)}'+\sum_i\boldsymbol{F}_i^{(内)}\cdot\mathrm{d}\boldsymbol{r}_c+\sum_i\boldsymbol{F}_i^{(内)}\cdot\mathrm{d}\boldsymbol{r}_{i(c)}',$$

其中，

$$\sum_i\boldsymbol{F}_i^{(外)}\cdot\mathrm{d}\boldsymbol{r}_c=\left(\sum_i\boldsymbol{F}_i^{(外)}\right)\cdot\mathrm{d}\boldsymbol{r}_c=M\frac{\mathrm{d}\boldsymbol{v}_c}{\mathrm{d}t}\cdot\mathrm{d}\boldsymbol{r}_c=M\boldsymbol{v}_c\mathrm{d}\boldsymbol{v}_c=\mathrm{d}\left(\frac{1}{2}M\boldsymbol{v}_c^2\right)=\mathrm{d}T_c,$$

$$\sum_i\boldsymbol{F}_i^{(内)}\cdot\mathrm{d}\boldsymbol{r}_c=0,$$

因此，(5.22)式分为两个方程：

$$\mathrm{d}T_c=\left(\sum_i\boldsymbol{F}_i^{(外)}\right)\cdot\mathrm{d}\boldsymbol{r}_c, \tag{5.24}$$

$$\mathrm{d}T_{(c)}'=\sum_i\boldsymbol{F}_i^{(外)}\cdot\mathrm{d}\boldsymbol{r}_{i(c)}'+\sum_i\boldsymbol{F}_i^{(内)}\cdot\mathrm{d}\boldsymbol{r}_{i(c)}', \tag{5.25}$$

(5.24)表示质心动能的改变等于合外力对质心所做的功，是质心运动定理的动能形式，称为**质心的动能定理**，注意，这里认为所有外力都作用于质心.(5.25)为质点组在**质心系中的动能定理**，表示质点组在质心系中动能的改变等于内、外力在质心系中所做的功. 注意，$\mathrm{d}\boldsymbol{r}'_{i(c)}=v'_{i(c)}\mathrm{d}t$，要用力的作用质点在质心系中的速度来表示.(5.25)是质心系中的动能定理，当质心系是非惯性系时也成立. 这是因为：设质心的加速度为 $\boldsymbol{a}_c\neq 0$，则应考虑每个质点所受的惯性力$(-m_i\boldsymbol{a}_c)$的功，即(5.24)应该写成：

$$\mathrm{d}T'_{(c)}=\sum_i \boldsymbol{F}_i^{(外)}\cdot\mathrm{d}\boldsymbol{r}'_{i(c)}+\sum_i \boldsymbol{F}_i^{(内)}\cdot\mathrm{d}\boldsymbol{r}'_{i(c)}+\sum_i(-m_i\boldsymbol{a}_c)\cdot\mathrm{d}\boldsymbol{r}'_{i(c)},$$

但其中惯性力的功为

$$\sum_i(-m_i\boldsymbol{a}_c)\cdot\mathrm{d}\boldsymbol{r}'_{i(c)}=-\boldsymbol{a}_c\cdot\sum_i m_i\mathrm{d}\boldsymbol{r}'_{i(c)}$$

$$=-\boldsymbol{a}_c\cdot\Big(\sum_i m_i\boldsymbol{v}'_{i(c)}\Big)\mathrm{d}t=-\boldsymbol{a}_c\cdot 0=0,$$

所以，不必考虑惯性力$(-m_i\boldsymbol{a}_c)$的功.

5.3 质点组动能定理的应用举例

例题 1 半径为 r 的小球从半径为 R 的大球顶端从静止开始无滑动下滚，如图 5.10 所示.(1) 求任意 θ 角时小球质心的速度和小球的转动角速度. 问 $\theta=?$ 时，小球脱离球面?(2) 考察小球沿大球无滑下滚时摩擦力所做的功.

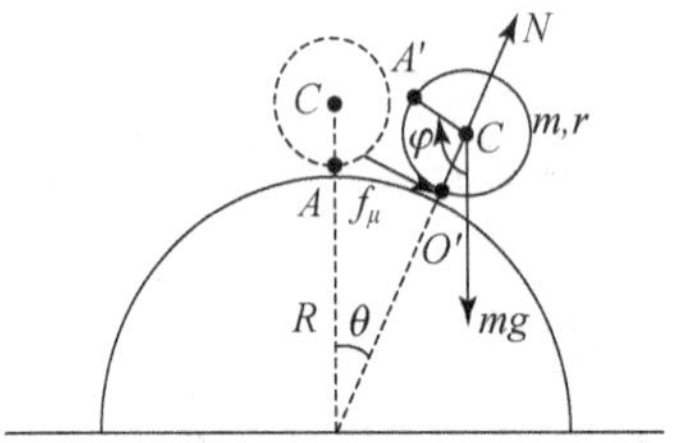

图 5.10 小球从沿大球表面无滑动下滚

解：(1) 先求小球从沿大球表面无滑滚动到任意 θ 角时小球的转动角速度和其质心的速度.

方法 1 用机械能守恒

隔离小球，分析受力：小球受重力 mg、支持力 N 和摩擦力 f_μ 的作用. 因为无滑动，支持力和摩擦力不做功，所以机械能守恒. 以最高点为势能零点，写出机械能守恒式：

$$E_\theta=\frac{1}{2}mv_c^2+\frac{1}{2}\left(\frac{2}{5}mr^2\right)\omega^2-(R+r)(1-\cos\theta)=E_0=0,$$

和纯滚动条件 $$v_c=\omega r,$$

联立上两式解得

$$v_c=\sqrt{\frac{10}{7}g(R+r)(1-\cos\theta)},$$

$$\omega = \frac{v_c}{r} = \sqrt{\frac{10}{7} g \frac{(R+r)}{r^2}(1-\cos\theta)}.$$

下面考察小球何时离靠球面. 小球做圆周运动, 在半径方向用质心运动定理得

$$mg\cos\theta - N = m\frac{v_c^2}{R+r} = \frac{10}{7}mg(1-\cos\theta),$$

即

$$N = \frac{17}{7}mg\left(\cos\theta - \frac{10}{17}\right),$$

当 $N=0$ 时, 小球脱离球面

$$\Rightarrow \cos\theta = \frac{10}{17},\ \theta = \cos^{-1}\frac{10}{17}.$$

方法 2 用动量矩定理

对 o' 点的动量矩定理得

$$mgr\sin\theta = \left(\frac{2}{5}mr^2 + mr^2\right)\frac{d\omega}{dt} = \frac{7}{5}mr^2\frac{d\omega}{dt},$$

需要积分才能得到 ω. 而要积分, 必须找到 ω 和 θ 的关系.

由 $v_c = \omega r = (R+r)\dot{\theta} \Rightarrow \omega = \frac{R+r}{r}\dot{\theta}$,

代入上式得

$$mgr\sin\theta = \frac{7}{5}mr^2\frac{d\omega}{dt}\frac{d\theta}{d\theta} = \frac{7}{5}mr^2\dot{\theta}\frac{d\omega}{d\theta} = \frac{7}{5}mr(R+r)\dot{\theta}\frac{d\dot{\theta}}{d\theta},$$

即

$$\dot{\theta}\,d\dot{\theta} = \frac{5g}{7(r+R)}\sin\theta d\theta,$$

积分得 $\int_0^{\dot{\theta}}\dot{\theta}d\dot{\theta} = \frac{1}{2}\dot{\theta}^2 = \frac{5g}{7(r+R)}\int_0^{\theta}\sin\theta d\theta = \frac{5g}{7(r+R)}(1-\cos\theta)$,

即 $\omega = \frac{r+R}{r}\dot{\theta} = \sqrt{\frac{10}{7}g\frac{(R+r)}{r^2}(1-\cos\theta)}$.

与方法 1 的结果相同. 比较方法 1 和方法 2 可知, 直接用机械能守恒式更简单. 因为不用积分就可直接得到 v_c, ω 的结果.

特别指出, 小球滚动的角速度 $\omega = \frac{r+R}{r}\dot{\theta} \neq \dot{\theta}$ 的另一证明法:

如图 5.10 所示, 小球滚动时, 其半径 CA 由竖直位置转了一个角度 φ, 则小球的转动角速度 $\omega = \dot{\varphi}$. 因为无滑滚动, 所以弧长 $\widehat{AO'} = \widehat{O'A'}$, 即 $R\theta = r(\varphi - \theta)$,

$$\Rightarrow \varphi = \frac{r+R}{r}\theta \Rightarrow \omega = \dot{\varphi} = \frac{r+R}{r}\dot{\theta}.$$

(2) 下面考察小球沿大球无滑下滚时, 作用于小球的摩擦力 f_μ 所做的功.

在地面参考系中 $\boldsymbol{v}_{o'}=0 \Rightarrow w_{f_\mu}=\int \boldsymbol{f}_\mu \cdot \boldsymbol{v}_{o'}\mathrm{d}t=0$ 摩擦力不做功.

在质心系中 $\boldsymbol{v}'_{o'}=\omega r$，其方向沿大球的切线方向向上；$\boldsymbol{f}_\mu$ 的方向与 $\boldsymbol{v}'_{o'}$ 的方向相同，其大小可通过对质心的动量矩定理求得

$$f_\mu r=\frac{2}{5}mr^2\frac{\mathrm{d}\omega}{\mathrm{d}t}\ \text{求得，为}\ f_\mu=\frac{2}{5}mr\frac{\mathrm{d}\omega}{\mathrm{d}t},$$

此摩擦力在质心系中所做的功为

$$\begin{aligned} w'_{f_\mu}&=\int \boldsymbol{f}_\mu\cdot\boldsymbol{v}'_{o'}\mathrm{d}t=\int\frac{2}{5}mr\frac{\mathrm{d}\omega}{\mathrm{d}t}\cdot\omega r\,\mathrm{d}t\\ &=\frac{2}{5}mr^2\int\omega\mathrm{d}\omega=\frac{1}{2}\left(\frac{2}{5}mr^2\right)\omega^2=T'_{(C)}, \end{aligned}$$

该功为正功，大小等于刚体转动动能的增加. 由此可见，同一个力在不同的参考系中做的功不同.

但须指出，一对摩擦力所做功之和与坐标系无关. 在本例中，从地面参考系看，小球上的接触点和大球面上的接触点的速度 $\boldsymbol{v}_{o'}$ 和 $\boldsymbol{v}_{o'\text{地}}$ 均为零，所以作用于小球的摩擦力 $\boldsymbol{f}_\mu$ 和作用于大球面的摩擦力 $\boldsymbol{f}_{\mu\text{地}}$ 均不做功，总功 $w_{f_\mu}+w_{f_{\mu\text{地}}}=0+0=0$. 从质心系上看，作用于小球的摩擦力 $\boldsymbol{f}_\mu$ 做正功 $w'_{f_\mu}=\int\boldsymbol{f}_\mu\cdot\boldsymbol{v}'_{o'}\mathrm{d}t=T'_{(C)}>0$，作用于大球面的摩擦力 $\boldsymbol{f}_{\mu\text{地}}$ 做负功 $w'_{f_{\mu\text{地}}}=\int\boldsymbol{f}_{\mu\text{地}}\cdot\boldsymbol{v}'_{o'\text{地}(C)}\mathrm{d}t=\int\boldsymbol{f}_\mu\cdot(-\boldsymbol{v}_c)\mathrm{d}t=-T'_{(C)}<0$，二者之和也为零.

例题 2 质量为 m，长为 l 的匀质杆，初始时与竖直线成 $\theta_0=0$，在光滑平面上从静止开始倾倒，如图 5.11 所示，求任意角度 θ 时的杆质心的速度和杆的转动角速度.

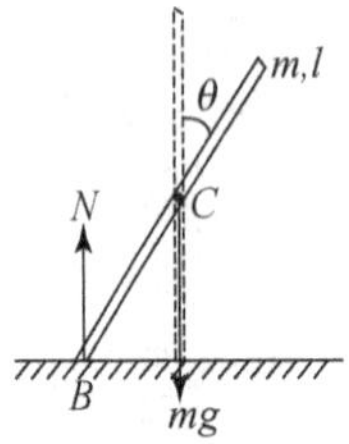

图 5.11 匀质杆在光滑平面上倾倒

解：先分析受力情况，考察是否有守恒量.

杆受重力 mg 和地面支持力 $\boldsymbol{N}$ 的作用，其中：mg 是保守力，支持力 $\boldsymbol{N}\perp\boldsymbol{v}_B$ 不做功. 因此机械能守恒. 又因 mg 和 $\boldsymbol{N}$ 均沿竖直方向，故水平方向动量守恒. 而水平方向初始动量为零，故质心沿竖直方向运动.

方法 1 利用机械能守恒

以地面为势能零点，写出机械能守恒表达式：

$$E_\theta=\frac{1}{2}mv_c^2+\frac{1}{2}\left(\frac{1}{12}ml^2\right)\omega^2+mg\frac{l}{2}\cos\theta=E_0=mg\frac{l}{2}\cos\theta_0$$

$$\Rightarrow v_c^2+\frac{1}{12}l^2\omega^2=gl(\cos\theta_0-\cos\theta), \tag{1}$$

(1)式中有两个未知量 v_c 和 ω，还需要一个方程. 由几何关系得

$$v_c = \dot{y}_c = \frac{\mathrm{d}}{\mathrm{d}t}\left(\frac{l}{2}\cos\theta\right) = -\frac{l}{2}\sin\theta \cdot \dot{\theta},$$

即
$$v_c = \left(-\frac{l}{2}\sin\theta\right)\omega, \tag{2}$$

联立(1)和(2)得

$$\omega = \sqrt{\frac{12g(\cos\theta_0 - \cos\theta)}{l(1+3\sin^2\theta)}},$$

$$v_c = -\sqrt{\frac{3lg(\cos\theta_0 - \cos\theta)}{(1+3\sin^2\theta)}}\sin\theta.$$

方法 2　利用质心运动定理和动量矩定理

质心运动定理
$$N - mg = m\frac{\mathrm{d}v_c}{\mathrm{d}t},$$

对质心的动量矩定理
$$N\frac{l}{2}\sin\theta = I\dot{\omega} = \frac{1}{12}ml^2\dot{\omega},$$

由几何关系得
$$v_c = \left(-\frac{l}{2}\sin\theta\right)\omega,$$

联立求解上述三式可得 ω、v_c 和 N，其中需对时间 t 进行积分或进行自变量变换：

$$\frac{\mathrm{d}v_c}{\mathrm{d}t} = \frac{\mathrm{d}v_c}{\mathrm{d}t}\cdot\frac{\mathrm{d}\theta}{\mathrm{d}\theta} = \frac{\mathrm{d}v_c}{\mathrm{d}\theta}\dot{\theta} = -\frac{2v_c}{l\sin\theta}\cdot\frac{\mathrm{d}v_c}{\mathrm{d}\theta} = -\frac{1}{2l\sin\theta}\frac{\mathrm{d}v_c^2}{\mathrm{d}\theta},$$

后对 θ 进行积分，但比方法 1 麻烦得多.

例题 3　质量为 m 的子弹以水平速度 v_0 打在质量为 m、长为 l 的匀质杆复摆的下端，如图 5.12 所示.(1) 碰撞为完全非弹性的并粘于其上，已知碰后最大摆角 $\theta_{max} = 60°$，求 $v_0 = ?$ (2) 若质点与杆的碰撞为完全弹性碰撞，且质点碰后瞬间速度方向仍然保持水平，求解碰后质点和杆的运动.

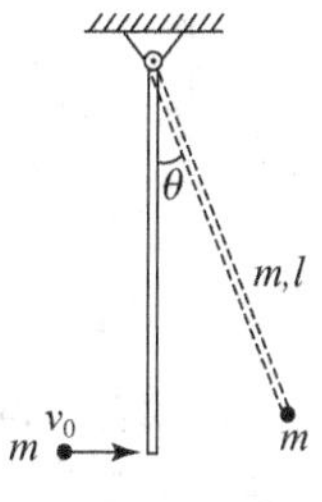

图 5.12　子弹与匀质杆复摆发生碰撞

解：(1) 碰撞为完全非弹性的并粘于其上.

先分析是否有守恒量. 在碰撞过程中，因转轴对杆的作用力的冲量不能忽略，故动量不守恒，但因转轴对杆的作用力和重力的作用线均通过转轴，它们对于转轴的力矩为零，因此杆对转轴的动量矩守恒，即

$$J_{(o)前} = mv_0 l$$
$$= J_{(o)后} = (I_{质点(o)} + I_{杆(o)})\omega_1 = \left(ml^2 + \frac{1}{3}ml^2\right)\omega_1 = \frac{4}{3}ml^2\omega_1,$$

即
$$mv_0 l = \frac{4}{3}ml^2\omega_1,$$

由此得碰后瞬间的转动角速度 $\omega_1 = \frac{3v_0}{4l}$.

碰后的摆动过程机械能守恒，以转轴的位置为重力势能零点，写出机械能表达式：

$$E_0 = \frac{1}{2}\left(\frac{4}{3}ml^2\right)\omega_1^2 - 2mg\,\frac{3l}{4} = 0 - 2mg\,\frac{3l}{4}\cos\theta_{\max},$$

$$\Rightarrow v_0 = 2\sqrt{gl(1-\cos\theta_{\max})} = \sqrt{2gl}.$$

(2) 碰撞为完全弹性碰撞，且碰后瞬间质点的速度方向仍然保持水平.

若质点与杆之间为完全弹性碰撞，则碰撞前后瞬间质点和杆组成的系统有机械能守恒和对转轴的动量矩守恒. 设碰后瞬间质点的速度大小为 v_1，方向水平向右，于是可以写出质点和杆组成的系统对转轴的动量矩守恒

$$mv_0 l = mv_1 l + \left(\frac{1}{3}ml^2\right)\omega_1$$

和机械能守恒

$$\frac{1}{2}mv_0^2 = \frac{1}{2}mv_1^2 + \frac{1}{2}\left(\frac{1}{3}ml^2\right)\omega_1^2,$$

即

$$\begin{cases} v_0 = v_1 + \dfrac{1}{3}l\omega_1 \\ v_0^2 = v_1^2 + \dfrac{1}{3}(l\omega_1)^2, \end{cases}$$

联立求解得碰后瞬间杆的转动角速度为 $\omega_1 = \frac{3v_0}{2l}$，质点的速度为 $v_1 = v_0 - \frac{1}{3}l\omega_1 = \frac{v_0}{2}$. v_1 为正，表示方向确实向右.

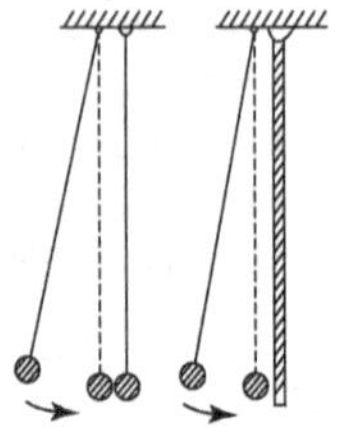

图 5.13　单摆与单摆，单摆与复摆的碰撞

[有趣的现象]

在图 5.13 中两单摆的质点相碰，结果是"速度传递"——第一个质点静止，第二个质点以 v_0 运动.

一单摆与质量相同的匀质杆相碰，结果是单摆的质点以 $\frac{v_0}{2}$ 继续向前运动，而杆端点以速度 $\omega l = \frac{3v_0}{2}$ 运动.

例题 4　利用机械能守恒定律求单摆（质量为 m，摆长为 l）和复摆（复摆对转轴的转动惯量为 $I_{(O)}$，质心到转轴的距离为 l_c）的运动微分方程.

解： 在 2.5 节例题 3 及 4.6 节例题 2 中，我们分别从牛顿运动定律和刚体对转轴的动量矩定理出发得到了单摆和复摆的运动微分方程. 这里我们要利用机械能守恒定律求单摆和复摆的运动微分方程.

对于单摆，写出机械能守恒表达式：

$$E = \frac{1}{2}m(l\dot{\theta})^2 - mgl\cos\theta = E_0,$$

对时间求微商，并消去$\dot{\theta}$得　　$ml^2\ddot{\theta}+mgl\sin\theta=0$，

即得单摆的运动微分方程　　$\ddot{\theta}+\dfrac{g}{l}\sin\theta=0.$

对于复摆，同样写出机械能守恒表达式：

$$E=\frac{1}{2}I_{(o)}\omega^2-mgl_c\cos\theta=E_0,$$

对时间求微商得　　$I_{(o)}\omega\dot{\omega}+mgl_c\sin\theta\cdot\dot{\theta}=0$，

消去$\omega=\dot{\theta}$得复摆的运动微分方程　$\ddot{\theta}+\dfrac{mgl_c}{I_{(o)}}\sin\theta=0.$

例题 5　质量为m、半径为r的小球体在半径为R的粗糙大球内表面作无滑滚动，如图 5.14 所示. 试求两球连心线与竖直线交角所满足的运动微分方程.

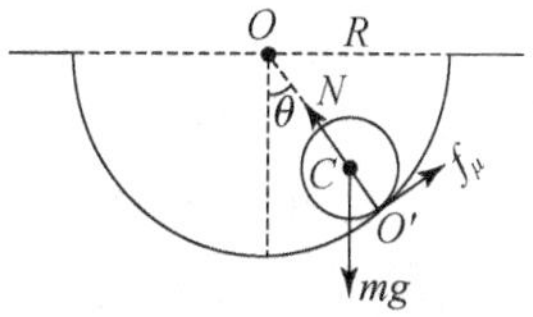

图 5.14　小球在大球内表面无滑滚动

解：在该问题中，小球受的支持力和摩擦力不做功，重力为保守力，因此机械能守恒. 以大球球心为重力势能零点，写出机械能守恒表达式：

$$E=\frac{1}{2}mv_c^2+\frac{1}{2}\left(\frac{2}{5}mr^2\right)\omega^2-mg(R-r)\cos\theta=E_0,$$

对该式进行时间微商，得 $v_c\dot{v}_c+\dfrac{2}{5}r^2\omega\dot{\omega}+g(R-r)\sin\theta\cdot\dot{\theta}=0$，

代入纯滚动条件　　$v_c=\omega r$，

得　　$\omega\dot{r}\omega r+\dfrac{2}{5}r^2\omega\dot{\omega}+g(R-r)\sin\theta\cdot\dot{\theta}=0$，

把 $v_c=\omega r=\dot{\theta}(R-r)$，即 $\dot{\omega}r=\ddot{\theta}(R-r)$，

代入上式得　$\dot{\theta}\ddot{\theta}(R-r)^2+\dfrac{2}{5}\dot{\theta}\ddot{\theta}(R-r)^2+g(R-r)\sin\theta\cdot\dot{\theta}=0$，

约掉$\dot{\theta}$，最后得　　$\ddot{\theta}+\dfrac{5g}{7(R-r)}\sin\theta=0.$

5.4　动能定理的应用——流体力学基本知识

1. 流体的基本概念

(1) 静止流体内部任一点的压强.

在静止流体内部任一点取一小平面Δs，平面两边流体的相互作用力为ΔF，如图 5.15 所示.

平均压强　　$p=\dfrac{\Delta F}{\Delta s}$，

压强 $$p=\lim_{\Delta s\to 0}\frac{\Delta F}{\Delta s},\tag{5.26}$$

注意：① p 的大小与 Δs 的方位无关；② p 的方向与小平面 Δs 垂直.

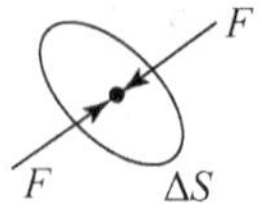

图 5.15 小平面 Δs 两边流体的相互作用力

(2) 重力场中静止流体内二点的压强差.

如图 5.16 所示,考察重力场中静止流体内两点的压强差.

① 同一高度上的两点(A 和 B) 的压强相等.

证明：取一水平细圆柱，两底面分别包含 A、B 两点,因为柱体静止平衡,所以水平方向上的合力为

$$P_BS-P_AS=0\Rightarrow P_B=P_A.$$

② 同一竖直线上两点(A 和 B)的压强差为 ρgh.

证明：取一竖直细圆柱，两底面分别包含 A、B 两点,因为柱体静止平衡,所以竖直方向上的合力为

$$P_AS+\rho ghS-P_BS=0\Rightarrow P_B-P_A=\rho gh.$$

③ 高度差为 h 的任意两点 A 和 C 的压强差为 ρgh.

证明：可以找到 B 点,它是过 C 点的同一水平线与过 A 点的竖直线得交点. 直接利用上述结论得

$$P_C=P_B=P_A+\rho gh\Rightarrow P_C-P_A=\rho gh.$$

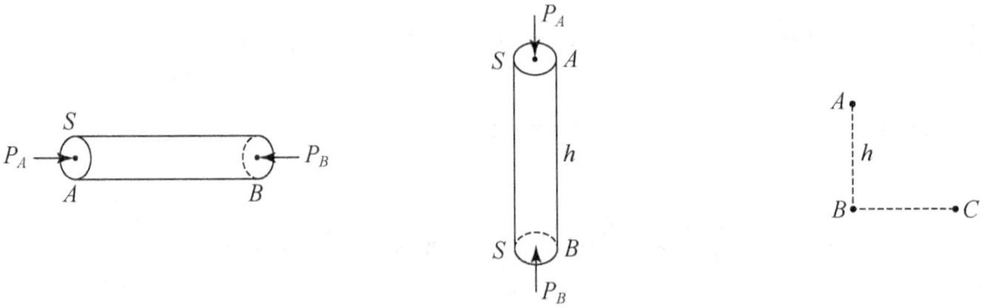

(a) A、B两点高度相等　(b) A,B在同一直线上，高度差为h　(c) 高度差为任意两点A、C

图 5.16 重力场中静止流体内两点的压强差

(3) 理想流体.

内摩擦力(粘滞力)为零且不可压缩(密度不变)的流体称为**理想流体**. 它是理想化的模型. 实际液体可压缩量极小,例如每增加一个大气压,水体积只减少

10^{-4}(万分之一). 气体可压缩量较大,但极易流动,故在若干问题(一般的水流和气流问题)中,可近似为密度不变.

(4) 稳定流动.

流体流动时中空间的每一点的速度矢量都不随时间改变,则称为**稳定流动**. 水龙头流出的细流,大水池中小管缓慢放水的情况,平稳而缓慢流动的小河水等,均可看做稳流.

流体流动的几何描述: 流线和流管.

流线: 流动的流体中画出的几何曲线,其上任一点的切线方向都代表该点的速度方向(如图 5.17 所示). 换言之,流体的质点是沿流线运动的,流线代表流体质点的运动轨迹.

稳定流动的流线,其形状和疏密度都不随时间改变.

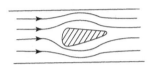

图 5.17　流线和流管

流管: 在稳定流动的流体中,取一个圆周,过圆周的流线形成一根管子,称为流管,如图 5.17 所示. 由于流线代表流体质点的轨迹,因此不会有流体从管壁流出或流入.

本课程只讨论理想流体的稳定流动.

2. 连续性原理

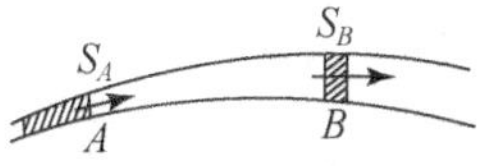

图 5.18　连续性原理示意图

在稳定流动的理想流体中,取一横截面很小的流管,如图 5.18 所示. 因横截面很小,同一截面上各点的流速可视为相同. 考察 A,B 两截面间流体的流动情况. 在 Δt 时间内,在 A,B 两面分别有体积为 $(v_A\Delta t)S_A$ 的流体流入和有体积为 $(v_B\Delta t)S_B$ 的流体流入. 因为侧壁没有流体流入和流出,且流体又不可压缩,所以

$$(v_A\Delta t)S_A = (v_B\Delta t)S_B$$

$$\Rightarrow v_AS_A = v_BS_B, \tag{5.27}$$

(5.27)式称为**连续性原理**或**流量守恒原理**.

由(5.27)可推出,在同一流管中,流速与截面积成反比: 截面大时流速低,截面小时流速高.

3. 伯努利方程

(1) 伯努利方程的推导——质点组动能定理的应用.

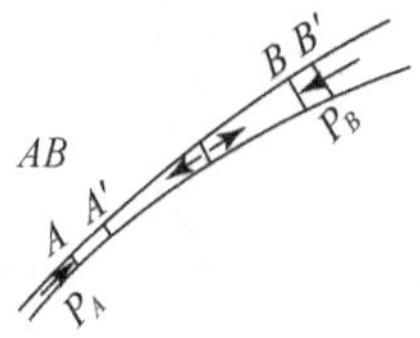

图 5.19　伯努利方程推导示意图

如图 5.19 所示，在重力场中作稳定流动的理想流体内取一细流管 AB，考察该流管内的流体在 Δt 时间内流到 $A'B'$ 位置时的机械能变化. 设 Δt 很短，可以将 AA' 段内和 BB' 段内的横截面积、速度和高度视为不变，分别为 S_A，v_A，h_A 和 S_B，v_B，h_B. 这样，AB 段流到 $A'B'$ 段时，其机械能的变化等于 $A'B'$ 段的机械能 $E_{A'B'}$ 与 AB 段的机械能 E_{AB} 之差：

$$\Delta E = E_{A'B'} - E_{AB} = (E_{A'B} + E_{BB'}) - (E_{AA'} + E_{A'B}) = E_{BB'} - E_{AA'},$$

亦即等于 BB' 段的机械能 $E_{BB'}$ 与 AA' 段的机械能 $E_{AA'}$ 之差，即

$$\begin{aligned}\Delta E &= \left[\frac{1}{2}(\rho_B s_B v_B \Delta t)v_B^2 + (\rho_B s_B v_B \Delta t)gh_B\right] \\ &\quad - \left[\frac{1}{2}(\rho_A s_A v_A \Delta t)v_A^2 + (\rho_A s_A v_A \Delta t)gh_A\right] \\ &= sv\Delta t\left[\left(\frac{1}{2}\rho v_B^2 + \rho gh_B\right) - \left(\frac{1}{2}\rho v_A^2 + \rho gh_A\right)\right],\end{aligned}$$

上式用到连续性方程 $s_B v_B = s_A v_A = sv$.

另一方面 ΔE 等于 Δt 时间内该段流体收受到的外力和内力所做的功 $w_{(内)} + w_{(外)}$. 因流体是理想流体，内部无摩擦力，且在 $A'B$ 段内任一横截面两侧相互作用力的功相互抵消，所以 $w_{(内)} = 0$. 又因为管内流体受侧壁外部流体的作用力垂直于侧壁，不做功，故外力的功只有该段流体前后压强 P_A 和 P_B 的功. 即

$$w_{(外)} = P_A s_A v_A \Delta t - P_B s_B v_B \Delta t = sv\Delta t(P_A - P_B),$$

由 $\Delta E = w_{(外)}$ 得

$$sv\Delta t\left[\left(\frac{1}{2}\rho v_B^2 + \rho gh_B\right) - \left(\frac{1}{2}\rho v_A^2 + \rho gh_A\right)\right] = sv\Delta t(P_A - P_B),$$

即

$$\frac{1}{2}\rho v_B^2 + \rho gh_B + P_B = \frac{1}{2}\rho v_A^2 + \rho gh_A + P_A = 常量,$$

即得**伯努利方程**

$$\frac{1}{2}\rho v^2 + \rho gh + P = 常量, \tag{5.28}$$

伯努利方程又常写成：

$$\frac{v^2}{2g} + h + \frac{P}{\rho g} = 常量.$$

表示　　速度头＋水头＋压力头＝常量.

注意：① 伯努利方程只能用于同一流管；② 伯努利方程常与连续性方程一起应用，联立求解；③ 伯努利方程中的压强为动压强，不能简单地用静压强.

(2) 伯努利方程的应用例子.

例题 1　小孔流速.

解： 如图 5.20 所示，在出口很小的情况下，上端大水池面 A 上各点和下端出口水面 B 上各点的流速可视为相同的，分别 v_A 为和 v_B. 写出伯努利方程和连续性原理：

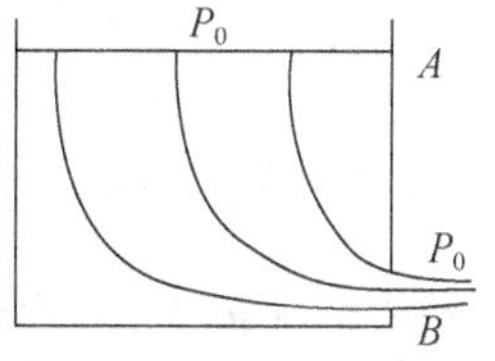

图 5.20　小孔流速示意图

$$\begin{cases} \frac{1}{2}\rho v_A^2 + \rho g h + P_0 = \frac{1}{2}\rho v_B^2 + \rho g \cdot 0 + P_0 \\ v_A S_A = v_B S_B, \end{cases}$$

联立求解得

$$v_B = \sqrt{\frac{2gh}{1-(S_B/S_A)^2}} \doteq \sqrt{2gh}$$

例题 2　机翼升力.

解： 飞机相对于静止空气运动和气流相对于静止飞机运动的动力学效果是一致的，通常通过后者来研究前者. 世界上很多航空企业和研究部门都设计制造了专门产生强大气流的设备(称为风洞)，把飞行器模型放在风洞中来模拟研究飞行器的动力学效果. 我们现在就通过气流相对于静止飞机的运动来研究升力.

如图 5.21 所示，对于流经机翼上部的流管 AB，有

$$\frac{1}{2}\rho v_A^2 + \rho g h_A + P_A = \frac{1}{2}\rho v_B^2 + \rho g h_B + P_B,$$

$$h_A \approx h_B,$$

由于机翼的形状，使得 $S_A \gg S_B$，因此 $v_B = v_A S_A / S_B \gg v_A$，代入上式推出：

$$P_A \gg P_B.$$

对于流经机翼下部的流管 $A'B'$，由于机翼的形状，使得 $S_{A'} = S_{B'}$，因此 $v_{A'} = v_{B'}$，$h_{A'} = h_{B'}$，代入 $A'B'$ 段的伯努利方程得

$$P_{A'} = P_{B'},$$

而 $P_{A'} = P_A$，所以 $P_{B'} \gg P_B$. 这个压力差就是机翼的升力.

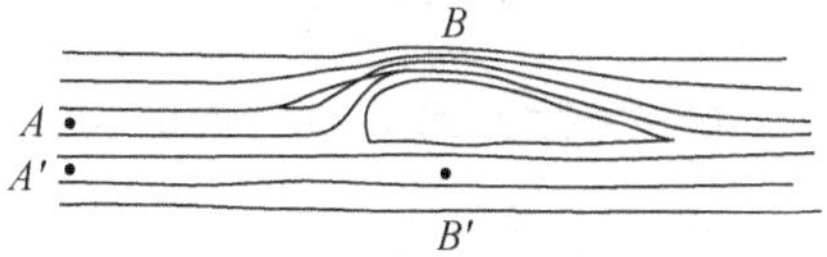

图 5.21　机翼升力示意图

例题 3　喷雾器.

解： 对于在图 5.22 所示的喷雾器中流经喷雾器出口的流管 AB，应用伯努利方程和连续性原理：

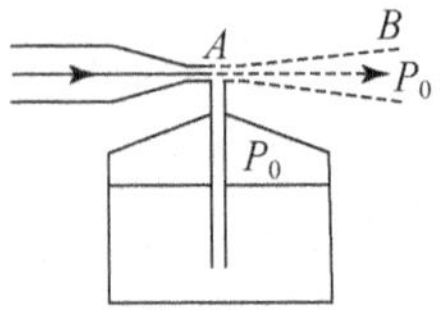

图 5.22　喷雾器示意图

$$\frac{1}{2}\rho v_A^2+\rho g h_A+P_A=\frac{1}{2}\rho v_B^2+\rho g h_B+P_B,$$

$$S_A v_A=S_B v_B,$$

因为

$$h_A=h_B,\ S_B\gg S_A\Rightarrow v_B\ll v_A\Rightarrow P_B\doteq P_0\gg P_A,$$

这样，容器中的大气压大于喷雾器出口的气压，于是便把容器中的液体下压，沿管上升至喷雾器出口，被后来的气流带走喷出.

例题 4　流量计.

解：在图 5.23 所示的流量计中取一流经测速器中心 C' 和 C 两点的流管，应用伯努利方程，得

$$\frac{1}{2}\rho\cdot v_C^2+\rho g\cdot h_C+P_C=\frac{1}{2}\rho\cdot v_{C'}^2+\rho g\cdot h_{C'}+P_{C'},\tag{1}$$

其中，
$$h_C=h_{C'}.\tag{2}$$

对于竖直小圆柱 $B'C'$ 和 BC 用竖直方向的牛顿第二定律可得

$$P_C=P_B+\rho g h_{CB},\ P_{C'}=P_{B'}+\rho g h_{C'B'}.$$

对于 B' 和 B 两点以上的支管可用静止流体的压强公式，即

$$P_B=P_0+h_{支管A},\ P_{B'}=P_0+h_{支管A'},$$

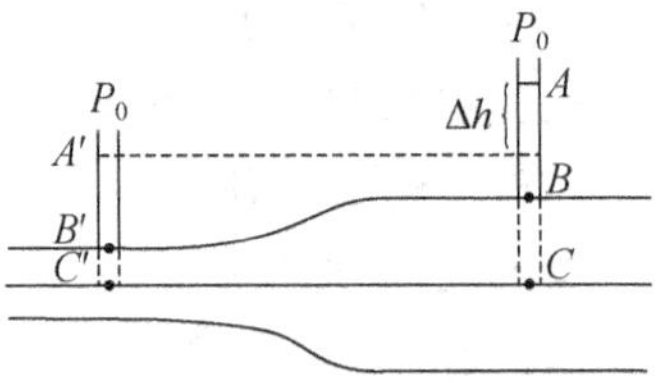

图 5.23　流量计示意图

所以

$$\begin{aligned}P_C-P_{C'}&=P_B-P_{B'}+\rho g(h_{CB}-h_{C'B'})\\&=\rho g[(h_{CB}+h_{支管A})-(h_{C'B'}+h_{支管A'})]=\rho g\Delta h,\end{aligned}\tag{3}$$

把(2)、(3)代入(1)，得

$$\rho\cdot v_{C'}^2-\rho\cdot v_C^2=P_C-P_{C'}=2\rho g\Delta h,\tag{4}$$

(4)式与连续性方程 $v_C s_C=v_{C'}s_{C'}$ 联立求解得　　(5)

$$Q=s_C s_{C'}\sqrt{2g\Delta h/(s_C^2-s_{C'}^2)}.$$

思　考　题

1. 在直角坐标系中，某一坐标方向的力所做的功等于该方向动能的改变，即：$F_x\mathrm{d}x=\mathrm{d}\left(\frac{1}{2}mv_x^2\right)$，$F_y\mathrm{d}x=\mathrm{d}\left(\frac{1}{2}mv_y^2\right)$，$F_z\mathrm{d}x=\mathrm{d}\left(\frac{1}{2}mv_z^2\right)$，在平面极坐标系中是否也有径向(或角向)的力所做的功等于径向(或角向)的动能的改变 $F_r\mathrm{d}r=\mathrm{d}\left(\frac{1}{2}mv_r^2\right)$，$F_\theta r\,\mathrm{d}\theta=\mathrm{d}\left(\frac{1}{2}mv_\theta^2\right)$呢？

2. 我们经常说重力势能、万有引力势能和弹性势能分别为 mgh，$-\frac{GMm}{R}$和

$\frac{1}{2}kx^2$，其中对势能零点有什么约定？这种约定是否会影响对动能和机械能的分析和计算？

3. 圆球沿斜面无滑动下滚.分别在地面参考系和圆球质心系中考察摩擦力对圆球和对斜面所做的功，来证明一个摩擦力所做的功与参考系有关；一对摩擦力做的功之和与参考系无关.

4. 为什么在质点组的动量定理和动量矩定理中都不考虑内力，而在动能定理中应该考虑？

5. 试在地面参照系中分析人跳离地面的过程，问地面弹力是否做功？人体向上的功能从何而来？地面弹力的作用是什么？

6. 荡秋千的人在经过最低点时突然起立，在最高点蹲下，试用动量矩定理和能量守恒和转化定理分析秋千越荡越高的道理.

7. 按质心运动定理，质点组质心动能的改变等于外力所做的功，这里如何考虑外力的作用点？

8. 足球运动员射出运动轨迹相同的两个球，其中一个是旋转的，问两个球中哪个球的机械能大？为什么？

9. 试分析单摆的运动过程，任一瞬时质点的速度改变（加速度）与重力和绳张力都有关，为什么最终速度（动能）的改变只与重力有关呢？

10. 匀质杆初始时靠在竖直光滑墙上，然后从静止开始，一端靠在竖直光滑墙上，另一端在光滑水平面上，在重力作用下下滑，如图 SK5.1 所示.下滑过程中墙面和地面对杆的支持力都不做功，只有重力在竖直方向上做功，为什么质心会产生水平方向的速度呢？

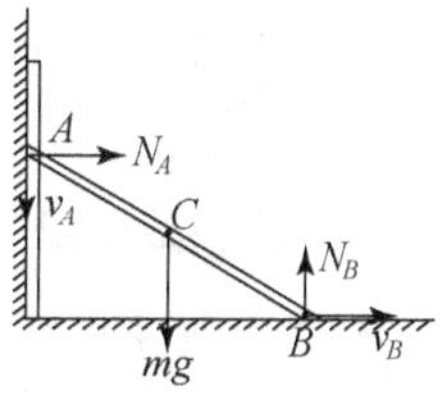

图 SK5.1　思考题 10 图

11. 若有电量为 q_1 和 q_2 的两个点电荷，试依据库仑定律并规定无穷远处为势能零点，导出其势能函数.

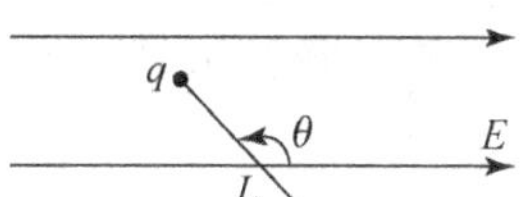

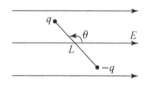

图 SK5.2　思考题 12 图

12. 有一长度为 L 的细杆，其两端分别有电量为 q 和 $-q$ 的点电荷.将此电荷组置于电场强度为 E 的匀强电场中（如图 SK5.2 所示）.试证明该系统的势能等于其力偶矩：$EqL\sin\theta$；势能最小时系统处于稳定状态，在什么条件下，该电荷组可以静止于电场中？

13. 我们将质点、质心和质点组的动量、动量矩和动能的有关公式总结如下表所示.请读者：① 阐述表中各式的物理意义；② 说明 $\boldsymbol{J}_c$ 和 $\boldsymbol{J}'_{(c)}$ 的区别，$\boldsymbol{r}_c\times(\sum_i \boldsymbol{F}_i^{(外)})$ 和 $\sum_i(\boldsymbol{r}'_{i(C)}\times\boldsymbol{F}_i^{(外)})$ 的区别；③ 说明 $(\sum_i \boldsymbol{F}_i^{(外)})\cdot \mathrm{d}\boldsymbol{r}_c$ 和 $\sum_i(\boldsymbol{F}_i^{(外)}\cdot \mathrm{d}\boldsymbol{r}'_{i(c)})$ 的区别；④ 为什么在动量和动量矩两栏不出现内力.

质点的动量和动量定理 $\boldsymbol{K}=m\boldsymbol{v}$ $\mathrm{d}\boldsymbol{K}=\boldsymbol{F}\mathrm{d}t$	质点的动量矩和动量矩定理 $\boldsymbol{J}=\boldsymbol{r}\times m\boldsymbol{v}$ $\boldsymbol{L}=\boldsymbol{r}\times\boldsymbol{F}=\dfrac{\mathrm{d}\boldsymbol{J}}{\mathrm{d}t}$	质点的动能和动能定理 $T=\dfrac{1}{2}mv^2$ $\mathrm{d}T=\boldsymbol{F}\cdot\mathrm{d}\boldsymbol{r}$
质心的动量和动量定理 $\boldsymbol{K}_c=M\boldsymbol{v}_c$ $\dfrac{\mathrm{d}\boldsymbol{K}_c}{\mathrm{d}t}=M\dfrac{\mathrm{d}\boldsymbol{v}_c}{\mathrm{d}t}=(\sum\limits_i\boldsymbol{F}_i^{(外)})$	质心的动量矩和动量矩定理 $\boldsymbol{J}_c=\boldsymbol{r}_c\times M\boldsymbol{v}_c$ $\dfrac{\mathrm{d}}{\mathrm{d}t}\boldsymbol{J}_c=\boldsymbol{L}_c=\boldsymbol{r}_c\times(\sum\limits_i\boldsymbol{F}_i^{(外)})$	质心的动能和动能定理 $T_c=\dfrac{1}{2}Mv_c^2$ $\mathrm{d}T_c=(\sum\limits_i\boldsymbol{F}_i^{(外)})\cdot\mathrm{d}\boldsymbol{r}_c$
质点组在质心系中的动量和动量定理 $\boldsymbol{K}'_{(c)}=\sum\limits_i(m_i\boldsymbol{v}'_{i(c)})$ $\boldsymbol{K}'_{(c)}\equiv 0$	质点组在质心系中(对质心)的动量矩和动量矩定理 $\boldsymbol{J}'_{(c)}=\sum\limits_i(\boldsymbol{r}'_{(c)}\times m_i\boldsymbol{v}'_{i(c)})$ $\dfrac{\mathrm{d}}{\mathrm{d}t}\boldsymbol{J}'_{(c)}=\boldsymbol{L}'_{(c)}$ $=\sum\limits_i(\boldsymbol{r}'_{i(c)}\times\boldsymbol{F}_i^{(外)})$	质点组在质心系中的动能和动能定理 $T'_{(c)}=\sum\limits_i\left(\dfrac{1}{2}m_iv'^2_{i(c)}\right)$ $\mathrm{d}T'_{(c)}=\sum\limits_i(\boldsymbol{F}_i^{(外)}\cdot\mathrm{d}\boldsymbol{r}'_{i(c)})$ $+\sum\limits_i(\boldsymbol{F}_i^{(内)}\cdot\mathrm{d}\boldsymbol{r}'_{i(c)})$
质点组动量和动量定理 $\boldsymbol{K}=\sum\limits_i m_i\boldsymbol{v}_i$ $=\boldsymbol{K}_c+\boldsymbol{K}'_{(c)}=\boldsymbol{K}_c$ $\dfrac{\mathrm{d}\boldsymbol{K}}{\mathrm{d}t}=M\dfrac{\mathrm{d}\boldsymbol{v}_c}{\mathrm{d}t}=(\sum\limits_i\boldsymbol{F}_i^{(外)})$	质点组动量矩和动量矩定理 $\boldsymbol{J}=\sum\limits_i(\boldsymbol{r}_i\times m_i\boldsymbol{v}_i)=\boldsymbol{J}_c+\boldsymbol{J}'_{(c)}$ $\dfrac{\mathrm{d}}{\mathrm{d}t}\boldsymbol{J}=\dfrac{\mathrm{d}}{\mathrm{d}t}(\boldsymbol{J}'_c+\boldsymbol{J}'_{(c)})$ $=\boldsymbol{L}=\sum\limits_i(\boldsymbol{r}_i\times\boldsymbol{F}_i^{(外)})$	质点组动能和动能定理 $T=\sum\dfrac{1}{2}m_iv_i^2=T_c+T'_{(c)}$ $\mathrm{d}T=\mathrm{d}T_c+\mathrm{d}T'_{(c)}$ $=\sum\limits_i(\boldsymbol{F}_i^{(内)}\cdot\mathrm{d}\boldsymbol{r})_i$ $+\sum\limits_i(\boldsymbol{F}_i^{(外)}\cdot\mathrm{d}\boldsymbol{r}_i)$

14. 连续性方程最根本的物理含义是什么？公式 $\rho vs=$常量在什么条件下成立？公式 $vs=$常量在什么条件下成立？

15. 从自来水管流出自上而下的水流，其横截面逐渐变小，为什么？

16. 伯努利方程的成立条件是什么？在推导过程中什么地方用到了这些条件？

17. 两个船同向并行时，如果靠得很近，就容易发生相撞，为什么？

18. 优秀的足球运动员在发任意球时，射出的旋转球有时会绕过对方的人墙，沿一个弧线轨迹(俗称“香蕉球”)进入对方大门，试解释之.

19. 人们往往利用飞机模型和风洞来研究飞机的空气动力性能. 若飞机模型与实际飞机的大小比例为 1∶20，风洞中的风速与飞机的实际飞行速度应满足什么条件？

20. 飞机、潜艇、跑车的外形通常设计为“流线型”，有何特点？为什么？

习　题　五

5.1　如图 XT5.1 所示是摆长为 l 的单摆，现将摆拉至与铅垂线成 60°角处，然后释放.求从释放至摆锤经过最低点的过程中，外力对摆锤作的功及摆锤经过最低点时的速率.

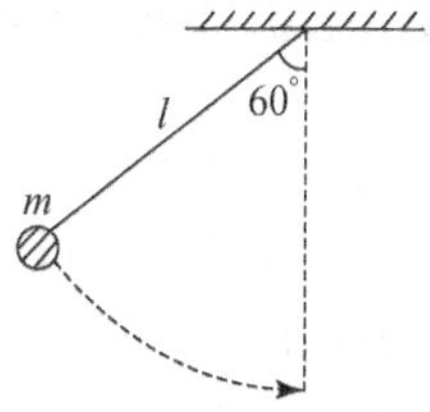

图 XT5.1　习题 5.1 图

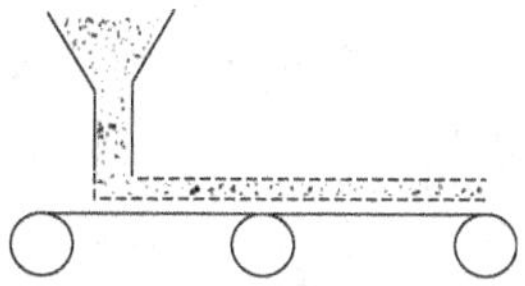

图 XT5.2　习题 5.2 图

5.2　一水平传送矿砂的皮带机，以 $1.5\ \mathrm{m\cdot s^{-1}}$ 的恒定速率运行，矿砂经一漏斗垂直地落到传送带上，如图 XT5.2 所示.若每秒落到传送带上的矿砂为 20 kg，问：电机给传送带的功率为多大？

5.3　试估算在日心参照系中地球的动能.

5.4　一质量为 m 的物体在无摩擦的水平面上，以速度 v 作直线运动.若这个物体突然分裂为质量相等的两块，其中一块静止，另一块沿原来的方向运动.

(1) 在地面参照系和质心系中求该物体系动能的增量；

(2) 求内力的冲量与功.

5.5　质量为 m_a 和 m_b 的两物体，重叠地放置在光滑的水平面上，如图 XT5.3 所示，两物体之间有较大的摩擦力.若有水平方向的外力 F 作用于 m_b，使两物体由静止变为有速率 v_0，且两物体之间无相对运动.

(1) 求两物体相对于地面的动能与总动能；

(2) 求摩擦力对 m_a 和 m_b 作的功.

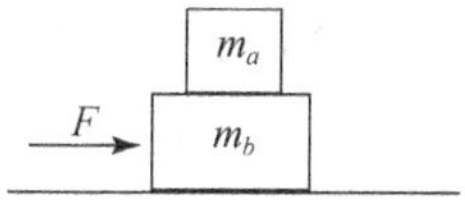

图 XT5.3　习题 5.5 图

5.6　一转动惯量为 $200\ \mathrm{kg\cdot m^2}$ 的飞轮，被驱动至每秒转 20 周.以后在摩擦力矩的作用下，经过 5 分钟停止转动.求摩擦力矩作的功和平均摩擦力矩的大小.

5.7　在水平面上有一质量为 m、半径为 R 的均质球，它与水平面之间的摩擦系数为 μ，如图 XT5.4 所示.在 $t=0$ 时，小球以速度 v_0 平动，问：

(1) 经过多长时间小球开始作纯滚动？

(2) 小球作纯滚动后，它的动能是多少？

(3) 在这过程中摩擦力起什么作用？摩擦力作的功是多少？

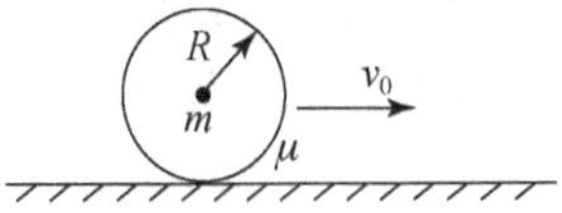

图 XT5.4　习题 5.7 图

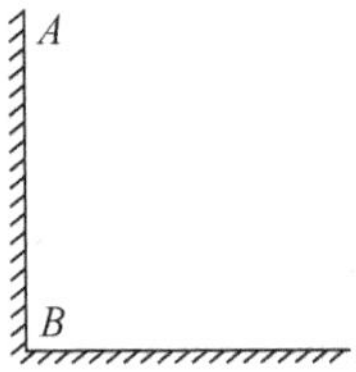

图 XT5.5　习题 5.8 图

5.8　AB 是倚墙直立的均质细杆，如图 XT5.5 所示，它的质量为 m，长为 l. 墙与地面均无摩擦. 若杆的 B 端微向右移，则杆将因重力作用而滑倒. 试分析杆的运动情况，并说明其端点首先离开墙面还是地面.

5.9　如图 XT5.6 所示是一固定在水平地面上的半圆柱体，其半径为 R. 一小物体自柱面上的最高处自由下滑. 已知柱面的摩擦可不计，问：该物体将在何处离开柱面？

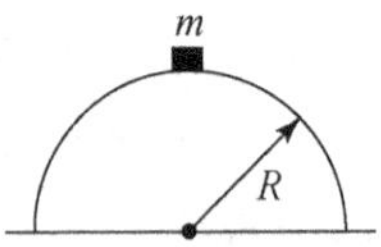

图 XT5.6　习题 5.9 图

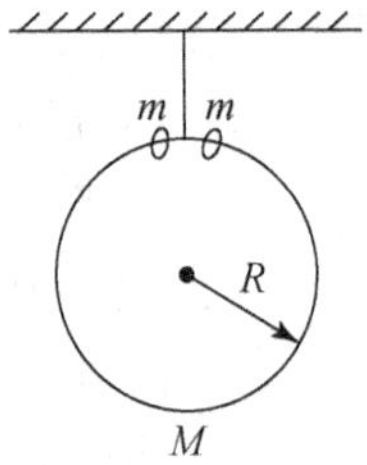

图 XT5.7　习题 5.10 图

5.10　一质量为 M、半径为 R 的无摩擦圆环，用一条细线挂起. 环上有两个质量均为 m 的小圈，如图 XT5.7 所示. 若小圈同时从大环的顶部向两边自由下滑.

(1) 证明：若 $m>\frac{3}{2}M$，则大环会向上运动；

(2) 求大环开始向上运动时小圈的位置.

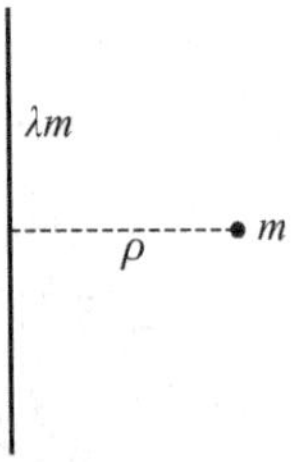

图 XT5.8　习题 5.12 图

5.11　有一质点沿 x 轴运动，在坐标为 x 处受到的力为

$$\boldsymbol{F}=(-k_1x+k_2x^2)\boldsymbol{i}$$

求该系统的势能.

5.12　有一均匀的无穷长细杆，单位长度上的质量为 λ_m. 一质量为 m 的质点，到杆的垂直距离为 ρ，如图 XT5.8 所示. 求该系统的引力势能.

5.13　有一质量均匀分布的无穷大平面，单位面积上的质量为 σ_m. 一质量为 m 的质点到该平面的距离为 D. 求该系统的引力势能.

5.14　如图 XT5.9 所示是一质量为 M、半径为 R 的星体，在它的表面上有一质量为 m 的小物体. 该物体以初速 v_0 向远离星体的方向运动，问：v_0 应多大，才能使该物体不会返回星体？

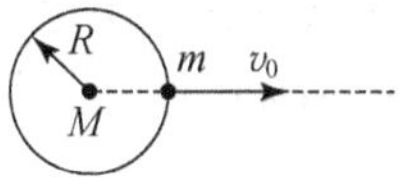

图 XT5.9　习题 5.14 图

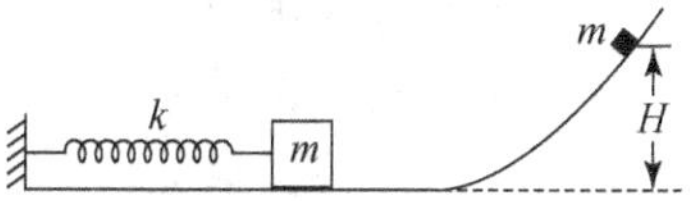

图 XT5.10　习题 5.15 图

5.15　如图 XT5.10 所示是一静置于无摩擦水平面上的振子，它的一端固定在墙上，另一端与一质量为 m 的物体相连. 另一质量也为 m 的物体，自无摩擦曲面上高 H 处自由下滑，与振子碰撞后立即粘合在一起. 求振幅与周期.

5.16　弹簧系统(m,k,m)平衡静止于光滑水平面上，其中一振子 A 靠墙. $t=0$ 时，另一质点 m 以速率 v_0 与振子 B 发生完全非弹性碰撞，如图 XT5.11 所示. 求：

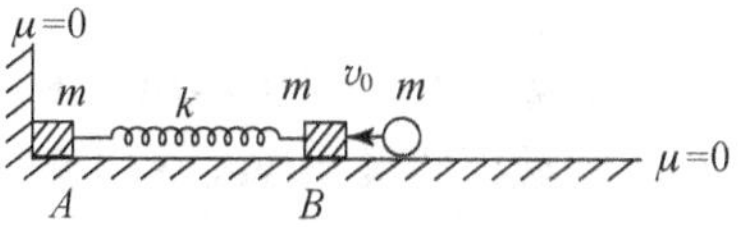

图 XT5.11　习题 5.16 图

(1) 弹簧的最大压缩量 Δl；

(2) 从 $t=0$ 到弹簧再次达到最大压缩所用的时间；

(3) 质心的末速度.

5.17　在 x-y 平面上，有两根与一物体联结在一起的弹簧，如图 XT5.12 所示，物体的质量为 m. 两弹簧的自然长度皆为 l_0，劲度系数皆为 k，它们的另两个端点分别固定于$(0,l_0)$和$(0,-l_0)$处. 已知 m 只在 x 轴上移动：

(1) 求该系统的势能；

(2) 求 m 的小振动周期.

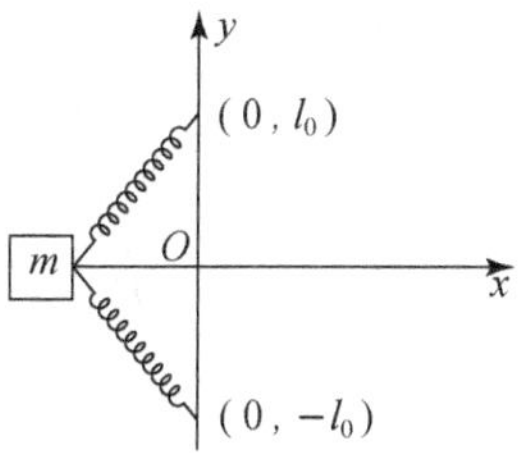

图 XT5.12　习题 5.17 图

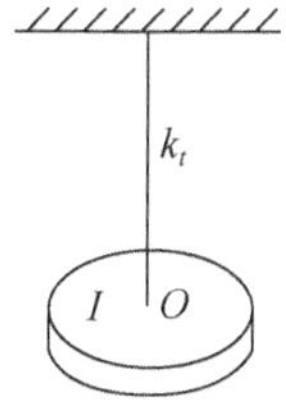

图 XT5.13　习题 5.18 图

5.18　如图 XT5.13 所示是一扭摆，弹性丝的扭转系数为 k_t，转子的转动惯量为 I.

(1) 求弹性丝的扭转形变势能；

(2) 用机械能守恒定律求扭摆的振动周期.

5.19 用截面积为 4 cm^2 的虹吸管，将一蓄水池中的水吸出，如图 XT5.14 所示. 虹吸管最高点在水面以上 $h_1=90$ cm 处，出水口在水面以下 $h_2=30$ cm 处. 若蓄水池中的水位是稳定的，求管内最高点的压强和虹吸管的体积流量.

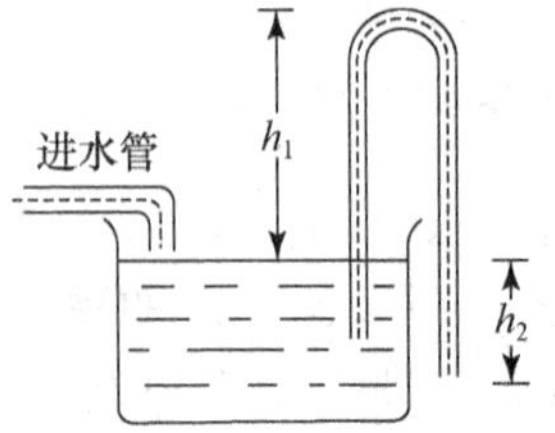

图 XT5.14　习题 5.19 图

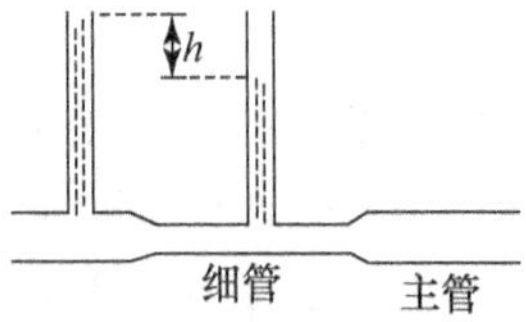

图 XT5.15　习题 5.20 图

5.20 如图 XT5.15 所示所示是测量体积流量的文丘里流量计原理图. 若主管的截面积为 S_a，细管的截面积为 S_b，两根支管中液面的高度差为 h. 求管中的体积流量.

5.21 初速为 $1.90\times10^7\ m\cdot s^{-1}$ 的 α 粒子(4.00 原子质量单位)，与一相对实验室静止的粒子碰撞. 碰撞后，α 粒子的运动方向改变 12°、速率减为 $1.18\times10^7\ m\cdot s^{-1}$；另一粒子的速率为 $2.98\times10^7\ m\cdot s^{-1}$，运动方向与入射方向成 18°角. 问这个粒子是什么粒子；是否完全弹性碰撞？(提示：要估计到有百分之几的测量误差.)

5.22 一质量为 $2m$、速度为 v 的粒子，与另一静止的相同的粒子发生完全弹性碰撞. 以后生成质量为 m 和 $3m$ 的两个粒子. 轻者以与入射方向成 45°角的方向离去，求重者在质心系和实验室系中的速度.

5.23 一个电子与一个相对实验室静止的氢原子，发生完全弹性正碰撞. 氢原子将得到多少动能？

第六章　有 心 运 动

本章提要

有心运动(包括质点在万有引力和库仑力作用下的运动)是一类有重要实际意义的运动,因此单独作为一章来阐述.本章先介绍有心运动的一般特点,然后推导平方反比立场中的轨迹方程并将平方反比立场中的轨迹方程应用于星体和人造星体在万有引力作用下的运动与带电粒子在库仑力作用下的运动.最后引入两体问题的概念,对开普勒行星运动定律进行修正.

6.1　有心运动的一般特点

力的作用线始终通过空间某点,该力则称为**有心力**.常见的有心力有万有引力、静电库仑力.质点在有心力作用下的运动则称为**有心运动**.

1. 有心运动的一般特点

特点 1　对力心的动量矩守恒,因而有心运动是平面运动.

证明:

$$\boldsymbol{F} = F\boldsymbol{e}_r \Rightarrow \boldsymbol{r} \times \boldsymbol{F} = \boldsymbol{r} \times F\boldsymbol{e}_r = 0$$

$$\Rightarrow \frac{\mathrm{d}}{\mathrm{d}t}(\boldsymbol{r} \times m\boldsymbol{v}) = 0 \Rightarrow \boldsymbol{J} = \boldsymbol{r} \times m\boldsymbol{v} = \boldsymbol{r}_0 \times m\boldsymbol{v}_0 = \boldsymbol{J}_0.$$

因而可得$(\boldsymbol{r}_0 \times \boldsymbol{v}_0) \cdot \boldsymbol{r} = (\boldsymbol{r} \times \boldsymbol{v}) \cdot \boldsymbol{r} = 0$,所以 $\boldsymbol{r}$ 与 $\boldsymbol{r}_0$,$\boldsymbol{v}_0$ 共面,即质点在由 $\boldsymbol{r}_0$,$\boldsymbol{v}_0$ 构成的平面上运动.因为共面,所以可取平面极坐标来描述有心运动,如图 6.1 所示.

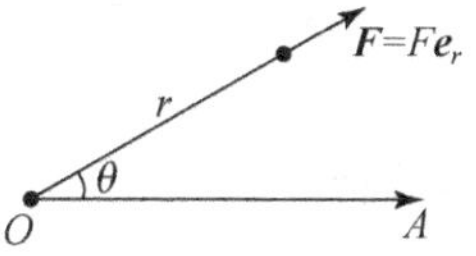

图 6.1　描述有心运动的平面极坐标

在平面极坐标中,有心运动的动量矩为

$$J = mr^2\dot{\theta} = mrv_\theta = J_0,$$

运动微分方程为

$$\begin{cases} F = m(\ddot{r} - r\dot{\theta}^2) \\ mr^2\dot{\theta} = J_0. \end{cases} \tag{6.1}$$

一般而言，$\boldsymbol{F}=F(r)\boldsymbol{e}_r$，即力的大小只是质点矢径 r 的函数，与 θ 无关

$$\Rightarrow \text{存在势能 } V = V(r) = -\int F(r)\,\mathrm{d}r,$$

由此可得有心运动的第二个特点.

特点 2 $T+V=E_0$，机械能守恒

由以上特点我们可以得到求解有心运动的基本方程——**有心运动基本方程**：

$$\text{动量矩守恒 } J = mr^2\dot{\theta} = mrv_\theta = J_0, \tag{6.2}$$

$$\text{机械能守恒 } E = \frac{1}{2}m(\dot{r}^2 + r^2\dot{\theta}^2) + V(r) = \frac{1}{2}mv^2 + V(r) = E_0. \tag{6.3}$$

2. 有心运动的基本问题

(1) 已知运动 $\left.\begin{array}{l} r=r(\theta) \\ mr^2\dot{\theta}=J_0 \end{array}\right\}$，求力 $\boldsymbol{F}$. 这个问题数学上是微分，比较容易解决.

(2) 已知力 $\boldsymbol{F}$，求运动. 这个问题涉及积分，比较难解决. 一般而言，求解运动规律 $r=r(t)$，$\theta=\theta(t)$ 的问题，是理论力学课程的内容之一；本课程只解决简单情况下的运动轨迹 $r=r(\theta)$ 的问题.

3. 求解有心运动轨道的一般方法

从运动微分方程$\begin{cases} F(r)=m(\ddot{r}-r\dot{\theta}^2) \\ mr^2\dot{\theta}=J_0 \end{cases}$ 或从基本方程 $\begin{cases} \frac{1}{2}m(\dot{r}^2+r^2\dot{\theta}^2)+V(r)=E_0 \\ mr^2\dot{\theta}=J_0 \end{cases}$

出发，经变量变换 $r=1/u$ 将 r 变为 u，经自变量变换$\frac{\mathrm{d}}{\mathrm{d}t}=\dot{\theta}\frac{\mathrm{d}}{\mathrm{d}\theta}$将 t 变为 θ，再经过数学推导，最终得到轨迹方程 $r=r(\theta)$.

6.2 平方反比力场中的轨道

1. 平方反比力场轨道方程的导出

普遍的平方反比力可以写成

$$F = -\frac{k}{r^2}, \tag{6.4}$$

其中，对于万有引力 $k=GMm>0$，对于库仑力 $k=-\frac{Qq}{4\pi\varepsilon_0}\begin{cases} >0, & Qq<0 \text{ 引力} \\ <0, & Qq>0 \text{ 斥力} \end{cases}$.

下面推导质点在普遍平方反比力作用下的轨迹方程.

首先，把自变量由时间 t 变换为角坐标 θ，

$$\dot{r}=\frac{\mathrm{d}r}{\mathrm{d}t}=\frac{\mathrm{d}r}{\mathrm{d}t}\cdot\frac{\mathrm{d}\theta}{\mathrm{d}\theta}=\dot{\theta}\frac{\mathrm{d}r}{\mathrm{d}\theta}=\frac{J_0}{mr^2}\frac{\mathrm{d}r}{\mathrm{d}\theta},$$

上式最后一步用到了动量矩守恒条件

$$mr^2\dot{\theta}=J_0 \quad 即 \quad \dot{\theta}=\frac{J_0}{mr^2},$$

将 $\dot{r}$ 和 $\dot{\theta}$ 的表达式代入机械能守恒式：

$$\frac{1}{2}m(\dot{r}^2+r^2\dot{\theta}^2)-\frac{k}{r}=E_0,$$

得

$$\dot{r}^2=\left(\frac{J_0}{mr^2}\frac{\mathrm{d}r}{\mathrm{d}\theta}\right)^2=\frac{2E_0}{m}+\frac{2k}{m}\frac{1}{r}-\frac{J_0^2}{m^2}\frac{1}{r^2}, \tag{6.5}$$

由于方程(6.5)中包含$\frac{1}{r}$和$\frac{1}{r^2}$，我们自然会想到作自变量变换$\frac{1}{r}=u$，即

$$\frac{\mathrm{d}r}{\mathrm{d}\theta}=\frac{\mathrm{d}}{\mathrm{d}\theta}\left(\frac{1}{u}\right)=-\frac{1}{u^2}\frac{\mathrm{d}u}{\mathrm{d}\theta}, \tag{6.6}$$

将变换式(6.6)代入(6.5)得

$$\left(\frac{J_0}{m}\right)^2\left(\frac{\mathrm{d}u}{\mathrm{d}\theta}\right)^2=\frac{2E_0}{m}+\frac{2k}{m}u-\frac{J_0^2}{m^2}u^2,$$

即

$$\frac{\mathrm{d}u}{\mathrm{d}\theta}=\pm\sqrt{\frac{2E_0m}{J_0^2}-\left(u^2-\frac{2km}{J_0^2}u\right)},$$

把变量 u 和 θ 分离到等号两边，得

$$\frac{\mathrm{d}u}{\sqrt{\frac{2E_0m}{J_0^2}-\left(u^2-\frac{2km}{J_0^2}u\right)}}=\pm\,\mathrm{d}\theta, \tag{6.7}$$

为了能在上式左边应用形式为$\int\frac{\mathrm{d}x}{\sqrt{a^2-x^2}}$的积分公式，将上式左边的分母作如下变换：

$$\begin{aligned}&\sqrt{\frac{2E_0m}{J_0^2}-\left(u^2-\frac{2km}{J_0^2}u+\left(\frac{km}{J_0^2}\right)^2\right)+\left(\frac{km}{J_0^2}\right)^2}\\&=\sqrt{\left[\left(\frac{km}{J_0^2}\right)^2+\frac{2E_0m}{J_0^2}\right]-\left(u-\frac{km}{J_0^2}\right)^2}\\&=\sqrt{A^2-\left(u-\left(\frac{km}{J_0^2}\right)\right)^2},\end{aligned}$$

其中，

$$A=\sqrt{\left(\frac{km}{J_0^2}\right)^2+\frac{2E_0 m}{J_0^2}}=\frac{|k|m}{J_0^2}\sqrt{1+\frac{2E_0 J_0^2}{mk^2}},$$

于是(6.7)变为

$$\int\frac{\mathrm{d}u}{\sqrt{A^2-\left(u-\frac{km}{J_0^2}\right)^2}}=\pm\,\mathrm{d}\theta,$$

积分得

$$\cos^{-1}\left(\frac{1}{A}\left(u-\frac{km}{J_0^2}\right)\right)=\pm\theta+C\Rightarrow u=A\cos(\theta+C)+\frac{km}{J_0^2},$$

即

$$r=\frac{1}{\frac{km}{J_0^2}+A\cos(\theta+C)+}=\frac{1}{\frac{km}{J_0^2}+\frac{|k|m}{J_0^2}\sqrt{1+\frac{2E_0 J_0^2}{mk^2}}\cos(\theta+C)},$$

令

$$\begin{cases}p=\dfrac{J_0^2}{m|k|}\\ e=\sqrt{1+\dfrac{2E_0 J_0^2}{mk^2}},\end{cases}\tag{6.8}$$

得

$$r=\frac{p}{\pm1+e\cos(\theta+C)},$$

选取极轴为主轴，得 $C=0$，上式变为

$$r=\frac{p}{\pm1+e\cos\theta}.\tag{6.9}$$

这是一个典型的圆锥截线——椭圆、抛物线或双曲线，其中的正负号取决于 k. 当 $k>0$ 时，取正号；当 $k<0$ 时，取负号.

历史的启示：在第一章中，我们由开普勒行星运动定律出发，应用微分这个数学工具，导出了行星间的相互作用力是平方反比引力. 现在，我们又由普遍的平方反比有心力出发，应用积分这个数学工具导出了质点在平方反比有心力作用下的轨迹必然为椭圆、抛物线或双曲线. 上述推导仅用了几分钟就完成了，然而它在力学发展史上是相当重要的一步. 它进一步证实了万有引力规律的正确性，展现了理论和数学工具的重要性. 推导过程的合理严密和和结果的完美简洁，使我们感受了一种和谐、美和成功的享受.

式(6.9)的具体轨道类型取决于 k 的正负和轨道参量偏心率 e 的大小，而偏心率 e 根据(6.8)式又取决于质点的机械能 E_0.

引力 $k>0, V=-\frac{k}{r}<0$，轨迹为 $r=\frac{p}{1+e\cos\theta}$，具体类型取决于总能量 E_0：

$$E_0=\frac{1}{2}mv_0^2-\frac{k}{r_0}\begin{cases}<0 & \Rightarrow & e<1 & \text{椭圆(包括 } e=0\text{，圆)}\\ =0 & \Rightarrow & e=1 & \text{抛物线}\\ >0 & \Rightarrow & e>1 & \text{双曲线(近枝)}\end{cases}$$

斥力 $k<0, V=-\frac{k}{r}>0$，$\Rightarrow E_0>0, e>1$，$\Rightarrow$ 轨迹为 $r=\frac{p}{-1+e\cos\theta}$ 为双曲线远枝.

如图 6.2 所示给出了引力和斥力的轨道.

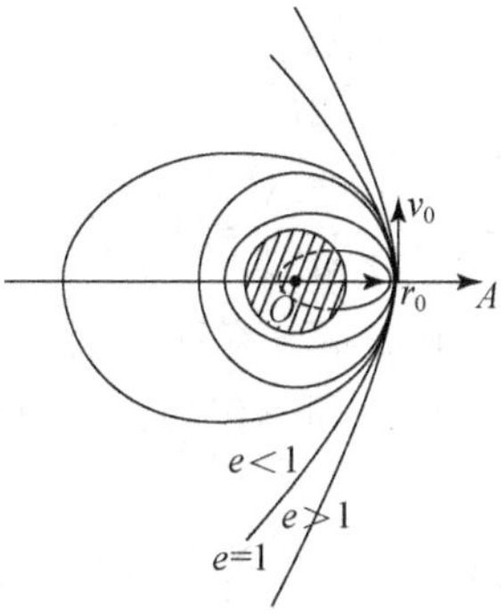

(a) 引力

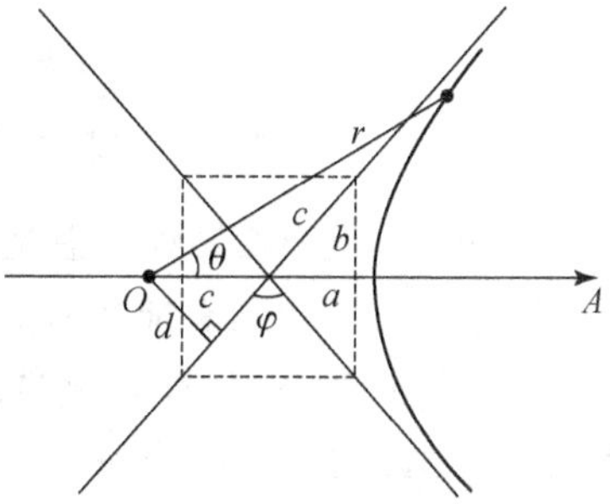

(b) 斥力

图 6.2　引力和斥力的轨道

2. 万有引力场中的轨道

万有引力

$$F=-\frac{k}{r^2},\ k=GMm,$$

$$r=\frac{p}{1+e\cos\theta},$$

$$p=\frac{J_0^2}{m|k|}=J_0^2/GMm^2=h^2/GM,$$

$$e=\sqrt{1+\frac{2E_0J_0^2}{G^2M^2m^3}},$$

当 $E_0<0 \Rightarrow e<1$，轨道为椭圆.

$$\left.\begin{aligned}\theta=0 \quad & \text{为近地点 } r_{\min}=\frac{p}{1+e}\\ \theta=\pi \quad & \text{为远地点 } r_{\max}=\frac{p}{1-e}\end{aligned}\right\}, \tag{6.10}$$

$$\Rightarrow \text{轨道长轴 } 2a = r_{\min} + r_{\max} = \frac{2p}{1-e^2} \Rightarrow \text{半长轴 } a = \frac{p}{1-e^2}.$$

如图 6.3 所示给出了椭圆轨道的轨道参量 $a, b, c, r_{\max}, r_{\min}$之间的关系.

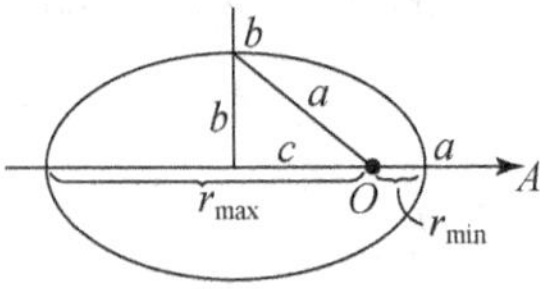

图 6.3　椭圆轨道轨道参量之间的关系

$$a = \frac{p}{1-e^2} = \frac{J_0/GMm^2}{-2E_0J_0^2/G^2M^2m^3} = \frac{GMm}{-2E_0},$$

$$b^2 = a^2 - c^2 = a^2(1-e^2) = \left(\frac{GMm^2}{2E_0}\right)^2\left(-\frac{2E_0J_0^2}{G^2M^2m^3}\right) = -\frac{J_0^2}{2E_0m}.$$

由此可知，轨道半长轴仅由总能量决定(即仅由初始速率和矢径的大小决定)，而轨道半短轴不仅与总能量有关，还与动量矩有关(即不仅与初始速率和矢径大小有关，还与初始速度和矢径的方向有关).

例题 1　我国发射的嫦娥一号探月卫星在正式奔月前，曾在绕地球的 3 条大椭圆轨道上经过 7 天"热身". 已知其中的一个椭圆轨道的近地点距地面高约 200 km、远地点距地面高约 51 000 km. 试求卫星在在该轨道上轨道周期、最大和最小速率.

解：　方法 1　利用机械能守恒和角动量守恒，对椭圆轨道的远地点和近地点，有

$$\begin{cases} \dfrac{1}{2}mv_1^2 - \dfrac{GMm}{r_1} = \dfrac{1}{2}mv_2^2 - \dfrac{GMm}{r_2}, \\ mr_1v_1 = mr_2v_2 \end{cases}$$

即

$$\begin{cases} v_1^2 - \dfrac{2GM}{r_1} = v_2^2 - \dfrac{2GMm}{r_2} \\ r_1v_1 = r_2v_2 \end{cases} \Rightarrow \begin{cases} v_1^2 = 2GM\dfrac{r_2}{r_1(r_1+r_2)} \\ v_2^2 = 2GM\dfrac{r_1}{r_2(r_1+r_2)} \end{cases}.$$

利用第二宇宙速度$\sqrt{\dfrac{2GM}{R_e}} = 11.2\ \text{km/s}$，地球半径 $R_e = 6400$ km 以及已知远地点高度 $h_1 = 51\,000$ km 和近地点高度 $h_2 = 200$ km，得远地点和近地点的速度分别为

$$v_1 = \sqrt{2GM\frac{r_2}{r_1(r_1+r_2)}} = \sqrt{\frac{2GM}{R_e}\cdot\frac{R_e(h_2+R_e)}{(h_1+R_e)(2R_e+h_1+h_2)}}$$

$$= 11.2\times\sqrt{\frac{6400\times 6600}{57\,400\times 64\,000}} = 1.20\ \text{km/s},$$

$$v_2=\sqrt{2GM\frac{r_1}{r_2(r_1+r_2)}}=\sqrt{\frac{2GM}{R_e}\cdot\frac{R_e(h_1+R_e)}{(h_2+R_e)(2R_e+h_1+h_2)}}$$

$$= 11.2\times\sqrt{\frac{6400\times 57\,400}{6600\times 64\,000}} = 10.4\ \text{km/s}.$$

计算周期可以利用开普勒行星运动第三定律，即

$$\frac{T^2}{a^3}=\frac{4\pi^2}{GM}$$

$$\Rightarrow T=2\pi\sqrt{\frac{a^3}{GM}}=2\pi\sqrt{\frac{R_e}{2GM}\cdot\frac{2a^3}{R_e}}$$

$$=2\pi\times\frac{1}{11.2}\times\sqrt{\frac{2\times 32\,000^3}{6400}}\times\frac{1}{3600}\ \text{hour}\doteq 15.8\ \text{hour}$$

其中，轨道半长轴 $a=(r_1+r_2)/2=(2R_e+h_1+h_2)/2=32\,000\ \text{km}$

方法 2　利用椭圆的几何参数与卫星运动参量的关系

$$\begin{cases} r_{\max}=r_1=\dfrac{p}{1-e} \\ r_{\min}=r_2=\dfrac{p}{1+e}\end{cases}\Rightarrow p=\frac{2r_1r_2}{r_1+r_2},\quad \text{而 } p=\frac{J_0^2}{km}=\frac{(r_1v_1)^2}{GM}=\frac{(r_2v_2)^2}{GM},$$

因而

$$v_1=\sqrt{\frac{GM}{r_1^2}p}=\sqrt{2GM\frac{r_2}{r_1(r_1+r_2)}}=11.2\times\sqrt{\frac{6400\times 6600}{57\,400\times 64\,000}}=1.20\ \text{km/s},$$

$$v_2=\sqrt{\frac{GM}{r_2^2}p}=\sqrt{2GM\frac{r_1}{r_2(r_1+r_2)}}=11.2\times\sqrt{\frac{6400\times 57\,400}{6600\times 64\,000}}=10.4\ \text{km/s}.$$

例题 2　已知：人造星体某时刻的矢径长度为 r_0，速率为 $v_0=\sqrt{\dfrac{1.5GM}{r_0}}$，初速度以位矢的夹角，$\langle \boldsymbol{r}_0,\boldsymbol{v}_0\rangle=120°$，求人造星体的轨道方程.

解：方法 1　由 E_0、J_0 求轨道参量 p,e.

先计算 E_0 和 J_0：

$$E_0=\frac{1}{2}mv_0^2-\frac{GMm}{r_0}=-0.25\frac{GMm}{r_0}<0\Rightarrow \text{椭圆},$$

$$J_0=r_0mv_0\sin 120°=r_0m\sqrt{\frac{1.5GM}{r_0}}\frac{\sqrt{3}}{2}=m\frac{\sqrt{4.5GMr_0}}{2}.$$

代入(6.8)式计算轨道参量 p,e：

$$p=J_0^2/GMm^2=\frac{4.5}{4}r_0=\frac{9}{8}r_0,$$

$$e=\sqrt{1-2\times\frac{1}{4}\times\frac{9}{8}}=\sqrt{1-\frac{9}{16}}=\frac{\sqrt{7}}{4}.$$

得轨道方程

$$r=\frac{\frac{9}{8}r_0}{1+\frac{\sqrt{7}}{4}\cos\theta}.$$

为了画出人造星体的轨道及其在 t_0 时刻的位置，需要求出轨道参量 a,b 和 t_0 时刻对应的 r_0 和 θ_0.

由
$$r_0=\frac{\frac{9}{8}r_0}{1+\frac{\sqrt{7}}{4}\cos\theta_0}\Rightarrow\cos\theta_0=\frac{1}{8}\times\frac{\sqrt{7}}{4}=\frac{1}{2\sqrt{7}},$$

$$\Rightarrow\theta_0=\cos^{-1}\frac{\sqrt{7}}{14}\doteq\cos^{-1}(0.188)\doteq 79^\circ,$$

进一步得

$$a=\frac{p}{1-\mathrm{e}^2}=\frac{\frac{9}{8}r_0}{1-\frac{7}{16}}=\frac{\frac{9}{8}}{\frac{9}{16}}r_0=2r_0,$$

$$b=\frac{p}{\sqrt{1-\mathrm{e}^2}}=\frac{9}{8}r_0\Big/\sqrt{\frac{9}{16}}=1.5r_0,$$

$$c=\sqrt{a^2-b^2}=\frac{\sqrt{7}}{2}r_0.$$

根据 a,b,θ_0 画出的轨迹如图 6.4 所示.

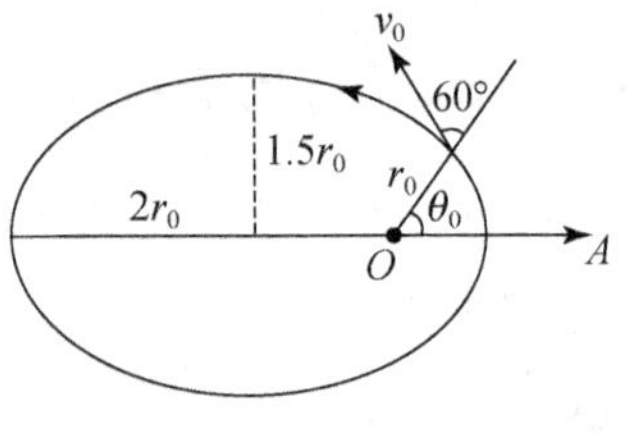

图 6.4　根据 a,b,θ_0 得到的椭圆轨道图

方法 2　由基本方程求出近地点和远地点的矢径大小 $r_{\min},r_{\max}\Rightarrow p,e$.

由基本方程
$$\begin{cases}\frac{1}{2}mv^2-\frac{GMm}{r}=E_0=-\frac{GMm}{4r_0}\\ mrv=m\frac{\sqrt{4.5GMr_0}}{2},\end{cases}$$

$$\Rightarrow\begin{cases}v^2-\dfrac{2GM}{r}+\dfrac{GM}{2r_0}=0\\[2ex] v=\dfrac{\sqrt{4.5GMr_0}}{2}\cdot\dfrac{1}{r},\end{cases}$$

$$\Rightarrow\frac{4.5GMr_0}{4}\cdot\frac{1}{r^2}-2GM\cdot\frac{1}{r}+\frac{GM}{2r_0}=0,$$

$$\Rightarrow 4.5r_0^2-8r_0r+2r^2=0,$$

$$\Rightarrow r=\frac{8r_0\pm\sqrt{64-4\times2\times4.5}r_0}{4}=\frac{4\pm\sqrt{7}}{2}r_0,$$

即近地点和远地点的矢径为

$$\Rightarrow\begin{cases}r_{\min}=\dfrac{4-\sqrt{7}}{2}r_0=\dfrac{p}{1+e}\\[2ex] r_{\max}=\dfrac{4+\sqrt{7}}{2}r_0=\dfrac{p}{1-e},\end{cases}$$

两式相除得　　$\dfrac{1-e}{1+e}=\dfrac{4-\sqrt{7}}{4+\sqrt{7}}=\dfrac{1-\sqrt{7}/4}{1+\sqrt{7}/4}\Rightarrow e=\sqrt{7}/4,$

两式相加得　　$\dfrac{2p}{1-e^2}=4r_0\Rightarrow p=\dfrac{9}{8}r_0.$

3. 三种宇宙速度

第一宇宙速度为物体在地球表面附近绕地球作圆轨道运动时的速率.

方法 1　在轨迹方程中,令 $e=0\Rightarrow r=\dfrac{J_0^2}{m|k|}=\dfrac{m^2v_1^2R_e^2}{mGMm}=R_e\Rightarrow v_1^2=\dfrac{GM}{R_e}.$

方法 2　向心力等于万有引力 $\dfrac{mv_1^2}{R_e}=\dfrac{GMm}{R_e^2}\Rightarrow v_1^2=\dfrac{GM}{R_e}.$

在地面附近 $v_1\doteq7.9$ km/s.

第二宇宙速度为物体要脱离地球引力在地球表面附近所需的最小速率.
轨道为抛物线,所以

$$e=1,\ E_0=\frac{1}{2}mv_2^2-\frac{GMm}{R_e}=0,$$

$$\Rightarrow v_2^2=\frac{2GM}{R_e}\Rightarrow v_2=\sqrt{2}\sqrt{\frac{GM}{R_e}}=\sqrt{2}v_1,$$

在地面附近 $v_2=11.2$ km/s.

第三宇宙速度为物体要脱离太阳引力在地球表面附近所需的最小速率.

第三种宇宙速度严格求解比较困难,这里我们根据太阳和地球质量以及地球和太阳的距离与地球半径的巨大差别作一些合理的近似.

因为地球和太阳的距离 r_{se} 约为地球半径 R_e 的 23 400 倍,太阳质量 M_s 约为

地球质量 M_e 的 333 400 倍，所以在地面附近，物体所受的太阳引力和地球引力之比为

$$\frac{F_s}{F_e}=\frac{M_s}{M_e}\frac{R_e^2}{r_{sE}^2}\doteq\frac{3\times10^5}{1}\cdot\frac{1}{(2\times10^4)^2}\doteq\frac{3}{4}\times10^{-3},$$

此时可不考虑太阳引力. 在离地面 $100r_e$ 高处，物体所受的地球引力已降为地面附近的万分之一，而物体所受的太阳引力和地球引力之比变为

$$\frac{F_s}{F_e}\doteq\frac{3\times10^5}{1}\cdot\frac{1}{(2\times10^2)^2}\doteq10,$$

故此时可不考虑地球引力，近似认为已脱离地球引力.

根据上述考虑，物体脱离太阳引力的过程可分为两阶段进行近似处理，如图 6.5 所示. 第一阶段，从发射到离地面 $100r_e$ 高处，这一阶段不考虑太阳引力. 第二阶段，从离地面 $100r_e$ 高处到脱离太阳引力，这一阶段不考虑地球引力.

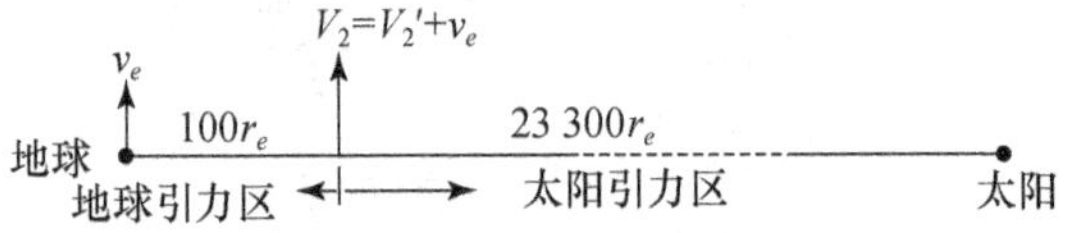

图 6.5 近似计算第三宇宙速度的示意图

先处理第二阶段. 在离地面 $100r_e$ 高处，以太阳为参考系，要脱离太阳的引力，所需的速率是该处对于太阳而言的第二宇宙速率，为

$$v_2=\sqrt{\frac{2GM_S}{r_{se}}}\doteq42.2\ \text{km/s},$$

这是相对于太阳的速度，而相对于地球的速度 v_2' 则取决于 $\boldsymbol{v}_2$ 与地球公转速度 $\boldsymbol{v}_e$ 的方向. 设 $\boldsymbol{v}_2$ 与地球公转速度 $\boldsymbol{v}_e$ 的方向相同，则有

$$v_2=v_2'+v_e,$$

$$v_2'=v_2-v_e=42.2-29.8=12.4\ \text{km/s}.$$

下面处理第一阶段——脱离地球引力. 从地面起飞到离地面 $100r_e$ 高处这一过程，在地球参考系中有机械能守恒：

$$\frac{1}{2}mv_3^2-\frac{GM_em}{r_e}=\frac{1}{2}mv_3^2-\frac{1}{2}mv_2^2=\frac{1}{2}mv_2'^2-\frac{GM_em}{100r_e}\doteq\frac{1}{2}mv_2'^2,$$

$$\Rightarrow v_3^2=v_2^2+v_2'^2=11.2^2+12.4^2,$$

最后得 $$v_3=\sqrt{11.2^2+12.4^2}\doteq16.7\ \text{km/s}.$$

4. 斥力场中的运动

对于静电库仑力

$$k=-\frac{Qq}{4\pi\varepsilon_0},$$

当 Qq 同号时，$k<0$ 作用力为斥力. 由(6.9)式知，运动轨迹为双曲线远枝：

$$r=\frac{p}{-1+e\cos\theta}.$$

当一个带正电荷的粒子向原子核飞来时，该粒子沿图 6.6 所示的远枝双曲线运动. 现在考察该粒子的入射线与出射线的夹角. 入射线与出射线的夹角称为散射角 $\psi=\pi-2\theta_{\max}$，$\theta_{\max}$ 是轨道中最大的极角，可由 $r=\infty=\frac{p}{-1+e\cos\theta_{\max}}$ 求出.

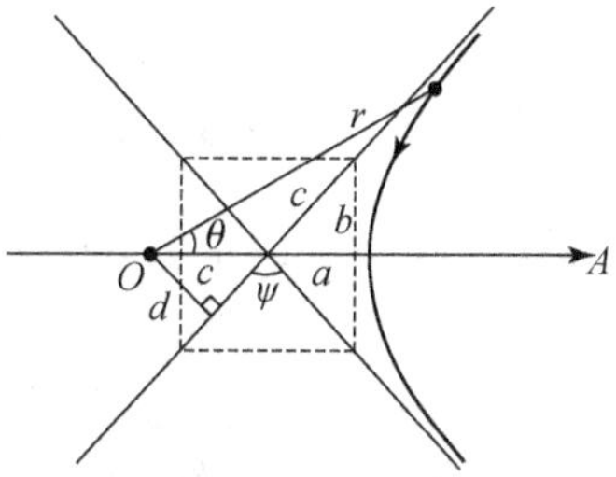

图 6.6　带正电荷的粒子在原子核作用下的运动轨迹

$$\theta_{\max}=\cos^{-1}\left(\frac{1}{e}\right)=\tan^{-1}\sqrt{e^2-1}=\tan^{-1}\sqrt{\frac{2E_0J_0^2}{k^2m}},$$

设 $r\to\infty$ 时，$v=v_0$，则

$$E_0=\frac{1}{2}mv_0^2-\frac{k}{r}\doteq\frac{1}{2}mv_0^2,$$

$$J_0=mr_0v_0\sin\langle\boldsymbol{r}_0,\boldsymbol{v}_0\rangle=mv_0d,\quad d\text{ 称为瞄准距离},$$

得

$$\theta_{\max}=\tan^{-1}\sqrt{\frac{2E_0J_0^2}{k^2m}}=\tan^{-1}\sqrt{\frac{2\times\frac{1}{2}mv_0^2\times d^2v_0^2m^2}{\left(\frac{Qq}{4\pi\varepsilon_0}\right)^2m}}$$

$$=\tan^{-1}\left[\left(\frac{4\pi\varepsilon_0}{Qq}\right)mv_0^2d\right].$$

可见，瞄准距离 d 越小，$\theta_{\max}$ 越小，散射角 $\psi=\pi-2\theta_{\max}$ 越大，越可弹回.

历史的启示： 根据该理论建立的 α 离子的卢瑟福散射实验，导致了原子核模型的建立，在原子物理的发展历史上有重要的意义. 所谓卢瑟福散射实验是英国物理学家卢瑟福(1871—1937)在 1910 年前后所进行的一系列薄金箔散射 α 粒子的实验. 他用一束带正电的 α 粒子正入射到一片极薄的金箔，然后测量 α 粒子的散射. 按照当时英国物理学家汤姆逊(1830—1882)提出的原子模型(所谓汤姆逊模型)，原子是正电荷均匀分布的半径约为 10^{-10} m 的匀质球，而电子则是均匀分布于其中的粒子，犹如西瓜核分布于西瓜瓤中一样．如果真是这样，α粒子都应当穿过金箔，而不会有大角度的散射，即弹回来的后向散射．卢瑟福和他的学生进行了一系列的实验，发现了后向散射的α粒子．经过定量的验证和分析，认识到只有原子的全部正电荷和大部分质量集中到半径约为10^{-14} m的极小范围才有可能．据此，卢瑟福提出了原子的核模型．

6.3 两体问题

问题的提出：① 在有心运动中，如果力心是运动的，运动情况有何不同？② 如图6.7所示的弹簧振子，弹簧一端固定时，$\omega_0=\sqrt{\dfrac{k}{3m}}$，如果弹簧两端均运动，$\omega_0$是否会变化？

图6.7 一端固定与两端均运动的弹簧振子的区别

1．两体问题的定义和特点

（1）两体问题的定义．

① 两质点组成的质点组；

② 两质点不受外力或外力满足关系式

$$\frac{\boldsymbol{F}_1^{外}}{m_1}=\frac{\boldsymbol{F}_2^{外}}{m_2},\tag{6.11}$$

重力或惯性力满足这种条件．

（2）两体问题的特点．

由于两质点的质心必在两点之间的联线上，因而两体问题具有以下特点：

特点1 两质点的相对位矢$\boldsymbol{r}'_{1(2)}$，$\boldsymbol{r}'_{2(1)}$和两质点的相对质心位矢$\boldsymbol{r}'_{1(c)}$，$\boldsymbol{r}'_{2(c)}$等四个变量不是独立的，如图6.8所示，只需求出一个即可，因为

$$\boldsymbol{r}'_{1(2)}=-\boldsymbol{r}'_{2(1)}=\boldsymbol{r}'_{1(c)}\frac{m_1+m_2}{m_2}=-\boldsymbol{r}'_{2(c)}\frac{m_1+m_2}{m_1}\tag{6.12}$$

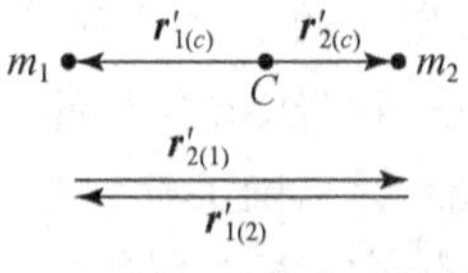

图6.8 两质点的相对位矢$\boldsymbol{r}'_{1(2)}$，$\boldsymbol{r}'_{2(1)}$和两质点的相对质心位矢$\boldsymbol{r}'_{1(c)}$，$\boldsymbol{r}'_{2(c)}$的关系

特点 2　两质点在质心系中的总动能和对质心的总动量矩可以表示为一质点对于另一质点的总动能和动量矩，但其质量要用折合质量代替．即

$$T'_{(c)}=\frac{1}{2}m_1v'^2_{1(c)}+\frac{1}{2}m_2v'^2_{2(c)}=\frac{1}{2}\mu v'^2_{2(1)}=\frac{1}{2}\mu v'^2_{1(2)},$$

$$\boldsymbol{J}'_{(c)}=\boldsymbol{r}'_{1(c)}\times m_1\boldsymbol{v}'_{1(c)}+\boldsymbol{r}'_{2(c)}\times m_2\boldsymbol{v}'_{2(c)}=\boldsymbol{r}'_{1(2)}\times\mu\boldsymbol{v}'_{1(2)}=\boldsymbol{r}'_{2(1)}\times\mu\boldsymbol{v}'_{2(1)}. \tag{6.13}$$

特点 3　由特殊外力$\frac{F_1^{外}}{m_1}=\frac{F_2^{外}}{m_2}$又可以推出：① 外力对质心的力矩和等于零，因而质心系中的动量矩 $\boldsymbol{J}'_{(c)}$ 为常量．② 外力在质心系中的功之和为零，因而质心系中的动能改变 $\mathrm{d}T'_{(c)}=\mathrm{d}W^{(内)}$，若内力为保守力 $\mathrm{d}W^{(内)}=0$，则 $T'_{(c)}+V=E_0$ 为常量．

2．两体问题的相对运动微分方程

对两个质点，分别有

$$m_1\ddot{\boldsymbol{r}}_1=\boldsymbol{F}_1^{(外)}+\boldsymbol{f}_1, \tag{1}$$

$$m_2\ddot{\boldsymbol{r}}_2=\boldsymbol{F}_2^{(外)}+\boldsymbol{f}_2, \tag{2}$$

由$(m_1+m_2)\cdot\frac{(1)+(2)}{m_1+m_2}\Rightarrow(m_1+m_2)\ddot{\boldsymbol{r}}_c=\boldsymbol{F}_1^{(外)}+\boldsymbol{F}_2^{(外)}$．该式即为质心运动定理，表示系统质心的运动由合外力决定．

由

$$\frac{(1)}{m_1}-\frac{(2)}{m_2}\Rightarrow\ddot{\boldsymbol{r}}_1-\ddot{\boldsymbol{r}}_2=\left(\frac{\boldsymbol{F}_1^{(外)}}{m_1}-\frac{\boldsymbol{F}_2^{(外)}}{m_2}\right)+\frac{\boldsymbol{f}_1}{m_1}-\frac{\boldsymbol{f}_2}{m_2},$$

利用$\frac{\boldsymbol{F}_1^{(外)}}{m_1}=\frac{\boldsymbol{F}_2^{(外)}}{m_2}$，上式右边第一项等于零．再利用内力条件 $\boldsymbol{f}_1=-\boldsymbol{f}_2$，上式变为

$$\ddot{\boldsymbol{r}}_1-\ddot{\boldsymbol{r}}_2=\ddot{\boldsymbol{r}}'_{1(2)}=\frac{\boldsymbol{f}_1}{m_1}+\frac{\boldsymbol{f}_1}{m_2}=\frac{m_1+m_2}{m_1m_2}\boldsymbol{f}_1,$$

定义折合质量

$$\mu=\frac{m_1m_2}{m_1+m_2},$$

上式变为

$$\boldsymbol{f}_1=\mu\ddot{\boldsymbol{r}}'_{1(2)}. \tag{6.14}$$

上式的物理意义为：研究质点 1 相对于质点 2 的运动时，其运动微分方程与质点 2 静止不动时的形式 $\boldsymbol{f}_1=m_1\ddot{\boldsymbol{r}}_1$ 相同，力不变，但需将质量 m_1 换成折合质量 μ．

3．两体问题应用举例

例题 3　分析如图 6.7 所示的两端均自由的弹簧振子的振动频率．

解：方法 1　根据两体问题的运动微分方程(6.14)式，B 相对于 A 的运动微分方程与 A 静止时相同，力不变，但将质量 m_B 变为折合质量 μ，得

$$-kx = \mu\ddot{x} = \frac{m \cdot 3m}{m+3m}\ddot{x} \Rightarrow \ddot{x} + \frac{k}{\mu}x = 0,$$

$$\omega = \sqrt{\frac{k}{\mu}} = \sqrt{\frac{4k}{3m}},$$

与原来的$\sqrt{\dfrac{k}{3m}}$相比，频率变快.

方法 2　根据两体问题的(6.13)式质心系中机械能守恒，得

$$T'_{(C)} + V = \frac{1}{2}\mu\dot{x}^2 + \frac{1}{2}kx^2 = E_0,$$

对时间微商得

$$\mu\dot{x}\ddot{x} + kx\dot{x} = 0,$$

即 $\mu\ddot{x} + kx = 0$，与(方法 1)相同.

方法 3　研究质点 B 相对于质心的运动.

当弹簧总伸长为 x 时，B 相对于质心的伸长是

$$x'_{B(c)} = 3m\left(\frac{m}{3m+m}\right)x,$$

在质心系中的运动微分方程是

$$m_B\ddot{x}'_{B(c)} = 3m\left(\frac{m}{3m+m}\right)\ddot{x} = -kx,$$

即 $\mu\ddot{x} + kx = 0$ 也与(方法 1、2)相同.

例题 4　开普勒行星运动定律的修正.

考虑太阳与一个行星组成的系统，忽略其他行星的作用.

假设太阳不动时，行星相对于太阳的运动满足以下极坐标方程

$$f = -\frac{k}{r^2} = -\frac{GMm}{r^2},$$

$$\begin{cases} \dfrac{1}{2}m(\dot{r}^2 + r^2\dot{\theta}^2) - \dfrac{k}{r} = E_0 \\ mr^2\dot{\theta} = J_0 = mh \end{cases},$$

由此出发，可导出

$$r = \frac{p}{1 + e\cos\theta},$$

其中，

$$p = \frac{J_0^2}{|k|m} = \frac{(mh)^2}{|k|m} = \frac{h^2}{GM},$$

$$e = \sqrt{1 + \frac{2E_0J_0^2}{k^2m}} = \sqrt{1 + \frac{2E_0(mh)^2}{G^2M^2m^3}},$$

再利用椭圆轨道参量

$$\left.\begin{aligned} a &= \frac{p}{1-e^2} \\ b^2 &= a^2 - c^2 = a^2(1-e^2) = \frac{p^2}{1-e^2} \end{aligned}\right\} \Rightarrow \frac{b^2}{a} = p,$$

得到开普勒行星第三定律

$$\frac{T^2}{a^3} = \frac{[\pi ab/(h/2]^2}{a^3} = \frac{4\pi^2 b^2/a}{h^2} = \frac{4\pi^2 p}{h^2} = \frac{4\pi^2}{GM},$$

可见,不考虑太阳运动时,该常数仅与太阳的质量有关,与行星无关.

下面考虑太阳的运动后,再求该行星相对于太阳的运动.根据(6.14)式,该行星所受的力的形式不变,仍为

$$f = -\frac{GMm}{r} = -\frac{k}{r},$$

势能的形式也不变,但动能的形式变为$\frac{1}{2}\mu v^2$,其中μ为折合质量,v为行星相对于太阳的速率.因此基本方程变为

$$\begin{cases} \frac{1}{2}\mu(\dot{r}^2 + r^2\dot{\theta}^2) - \frac{k}{r} = E_0 \\ \mu r^2\dot{\theta} = J_0 = \mu h, \end{cases}$$

轨迹方程仍为

$$r = \frac{p}{1+e\cos\theta},$$

但是p和e变为

$$p = \frac{J_0^2}{|k|\mu} = \frac{(\mu h)^2}{k\mu} = \frac{\mu h^2}{GMm} = \frac{h^2}{G(M+m)},$$

$$e = \sqrt{1 + \frac{2E_0 J_0^2}{k^2\mu}} = \sqrt{1 + \frac{2E_0(\mu h)^2}{G^2M^2m^2\mu}},$$

相应地,开普勒行星第三定律变为

$$\frac{T^2}{a^3} = \frac{[\pi ab/(h/2]^2}{a^3} = \frac{4\pi^2 b^2/a}{h^2} = \frac{4\pi^2 p}{h^2} = \frac{4\pi^2}{G(M+m)}.$$

可见,考虑太阳运动后,该常数不仅与太阳的质量有关,还与行星的质量有关.

例题 5　潮汐产生的简单解释. *

潮汐主要是月球引力作用的结果.要解决这个问题,首先要考虑的是,在地球也是运动的前提下,地球与月球的运动情况如何.地球和月球同时受太阳的万有引力作用,其值分别为

$$\boldsymbol{F}_E = -\frac{GM_SM_E}{r_{SE}^2}\boldsymbol{e}_{SE} \quad 和 \quad \boldsymbol{F}_M = -\frac{GM_SM_M}{r_{SM}^2}\boldsymbol{e}_{SM}.$$

其中，r_{SE}、$\boldsymbol{e}_{SE}$ 和 r_{SM}、$\boldsymbol{e}_{SM}$ 分别为太阳到地球和太阳到月球的距离和径向单位矢量. 如图 6.9 所示，因为 r_{SE} 和 r_{SM} 远大于地球和月球的距离 r_{EM}，所以可以认为 $\boldsymbol{r}_{SE}$ 约等于 $\boldsymbol{r}_{SM}$ 约等于太阳到地月质心的矢径 $\boldsymbol{r}_{SC}$，因而 $\frac{\boldsymbol{F}_e}{M_e}$ 约等于 $\frac{\boldsymbol{F}_m}{M_m}$. 也就是说地球和月亮的运动问题可以视为两体问题. 其质心的运动由合外力决定，仍然是绕太阳的一个椭圆运动；而地球和月球绕地月质心以相同的角速度运动. 月亮绕地球转动的角速度 ω_{EM} 和线速度 v'（也是地球绕月亮的转动的角速度和线速度），根据(6.14)式，可由

$$\frac{GM_EM_M}{r_{EM}^2}=\mu\frac{v'^2}{r_{EM}}=\mu\omega_{EM}^2r_{EM},\ \mu=\frac{M_EM_M}{M_E+M_M},$$

求得为

$$\omega_{EM}=\sqrt{\frac{G(M_E+M_M)}{r_{EM}^3}},\tag{6.15}$$

这也是地球和月球绕其共同质心运动的角速度.

下面，我们在地球参考系中考察地球表面上面对月球的海面 A 点的海水 m 和背对月球的海面 B 点的海水 m 所受的力. 对 A 点而言，m 所受的真实力有太阳引力、月球引力、地球引力和支持力；所受的惯性力有：由于地心运动引起的平动惯性力 $-m\boldsymbol{a}_O$、地球自转 $\boldsymbol{\omega}$ 引起的惯性离心力 $-m\boldsymbol{\omega}\times(\boldsymbol{\omega}\times r_E\boldsymbol{e}_{OA})$. 其中，地心的加速度 $\boldsymbol{a}_O$ 又等于地心相对于地月质心的加速度 $\boldsymbol{a}'_{O(C)}$ 与地月质心绕太阳公转的加速度 $\boldsymbol{a}_c$ 之和，即 $\boldsymbol{a}_O=\boldsymbol{a}'_{O(C)}+\boldsymbol{a}_C$. 而地心相对于地月质心的加速度 $\boldsymbol{a}'_{O(C)}=\omega_{EM}^2r_{OC}\boldsymbol{e}_{OA}$，其中 $r_{OC}=\frac{M_M}{M_E+M_M}r_{EM}$ 是地心到地月质心的距离，$\boldsymbol{e}_{OA}$ 是由 O 指向 A 的单位矢量. 所以地心运动引起的平动惯性力

$$-m\boldsymbol{a}_O=-m(\boldsymbol{a}'_{O(C)}+\boldsymbol{a}_C)=-m\omega_{EM}^2r_{OC}\boldsymbol{e}_{OA}-m\boldsymbol{a}_C,\tag{6.16}$$

根据第三章第四节的分析，m 所受的太阳引力与地球绕太阳公转的平动惯性力 $-m\boldsymbol{a}_C$ 相抵消，所受的地球引力和支持力与地球自转的惯性离心力 $-m\boldsymbol{\omega}\times(\boldsymbol{\omega}\times r_E\boldsymbol{e}_{OA})$ 抵消. 这样，A 点处海水 m 所受的力只有月球引力 $\boldsymbol{F}_{YA}$ 与(6.16)式右边第一项表示的惯性力 $\boldsymbol{F}_{GA}=-m\omega_{EM}^2r_{OC}\boldsymbol{e}_{OA}$，如图 6.10 所示，即

$$\boldsymbol{F}_A=\boldsymbol{F}_{YA}+\boldsymbol{F}_{GA}=\left[\frac{GM_Mm}{(r_{EM}-r_E)^2}-m\omega_{EM}^2r_{OC}\right]\boldsymbol{e}_{OA},$$

将 ω_{EM}^2 的值代入上式，并将 $\frac{GM_Mm}{(r_{EM}-r_E)^2}$ 用泰勒展开，取第一和第二项得

$$\begin{aligned}\boldsymbol{F}_A&=\left[\frac{GM_Mm}{(r_{EM}-r_E)^2}-\frac{G(M_E+M_M)m}{r_{EM}^3}\cdot\frac{M_M}{M_E+M_M}r_{EM}\right]\boldsymbol{e}_{OA}\\&\approx\left[\frac{GM_Mm}{r_{EM}^2}\left(1+2\frac{r_E}{r_{EM}}\right)-\left(\frac{GM_Mm}{r_{EM}^2}\right)\right]\boldsymbol{e}_{OA}\end{aligned}$$

$$= \frac{2M_M m}{r_{em}^3} r_E \cdot \boldsymbol{e}_{OA},$$

由此可见，海面 A 点的海水 m 所受的力指向 $\boldsymbol{e}_{OA}$，即 A 点海面上方.

同样可得 B 点 m 所受的力也只有月球引力 $\boldsymbol{F}_{YB}$ 与惯性力 $\boldsymbol{F}_{GB} = m\omega_{EM}^2 r_{OC} \boldsymbol{e}_{OB}$ 其中，$\boldsymbol{e}_{OB}$ 是由 O 指向 B 的单位矢量. 注意，A、B 两点的惯性力相等，$\boldsymbol{F}_{GB} = \boldsymbol{F}_{GA}$，但 B 点 m 所受的月球引力因距月球较远而较小.

$$\begin{aligned} \boldsymbol{F}_B &= \left[-\frac{GM_M m}{(r_{EM}+r_E)^2} + \frac{G(M_E+M_M)m}{r_{EM}^3} \cdot \frac{M_M}{M_E+M_M} r_{EM}\right] \boldsymbol{e}_{OB} \\ &\approx \left[-\frac{GM_M m}{r_{EM}^2}\left(1 - 2\frac{r_E}{r_{EM}}\right) + \left(\frac{GM_M m}{r_{EM}^2}\right)\right] \boldsymbol{e}_{OB} \\ &= \frac{2M_M m}{r_{em}^3} r_E \cdot \boldsymbol{e}_{OB}, \end{aligned}$$

显然，海面 B 点的海水 m 所受的力指向 $\boldsymbol{r}_{OB}$，即 B 点海面上方.

由于 A 点和 B 点的海水 m 所受的力都指向当地海面上方，故都形成涨潮.

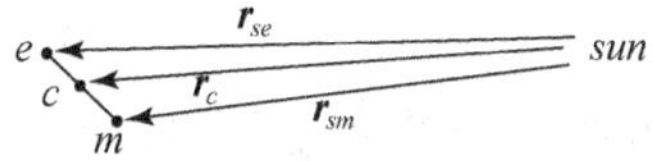

图 6.9 地月问题近似于两体问题

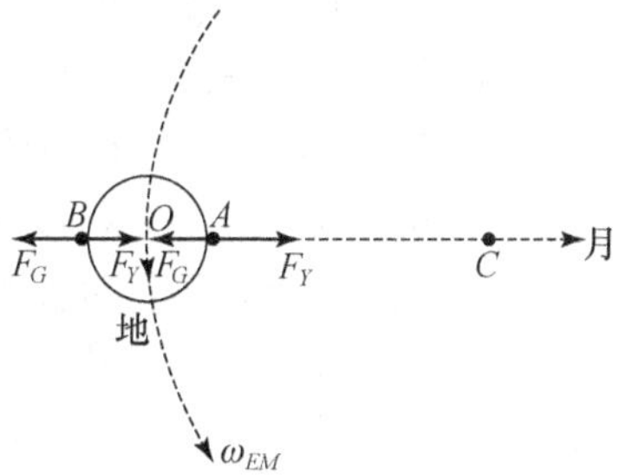

图 6.10 潮汐受力示意图

思 考 题

1. 试依据动量矩守恒定性说明：绕日作椭圆轨道运动的行星在何处速率最大？在何处速率最小？

2. 质点在平方反比斥力作用下的轨道一定是双曲线吗？为什么？

3. 质点在平方反比引力作用下的轨道在什么条件下是椭圆、抛物线或双曲线？

4. 我们常说，在地面斜抛物体的轨迹是抛物线，可是按本章的理论，它应该是椭圆. 这两种说法矛盾吗？

5. 半径分别为 r_1 和 r_2(其中 $r_1 > r_2$)的两个人造地球卫星，其动能哪个大？其机械能哪个大？若均从地面发射，哪个容易些？为什么？

6. 发射两个轨道形状相同的卫星，一个卫星的轨道平面几乎与地球赤道面垂直(称为极地卫星，便于观察两极的情况)，另一个偏向东、与赤道面成一定的角度，问发射哪一个省燃料？若偏向西发射呢？

7. 地球同步卫星的轨道在赤道面上空某一固定的高度上，其周期与地球的自转周期相同，因此相对于地球表面静止，广泛用于通信和电视转播. 试求该卫星的高度和机械能.

8. 航天飞机在地球上方 h 高度的圆轨道上向前发射两个小卫星，其初速度大小相同，但方向不同，一个沿水平方向，另一个与水平方向 30 度角. 问二者的轨道有何异同？

9. 由两个物体组成的系统是否都是两体问题？对两体问题，求解相对运动有何简单的方法？

10. 两质点系统的相对位矢、相对速度有何特点？引进折合质量后，系统在质心中的动能和动量矩可以怎样简单地表达出来？

习　题　六

6.1　一质量为 m 的质点沿 x 轴运动，它的势能为 $E_p=16mx^4$.

(1) 试画出势能曲线，并求质点受到的保守力；

(2) 若质点经过原点时的速率为 v_0，问该质点在什么范围内运动？

6.2　一质点在 x 轴上运动，它的势能为 $E_p=m(4x^2-x^4)$.

(1) 画出势能曲线并分析该质点受到的保守力；

(2) 定性地说明该质点可能的运动状态；

(3) 该质点可能静止于什么位置？

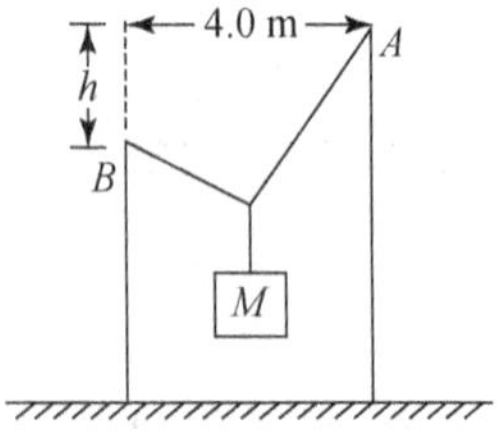

图 XT6.1　习题 6.3 图

6.3　在相距 4 m 的两根竖直的柱子上，栓有一根 5 m 长的绳子，绳子两端的高度差为 h，如图 XT6.1 所示. 在绳上挂一重物 M，挂钩可在绳上滑动，求挂钩的静止位置.

6.4　一个单位质量的物体，在一有心保守力场中的一个平面上运动，已知它的轨迹的极坐标方程为 $\rho=a\mathrm{e}^{-b\varphi}$，求它的势能函数.

6.5　求使一粒子的轨迹为 $\rho=a(1+\cos\varphi)$ $(\rho\neq 0)$ 的有心力场的势能函数.

6.6　双原子分子(如 O_2)的势能为

$$E_p=-\frac{A}{r^6}+\frac{B}{r^n}$$

式中 r 为两原子的距离；A，B 为正系数；$n>6$；两原子的质量皆为 M. 假设两原子所确定的直线在空间取向不变.

(1) 画出势能曲线示意图，并论述两原子间既有吸引力又有排斥力；

(2) 求两原子的平衡距离 r_0(用 A，B 和 n 表示)与离解能(用 r_0，A 和 n 表示)；

(3) 求出两原子作小振动的角频率.

6.7 有两个质量相等的人造地球卫星，它们分别在半径为 R_1 和 R_2 的轨道上运行，且 $R_1>R_2$. 问：

(1) 哪个的轨道动能大？哪个的机械能大？

(2) 哪个的周期大？

6.8 证明：在原子中电子的角动量确定后，机械能最小的轨道是圆轨道.

6.9 已知一个带电量为 e 的核，与一个在半径为 r_0 的圆轨道上的电子组成一个氘原子. 这个核突然发射一个负电子，使核内电荷变为 $2e$. 假设在电子从核中发射后的瞬间轨道电子的动能不变.

(1) 求核发射电子前后，轨道上那个电子的机械能之比；

(2) 说明新轨道到核的最近和最远距离.

6.10 一个质量为 m 的人造地球卫星绕地球运动. 因与稀薄的空气摩擦，受到一个微小的阻力 $\boldsymbol{F}=-\alpha\boldsymbol{v}$. 设在 $t=0$ 时，卫星的轨道是一个半径 $r=r_0$ 的圆，试求 r 与 t 的关系.

6.11 要把航天器从半径为 r_2 的圆轨道变到半径为 r_1 的圆轨道，往往需要一个椭圆轨道过渡，如图 XT6.2 所示. 求航天器沿椭圆轨道运动时的机械能(用地球质量 M，航天器质量 m，以及 r_1 和 r_2 表示).

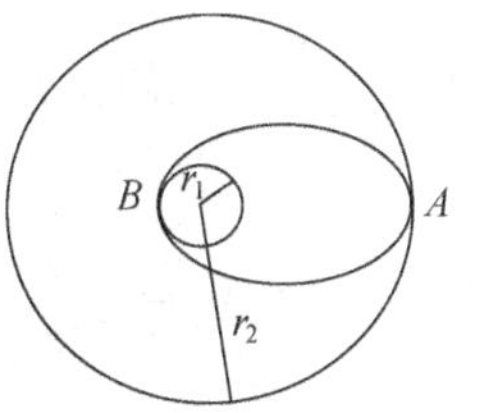

图 XT6.2　习题 6.11 图

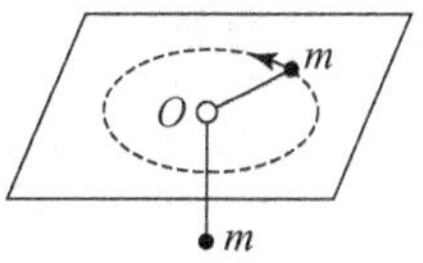

图 XT6.3　习题 6.13 图

6.12 已知地球平均半径 $R_e=6.37\times10^3$ km，第一宇宙速度 $V_1=7.91$ km/s. 人造卫星的近地点至地面的高度 $h_1=227$ km，在近地点的速度 $v_1=8.00$ km/s. 求卫星的远地点至地面的距离 h_2 以及卫星的周期 T.

6.13 在无摩擦的水平桌面上有一质量为 m 的小物体，被穿过桌面上小孔的细线与质量也为 m 的小物体连在一起，如图 XT6.3 所示. 初始时，桌面上的小物体绕小孔作圆周运动(半径为 r_0，角速度为 ω_0)，桌面下的小物体则静止. 当桌上物体与小孔距离变为 r 时，桌下物体的速度和桌上物体的转动角速度分别为多少？

6.14 在极平面上，一质点受到的作用力为 $\boldsymbol{f}=-kr\boldsymbol{e}_r$($k$ 为大于零的常数)

(1) 试论证此质点的轨迹是椭圆；

(2) 此质点的运动情况与行星的运动情况有何不同？

第七章 振　　动

本章提要

振动是一种广泛存在的运动形态. 物体或系统在某个平衡位置附近作来回往复的周期性运动称为机械振动，它是最简单、最直观的振动. 其他振动，例如电路中电流和电压的振动、真空中电磁场的振动，表面上和机械振动似乎有天壤之别，但它们却有相同的形式和变化规律. 此外，振动是波动基础，波动在科学技术和人类生活中十分重要. 因此非常有必要认真学习和掌握机械振动的概念和规律. 本章首先阐述最简单、最基本的机械振动——简谐振动及简谐振动的合成，然后阐述阻尼振动和强迫振动，最后简单介绍振动的分解——频谱分析.

7.1 简谐振动

1. 例子和定义(运动微分方程和其解)

在前面的章节中，我们接触到了弹簧振子、单摆和复摆. 它们满足的运动微分方程及其解分别为

弹簧振子：$m\ddot{x}=-kx$，$\ddot{x}+\omega^2x=0$，$x=A\cos(\omega t+\varphi)$，$\omega=\sqrt{\dfrac{k}{m}}$；

单摆：$gl\ddot{\theta}=-mgl\sin\theta\doteq-mgl\theta$，$\ddot{\theta}+\omega^2\theta=0$，$\theta=\Theta\cos(\omega t+\varphi)$，$\omega=\sqrt{\dfrac{g}{l}}$；

复摆：$I\ddot{\theta}=-mgl_c\sin\theta\doteq-mgl_c\theta\,\ddot{\theta}+\omega^2\theta=0$，$\theta=\Theta\cos(\omega t+\varphi)$，$\omega=\sqrt{\dfrac{mgl_c}{I}}$.

从中可以看出，它们具有共同的特点，即：满足相同形式的运动微分方程

$$\ddot{x}+\omega^2x=0,\tag{7.1}$$

具有余弦(或正弦)形式的解

$$x=A\cos(\omega t+\varphi),\tag{7.2}$$

其中 ω 为系统的固有参量. 如果一个物理量的变化满足上述微分方程或解，我们则把这种运动称为**简谐振动**. 为确定起见，本书中简谐振动一律采用余弦形式.

2. 描述简谐振动的参量

因为 $|x|=|A\cos(\omega t+\varphi)|\leqslant|A|=A$，所以 A 是的物理量 x 变化的最大值，称为简谐振动的**振幅**. 某一时刻的位置 x 及其速度 $\dot{x}$，组成这个物理量的一个运动状态. 相同的运动状态重复一次所需要的最短时间 T 称为简谐振动的周

期. 从

$$\left.\begin{aligned} x &= A\cos(\omega t+\varphi) = A\cos(\omega(t+T)+\varphi) \\ \dot{x} &= -A\omega\sin(\omega t+\varphi) = -A\omega\sin(\omega(t+T)+\varphi) \end{aligned}\right\} \Rightarrow \omega t = 2\pi,$$

得到**周期**

$$T = 2\pi/\omega, \tag{7.3}$$

周期的倒数,称为**频率** f,代表单位时间的振动次数

$$f = 1/T = \omega/2\pi, \tag{7.4}$$

频率的 2π 倍: $\omega=2\pi f$ 称为**角频率**或**圆频率**.

$$\varphi = \omega t+\varphi, \tag{7.5}$$

称为振动的**相位**,$t=0$ 时的相位 φ 称为**初相位**. 相位和初相位是描述运动状态最方便的物理量,在振动的合成中具有重要的意义. 根据已知的运动状态求简谐振动的振幅和初相位是一项基本要求.

例题 1　已知一单摆在 $t=0$ 时,$\theta=0$,$\dot{\theta}=\Omega_0$,求其振幅和初相位.

解: 将 $t=0$,$\theta=0$,$\dot{\theta}=\Omega_0$ 代入

$$\begin{cases} \theta = A\cos(\omega t+\alpha) \\ \dot{\theta} = -A\omega\sin(\omega t+\alpha), \end{cases}$$

得

$$\begin{cases} 0 = A\cos\alpha \\ \Omega_0 = -A\omega\sin\alpha \end{cases} \Rightarrow A = \frac{\Omega_0}{\omega},$$

由

$$\begin{cases} \cos\alpha = 0 \\ \sin\alpha = -1 \end{cases} \Rightarrow \alpha = -\frac{\pi}{2}.$$

3. 描述简谐振动的几何方法

(1) 矢量表示法: 简谐振动可用一个 xy 面上的矢量 $\boldsymbol{A}$ 来表示,如果 7.1 所示. 矢量的长度即为振幅;矢量与 x 轴的夹角 $\langle \boldsymbol{A},\boldsymbol{x}\rangle=\Phi=\omega t+\varphi$ 代表振动的相位;矢量旋转的角速度为振动的圆频率 ω;矢量在 x 轴的投影即为该简谐振动 $x=A\cos\Phi=A\cos(\omega t+\varphi)$.

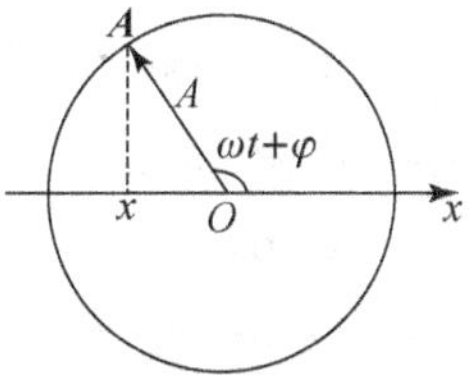

图 7.1　简谐振动的矢量表示法

(2) 复数表示法：简谐振动也可用一个复平面上的复数 $Z=Ae^{j\Phi}=Ae^{j(\omega t+\varphi)}$ 来表示. 复数的模即为振幅；复数的实部即为该简谐振动 $\mathrm{Re}(Z)=x=A\cos(\omega t+\varphi)$；复数的幅角 $\langle \boldsymbol{A},\boldsymbol{x}\rangle=\Phi=\omega t+\varphi$ 代表振动的相位.

简谐振动的矢量表示法或复数表示法，有利于形象地表示振动的合成. 复数表示法还有利于简谐振动积分和微分运算.

4. 简谐振动的能量

下面以弹簧振子为例来说明简谐振动能量的特点. 弹簧振子的运动方程为

$$x = A\cos(\omega t+\varphi),\ \omega=\sqrt{\frac{k}{m}},$$

动能和势能为

$$E_k = \frac{1}{2}m\dot{x}^2 = \frac{1}{2}mA^2\omega^2\sin^2(\omega t+\varphi),$$

$$E_p = \frac{1}{2}kx^2 = \frac{1}{2}kA^2\cos^2(\omega t+\varphi) = \frac{1}{2}m\omega^2A^2\cos^2(\omega t+\varphi),$$

总机械能为

$$E = E_k + E_p = \frac{1}{2}m\omega^2A^2.$$

由此可看出简谐振动能量的特点：

(1) 在运动过程中动能和势能互相转换，动能最大时势能最小、动能最小时势能最大，但动能势能之和、即总机械能保持为常量.

(2) 简谐振动的能量正比于振幅的平方和角频率的平方，也即振幅越大、频率越高，能量就越大.

7.2 简谐振动的合成

日常生活中经常见到振动的合成，例如两列水面波相交引起的水面的上下振动，就是每列波单独存在所引起的分振动的合成. 我们听到的声音就是各种声源在空气中引起的分振动的合成. 这里只讨论最基本、最简单的振动的合成：简谐振动的合成.

1. 同向(相同振动方向)、同频率简谐振动的合成

设有两个相同振动方向、相同频率的简谐振动

$$x_1 = A_1\cos(\omega t+\varphi_1),$$
$$x_2 = A_2\cos(\omega t+\varphi_2),$$

它们叠加在一起. 因振动方向相同，可直接相加，得

$$x = x_1 + x_2 = A_1\cos(\omega t+\varphi_1) + A_2\cos(\omega t+\varphi_2)$$

$$= A\cos(\omega t+\varphi), \tag{7.6}$$

可见,合振动仍然是同向、同频的简谐振动,其振幅 A 和相位 φ 可通过两种方法来确定.

方法 1　通过两个特定的时刻$\left(\text{例如 }\omega t=0\text{ 和 }\omega t=\dfrac{\pi}{2}\right)$的值,解析求出常数 A 和 φ.

由三角公式 $x=A\cos(\omega t+\varphi)=A\cos\omega t\cos\varphi-A\sin\omega t\sin\varphi$ 和(7.6),得

$$\omega t=0:\quad A\cos\varphi=A_1\cos\varphi_1+A_2\cos\varphi_2,$$

$$\omega t=\frac{\pi}{2}:\quad -A\sin\varphi=-A_1\sin\varphi_1-A_2\sin\varphi_2,$$

联立解得

$$\begin{aligned}A&=\sqrt{(A_1\cos\varphi_1+A_2\cos\varphi_2)^2+(A_1\sin\varphi_1+A_2\sin\varphi_2)^2}\\&=\sqrt{A_1^2+A_2^2+2A_1A_2\cos(\varphi_2-\varphi_1)},\end{aligned} \tag{7.7}$$

$$\cos\varphi=\frac{A_1\cos\varphi_1+A_2\cos\varphi_2}{A},$$

$$\sin\varphi=\frac{A_1\sin\varphi_1+A_2\sin\varphi_2}{A}. \tag{7.8}$$

方法 2　用几何方法——画出任意时刻的分振动矢量,合振动矢量则是两分振动矢量的合成.

由于频率相同,故 $\boldsymbol{A}_1$,$\boldsymbol{A}_2$,$\boldsymbol{A}$ 的相对位置不变,可用 $t=0$ 时的位置关系求得振幅和初相位,如图 7.2 所示.合振动的振幅可由三角形的余弦定理求得,为

$$\begin{aligned}A&=\sqrt{A_1^2+A_2^2-2A_1A_2\cos\beta}\\&=\sqrt{A_1^2+A_2^2+2A_1A_2\cos(\pi-\beta)}\\&=\sqrt{A_1^2+A_2^2+2A_1A_2\cos(\varphi_2-\varphi_1)},\end{aligned}$$

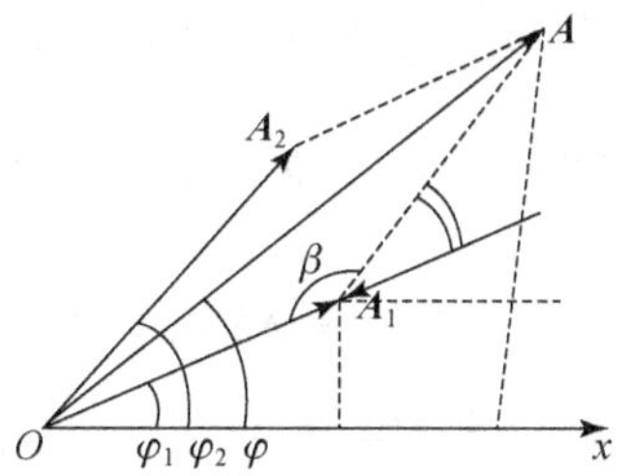

图 7.2　同向、同频简谐振动合成矢量表示法

初相位为

$$\cos\varphi = \frac{A_1\cos\varphi_1 + A_2\cos\varphi_2}{A},$$

$$\sin\varphi = \frac{A_1\sin\varphi_1 + A_2\sin\varphi_2}{A},$$

结果与(7.7)、(7.8)相同.

重要结论：同向同频简谐振动，合成后仍然是同向同频的简谐振动；合振动的振幅大小取决于两分振动的相位差.

(1) $\varphi_1=\varphi_2$，两分振动同相，合振幅最大，$A=\sqrt{(A_1+A_2)^2}=A_1+A_2$；

(2) $\varphi_1=\varphi_2+\pi$，两分振动反相，合振幅最小，$A=\sqrt{(A_1-A_2)^2}=|A_1-A_2|$.

2. 同向异频简谐振动的合成(和频、差频、拍)

设有两个相同振动方向、但频率不同的简谐振动

$$x_1 = A_1\cos(\omega_1 t + \varphi_1),$$
$$x_2 = A_2\cos(\omega_2 t + \varphi_2), \tag{7.9}$$

进行叠加. 因振动方向相同，仍然可以直接相加，但因频率不同，不能由矢量图得到简单的结果. 可用三角函数的和差化积进行运算.

考虑两个分振动振幅相同，即 $A_1=A_2$ 的情况. 合振动为

$$\begin{aligned} x &= A\cos(\omega_1 t + \varphi_1) + A\cos(\omega_2 t + \varphi_2) \\ &= 2A\cos\left(\frac{\omega_1 - \omega_2}{2}t + \frac{\varphi_1 - \varphi_2}{2}\right)\cos\left(\frac{\omega_1 + \omega_2}{2}t + \frac{\varphi_1 + \varphi_2}{2}\right), \end{aligned}$$

即

$$x = A(t)\cos\left(\frac{\omega_1 + \omega_2}{2}t + \frac{\varphi_1 + \varphi_2}{2}\right), \tag{7.10}$$

其中，

$$A(t) = 2A\cos\left(\frac{\omega_1 - \omega_2}{2}t + \frac{\varphi_1 - \varphi_2}{2}\right) \tag{7.11}$$

由此可见，合振动(7.10)可近似看作圆频率为 $\omega_+=\frac{\omega_1+\omega_2}{2}$、振幅 $A(t)$ 随时间以圆频率 $\omega_-=\frac{\omega_1-\omega_2}{2}$ 缓慢变化的简谐振动. 振幅随时间周期性变化，即振动的强度随时间周期性变化，称为“拍”. 振幅变化的频率 $\omega_-=\frac{\omega_1-\omega_2}{2}$ 称为“拍频”. 分别敲响两个频率不同的音叉，我们会听到两个不同音调、但强度都是均匀不变的声音. 但若同时敲响这两个音叉，我们只会听到一个音调，但强度忽强忽弱、周期性变化的声音. 这是“拍”现象最典型的例子. 如图 7.3 所示给出了 $\omega_1=300$ 和 $\omega_1=360$ 的两个同向简谐振动的合成，合振动的振幅 $2A|\cos30t|$ 按差频变化.

“拍”现象有广泛的应用：

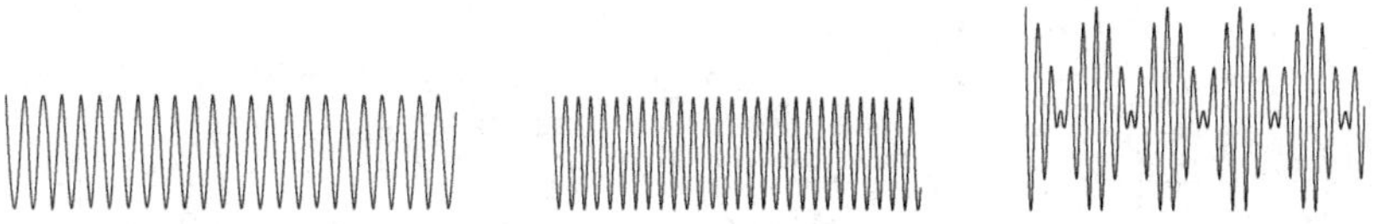

(a) $x_1=A\cos300t$　(b) $x_2=A\cos360t$　(c) $x=x_1+x_2=(2A\cos30t)\cos330t$

图 7.3　同向异频简谐振动的合成——拍

(1) 校正乐器：将频率为 ω_1 的标准音叉与待测乐器比较，有"拍"则存在差距；无"拍"时待校正乐器的频率即为 ω_1.

(2) 测频率：已知 ω_1，测得 $\Delta\omega=\omega_1-\omega_2$ 即可求出待测频率 ω_2.

(3) 电子学中应用广泛的混频技术，就是将频率为 ω_1 的信号与频率为 ω_2 的本地振荡信号同时输入混频电路，输出的信号就会包含"和频"$\omega_+=(\omega_1+\omega_2)/2$ 和"差频"$\omega_-=|\omega_1-\omega_2|/2$ 的信号.

3. 振动方向垂直，频率相同的简谐振动的合成

振动方向垂直、但频率相同的简谐振动的合成也是广泛存在的. 例如电子示波器中的电子，在 x 方向的谐波电场作用下，就会在 x 方向作简谐振动；在 y 方向的谐波电场作用下，就会在 y 方向作简谐振动. 当两个方向的谐波电场同时作用时，电子的运动就是这两个分振动的合振动. 设

$$\begin{cases} x = A_1\cos(\omega t+\varphi_1) \\ y = A_2\cos(\omega t+\varphi_2), \end{cases} \tag{7.12}$$

分别代表振动方向在 x 方向和 y 方向的两个分振动. 消去 t 得合振动的轨迹方程. 由(7.12)得

$$\omega t = \cos^{-1}\frac{x}{A_1}-\varphi_1,\ \omega t = \cos^{-1}\frac{y}{A_2}-\varphi_2,$$

消去 t 得

$$\varphi_2-\varphi_1 = \cos^{-1}\frac{y}{A_2}-\cos^{-1}\frac{x}{A_1}=\alpha-\beta,$$

其中

$$\alpha=\cos^{-1}\frac{y}{A_2},\ \beta=\cos^{-1}\frac{x}{A_1},$$

取 $\varphi_2-\varphi_1$ 的正弦并进行平方运算，得

$$\begin{aligned}\sin(\varphi_2-\varphi_1) &= \sin\alpha\cdot\cos\beta-\cos\alpha\cdot\sin\beta \\ &= \sqrt{1-\left(\frac{y}{A_2}\right)^2}\frac{x}{A_1}-\sqrt{1-\left(\frac{x}{A_1}\right)^2}\frac{y}{A_2},\end{aligned}$$

$$\sin^2(\varphi_2-\varphi_1)=\left(\frac{x}{A_1}\right)^2\left[1-\left(\frac{y}{A_2}\right)^2\right]+\left(\frac{y}{A_2}\right)^2\left[1-\left(\frac{x}{A_1}\right)^2\right]$$

$$-2\frac{x}{A_1}\frac{y}{A_2}\sqrt{1-\left(\frac{y}{A_2}\right)^2}\sqrt{1-\left(\frac{x}{A_1}\right)^2}$$

$$=\left(\frac{x}{A_1}\right)^2+\left(\frac{y}{A_2}\right)^2-2\frac{x}{A_1}\frac{y}{A_2}\left[\frac{x}{A_1}\frac{y}{A_2}+\sqrt{1-\left(\frac{y}{A_2}\right)^2}\sqrt{1-\left(\frac{x}{A_1}\right)^2}\right],$$

把

$$\cos(\varphi_2-\varphi_1)=\cos\alpha\cdot\cos\beta+\sin\alpha\cdot\sin\beta$$

$$=\frac{y}{A_2}\frac{x}{A_1}+\sqrt{1-\left(\frac{y}{A_2}\right)^2}\sqrt{1-\left(\frac{x}{A_1}\right)^2},$$

代入上式得

$$\sin^2(\varphi_2-\varphi_1)=\left(\frac{x}{A_1}\right)^2+\left(\frac{y}{A_2}\right)^2-2\frac{x}{A_1}\frac{y}{A_2}\cos(\varphi_2-\varphi_1),$$

亦即

$$\left(\frac{x}{A_1}\right)^2+\left(\frac{y}{A_2}\right)^2-2\frac{x}{A_1}\frac{y}{A_2}\cos(\varphi_2-\varphi_1)=\sin^2(\varphi_2-\varphi_1), \qquad (7.13)$$

这是一个椭圆方程，其具体形状取决于两分振动的初相位差 $\varphi_2-\varphi_1$.

(1) 当 $\varphi_2-\varphi_1=0$ 时，方程化为 $\left(\frac{x}{A_1}-\frac{y}{A_2}\right)^2=0$，即 $\frac{x}{A_1}=\frac{y}{A_2}$，是一条位于一、三象限的直线.

(2) 当 $\varphi_2-\varphi_1=\pm\frac{\pi}{4}$ 时，方程化为 $\left(\frac{x}{A_1}\right)^2+\left(\frac{y}{A_2}\right)^2-2\frac{x}{A_1}\frac{y}{A_2}\frac{\sqrt{2}}{2}=\left(\frac{\sqrt{2}}{2}\right)^2$，是一个主轴位于一、三象限的斜椭圆.

(3) 当 $\varphi_2-\varphi_1=\pm\frac{\pi}{2}$ 时，方程化为 $\left(\frac{x}{A_1}\right)^2+\left(\frac{y}{A_2}\right)^2=1$，是一正椭圆.

(4) 当 $\varphi_2-\varphi_1=\pm\frac{3\pi}{4}$ 时，方程化为 $\left(\frac{x}{A_1}\right)^2+\left(\frac{y}{A_2}\right)^2+2\frac{x}{A_1}\frac{y}{A_2}\frac{\sqrt{2}}{2}=\left(\frac{\sqrt{2}}{2}\right)^2$，是一个主轴位于二、四象限的斜椭圆.

(5) 当 $\varphi_2-\varphi_1=\pm\pi$ 时，方程化为 $\left(\frac{x}{A_1}+\frac{y}{A_2}\right)^2=0$，即 $\frac{x}{A_1}=-\frac{y}{A_2}$，是一条位于二、四象限的直线.

图 7.4 画出了不同相位差对应的轨迹图，其中的箭头代表质点在轨迹曲线上的运动方向. 请读者思考运动方向是如何确定的.

力学之外——电磁波(包括光)的电场或磁场矢量的大小和方向可能随时间发生变化，描述该矢量的箭头也会划出如图 7.4 所示的轨迹. 在电磁学和光学中，轨迹为直线的电磁场(或光)，称为线偏振或线极化；轨迹为椭圆的电磁场(或光)，称为椭圆偏振或椭圆极化. 在椭圆上沿顺时针方向转动的称为右旋极化，在

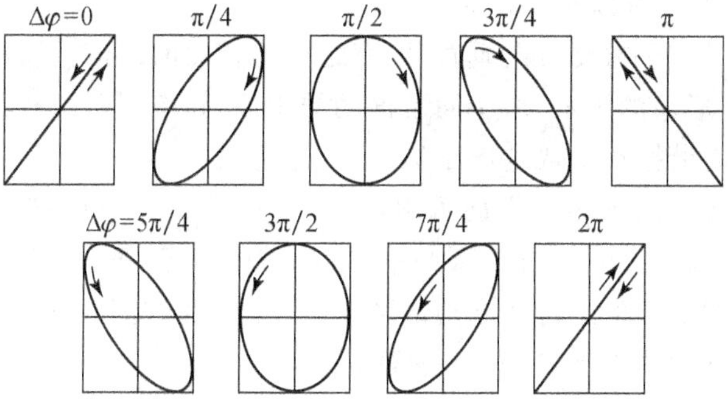

图 7.4　振动方向垂直、频率相同的简谐振动的合成

椭圆上沿逆时针方向转动的称为左旋极化. 电磁波的极化是电磁波的十分重要的特性之一.

4. 方向垂直，频率不同的简谐振动的合成(频率相差甚小；频率成整数倍)

(1) 频率相差甚小的情况.

设

$$x = A_1\cos(\omega_1 t + \varphi_1), \tag{7.14}$$

$$y = A_2\cos(\omega_2 t + \varphi_2), \tag{7.15}$$

代表两个方向垂直、频率相差甚小的简谐振动. 因频率相差甚小，故 y 方向的振动(7.15)可写为

$$y = A_2\cos(\omega_1 t + \varphi_2), \tag{7.16}$$

其中，$\varphi_2 = \varphi_2 + (\omega_2 - \omega_1)t = \varphi_2 + \Delta\omega t$ 是随时间缓慢变化的量. (7.16)与(7.14)合成的结果是

$$\left(\frac{x}{A_1}\right)^2 + \left(\frac{y}{A_2}\right)^2 - 2\frac{x}{A_1}\frac{y}{A_2}\cos(\varphi_2 - \varphi_1) = \sin^2(\varphi_2 - \varphi_1), \tag{7.17}$$

任一瞬时，轨迹为(7.13)所表示的椭圆或直线，但不稳定. 随着时间的增加，$\varphi_2 = \varphi_2 + \Delta\omega t$ 随之增加，图形也随之变化，依次重复图 7.4 所示的椭圆和直线.

(2) 频率之比为整数比的情况.

考虑两个振动方向垂直、频率之比为整数比，即 $\omega_1/\omega_2 = n_1/n_2$ 的简谐振动的合成. 因两分振动的周期比 $T_2/T_1 = \omega_1/\omega_2$ 也为整数比，所以存在一个 T_1 和 T_2 的最小公倍数 T. 对于合振动的任意一个运动状态，即轨迹上的任意一点 (x, y)，只要再经过时间 T，两个分振动的运动状态必定完全重复，轨迹必定又经过该点. 因此轨迹一定是形状固定的封闭曲线. 这种曲线，称为“李萨如”图. “李萨如”图曾用来测量交流电压的频率.

5. 图示法求简谐振动的合成*

为了使读者对于振动方向垂直、频率之比为整数的简谐振动的合成及“李萨如”图的形成有形象的了解，对于简谐振动的相位、频率等概念有进一步的理解，下面简单介绍简谐振动合成的图示法.

如图 7.5 所示的是振动方向垂直、频率之比为 $\omega_x/\omega_y=3/1$，初相位分别为 $\varphi_y=0$，$\varphi_x=-\pi/2$ 的两个简谐振动的合成. 为清晰起见，把矢量 $\boldsymbol{A}_x$ 和 $\boldsymbol{A}_y$ 代表的振动分别画在图 7.5 的上部和左边的两个圆中，得到它们在 x 轴和 y 轴上的投影后再合成画到图中右下角的 xy 平面上.

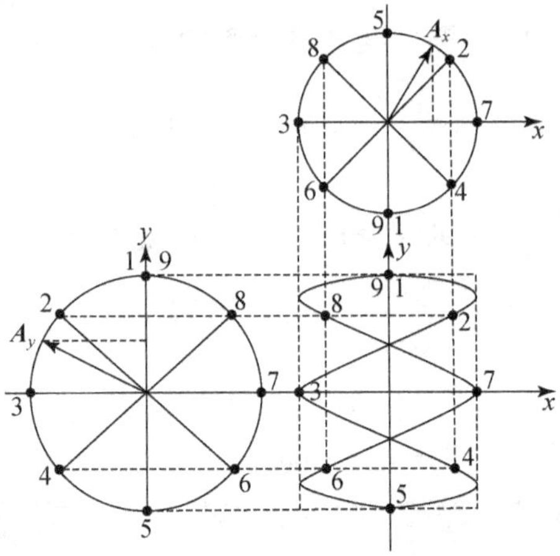

$\omega_x/\omega_y=3/1,\ \varphi_y=0,\ \varphi_x=-\pi/2$

图 7.5 振动方向垂直、频率之比为整数比的简谐振动的合成——“李萨如”图

$t=0$ 时，因为 $\varphi_y=0$，故 $\boldsymbol{A}_y$ 的箭头处于与 y 轴重合的位置，标号为 1；因为 $\varphi_x=-\pi/2$，故 $\boldsymbol{A}_x$ 的箭头处于与 x 轴成 $-\pi/2$ 的位置，标号为 1. 从而得到合振动在 xy 平面上标号为 1 的位置.

经过 1/8 周期后，代表 y 方向振动的矢量 $\boldsymbol{A}_y$ 在其圆中转动了 $\pi/4$ 到达标号为 2 的位置；因为 $\omega_x/\omega_y=3/1$，故 $\boldsymbol{A}_x$ 转动速度是 $\boldsymbol{A}_y$ 的 3 倍，所以 $\boldsymbol{A}_x$ 转动了 $3\pi/4$ 到达其圆中标号为 2 的位置. 合成后得到 xy 平面上标号为 2 的位置.

依此类推，以后每经过 1/8 周期，$\boldsymbol{A}_y$ 在其圆中依次到达为 3、4、5、6、7、8、9 的位置；$\boldsymbol{A}_x$ 也在其圆中依次到达为 3、4、5、6、7、8、9 的位置，不过 $\boldsymbol{A}_x$ 运动速度是 $\boldsymbol{A}_y$ 的 3 倍. 合成后得到 xy 平面上相应各点的位置.

最后，依次连接 xy 平面上的 1—9 点，就得到一条稳定的封闭曲线. 在连线时，我们注意到 $\boldsymbol{A}_x$ 由位置 1 运动到位置 2 时，箭头要经过 x 轴上的极大值，因此 xy 平面上 1 点与 2 点的连线要画到极大值处再拐回来.

7.3 阻尼振动

上一节讨论了简谐振动，是不存在耗散力、即没有阻力的情况．本节讨论存在阻力情况下的简谐振动，称为阻尼振动．先讨论阻尼振动的运动微分方程及其解，然后讨论最有实际意义的弱阻尼情况下的特性参量．

1．阻尼振动的运动微分方程及其解

置于油中的弹簧振子的振动是阻尼振动的典型例子（如图 7.6 所示）．这时，弹簧振子 m 除了弹性力 $f=-kx$ 外，还要受到油的粘滞阻力 $f_\gamma=-\gamma\dot{x}$ 的作用，运动微分方程为 $m\ddot{x}=-kx-\gamma\dot{x}$，化为标准形式：

$$\ddot{x}+\omega_0^2x+2\beta\dot{x}=0, \tag{7.18}$$

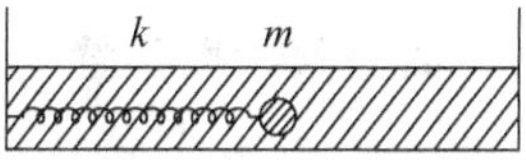

图 7.6　阻尼振动的典型例子——置于油中的弹簧振子

其中，$\beta=\dfrac{\gamma}{2m}$ 为阻尼因子，$\omega_0=\sqrt{\dfrac{k}{m}}$ 为固有频率．

按照微分方程的理论，(7.18)为线性齐次的二阶微分方程，根据 β 和 ω_0 的大小关系分别有以下形式的解：

(1) 弱阻尼 $\beta^2<\omega_0^2$

$$x=Ae^{-\beta t}\cos(\omega t+\varphi),\ \omega=\sqrt{\omega_0^2-\beta^2}, \tag{7.19}$$

可视为振幅作指数衰减的、圆频率为 $\omega=\sqrt{\omega_0^2-\beta^2}$ 的周期振动．

(2) 强阻尼 $\beta^2>\omega_0^2$

$$x=Ae^{-(\beta-\sqrt{\beta^2-\omega_0^2})t}+Be^{-(\beta+\sqrt{\beta^2-\omega_0^2})t}=Ce^{-\beta t}ch(\sqrt{\beta^2-\omega_0^2}t+\alpha), \tag{7.20}$$

两项均为衰减项，不振动．

(3) 临界阻尼 $\beta^2=\omega_0^2$

$$x=Ae^{-\beta t}(t+B), \tag{7.21}$$

(7.19)—(7.21)中的常数 A、B、C、α 等由初条件确定．

临界阻尼比强阻尼更快的趋于零，用于仪器、弹簧门等．

例题 2　已知强阻尼振动的初条件为 $x=A_0$，$\dot{x}=0$，求其解中的常数．

解：由 $t=0$，$x=A_0$，$\dot{x}=0\Rightarrow$

$A_0=A+B$

$0=A(-(\beta-\sqrt{\beta^2-\omega_0^2}))+B(-(\beta+\sqrt{\beta^2-\omega_0^2}))$，

从中解得

$$A=\frac{\sqrt{\beta^2-\omega_0^2}+\beta}{2\sqrt{\beta^2-\omega_0^2}}A_0,$$

$$B=-\frac{\sqrt{\beta^2-\omega_0^2}-\beta}{2\sqrt{\beta^2-\omega_0^2}}A_0.$$

例题 3 已知临界阻尼振动的初条件为 $x=A_0$，$\dot{x}=0$，求其解中的常数.

解： 由 $t=0, x=A_0, \dot{x}=0$ 得

$$\begin{cases}AB=A_0\\A(-\beta B+1)=0\end{cases}\Rightarrow\begin{cases}A=A_0\beta\\B=\dfrac{1}{\beta}.\end{cases}$$

2. 弱阻尼情形下的特性参量

弱阻尼是最常见的情况，下面对其特性参量——对数缩减、品质因数等给以详细的讨论.

(1) 对数缩减.

弱阻尼振动的解为 $x=Ae^{-\beta t}\cos(\omega t+\varphi)$，可视为振幅按 $e^{-\beta t}$ 作指数衰减的、周期为 $T=\frac{2\pi}{\omega}=\frac{2\pi}{\sqrt{\omega_0^2-\beta^2}}$ 的周期振动. 任意两个相差一个周期时间的位移之比为

$$\frac{x(t)}{x(t+T)}=e^{\beta T},$$

$$\ln\frac{x(t)}{x(t+T)}=\beta T, \tag{7.22}$$

该式表示，任一时刻的位移与下一周期的位移之比的对数为一常量，该常量称为**对数缩减**. 据此，可测量阻尼因子 β. 方法是，测出周期 T，t 时刻和 $t+nT$ 时刻的位移 $x(t)$ 和 $x(t+nT)$，于是得

$$\beta=\frac{1}{nT}\ln\frac{x(t)}{x(t+nT)}. \tag{7.23}$$

(2) 品质因子 Q 值.

以弹簧振子为例，由位移和速度可求出动能和势能，

$$x=Ae^{-\beta t}\cos(\omega t+\varphi),$$

$$\dot{x}=A[-\beta e^{-\beta t}\cos(\omega t+\varphi)-\omega e^{-\beta t}\sin(\omega t+\varphi)],$$

$$E_P=\frac{1}{2}kx^2=\frac{1}{2}kA^2e^{-2\beta t}\cos^2\varphi=\frac{1}{2}mA^2\omega_0^2e^{-2\beta t}\cos^2\varphi,$$

$$E_K=\frac{1}{2}m\dot{x}^2=\frac{1}{2}mA^2e^{-2\beta t}[-\beta\cos\varphi-\omega\sin\varphi]^2,$$

其中，$\varphi=\omega t+\varphi$，从而得到总机械能

$$E=E_K+E_P=\frac{1}{2}mA^2\mathrm{e}^{-2\beta t}[\omega_0^2\cos^2\varphi+\beta^2\cos^2\varphi+\omega^2\sin^2\varphi+2\beta\omega\sin\varphi\cos\varphi],$$

即

$$E=\frac{1}{2}mA^2\mathrm{e}^{-2\beta t}f(t),\tag{7.24}$$

其中，

$$f(t)=\omega_0^2+\beta^2\cos2\varphi+\beta\omega\sin2\varphi=\omega_0^2\left[1+\frac{\beta}{\omega_0}\cos(2\varphi+\varphi_{\beta,\omega_0})\right],$$

是周期为 $T/2$ 的周期函数，φ_{β,ω_0} 由 $\cos\varphi_{\beta,\omega_0}=\dfrac{\beta}{\omega_0}$，$\sin\varphi_{\beta,\omega_0}=\dfrac{\omega}{\omega_0}$ 决定. 由(7.24)式可知，阻尼振动的机械能是振荡着衰减的.

为描述机械能衰减的程度，引入**品质因子 Q 值**. 定义

$$Q=2\pi\frac{E(t)}{E(t)-E(t+T)}$$

$$=2\pi\frac{\frac{1}{2}mA^2\mathrm{e}^{-2\beta t}f(t)}{\frac{1}{2}mA^2\mathrm{e}^{-2\beta t}f(t)-\frac{1}{2}mA^2\mathrm{e}^{-2\beta(t+T)}f(t+T)}=\frac{2\pi}{1-\mathrm{e}^{-2\beta T}},\tag{7.25}$$

当

$$\beta\ll\omega_0,\ \mathrm{e}^{-2\beta T}\doteq1-2\beta T$$

得

$$Q\doteq\frac{2\pi}{2\beta t_0}=\frac{\omega_0}{2\beta},\tag{7.26}$$

可见阻尼越小，Q 值越高.

(3) 持续时间.

持续时间 $\Delta\tau$ 定义为振幅减为 $t=0$ 时的振幅的 $\mathrm{e}^{-\pi}$ 倍($\doteq4.3\%$)时所需的时间. 由 $A\mathrm{e}^{-\beta\Delta\tau}=A\mathrm{e}^{-\pi}$ 得

$$\Delta\tau=\frac{\pi}{\beta}\doteq\frac{2\pi}{\omega_0}Q=T_0Q,\tag{7.27}$$

显然，阻尼越小，Q 值越高，持续时间越长.

7.4 受迫振动

我们仍以弹簧振子为例来说明受迫振动. 设弹簧振子除受恢复力 $-kx$ 和阻尼 $-\gamma\dot{x}=-2m\beta\dot{x}$ 外，还可能受其他外力. 当外力是恒力，例如竖直悬挂的弹簧振子，重力这个外力，只改变平衡位置，不会改变其他振动特性. 但当外力是周期

性外力，例如图7.7所示的弹簧振子受到的周期性惯性力 $\boldsymbol{F}_{惯}=-m\boldsymbol{a}=-m\boldsymbol{a}_0\cos\Omega t$，振动情况会如何变化呢？

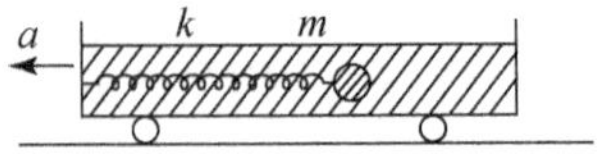

图7.7　强迫振动的例子——受到的周期性外力的弹簧振子

1. 标准方程及其解

受到的周期性外力 $F_0\cos\Omega t$ 的弹簧振子的运动微分方程为 $m\ddot{x}=-kx-\gamma\dot{x}+F_0\cos\Omega t$，化为标准方程：

$$\ddot{x}^2+\omega_0^2x+2\beta\dot{x}=\frac{F_0}{m}\cos\Omega t \tag{7.28}$$

根据线性非齐次微分方程的理论，其通解为相应齐次方程的通解 x_1 加上非齐次方程的一个特解 x_2. 相应齐次方程 $\ddot{x}^2+\omega_0^2x+2\beta\dot{x}=0$ 的通解 x_1 为

$$x_1=\begin{cases}A_1\mathrm{e}^{-\beta t}\cos(\omega t+\varphi_1) & \omega=\sqrt{\omega_0^2-\beta^2} \quad \beta^2<\omega_0^2\\ A_1\mathrm{e}^{-\beta t}ch(\omega t+B_1) & \omega=\sqrt{\beta^2-\omega_0^2} \quad \beta^2>\omega_0^2\\ A_1\mathrm{e}^{-\beta t}(t+B_1) & \beta=\omega_0\end{cases}, \tag{7.29}$$

其中的常数 A_1, B_1, φ_1 由初始条件决定. 但是，无论何种情况，只要 $t\to\infty$ 都有 $x_1\to0$.

非齐次方程的一个特解是：

$$x_2=A\cos(\Omega t+\psi), \tag{7.30}$$

其中，A 和 ψ 由方程(7.28)确定. 最后我们得方程(7.28)的通解为

$$x=x_1+x_2=x_1+A\cos(\Omega t+\psi), \tag{7.31}$$

因为 $t\to\infty$ 时，$x_1\to0$，故方程(7.28)的**稳定解**为

$$x=x_2=A\cos(\Omega t+\psi), \tag{7.32}$$

用代入法可求出稳定解中的振幅 A 和相位 ψ. 把 $x=x_2=A\cos(\Omega t+\psi)$ 代入(7.28)得

$$-A^2\Omega^2\cos(\Omega t+\psi)+\omega_0^2A\cos(\Omega t+\psi)-2\beta A\Omega\sin(\Omega t+\psi)=\frac{F_0}{m}\cos\Omega t,$$

该式对任意时刻均成立，特别地

$$\text{当}\quad \Omega t+\psi=0\Rightarrow -A(\Omega^2-\omega_0^2)=\frac{F_0}{m}\cos(-\psi)=\frac{F_0}{m}\cos\psi,$$

$$\text{当}\quad \Omega t+\psi=\frac{\pi}{2}\Rightarrow -2\beta A\Omega=\frac{F_0}{m}\cos\left(\frac{\pi}{2}-\psi\right)=\frac{F_0}{m}\sin\psi,$$

即

$$\begin{cases} -A(\Omega^2-\omega_0^2) = \dfrac{F_0}{m}\cos\psi \\ -2\beta A\Omega = \dfrac{F_0}{m}\sin\psi, \end{cases}$$

联立解出

$$A = \frac{F_0/m}{\sqrt{(\Omega^2-\omega_0^2)^2+(2\beta\Omega)^2}}, \tag{7.33}$$

$$\cos\psi = \frac{-(\Omega^2-\omega_0^2)}{\sqrt{(\Omega^2-\omega_0^2)^2+(2\beta\Omega)^2}},$$

$$\sin\psi = \frac{-2\beta\Omega}{\sqrt{(\Omega^2-\omega_0^2)^2+(2\beta\Omega)^2}}. \tag{7.34}$$

下面分别讨论振幅 A 和相位 ψ 与 Ω,β,ω_0 的关系.

2. 稳定受迫振动的振幅，振幅的频率响应曲线，半功率带宽

稳定受迫振动的振幅由(7.33)给出，即

$$A = \frac{F_0/m}{\sqrt{(\Omega^2-\omega_0^2)^2+(2\beta\Omega)^2}},$$

从中可以看出：当 $\Omega=0$ 时，$A=A_0=F_0/m\omega_0^2$，它表示强迫力为恒力，使平衡位置有一确定的位移. 当 $\Omega\to\infty$ 时，$A\to 0$，它表示强迫力振动太快，振子“跟不上”，故不振动. 因此在 $\Omega=0$ 和 $\Omega\to\infty$ 之间可能存在极大值，由 $\dfrac{dA}{d\Omega}=0$ 可求得极值点

$$\Omega = \Omega_r = \sqrt{\omega_0^2-2\beta^2} \doteq \omega_0\sqrt{1-\frac{1}{2Q^2}} \doteq \omega_0\left(1-\frac{1}{4Q^2}\right) < \omega_0, \tag{7.35}$$

和极大值，即**共振振幅**

$$A_r = A(\Omega_r) = \frac{F_0/m}{2\beta\sqrt{\omega_0^2-\beta^2}} \doteq \frac{F_0/m}{\dfrac{\omega_0}{Q}\omega_0} = \frac{F_0/m}{\omega_0^2}Q = A_0 Q. \tag{7.36}$$

根据这些简单分析，可画出振幅随频率的变化曲线 $A(\Omega)$，称为**振幅的频率响应曲线**，如图 7.8 所示. 由(7.35)和(7.36)可以看出，当强迫力的频率 Ω 接近于系统的固有频率 ω_0 时，强迫振动的振幅达到最大值，此时称为共振. 共振振幅与系统的 Q 值成正比，Q 值越高、共振振幅越大.

在强迫振动中有一个重要的物理量，即通频带——**半功率带宽**.

在振幅的频率响应曲线中，可以找到“半功率点”，即功率降到最大功率之半，亦即振幅降到最大振幅值的 $1/\sqrt{2}$ 对应的频率点 ω_1 和 ω_2. 由

$$A = \frac{F_0/m}{\sqrt{(\Omega^2-\omega_0^2)^2+(2\beta\Omega)^2}} = \frac{1}{\sqrt{2}}A_r = \frac{1}{\sqrt{2}}\frac{F_0/m}{2\beta\sqrt{\omega_0^2-\beta^2}},$$

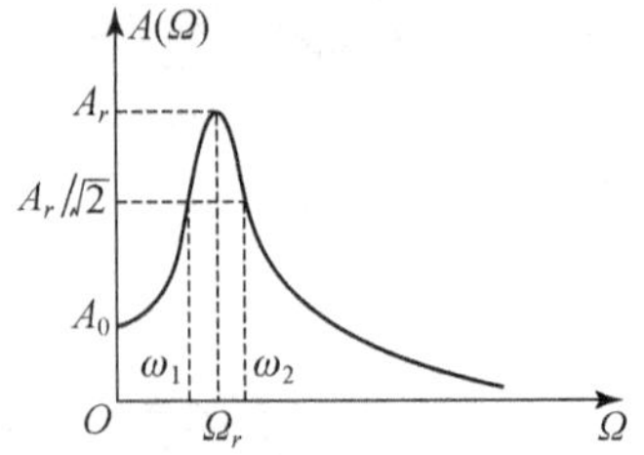

图 7.8 阻尼振动振幅的频率响应曲线 A(Ω)

可求出 $\Omega=\omega_{1,2}$. 定义半功率带宽 $\Delta\omega=\omega_2-\omega_1$. 可以证明在 $\beta\ll\omega_0$ 情况下

$$\Delta\omega=\omega_2-\omega_1\doteq\frac{\omega_0}{Q}. \tag{7.37}$$

显然，Q 值越高，系统的通频带越窄.

稳定受迫振动振动速度的振幅*

对于稳定受迫振动的速度

$$\frac{\mathrm{d}x}{\mathrm{d}t}=-A\Omega\sin(\Omega t+\varphi)=A\Omega\cos\left(\Omega t+\varphi+\frac{\pi}{2}\right),$$

也可进行类似的分析. 速度的振幅为

$$A_v=A\Omega=\frac{(F_0/m)\Omega}{\sqrt{(\Omega^2-\omega_0^2)^2+(2\beta\Omega)^2}}=\frac{(F_0/m)/\omega_0}{\left(\dfrac{\Omega}{\omega_0}-\dfrac{\omega_0}{\Omega}\right)^2+\dfrac{1}{Q^2}}. \tag{7.38}$$

可以画出速度振幅的频率响应曲线 $A_v(\Omega)$，它与位移振幅的频率响应曲线 $A(\Omega)$ 相似，但其共振频率严格等于系统的固有频率

$$\Omega_{vr}=\omega_0, \tag{7.39}$$

共振振幅也正比于 Q 值：

$$A_{vr}=\frac{(F_0/m)}{\omega_0^2}Q=A_0\omega_0Q. \tag{7.40}$$

3. 受迫振动的能量

仍以阻尼弹簧振子的强迫振动为例，由位移和速度

$$x=A\cos(\Omega t+\psi),$$

$$\dot{x}=-A\Omega\sin(\Omega t+\psi),$$

可求出动能、势能

$$\begin{aligned}E_k&=\frac{1}{2}m\dot{x}^2=\frac{1}{2}mA^2\Omega^2\sin^2(\Omega t+\psi),\\E_p&=\frac{1}{2}kx^2=\frac{1}{2}mA^2\omega_0^2\cos^2(\Omega t+\psi),\end{aligned} \tag{7.41}$$

和总机械能

$$E = E_k + E_p = \frac{1}{2}mA^2(\Omega^2\sin^2(\Omega t+\psi) + \omega_0^2\cos^2(\Omega t+\psi))$$

$$= \frac{1}{2}mA^2\left[\Omega^2\frac{1-\cos 2(\Omega t+\psi)}{2} + \omega_0^2\frac{1+\cos 2(\Omega t+\psi)}{2}\right] \tag{7.42}$$

$$= \frac{1}{2}mA^2\left[\frac{\Omega^2+\omega_0^2}{2} + \frac{\omega_0^2-\Omega^2}{2}\cos 2(\Omega t+\psi)\right].$$

由(7.42)可以看出，强迫振动的机械能是以强迫力周期的一半为周期(频率为 2Ω)的周期函数. 这一点与简谐振动的总机械能是常数不同，也与阻尼振动的机械能以 $e^{-2\beta t}f(t)$ 的形式振荡着衰减也不同. 对强迫振动的机械能(7.42)式进行周期平均，得周期平均能量

$$\boldsymbol{E} = \frac{1}{T}\int_0^T E\cdot dt = \frac{1}{2}mA^2\frac{\Omega^2+\omega_0^2}{2}, \tag{7.43}$$

为常量. 这是因为在稳定的情况下，一周期内强迫力所做的功等于阻尼所消耗的能量.

一周期内强迫力所做的功，即一周期内强迫力使系统的能量发生的变化为

$$(\Delta E)_\Omega = W_{\text{强迫力}} = \int_0^T F_0\cos\Omega t\cdot\dot{x}dt = -A\Omega F_0\int_0^T\sin(\Omega t+\Psi)\cdot\cos\Omega t\,dt$$

$$= -A\Omega F_0\int_0^T\frac{1}{2}[\sin(2\Omega t+\Psi)+\sin\Psi]dt$$

$$= -\frac{A\Omega F_0 T}{2}\sin\Psi,$$

又因

$$\frac{F_0}{m}\sin\Psi = -2\beta\Omega A,$$

所以

$$(\Delta E)_\Omega = W_{\text{强迫力}} = \beta mA^2\Omega^2 T, \tag{7.44}$$

一周期内阻力所做的功

$$(\Delta E)_\beta = W_{\text{阻尼}} = \int_0^T -\gamma\dot{x}\cdot\dot{x}dt = -2\beta m\int_0^T\dot{x}^2dt$$

$$= -2\beta mA^2\Omega^2\int_0^T\sin^2(\Omega t+\Psi)dt = -2\beta mA^2\Omega^2\int_0^T\frac{1}{2}[1-\cos 2(\Omega t+\Psi)]dt,$$

最后得

$$(\Delta E)_\beta = W_{\text{阻尼}} = -\beta mA^2\Omega^2 T. \tag{7.45}$$

由此可见 $(\Delta E)_\Omega = -(\Delta E)_\beta$，即一周期内强迫力所做的功等于阻尼所消耗的能量，因而周期平均能量为常量.

若定义受迫振动的品质因子 Q_Ω 值为周期平均能量与一周期内消耗的能量之比的 2π 倍，即

$$Q_{\Omega} = 2\pi \frac{\boldsymbol{E}}{|(\Delta E)_{\beta}|} = 2\pi \frac{\boldsymbol{E}}{(\Delta E)_{\Omega}} \tag{7.46}$$

在通频带内，$\Omega \doteq \omega_0$，上式近似为

$$Q_{\Omega} = 2\pi \frac{\frac{1}{2}mA^2 \frac{\Omega^2 + \omega_0^2}{2}}{\beta m A^2 \Omega^2 T} \doteq 2\pi \frac{1}{2\beta t} \doteq \frac{\omega_0}{2\beta} = Q \tag{7.47}$$

所以，Q 值既代表了周期损失的能量，也代表了周期补充的能量.

4. 受迫振动的相位、相位的频率响应曲线

在受迫振动中，当强迫力由 $F = F_0 \cos\Omega t$ 给出时，位移和速度由

$$x = A\cos(\Omega t + \psi) = A\cos(\Omega t + \varphi_x),$$

$$\dot{x} = -A\Omega\sin(\Omega t + \psi) = A\Omega\cos(\Omega t + \psi + \pi/2) = A\Omega\cos(\Omega t + \varphi_{\dot{x}}),$$

给出，因此 $\varphi_x = \psi$ 是位移与强迫力的相差，$\varphi_{\dot{x}} = \psi + \pi/2$ 是速度与强迫力的相差. ψ 由(7.34)给出：

$$\cos\psi = \frac{-(\Omega^2 - \omega_0^2)}{\sqrt{(\Omega^2 - \omega_0^2)^2 + (2\beta\Omega)^2}},$$

$$\sin\psi = \frac{-2\beta\Omega}{\sqrt{(\Omega^2 - \omega_0^2)^2 + (2\beta\Omega)^2}},$$

由此可画出 $\varphi_x = \psi$ 和 $\varphi_{\dot{x}} = \psi + \pi/2$ 随频率 Ω 的变化曲线，称为**相位的频率响应曲线**，如图 7.9 所示，当 $\Omega = \omega_0$ 时，$\varphi_{\dot{x}} = 0$，强迫力与速度同相，强迫力最有效地对系统做功，使系统的速度达到最大，即速度共振状态.

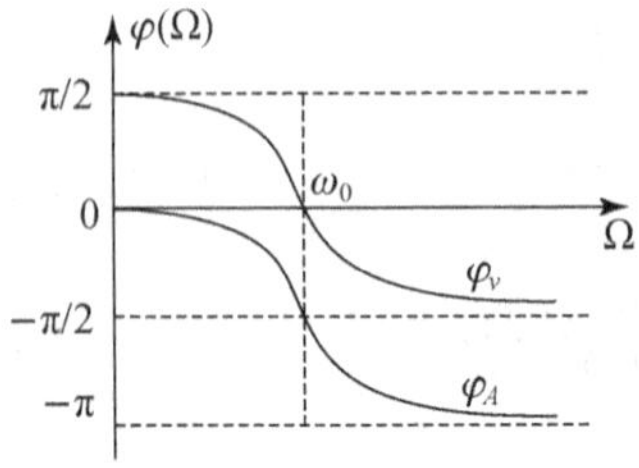

图 7.9 相位的频率响应曲线

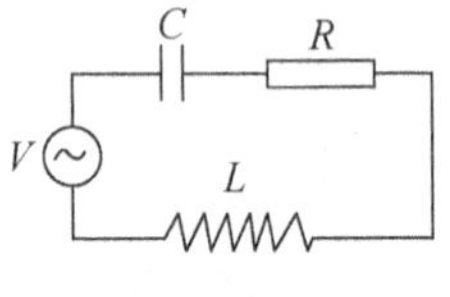

图 7.10 典型的 LC 谐振电路

5. 力学之外—振幅的频率响应曲线、Q 值、带宽在电子学中的意义*

本节所介绍的频率响应曲线、Q 值、带宽等概念和公式，虽然是以阻尼弹簧振子的受迫振动为例作出的，但具有普遍意义. 一个物理量或一个系统，只要其变化满足标准方程(7.28)，就可以应用这些概念和公式.

为了说明这点，我们来分析电子学中的典型电路. 如图 7.10 所示给出了一个谐振回路的示意图. 其中的电流 I 满足下述微分方程：

$$L\frac{\mathrm{d}I}{\mathrm{d}t} + \frac{\int I\mathrm{d}t}{C} + IR = V_0\cos(\Omega t + \varphi),$$

再微商一次，得

$$\ddot{I}+\frac{1}{LC}I+\frac{R}{L}\dot{I}=-\frac{V_0\Omega}{L}\sin(\Omega t+\varphi),$$

即

$$\ddot{I}+\omega_0^2 I+2\beta\dot{I}=F\cos\left(\Omega t+\varphi+\frac{\pi}{2}\right), \tag{7.48}$$

其中

$$\omega_0=\frac{1}{\sqrt{LC}},\ 2\beta=\frac{R}{L},\ F=\frac{V_0\Omega}{L}. \tag{7.49}$$

电流满足的方程(7.48)与强迫振动方程(7.28)完全相同，因此可用本节关于频率响应曲线、Q 值、带宽等概念和公式. 根据这些概念和公式，这个电路的品质因子 Q 值为

$$Q=\frac{\omega_0}{2\beta}=\frac{1/\sqrt{LC}}{R/L}=\frac{1}{R}\sqrt{\frac{L}{C}},$$

很明显，电阻越大，Q 值越低. 这个电路的带宽为

$$\Delta\omega=\omega_0/Q.$$

由此可见，Q 值越高，带宽越窄. 如果这种电路应用在电视或收音机的接收器前端. 从天线耦合到的外来信号就是强迫力. 当外来信号频率 Ω 接近于系统谐振频率 $\omega_0=\dfrac{1}{\sqrt{LC}}$ 时，产生共振，电路中电流振幅最大，即接收到了该频率的信号；当 Ω 远离 ω_0 时，电路中电流很小，即接收不到该频率的信号. Q 值越高，$\Delta\omega$ 越窄，只能有一个信号进来，表明电路的选择性较好；Q 值越低，$\Delta\omega$ 越宽，可能有多个信号同时进来，表明电路的选择性较差.

7.5　振动的分解、频谱分析*

1. 周期性振动的分解、分离频谱

在数学上，任何周期函数

$$x=x(t)=x\left(t+\frac{2\pi}{\omega}\right), \tag{7.50}$$

都可用傅立叶级数来展开：

$$\begin{aligned}x=x(t)&=A_0+\sum_{n=1}^{\infty}(A_n\cos n\omega t+B_n\sin n\omega t)\\&=A_0+\sum_{n=1}^{\infty}C_n\cos(n\omega t+\varphi_n),\end{aligned} \tag{7.51}$$

其中，

$$A_0 = \frac{1}{T}\int_0^T x(t)\mathrm{d}t,$$

$$A_n = \frac{2}{T}\int_0^T x(t)\cos n\omega t\mathrm{d}t,$$

$$B_n = \frac{2}{T}\int_0^T x(t)\sin n\omega t\mathrm{d}t,$$

$$C_n = \sqrt{A_n^2 + B_n^2},\ \begin{cases}\cos\varphi_n = A_n/C_n\\ \sin\varphi_n = B_n/C_n,\end{cases}$$

在物理上，上述式子表示：周期为 $T=\frac{2\pi}{\omega}$的任意振动 $x=x(t)=x\left(t+\frac{2\pi}{\omega}\right)$可以分解为频率为$n\omega$ ($n=1,2,\cdots\infty$)、振幅为 C_n 的无穷多个简谐振动的叠加. 其中，$n=0$ 代表直流分量；$n>1$ 的统称谐波分量，$n=1$ 的代表基频振动，$n>1$ 的代表倍频振动. 以 C_n 为纵坐标，$n\omega$ 为横坐标画出的图形成为振动 $x(t)$ 的频谱. 周期振动的频谱是一些分离的直线——分离频谱.

例题 4 如图 7.10 所示的锯齿波，$x=at$，$0<t<T$. 试对其进行频谱分析.

解： $A_0 = \frac{1}{T}\int_0^T at\,\mathrm{d}t = \frac{1}{2}aT,$

$$A_n = \frac{2}{T}\int_0^T at\cos n\omega t\mathrm{d}t = 0,$$

$$B_n = \frac{2}{T}\int_0^T at\sin n\omega t\mathrm{d}t = \frac{-2a}{Tn\omega}\int_0^T t\mathrm{d}\cos n\omega t$$

$$= \frac{-2a}{Tn\omega}\left(t\cos n\omega t\,\Big|_0^T - \int_0^T \cos n\omega t\mathrm{d}t\right) = \frac{-2aT}{Tn\omega} = \frac{-aT}{n\pi},$$

$$C_n = \frac{aT}{n\pi},$$

$$x = at = \frac{1}{2}aT + \sum_{n=1}^{\infty}\frac{-aT}{n\pi}\sin(n\omega t) = \frac{1}{2}aT + \sum_{n=1}^{\infty}\frac{aT}{n\pi}\cos\left(n\omega t + \frac{\pi}{2}\right),$$

如图 7.11 所示，谐波分量的振幅$\frac{aT}{n\pi}$与 n 成反比，随着 n 的增加而减小.

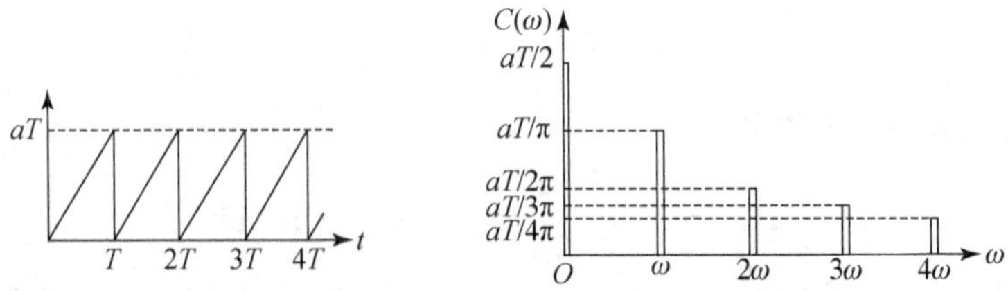

图 7.11 锯齿波的波形与频谱(分离谱)

2. 非周期性振动的分解、连续频谱

非周期性振动可看成周期为无穷大，频率为无穷小的振动. 在这种情况下进行分解，分振动的频率间隔变为无穷小，即分振动不是分离的，而是连续分布的. 这样，上述分离的傅立叶级数由连续的傅立叶积分代替，频谱则被连续的曲线代替. 即

$$x(t),\ 0 \leqslant t < +\infty \tag{7.52}$$

$$x(t) = \int_0^{\infty} (A(\omega)\cos\omega t + B(\omega)\sin\omega t)\mathrm{d}\omega = \int_0^{\infty} C(\omega)\cos[\omega t + \varphi(\omega)]\mathrm{d}\omega, \tag{7.53}$$

其中，

$$A(\omega) = \frac{1}{\pi}\int_0^{\infty} x(t)\cos\omega t\mathrm{d}t,$$

$$B(\omega) = \frac{1}{\pi}\int_0^{\infty} x(t)\sin\omega t\mathrm{d}t,$$

$$C(\omega) = \sqrt{A^2(\omega) + B^2(\omega)}.$$

力学之外——在电子学、声学中经常需要对电信号或声信号进行频谱分析. 实际发生的电信号或声信号 $x = x(t)$ 十分复杂，上述频谱分析所涉及的积分往往不能解析计算，只能进行数值计算. 在计算机发明之前，这是个困难的任务. 计算机技术的应用使之成为小菜一碟. 现在很多计算机软件都有进行频谱分析的程序，还有专门进行频谱分析的仪器设备——频谱分析仪. 只要将信号数据读入程序或将信号直接输入频谱分析仪，就可以立刻得到频谱数据和曲线. 尽管如此，作为理科学生了解频谱分析的基础和方法仍然是十分必要的.

例题 5 阻尼振动 $x = \mathrm{e}^{-\beta t}\cos\omega' t$ ($\omega' = \sqrt{\omega_0^2 - \beta^2}$) 可看成周期为无穷大的周期振动，试对其进行频谱分析.

解：

$$\begin{aligned}
A(\omega) &= \frac{1}{\pi}\int_0^{\infty} x(t)\cos\omega t\mathrm{d}t = \frac{1}{\pi}\int_0^{\infty} \mathrm{e}^{-\beta t}\cos\omega' t \cdot \cos\omega t\mathrm{d}t \\
&= \frac{1}{\pi}\int_0^{\infty} \mathrm{e}^{-\beta t}\frac{1}{2}[\cos(\omega + \omega')t + \cos(\omega - \omega')t]\mathrm{d}t \\
&= \frac{1}{2\pi}\left[\frac{\beta}{(\omega + \omega')^2 + \beta^2} + \frac{\beta}{(\omega - \omega')^2 + \beta^2}\right] \\
&= \frac{1}{\pi} \cdot \frac{\beta(\omega^2 + \beta^2 + \omega'^2)}{(\omega^2 + \beta^2 - \omega'^2)^2 + (2\beta\omega')^2},
\end{aligned}$$

$$\begin{aligned}
B(\omega) &= \frac{1}{\pi}\int_0^{\infty} x(t)\sin\omega t\mathrm{d}t = \frac{1}{\pi}\int_0^{\infty} \mathrm{e}^{-\beta t}\cos\omega' t \cdot \sin\omega t\mathrm{d}t \\
&= \frac{1}{\pi}\int_0^{\infty} \mathrm{e}^{-\beta t}\frac{1}{2}[\sin(\omega + \omega')t + \sin(\omega - \omega')t]\mathrm{d}t
\end{aligned}$$

$$= \frac{1}{2\pi}\left[\frac{\omega+\omega'}{(\omega+\omega')^2+\beta^2}+\frac{\omega-\omega'}{(\omega-\omega')^2+\beta^2}\right]$$

$$= \frac{1}{\pi}\cdot\frac{\omega(\omega^2+\beta^2-\omega'^2)}{(\omega^2+\beta^2-\omega'^2)^2+(2\beta\omega')^2},$$

$$C(\omega)=\sqrt{A^2(\omega)+B^2(\omega)}=\frac{1}{\pi}\cdot\frac{\sqrt{\omega^2+\beta^2}}{\sqrt{(\omega^2+\beta^2-\omega'^2)^2+(2\beta\omega')^2}},$$

当 $\omega=0$ 时，　　　　$C(0)=\frac{\beta}{\pi\omega_0^2}$，

当 $\omega\to\infty$ 时，　　　　$C(\infty)\to 0$.

在 $\omega=0$ 到 $\omega\to\infty$ 之间，$C(\omega)$ 存在极大值. 由 $\mathrm{d}C(\omega)/\mathrm{d}\omega=0$ 可求得极大点 ω_r. 即当

$$\omega^2=\omega_r^2=\omega'\sqrt{\omega'^2+4\beta^2}-\beta^2=(\omega_0^2-\beta^2)\sqrt{\omega_0^2+3\beta^2}-\beta^2\doteq\omega_0^2-\beta^2/2,$$

$$\omega=\omega_r\doteq\omega_0\sqrt{1-\beta^2/2\omega_0^2}$$

时，$C(\omega)$ 取极大值，表示该频率附近的谐波分量贡献最大. 根据上述分析，可以画出该阻尼振动的频谱图 $C(\omega)\sim\omega$，如图 7.12 所示. 值得注意的是，该频谱与受迫振动的频率响应曲线相似，这里的谐波分量贡献最大的频率值与受迫振动的共振频率相近，反映了二者的必然联系.

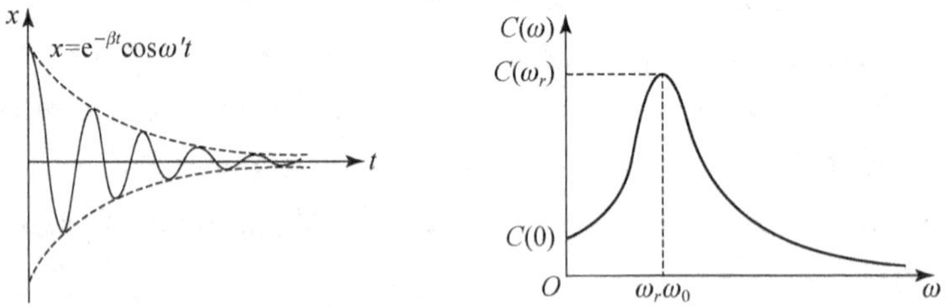

图 7.12　弱阻尼振动的波形与频谱(连续谱)

思　考　题

1. 什么是简谐振动？是不是只要随时间作正弦或余弦变化的运动都是简谐振动？

2. 在描述谐振的参量中，哪些参量是系统所固有的动力学特性？哪些参量取决于初始或某个时刻的运动状态？

3. 描述系统的运动状态，用相位为什么比用时间优越？试以比较两个单摆的运动状态为例来说明这个问题.

4. 在简谐振动的矢量表示法中，描述谐振动的参量有什么几何意义？

5. 带电粒子处于同频率互相垂直的电场中，其运动轨迹是怎么样的？

6. 不同频率的两个正交简谐振动的合成，为什么只有当其频率成整数比时才是稳定的？

7. 试用简谐振动的矢量图说明，两个同向同频简谐振动的合成仍为同频简谐振动，并导出合振动的振幅和初位相.

8. “拍”是怎样形成的？“拍”的频率如何确定？

9. 用示波器可以观察到振动方向相同的简谐振动的合成. (1) 只输入一个信号，改变电压的大小和频率，能观察到什么现象？(2) 用两个电阻组成相加电路，同时输入两种信号，改变一个信号的频率观察，能观察到什么现象？

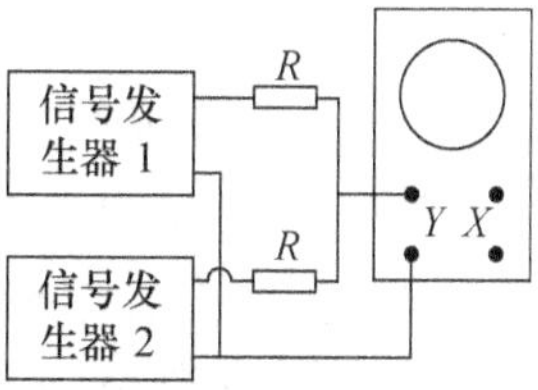

图 SK7.1　思考题 10 图

10. 如图 SK7.1 所示用示波器可以观察到振动方向垂直的简谐振动的合成. 用两台信号发生器，一台作为示波器的 Y 轴信号，另一台作为 X 轴信号. 能观察到什么现象？连续改变一个信号的频率，在什么情况下，能看到稳定的李萨如图形？

11. 阻尼振系统 Q 值的定义是什么？它与系统的持续时间，实际振动频率的关系如何？

12. 对于弱阻尼线性振子的自由振动，试证明系统实际振动频率 ω 与固有频率 ω_0 的关系为 $\omega=\omega_0\sqrt{1-\frac{1}{2Q^2}}$；若 $Q>10$，问 ω 与 ω_0 的相对误差大约为多少？

13. 一有耗振子作自由振动，问经过了 QT_0 的时间，振子的机械能损耗至初值的百分之几？

14. 稳定受迫振动稳定解的表达式 $x=A\cos(\Omega t+\varphi)$ 形式上与简谐振动相同，问其频率是否由系统的固有性质决定？振幅和初相位是否由初始条件决定？

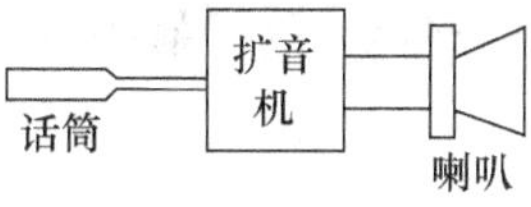

图 SK7.2　思考题 15 图

15. 话筒和喇叭都是振子，试分析在扩音系统（见图 SK7.2）工作的过程中，话筒和喇叭各受什么驱动力？各受什么阻尼力？对于音乐会而言，话筒和喇叭应为高 Q 振子还是低 Q 振子. 它们的固有频率宜为多大？

16. 扩音系统很容易自动地啸叫，试分析产生啸叫的条件和消除啸叫的方法.

习　题　七

7.1　如图 XT7.1 所示是两个垂直悬挂的振子，若空气阻力可不计，试写出振子在垂直方向作自由振动的方程，并求振动的周期.

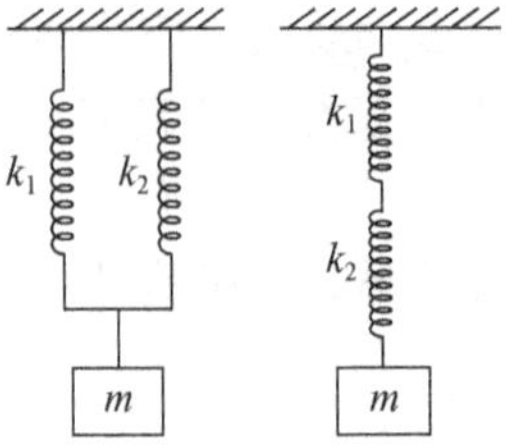

图 XT7.1　习题 7.1 图

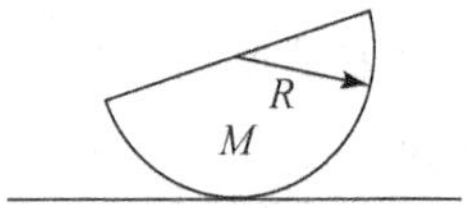

图 XT7.2　习题 7.2 图

7.2　有一半径为 R 的均质半球，在足够粗糙的水平面上往复摆动，如图 XT7.2 所示．空气阻力可不计．求它作小振动的周期．

7.3　有一半径为 r、质量为 m 的均质小球，在半径为 R 的球壳内作无滑滚动，如图 XT7.3 所示．空气阻力可不计．求它作小振动的周期．

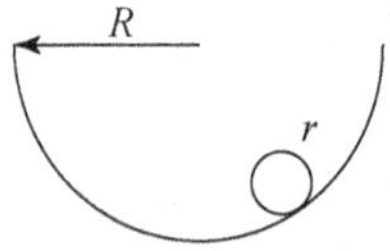

图 XT7.3　习题 7.3 图

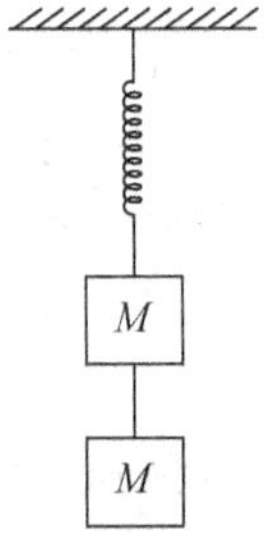

图 XT7.4　习题 7.4 图

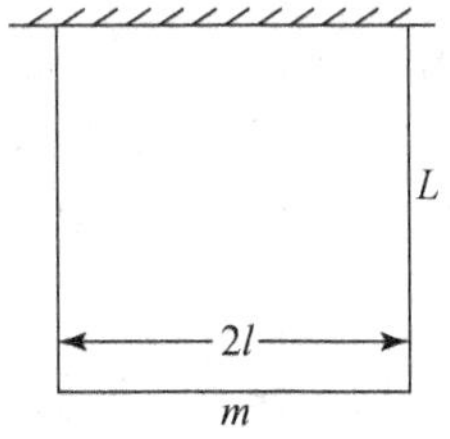

图 XT7.5　习题 7.5 图

7.4　如图 XT7.4 所示，有一垂直悬挂的弹簧，它的下面依次悬挂两个质量均为 M 的物体．已知该系统处于静止状态．现突然将下面的物体摘掉，求振动的表示式(不计阻力)．

7.5　质量为 m、长为 $2l$ 的均质细棒，两端各通过一根长为 L 的细线悬挂起来，如图 XT7.5 所示．现使棒绕铅直轴转过一个很小的角度，然后撤去外力，求解系统的运动．

7.6　若同时有以下三个振动：

$$x_1 = A\sin\omega t,\ x_2 = A\sin\left(\omega t + \frac{2}{3}\pi\right),\ x_3 = A\sin\left(\omega t - \frac{2}{3}\pi\right)$$

求三个振动的初相位以及 x_2 和 x_3 相对于 x_1 的相位差．

7.7　求以下三组同方向一维振动的合振动．

(1) $x_1 = 8\cos\left(\omega t + \frac{3}{4}\pi\right),\ x_2 = 6\cos\left(\omega t - \frac{1}{4}\pi\right)$；

(2) $x_1 = 8\cos\left(\omega t + \frac{3}{4}\pi\right),\ x_2 = 6\cos\left(\omega t + \frac{1}{4}\pi\right)$；

(3) $x_1=A\cos\omega t$, $x_2=A\cos\left(\omega t+\frac{2}{3}\pi\right)$, $x_3=A\cos\left(\omega t-\frac{2}{3}\pi\right)$.

7.8 若有两个同方向的振动：

$$x_1 = A\cos\omega t,\ x_2 = A\cos[\omega t + \varphi_0(t)].$$

(1) 求合振动,并定性描述当 $\varphi_0(t)$随时间变化非常缓慢时的振动波形；

(2) 在什么情况下合振动是周期性振动？

7.9 已知一振动的函数式为 $x=A(1+m\cos\Omega t)\cos\omega t$

A,m,Ω,ω 为常数,且 $m<1,\omega\gg\Omega$. 问：

(1) 它是由哪些简谐振动叠加组成的？

(2) 定性地描绘它的波形.

7.10 $\boldsymbol{U}_1,\boldsymbol{U}_2$ 是两个振动的矢量：

$$\boldsymbol{U}_1 = A_1\cos\omega t\boldsymbol{e}_1,\ \boldsymbol{U}_2 = A_2\cos\left(\omega t + \frac{\pi}{2}\right)\boldsymbol{e}_2.$$

$\boldsymbol{e}_1$ 与 $\boldsymbol{e}_2$ 之间的夹角为$\frac{\pi}{3}$,求合振动的矢头的轨迹.

7.11 试证明：两个匀速率圆周运动

$\boldsymbol{u}_1 = A\cos\omega t\boldsymbol{i} + A\sin\omega t\boldsymbol{j}$ 与 $\boldsymbol{u}_2 = A\cos(\omega t+\alpha)\boldsymbol{i} - A\sin(\omega t+\alpha)\boldsymbol{j}$

可以合成一维的简谐振动(该题表明,两个圆偏振光可以合成一个线偏振光).

7.12 用作图法求振动方向垂直、频率比为 3 且初相位之差为 π 的合振动的轨迹图. 即 $\frac{\omega_x}{\omega_y}=3$, $\varphi_x=0$, $\varphi_y=\pi$.

7.13 试利用傅立叶级数分析方波的频谱. 已知方波可表示为

$$x(t)=\begin{cases}A,\ mT\leqslant t\leqslant mT+\dfrac{T}{2}\\[2ex] 0,\ mT+\dfrac{T}{2}<t<(m+1)T\end{cases},m\ 为整数.$$

7.14 一在空气中振动的单摆,摆长为 0.80 m. 已知经过 35.15 s 后振幅为初始值的$\frac{1}{3}$：

(1) 求该系统的 Q 值；

(2) 经过多长时间机械能为初始值的$\frac{1}{2}$?

(3) 经过多长时间振幅衰减为初始值的 1%?

7.15 一石英振子的固有频率为 1 MHz,$Q\approx10^6$. 在给予初始激励后,自由振动持续时间的估计值是多少？

7.16 对于上题中的石英振子，若在静止状态时受到频率为 1 MHz 的简谐驱动力的作用，驱动力的持续时间为 0.5 s.

(1) 定性地描述振子振幅的变化情况；

(2) 这种情况是否是谐振？是否能测量到谐振时的振幅？

7.17 求题 7.15 中石英振子的绝对通频带和相对通频带.

第八章　波　　动

本章提要

波动是一种广泛存在的运动形态.机械波是最简单的、能直接看到(绳上波、水表面波)或感觉到(声波)的波动.理解和掌握机械波的描述和传播规律对于理解和掌握其他波(例如电磁波)的特性有指导意义.本章在给出机械波一般概念的基础上,首先导出一般简谐波的运动学方程和机械波的动力学方程,然后分析简谐波能量和能流密度的特点,最后,在波的独立传播和叠加原理的基础上,分析了波动最有实用价值的几个现象——波的干涉、驻波和波的多普勒效应.

8.1　机械波的一般概念

1. 波动的产生

波动是振动的传播,机械波是机械振动的传播.日常生活中经常见到机械波的例子,如:水面波,它是由石子扔在水中激发起来的;绳上波,它是由绳子一端的抖动产生的;乐器的声波,它是由乐器某部分的振动经由空气传给我们的.由这些例子中可以看到机械波产生的要素有:产生振动的波源;能传播振动的介质(弹性介质).

2. 波动的分类

波动种类很多:按所传播的振动类型分,包括电磁波(传播电磁振动)、机械波(传播机械振动)等;按振动的频率分,电磁波包括微波、毫米波、红外、可见光、紫外光等,声波包括次声、声、超声等;按振动方向与传播方向的关系分,振动方向平行传播方向(空气和水中的波、固体中的声波)的是纵波,振动方向垂直传播方向(绳上波、固体中的声波、水表面波、电磁波)的是横波.

3. 波的几何描述

波是振动的传播,振动最具特征的参量是相位,所以波也是振动相位的传播.在波的传播过程中,波相位相同的点组成的包络面称为波阵面,最前面的波阵面称为波前;波阵面的法向连线称为波线,代表波传播的方向.平面波的波阵面为相互平行的平面,波线是与这些平面平行的直线.球面波的波阵面为同心的球面,波线是由球心发出的射线.柱面波的波阵面为同心轴的圆柱面,波线是由同心轴发出的射线.如图8.1所示.上述三种波是从实际波动中抽象出来的理想情况，实际的波源往往不是严格的点、直线或平面，传播波的介质也可能不是均匀的、各向同性的，这些因素使得波面和波线会发生畸变，波面不再是严格的平面、球面或柱面波，波线也不再是直线.

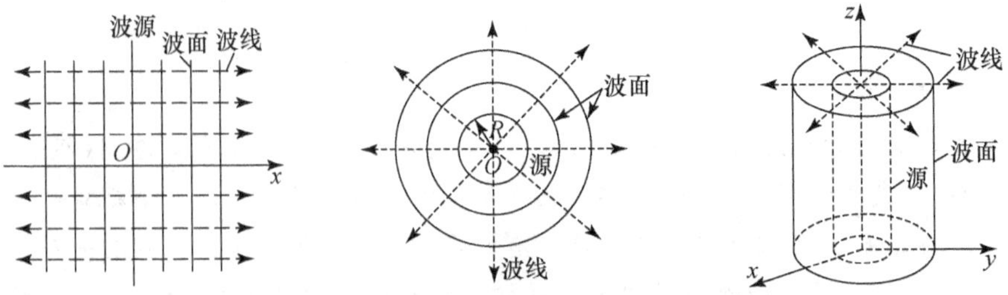

图 8.1　平面、球面或柱面波

8.2　简谐波的运动学方程

最简单的振动是简谐振动，最简单的波是简谐波，它是简谐振动的传播. 设波是沿 x 方向传播的，要找到描述简谐波的运动学方程，就是要找到平衡时处于位置坐标 x 的介质元在任意时刻 t 时离开平衡位置的位移 $u=u(x,t)$ 的具体表达式. 这里的位移 $u=u(x,t)$ 可能在平行于 x 轴的方向（纵波），也可能在垂直于 x 轴的方向（横波）. 为图示方便起见，我们有时也把纵波的位移画在垂直于传播的方向上.

1. 简谐波的运动学方程

以下导出简谐波的运动学方程. 因为介质作简谐振动，所以可设任意时刻 t 时，$x=0$ 和 $x=x$ 处介质元的位移为

$$u(0,t) = A_0\cos(\omega t + \varphi_{0,0}) = A_0\cos\varphi_{0,t},$$
$$u(x,t) = A_x\cos(\omega t + \varphi_{x,0}) = A_x\cos\varphi_{x,t}, \tag{8.1}$$

关键是找到 $x=0$ 和 $x=x$ 处的初相位 $\varphi_{0,0}$ 和 $\varphi_{x,0}$ 之间的关系. 假设振动是以波速 v 沿 x 轴正向传播的，由于波从 $x=0$ 传到 $x=x$ 处需要时间 x/v，所以在 $x=x$ 处的相位要在 $t+x/v$ 时刻才与 $x=x$ 处 t 时刻的相位相等，即

$$\omega t + \varphi_{0,0} = \omega\left(t + \frac{x}{v}\right) + \varphi_{x,0}, \tag{8.2}$$

亦即

$$\varphi_{x,0} = \varphi_{0,0} - \omega\frac{x}{v}, \tag{8.3}$$

由此得

$$u(x,t) = A_x\cos\left(\omega t + \varphi_{0,0} - \omega\frac{x}{v}\right) = A_x\cos\left[\omega\left(t - \frac{x}{v}\right) + \varphi_{0,0}\right]. \quad (8.4)$$

该式表示，对沿 x 轴正向传播的波，$x=x$ 处的振动相位与 $x=0$ 处的振动相位相差 $\left(-\omega\frac{x}{v}\right)$. 同理，对沿 x 轴负向传播的波，$x=x$ 处的振动相位与 $x=0$ 处的振动相位相差 $\left(+\omega\frac{x}{v}\right)$. 因此，沿 x 轴正向和沿 x 轴负向传播的**简谐波的普遍表达式**为

$$u^{\pm}(x,t) = A_x\cos\left[\omega\left(t \mp \frac{x}{v}\right) + \varphi_{0,0}\right]. \quad (8.5)$$

对于平面简谐波，又无损耗的情况下，$A_x = A_0$ 为常量. 对于球面简谐波，又无损耗的情况下，因能流相等，有 $4\pi r^2 A^2(r) = 4\pi r_0^2 A^2(r_0) = E_0$，因而 $A(r) = A(r_0)\frac{r_0}{r}$，振幅与传播半径成反比. 在本书中，如不特别指出，均指平面简谐波.

例题 1　设在 $x=x_0$ 处有一波源，如图 8.2 所示. 初位相为 $\pi/3$，求它发出的正向和反向波的表达式.

解：引入新变量 $X=x-x_0$，利用(8.5)式得

$$u^{\pm}(X,t) = A\cos\left[\omega\left(t \mp \frac{X}{v}\right) + \frac{\pi}{3}\right] = A\cos\left[\omega\left(t \mp \frac{x-x_0}{v}\right) + \frac{\pi}{3}\right]$$

$$\Rightarrow u^{\pm}(x,t) = A\cos\left[\omega\left(t \mp \frac{x}{v}\right) + \left(\frac{\pi}{3} \mp \frac{-x_0}{v}\right)\right]$$

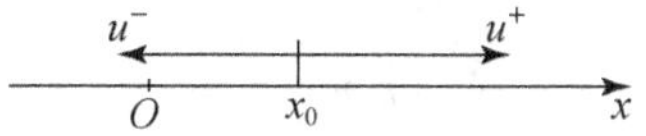

图 8.2　$x=x_0$ 处发出的正向波和反向波

2. 描述简谐波的参量

简谐波表达式(8.5)给出了描述简谐波的参量，其中**振幅** A、**圆频率** ω、**相位** $\varphi_{0,0}$、**周期** $T=\frac{1}{f}=\frac{2\pi}{\omega}$ 等参量的含义与简谐振动的参量相同. 此外，还包含新增加的描述波动的参量——**相速** v 和**波长** λ. 相速 v 是波相位传播的速度，波长 λ 是波形的空间周期.

设有简谐波

$$u(x,t) = A\cos\left[\omega\left(t \mp \frac{x}{v}\right) + \varphi_{0,0}\right],$$

对于确定的位置 $x=x_0$，得到简谐振动：

$$u(x_0,t) = u(t) = A\cos\left[\omega t \mp \omega\frac{x_0}{v} + \varphi_{0,0}\right],$$

对于确定的时间 $t=t_0$，得到位移随空间位置的变化：

$$u = u(x,t_0) = u(x) = A\cos\left[\mp\omega\frac{x}{v} + (\omega t_0 + \varphi_{0,0})\right],$$

称为**波形**.由此可见，简谐波的波形随空间位置作余弦形的周期变化，空间的周期λ则称为波长.波长的物理意义：空间位置每变化一个λ，波相位变化2π，由此得 $\omega\dfrac{\lambda}{v}=2\pi$，因而

$$\lambda = \frac{2\pi}{\omega}v = \frac{v}{f} = vT. \tag{8.6}$$

可见，也代表波在一个周期内传播的距离.引入波长后，把 $\dfrac{\omega}{v}=\dfrac{2\pi}{\lambda}$ 代入(8.5)得到简谐波的另一表达式：

$$u^{\pm}(x,t) = A\cos\left[\left(\omega t\mp\frac{2\pi x}{\lambda}\right)+\varphi_{0,0}\right] = A\cos[(\omega t - kx)+\varphi_{0,0}], \tag{8.7}$$

其中，

$$k = \frac{2\pi}{\lambda}, \tag{8.8}$$

称为**波数**，代表单位长度的波动的个数的2π倍.图8.3给出了简谐波 $u^{\pm}(x,t)=A\cos\omega\left(t\mp\dfrac{x}{v}\right)$ 在 $t=0$ 和 Δt 时的波形图.如图8.3所示，当 t 从 $t=0$ 增加到 Δt 时，正向波(或负向波)的波形图向 x 轴正向(负向)移动了一段距离，就像行走一样，因此称为正向行波(或负向行波).

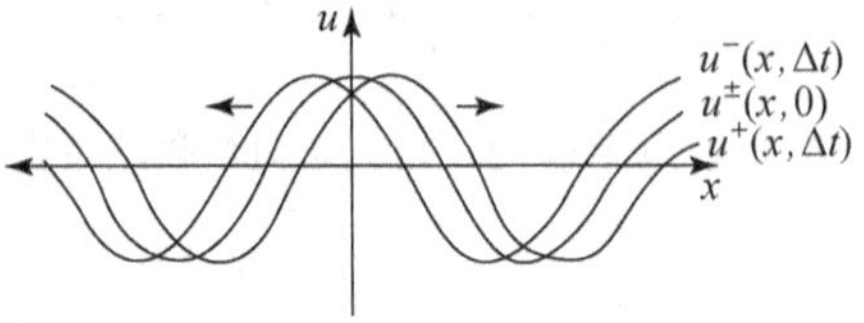

图8.3　简谐波 $u^{\pm}(x,t)=A\cos\omega\left(t\mp\dfrac{x}{v}\right)$ 在 $t=0$ 和 Δt 时的波形图

8.3　机械波的动力学方程

在质点动力学中，我们曾经由牛顿定律出发，推导出单摆、弹簧振子作简谐振动的动力学方程，然后求解得到简谐振动的运动学方程 $x=A\cos(\omega t+\alpha)$.本节将要针对波动问题，研究如何从牛顿定律出发推导出简谐波的动力学方程，看看上节所介绍的简谐波的运动学方程是否是动力学方程的解.

1. 杆上纵波的动力学方程

(1) 胡克定律.

要推导波在弹性杆内传播的的动力学方程，首先要知道杆内部的相互作用力是如何描述的. 固体杆内的相互作用力由胡克定律描述.

胡克定律：实验证明，长为 L、横截面积为 S 的杆被拉伸（$\Delta L>0$）或被压缩（$\Delta L<0$）且平衡后，杆在单位截面上所受的拉力或压力与相对拉伸或压缩成正比（如图 8.4 所示），即

$$\frac{F}{S}=Y\left(\frac{\Delta L}{L}\right), \tag{8.9}$$

Y 称为杨氏模量. 胡克定律又可表述为，当杆发生形变时，应力 F/S 与应变 $\Delta L/L$ 成正比. 如果杆各处的形变均匀，则杆内各点的应力处处相等，均由(8.9)给出.

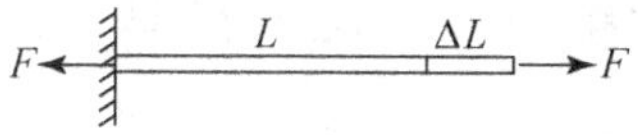

图 8.4　拉伸形变的胡克定律定律图示

当杆上各处形变不均匀时，各点的应力也不等. 为了求得杆上任意 x 处的应力，我们在 x 处取一小段 Δx，只要 Δx 足够小，就可以认为在该段内部形变是均匀的. 这时该段的绝对形变为 Δu，相对形变为 $\Delta u/\Delta x$，应用胡克定律(8.9)式，得

$$\frac{F}{S}=Y\cdot\left(\frac{\Delta u}{\Delta x}\right),$$

取 $\Delta x\to 0$ 的极限值，就得到 x 处的应力：

$$\frac{F}{S}=Y\cdot\frac{\partial u}{\partial x}, \tag{8.10}$$

这里用偏微商的符号 $\frac{\partial u}{\partial x}$，是因为 $u=u(x,t)$.

(2) 杆上纵波的动力学方程.

杆上有纵波传播时，杆上各处的质元都在作振动，存在相应的位移、速度和加速度. 对纵波而言，质元的形变、因而相应的位移、速度和加速度均在平行于杆的方向上. 在横截面面积为 S，单位长度质量为 ρ 的弹性直杆上，考察平衡位置为 x 处，长度为 Δx 的质量元 $\Delta m=\rho S\Delta x$. 只要 Δx 足够小，就可以认为 Δx 上各点具有相同的速度 $v=\frac{\partial u}{\partial t}$ 和加速度 $a=\frac{\partial^2 u}{\partial t^2}$. 如图 8.5 所示，该段质量元两端所受的外力为

$$F_{x+\Delta x}-F_x=S\left[Y\left(\frac{\partial u}{\partial x}\right)_{x+\Delta x}-Y\left(\frac{\partial u}{\partial x}\right)_x\right]=SY\frac{\partial^2 u}{\partial x^2}\Delta x.$$

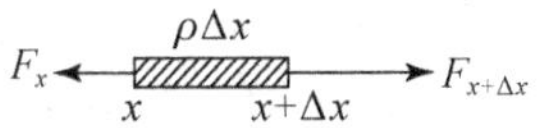

图 8.5　x 处，长度为 Δx 的质量元 $\Delta m=\rho S\Delta x$ 所受的力

对该段质量元用牛顿第二定律，得

$$SY\frac{\partial^2 u}{\partial x^2}\Delta x=(\Delta m)a=(\rho S\Delta x)\cdot\frac{\partial^2 x}{\partial t^2},$$

即

$$\frac{\partial^2 u}{\partial t^2}=\frac{Y}{\rho}\frac{\partial^2 u}{\partial x^2},\tag{8.11}$$

这就是**杆上纵波的动力学方程**. 很明显，任意简谐波 $u(x,t)=A\cos\left[\omega\left(t\mp\frac{x}{v}\right)+\varphi_{0,0}\right]$ 都是该动力学方程的解，将其代入得$\frac{1}{v^2}\frac{Y}{\rho}=1$，即波相速

$$v=\sqrt{\frac{Y}{\rho}},\tag{8.12}$$

该式表明，**波相速**只与杆的材料性质(Y,ρ)有关，与传播的波的特性(A,ω)无关. 这是十分重要的结论.

波的动力学方程(8.11)是二阶线性齐次微分方程，任意简谐波 $u(x,t)=A\cos\left[\omega\left(t\mp\frac{x}{v}\right)+\varphi_{0,0}\right]$是它的解，这些解的任意线性叠加也是它的解. 因此可以说，介质(Y,ρ)能够传播任何频率的简谐波及其由他们迭加而形成的任何波. 无论是何种波，波速均为 $v=\sqrt{\frac{Y}{\rho}}$，为介质所固有，不随波而变.

利用波相速，波的动力学方程可以表示为

$$\frac{\partial^2 u}{\partial t^2}=v^2\frac{\partial^2 u}{\partial x^2}.\tag{8.13}$$

力学之外——机械波的动力学方程(8.13)式对于电磁波的发现具有重要意义. 19 世纪后半叶电磁学得到极大发展，人们发现，真空中电磁场满足的微分方程与机械波的动力学方程(8.13)式十分相似，而在真空中电磁场满足的微分方程中，对应于机械波相速位置处的物理量正是真空光速. 据此，麦克斯韦大胆预言，存在电磁波，其传播速度就是真空光速.

2. 杆上横波的动力学方程

切变情形下的胡克定律：长为 L、横截面积为 S 的杆在受到垂直于杆的外力作用下在外力的方向上会发生形变 ΔL(如图 8.6 所示),实验证明,杆在单位截面上所受的外力与相对形变成正比,即

$$\frac{F}{S}=N\left(\frac{\Delta L}{L}\right), \tag{8.14}$$

N 称为切变模量.

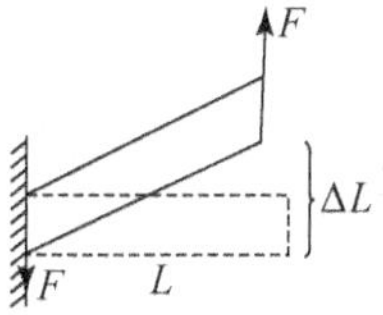

图 8.6 切变情形下胡克定律的图示

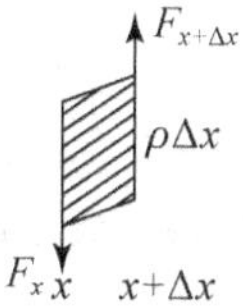

图 8.7 长度为 Δx 的质量元 $\Delta m=\rho S\Delta x$ 所受的力

当杆上各处形变不均匀时,各点的应力也不等. x 处的应力 $\frac{F}{S}$ 与 x 处的应变 $\frac{\partial u}{\partial x}$ 成正比:

$$\frac{F}{S}=N\left(\frac{\partial u}{\partial x}\right). \tag{8.15}$$

如图 8.7 所示,通过考察平衡位置为 x 处的质量元 $\Delta m=\rho S\Delta x$ 两端所受的外力情况:

$$F_{x+\Delta x}-F_x=S\left[N\left(\frac{\partial u}{\partial x}\right)_{x+\Delta x}-N\left(\frac{\partial u}{\partial x}\right)_x\right]=SN\frac{\partial^2 u}{\partial x^2}\Delta x,$$

利用牛顿第二定律

$$SN\frac{\partial^2 u}{\partial x^2}\Delta x=(\Delta m)a=(\rho S\Delta x)\cdot\frac{\partial^2 x}{\partial t^2},$$

同样可得**杆上横波的动力学方程**为

$$\frac{\partial^2 u}{\partial t^2}=\frac{N}{\rho}\frac{\partial^2 u}{\partial x^2}=v^2\frac{\partial^2 u}{\partial x^2}, \tag{8.16}$$

其中,**波相速**为

$$v=\sqrt{\frac{N}{\rho}}, \tag{8.17}$$

也只与杆材料的性质(N,ρ)有关,与传播的波的特性无关.

3. 绳上波的动力学方程

如图 8.8 所示,考察单位长度质量为 ρ、正在传播绳上横波的绳子. 位于 x 处、长度为 Δx 的一小段绳子的质量为 $\Delta m=\rho\Delta x$. 因绳在 x 方向无位移,因此绳子在 x 和 $x+\Delta x$ 处的张力的 x 方向的分量为常量. 即

$$T_{x+\Delta x}\cos(\theta+\Delta\theta)=T_x\cos\theta=T_0, \tag{8.18}$$

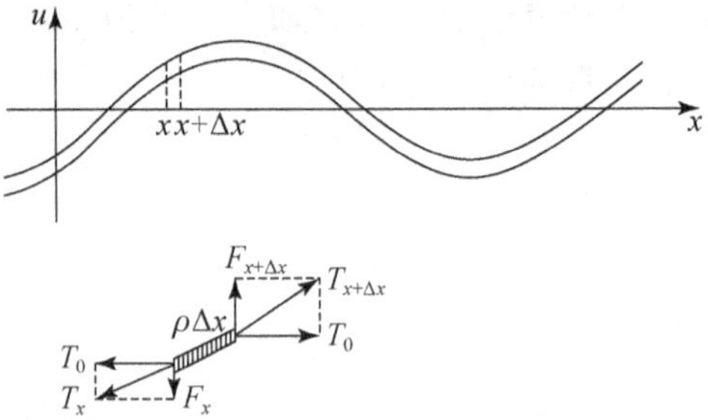

图 8.8　绳上波长度为 Δx 的质量元 $\Delta m=\rho S\Delta x$ 所受的力

由此得绳子在 x 和 $x+\Delta x$ 处的张力的横向分量为

$$F_x = T_0\tan\theta_x = T_0\left(\frac{\partial u}{\partial x}\right)_x,$$

$$F_{x+\Delta x} = T_0\tan\theta_{x+\Delta x} = T_0\left(\frac{\partial u}{\partial x}\right)_{x+\Delta x}, \tag{8.19}$$

其中，$\tan\theta_x=\dfrac{\partial u}{\partial x}$为绳子曲线的斜率. 对 $\Delta m=\rho\Delta x$ 用牛顿第二定律，得

$$F_{x+\Delta x}-F_x=(\rho\Delta x)\frac{\partial^2 u}{\partial t^2}=T_0(\tan\theta_{x+\Delta x}-\tan\theta_x)$$

$$=T_0\frac{\partial}{\partial x}\left(\frac{\partial u}{\partial x}\right)\Delta x=T_0\frac{\partial^2 u}{\partial x^2}\Delta x,$$

化简得**绳上波的动力学方程**

$$\frac{\partial^2 u}{\partial t^2}=\frac{T_0}{\rho}\frac{\partial^2 u}{\partial x^2}=v^2\frac{\partial^2 u}{\partial x^2} \tag{8.20}$$

其中，**波相速**

$$v=\sqrt{\frac{T_0}{\rho}}, \tag{8.21}$$

仅由绳子的线质量密度 ρ 和张紧程度 T_0 决定.

4. 空气中声波的动力学方程

考虑横截面积为 S、体积为 V 的一段空气柱，当其两端受压力(或拉力)时，体积缩小 $\Delta V<0$(或扩大 $\Delta V>0$)，如图 8.9 所示. 实验证明，平衡时空气柱两端受压力或拉力与空气柱体积的相对变化成正比，即

$$\frac{F}{S}=-B\frac{\Delta V}{V}, \tag{8.22}$$

其中，B 称为体变模量. 采用与杆上纵波的分析方法，同样可推得**空气中纵波的动力学方程**为

$$\frac{\partial^2 u}{\partial t^2}=\frac{B}{\rho}\frac{\partial^2 u}{\partial x^2}=v^2\frac{\partial^2 u}{\partial x^2}, \tag{8.23}$$

其中，波相速

$$v=\sqrt{\frac{B}{\rho}}. \tag{8.24}$$

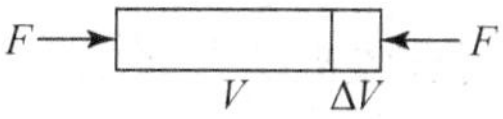

图 8.9　体积为 V 的空气柱，当体积变化 ΔV 时所受的外力

8.4　简谐波的能量，能流密度

本节以杆上纵波为例，讨论简谐波的能量和能流，得到的结论对其他简谐波也是适用的.

1. 简谐波的能量密度

(1) 弹性介质产生形变时的势能.

如图 8.10 所示，考察把长为 l 的杆拉长 Δl 时，杆中弹性势能的增加等于外力所做的功

$$E_p=W_F=\int_0^{\Delta l}F\mathrm{d}u,$$

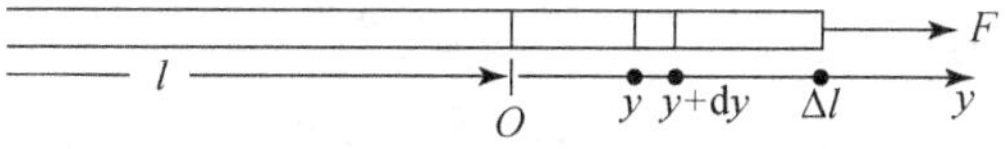

图 8.10　把长为 l 的杆拉长 Δl 时，计算外力所做功的图示

在拉伸过程中，力 F 是变力，上式不能直接进行积分，需要将总形变 Δl 分为许多小间隔 $\mathrm{d}y$，在每个小间隔内，外力可视为常力，为$\frac{F}{S}=Y\frac{y}{l}$，上述积分变为

$$E_p=W_F=\int_0^{\Delta l}SY\frac{y}{l}\mathrm{d}y=SY\frac{1}{2l}(\Delta l)^2=\frac{1}{2}Y\left(\frac{\Delta l}{l}\right)^2\Delta V, \tag{8.25}$$

其中，$\Delta V=lS$ 是介质杆的体积. 上式表明，ΔV 体积内的势能与相对形变的平方$\left(\frac{\Delta l}{l}\right)^2$成正比. 单位体积的势能，即势能密度为

$$\varepsilon_p=\frac{E_p}{\Delta V}=\frac{1}{2}Y\left(\frac{\Delta l}{l}\right)^2. \tag{8.26}$$

当 ΔV 是长度为 $l=\Delta x$ 的质量元，形变是 Δu 时，相对形变可写为$\frac{\Delta l}{l}=\frac{\Delta u}{\Delta x}\to\frac{\partial u}{\partial x}$，势能密度为

$$\varepsilon_p = \frac{1}{2}Y\left(\frac{\partial u}{\partial x}\right)^2. \tag{8.27}$$

可见，势能最大处位于形变$\frac{\partial u}{\partial x}$最大处，即波形图上斜率最大处，亦即平衡位置处. 波动过程中，介质处于平衡位置处势能最大，这是与单个弹性振子不同之处（后者处于平衡位置时势能最小）.

（2）简谐波的能量密度.

考虑简谐波 $u^{\pm}(x,t)=A\cos\omega\left(t\mp\frac{x}{v}\right)$，其势能密度、动能密度和总能量密度分别为

$$\varepsilon_p^{\pm} = \frac{1}{2}Y\left(\frac{\partial u^{\pm}}{\partial x}\right)^2 = \frac{1}{2}YA^2\left(\frac{\omega}{v}\right)^2\sin^2\omega\left(t\mp\frac{x}{v}\right) = \frac{1}{2}\rho A^2\omega^2\sin^2\omega\left(t\mp\frac{x}{v}\right) \tag{8.28}$$

$$\varepsilon_k^{\pm} = \frac{1}{2}\rho\left(\frac{\partial u^{\pm}}{\partial t}\right)^2 = \frac{1}{2}\rho A^2\omega^2\sin^2\omega\left(t\mp\frac{x}{v}\right) \tag{8.29}$$

$$\varepsilon^{\pm} = \varepsilon_p^{\pm} + \varepsilon_k^{\pm} = \rho A^2\omega^2\sin^2\omega\left(t\mp\frac{x}{v}\right). \tag{8.30}$$

简谐波的能量具有以下特点：

① $\varepsilon,\varepsilon_k,\varepsilon_p$ 同相，在波形图上，最大 $\varepsilon,\varepsilon_k,\varepsilon_p$ 均处于平衡位置附近，这是与单个弹簧振子不同之处.

② $\varepsilon,\varepsilon_k,\varepsilon_p$ 的表达式中均含有因子 $\omega\left(t-\frac{x}{v}\right)$，因此是传播的量.

③ $\varepsilon,\varepsilon_k,\varepsilon_p$ 均与 $\rho A^2\omega^2$ 成正比，振幅越大、频率越高，能量就越大.

2. 简谐波的能流密度

在图 8.11 中，考察正向波在杆中传播时，单位时间通过某横截面 S 从左流到右的能量，等于该截面左边的介质对右边介质所做的功率，而该功率等于左边介质元对右边介质元的作用力与右边介质元运动速度的乘积. 因此，单位时间，通过单位面积横截面从左流到右的能量，即**功率流密度**为

$$\begin{aligned} i^{+} = \frac{\boldsymbol{F}}{s}\cdot\boldsymbol{v} &= -\left(Y\frac{\partial u^{+}}{\partial x}\right)\cdot\left(\frac{\partial u^{+}}{\partial t}\right) \\ &= -Y\left(-\frac{\omega}{\nu}\right)\omega A^2\sin^2\omega\left(t-\frac{x}{v}\right) \\ &= v\rho\omega^2A^2\sin^2\omega\left(t-\frac{x}{v}\right) = v\varepsilon^{+}, \end{aligned} \tag{8.31}$$

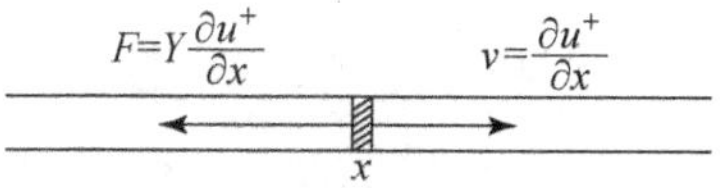

图 8.11　计算左边介质元对右边介质元所做功率的图示

相应地，得到负向波的能流密度为

$$i^- = -v\varepsilon^- = -v\rho\omega^2 A^2 \sin^2\omega\left(t+\frac{x}{v}\right), \tag{8.32}$$

单位时间，流过单位横截面的能量，即周期平均能流定义为**波的强度** I：

$$I = \frac{1}{T}\int_0^T |i^\pm|\,\mathrm{d}t = \frac{v}{T}\int_0^T \varepsilon^\pm\,\mathrm{d}t = \frac{v}{T}\int_0^T \rho\omega^2 A^2\sin^2\omega\left(t\mp\frac{x}{v}\right)\mathrm{d}t, \tag{8.33}$$

积分得

$$I = \frac{1}{2}\rho\omega^2 A^2 v = \frac{1}{2}\sqrt{\rho N}\omega^2 A^2, \tag{8.34}$$

波强正比于 $A^2\omega^2$，振幅越大、频率越高，波的强度就越大；波强还与材料性质 $\sqrt{\rho N}$ 成正比（$\sqrt{\rho N}$ 称为波阻抗，它在波的反射和透射中起着重要的作用，详见本章第六节）. 这些特点是所有简谐波、包括电磁波所共有的.

对平面波，无损耗的情况下，各处波强相同，$I_1=I_2 \Rightarrow A_1=A_2$，即：各处振幅相同. 对球面波，无损耗的情况下，不同半径处的总能流相同，即

$$4\pi r_0^2 I_0^2 = 4\pi r_1^2 I_1^2 \Rightarrow \frac{I_1^2}{I_0^2} = \frac{A_1^2}{A_0^2} = \frac{r_0^2}{r_1^2},$$

$$\Rightarrow A_1 = \frac{A_0 r_0}{r_1} \text{ 振幅和半径成反比.}$$

3. *声波的能流密度——声强*

声波的波强称为声强. 人耳的听觉范围，与频率有关，约在 16—20 000 Hz 之间（频率<16 的为次声，频率>20 000 为超声，都听不见）；还与声强有关，声强过小或过大，都听不见（闻域<听觉<触觉域）.

由于声强的大小差别巨大，例如喷气飞机 1 W/m^2，悄声说话 10^{-12} W/m^2，直接用 W/m^2 作单位是不方便的，于是引入分贝(dB)作声强的单位：

$$L = 10\lg\frac{I}{I_0}\mathrm{dB},$$

其中，$I_0=10^{-12}$ W/m^2，相当于频率为 1000 Hz 的闻域.

8.5 波的传播

1. 惠更斯原理

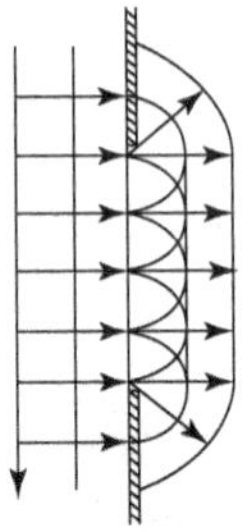

图 8.12 利用惠更斯原理解释波衍射的示意图

1690 年惠更斯(1629—1695,荷兰数学家,物理学家,天文学家)提出了一种可以解释波的传播现象的说法,后来称为**惠更斯原理**.惠更斯原理可以表述为：波前上的每一点都可以作为新的点波源而发出次波(球面波),这些次波的包迹或包络面形成新的波前.

利用惠更斯原理可以解释若干波的传播现象,例如在各向同性介质中,平面波传播仍然得到平面波,球面波传播仍然得到球面波.可以解释波的衍射,即可以绕过障碍物的现象.如图 8.12 所示.利用惠更斯原理可以证明波的折射和反射定律.

(1) 折射定律.

如图 8.13 所示,在某时刻平面波的波前在介质 1 中,为 A_1B_1,经过 Δt 时间后进入介质 2 成为 A_2B_2.设 v_1 和 v_2 是波在介质 1 和 2 中的相速,由图示几何关系可得

$$\overline{B_1B_2}=v_1\Delta t$$

$$\overline{A_1A_2}=v_2\Delta t$$

$$\overline{A_1B_2}=\frac{\overline{B_1B_2}}{\sin\alpha_1}=\frac{v_1\Delta t}{\sin\alpha_1}=\frac{\overline{A_1A_2}}{\sin\alpha_2}=\frac{v_2\Delta t}{\sin\alpha_2}$$

$$\Rightarrow\frac{\sin\alpha_1}{\sin\alpha_2}=\frac{v_1}{v_2}=\frac{c/n_1}{c/n_2}=\frac{n_2}{n_1},$$

其中,n 为折射率(n 大为波密媒质,n 小为波疏煤质).显然,波由波密媒进入波疏媒质($n_1>n_2$)时,$\alpha_2>\alpha_1$.α_1 增大时,α_2 也随之增大.但 α_1 增大到某一值时,$\alpha_2=\frac{\pi}{2}$,当 α_1 再继续增加,不再有折射,这称为全反射.

(2) 反射定律.

如图 8.14 所示,在某时刻平面波的波前为 A_1B_1,经过 Δt 时间后由分界面反射成为 A_2B_2,因为入射波和反射波都在介质 1 中,故相速均为 v_1.由图示几何关系可得

$$\overline{B_1B_2}=v_1\Delta t=\overline{A_1A_2}\Rightarrow\alpha_1=\angle B_1A_1B_2=\angle A_2B_2A_1=\alpha_1.$$

2. 惠更斯-菲涅耳原理

尽管惠更斯原理获得了巨大成功,但它只能定性解释波的传播现象,不能解

释波面上的强度分布，因没有涉及振幅和位相. 另外它也不能解释为何不向后发射次波. 1818 年菲涅耳提出，新波前是次波的相干叠加即考虑到相位后的叠加，这样就能较好地描述波动传播现象，经菲涅耳改进后的惠更斯原理成为**惠更斯-菲涅耳原理**.

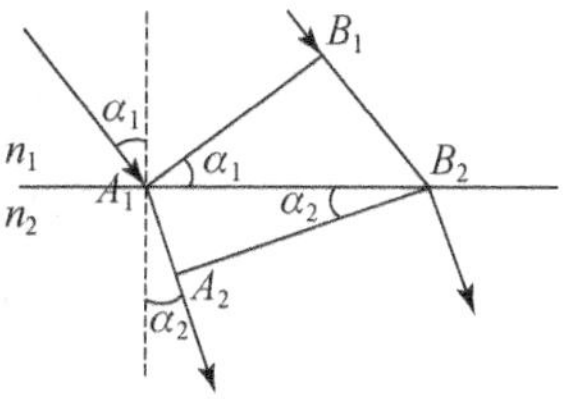

图 8.13　证明折射定律示意图

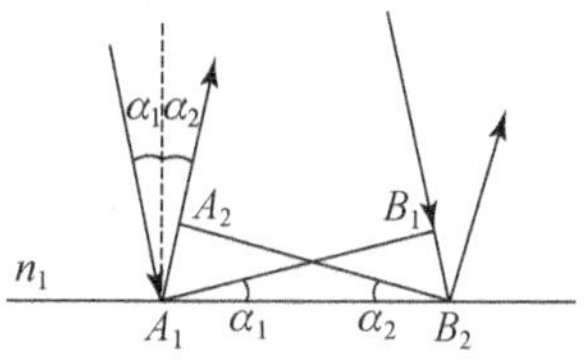

图 8.14　证明反射定律示意图

8.6　波的独立传播和叠加原理干涉和驻波

1. 波的独立传播和叠加原理

波的独立传播和叠加原理可以表述为：

(1) 各种各样的机械波或电磁波在空间传播并相互交叉重叠时，保持各自的特性($\omega,\lambda,A,v,\cdots$)不变而不会相互影响；

(2) 在同一点所引起的合振动等于各波单独存在时引起的分振动的矢量叠加.

原理的实验基础：该原理是大量实验现象、自然现象的总结. 例如：同时扔两颗石子到平静的水面，会观察到两个同心圆状的水波相交而不相互干扰. 我们的耳朵能够同时听到多种声音，如果我们的音乐素养足够高，我们就能够分辨出交响乐中不同乐器演奏出的旋律. 地面上空充斥着电台、电视台的各种节目信号，它们都保持着各自的特性，只要接收仪器的选择性足够好，都可以将他们挑选出来.

原理的数学基础：波的动力学方程

$$\frac{\partial^2 u}{\partial t^2} = v^2 \frac{\partial^2 u}{\partial x^2},$$

为线性齐次方程，凡是形如 $u=u(g)$, $g=g\left(t\pm\frac{x}{v}\right)$ 的波都是其解，而且无穷多个这样的解的线性组合也是它的解.

2. 干涉

两列波在空间相互叠加，使合振动的振幅出现强弱分布的现象称为**干涉**. 本节以读者熟悉的双缝干涉的简单例子进行说明. 如图 8.15 所示考察线波源 S_1，

S_2 发出的波在 P 点引起的振动，分振动分别为

$$u_1(r,t)=A_1\cos\left[2\pi\left(\frac{t}{T}-\frac{r_1}{\lambda}\right)+\varphi_1\right],$$
$$u_2(r,t)=A_2\cos\left[2\pi\left(\frac{t}{T}-\frac{r_2}{\lambda}\right)+\varphi_2\right],\tag{8.35}$$

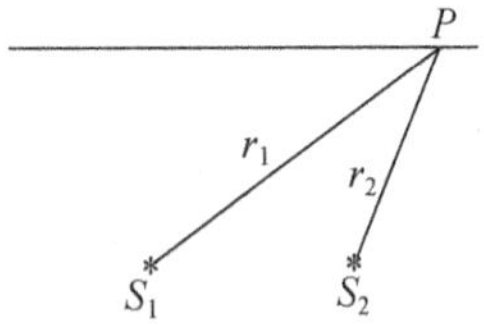

图 8.15　分析波源 S_1，S_2 发出的波产生干涉的示意图

P 点的合振动是分振动 u_1，u_2 的矢量叠加. 设两分振动为同方向振动，则合振动为同向同频简谐振动的合成：

$$u=u_1+u_2=A\cos[\omega t+\varphi],\ A=A_1^2+A_2^2+2A_1A_2\cos\Delta\Phi\tag{8.36}$$

合振动的振幅 A 决定于两分振动的相位差 $\Delta\Phi$：

$$\Delta\Phi=(\varphi_2-\varphi_1)+\frac{2\pi}{\lambda}(r_1-r_2)=\Delta\varphi+\frac{2\pi}{\lambda}\Delta r,\tag{8.37}$$

只要两波源的初相位差 $\Delta\varphi=\varphi_2-\varphi_1$ 不随时间改变，$\Delta\Phi$ 就只是空间的函数.

对于满足条件 $\Delta\Phi=\Delta\varphi+\frac{2\pi}{\lambda}\Delta r=2n\pi$ 的空间点，振幅 A 最大，振动最强；对于满足条件 $\Delta\Phi=\Delta\varphi+\frac{2\pi}{\lambda}\Delta r=(2n+1)\pi$ 的空间点，振幅 A 最小，振动最弱.

这种波叠加后强度在空间出现强弱分布的现象，称为波的干涉. 很明显，振动最强或最弱的点的轨迹为 $\Delta r=r_1-r_2$ 为常数的点，而到 S_1，S_2 两点距离之差为常数点的轨迹是以 S_1，S_2 为焦点的双曲线. 这些双曲线与屏幕 AB 的交线为一系列明暗相间的直线，称为干涉条纹. 为了观测方便，通常要求条纹是时间稳定的，这就要求两列波的初相位的差 $\Delta\varphi=\varphi_2-\varphi_1$ 不随时间改变.

力学之外——在微波领域，双缝干涉可考虑为最简单的阵列天线. S_1，S_2 为两个元天线，每个元天线发出的波在空间各个方向上是均匀的，经过叠加干涉后出现了强弱程度不同的空间分布. 可以通过设计元天线的个数和间距，来实现所希望的空间强度分布. 与物理学上通常要求稳定的条纹不同，微波雷达天线有时希望空间波强的部分是移动的，象探照灯似的实现空间扫描. 这就要求元天线的初相位不是固定的，而是按一定的规律变化. 这种天线成为相控阵天线.

3. 驻波

(1) 驻波的表达式和特点.

驻波是一种特殊的干涉，它是由同频率、同振动方向、传播方向相反的两列波叠加时产生的干涉现象. 例如，有振动方向相同的正向波和反向波

$$u^{+} = A\cos\left(\omega t - \frac{2\pi}{\lambda}x + \varphi_0^{+}\right),$$

$$u^{-} = A\cos\left(\omega t + \frac{2\pi}{\lambda}x + \varphi_0^{-}\right), \tag{8.38}$$

叠加时，其合成的波为

$$\begin{aligned} u = u^{+} + u^{-} &= 2A\cos\left(\frac{2\pi}{\lambda}x + \frac{\varphi_0^{-} - \varphi_0^{+}}{2}\right)\cdot\cos\left(\omega t + \frac{\varphi_0^{+} + \varphi_0^{-}}{2}\right) \\ &= 2A\left|\cos\left(\frac{2\pi}{\lambda}x + \frac{\varphi_0^{-} - \varphi_0^{+}}{2}\right)\right|\cdot\begin{cases}\cos\left(\omega t + \dfrac{\varphi_0^{+} + \varphi_0^{-}}{2}\right) \\ \cos\left(\omega t + \dfrac{\varphi_0^{+} + \varphi_0^{-}}{2} + \pi\right).\end{cases} \end{aligned} \tag{8.39}$$

合成波特点是：

① 振幅 $2A\left|\cos\left(\frac{2\pi}{\lambda}x + \frac{\varphi_0^{-} - \varphi_0^{+}}{2}\right)\right|$ 是空间的周期函数. 在某些点，

$$\frac{2\pi}{\lambda}x_p + \frac{\varphi_0^{-} - \varphi_0^{+}}{2} = n\pi,$$

振幅最大，称为**波腹**，波腹点的坐标为

$$x_p = n\frac{\lambda}{2} - \frac{\lambda}{2\pi}\frac{\varphi_0^{-} - \varphi_0^{+}}{2}, \tag{8.40}$$

两相邻波腹的间隔为 $\frac{\lambda}{2}$. 在某些点，

$$\frac{2\pi}{\lambda}x_v + \frac{\varphi_0^{-} - \varphi_0^{+}}{2} = (2n+1)\frac{\pi}{2},$$

振幅最小，称为**波节**，波节点的坐标为

$$x_v = (2n+1)\frac{\lambda}{4} - \frac{\lambda}{2\pi}\frac{\varphi_0^{-} - \varphi_0^{+}}{2}, \tag{8.41}$$

两相邻波节的间隔为 $\frac{\lambda}{2}$. 两相邻波腹与波节间隔为 $\frac{\lambda}{4}$.

② 两相邻波节点之间各个点的相位相同，每个波节点两侧的各个点的相位相反.

根据表达式(8.39)和上述特点，我们可以画出不同时刻合成波的波形示意图，由于有特点(1)和(2)，合成波的波形就像在原地踏步似的，故称为“驻波”，如图 8.16 所示；而单个波的波形随时间是移动的、行走的，如图 8.3 所示，故称为“行波”.

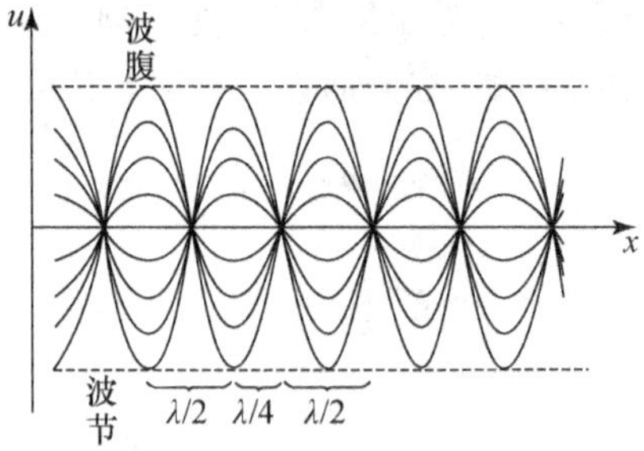

图 8.16　同频率、同向、传播方向相反的两列波叠加时的合成波形示意图

③ 驻波的能量和能流密度.

为书写简单，设 $\varphi_0^+=0$，$\varphi_0^-=0$. 正向波、反向波和合成驻波后的能量密度为

$$\varepsilon^+=\rho A^2\omega^2\sin^2\left(\omega t-\frac{2\pi}{\lambda}x\right),$$
$$\varepsilon^-=\rho A^2\omega^2\sin^2\left(\omega t+\frac{2\pi}{\lambda}x\right),\tag{8.42}$$

$$\begin{aligned}\varepsilon&=\varepsilon^++\varepsilon^-\\&=\frac{1}{2}\rho A^2\omega^2\left[\left(1-\cos2\left(\omega t-\frac{2\pi}{\lambda}x\right)\right)+\left(1-\cos2\left(\omega t+\frac{2\pi}{\lambda}x\right)\right)\right]\\&=\rho A^2\omega^2\left[1-\cos2\omega t\cdot\cos2\frac{2\pi}{\lambda}x\right],\end{aligned}\tag{8.43}$$

能流密度为

$$\begin{aligned}i&=\varepsilon^+v-\varepsilon^-v\\&=\frac{1}{2}\rho A^2\omega^2v\left[\left(1-\cos2\left(\omega t-\frac{2\pi}{\lambda}x\right)\right)-\left(1-\cos2\left(\omega t+\frac{2\pi}{\lambda}x\right)\right)\right]\\&=\rho A^2\omega^2v\sin(2\omega t)\cdot\sin\left(2\cdot\frac{2\pi}{\lambda}x\right).\end{aligned}\tag{8.44}$$

瞬时能流一般不等于零，因此有能量流动；但周期平均能流 $|\boldsymbol{i}|=\frac{1}{T}\int_0^T i\mathrm{d}t=0$，表明整体上看没有能量流动. 从波形图随时间的变化可以看出，能量的瞬时流动，在空间上是在波节点(动能为零)与波腹点(势能为零)之间来回流动，在性质上是在势能与动能之间来回转化.

(2) 驻波的应用.

实际的驻波，往往是入射波与反射波叠加而成. 实现驻波的设备或装置，通常称为谐振腔或谐振器. 谐振腔或谐振器有广泛的应用.

声学方面，弦乐器最简单的模型是两端固定的张紧的弦. 发生驻波时，固定的两端形成波节(如图 8.17(a)所示)，其总长度 l 必为 $\frac{\lambda}{2}$ 的整数倍，即 $l=\frac{\lambda}{2}n$

$\Rightarrow \lambda=\frac{2l}{n}$. 相速 $v_p=\sqrt{\frac{T_0}{\rho}}$,由此得振动的频率为

$$\nu=\frac{1}{T}=\frac{v_p}{\lambda}=n\frac{1}{2l}\sqrt{\frac{T_0}{\rho}}, \tag{8.45}$$

$n=1$ 称为基频,$n=2,3,\cdots$ 称为谐频. 调整弦的张紧度 T_0 和弦长 l,可得到不同的频率.

管乐器最简单的模型之一是一端封闭、另一端开放的空气柱. 发生驻波时,封闭的一端形成波节,开放的一端形成波腹(如图 8.17(b)所示),其总长度 l 必为 $\frac{\lambda}{4}$ 的奇数倍,即 $l=\frac{\lambda}{4}(2n+1) \Rightarrow \lambda=\frac{4l}{2n+1}$,相速为 $v_p=\sqrt{\frac{B}{\rho}}$,由此得振动的频率为

$$\nu=\frac{1}{T}=\frac{v_p}{\lambda}=\frac{2n+1}{4l}\sqrt{\frac{B}{\rho}}. \tag{8.46}$$

调整空气柱的 B 和空气柱的长度 l,可得到不同的频率.

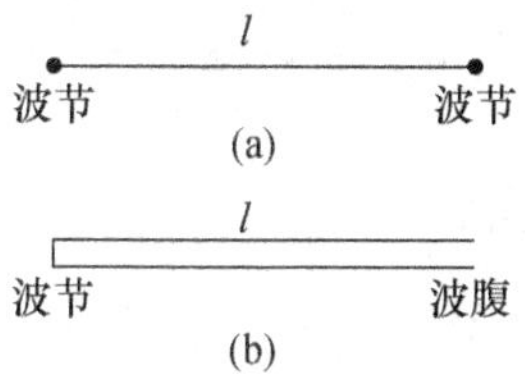

图 8.17　弦乐器和管乐器的最简单模型

力学之外——驻波在电子学中也有广泛应用. 微波和光学谐振腔就是利用电磁波在腔壁之间的来回反射形成稳定的驻波. 光学谐振腔可用于激光器的稳频. 微波谐振腔可用来加热(微波炉)或检测样品的材料特性. 图 8.18 给出了最简单的微波天线——对称振子天线的示意图. 它由两根长为 l、直径 $d\ll\lambda$(对应电磁波的波长)的细圆柱导体组成,导体一端由交流电源馈电,另一端开路. 因开路端只能成为电流的波节,故 $l=\lambda/4$ 或 $l=\lambda/2$;对应的辐射微波的频率分别为 $\nu_1=c/\lambda=c/4l$ 和 $\nu_2=c/\lambda=c/2l$.

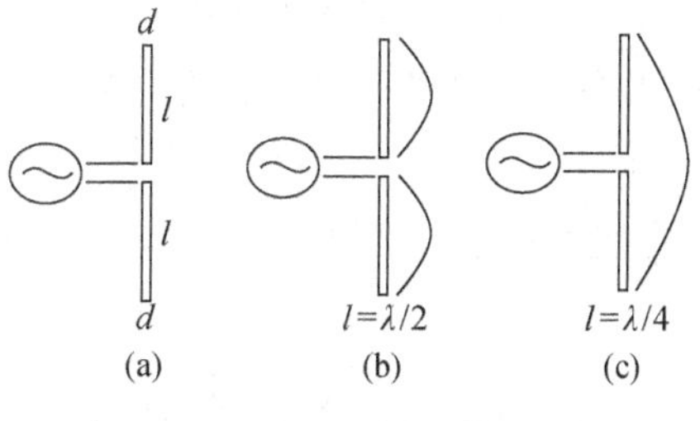

图 8.18　微波对称振子天线

(a) 及其电流分布;(b) $l=\lambda/2$;(c) $l=\lambda/4$

(3) 驻波的形成，波阻抗.*

实际驻波，往往是入射波与反射波叠加而成. 那么，反射波是如何得到的？入射波在什么条件下会形成反射？实验发现，当波从一个介质入射到另一介质时，在两介质的分界面上会发生反射. 研究表明，引起反射的物质特性，叫波阻抗. 对机械波而言，**波阻抗**定义为

$$Z=\rho v_p=\sqrt{\rho Y},\sqrt{\rho N},\sqrt{\rho T_0},\sqrt{\rho B},\cdots \tag{8.47}$$

其中，ρ 和 v_p 为介质的质量密度和波相速. 在两种介质的分界面上，只要两种介质的波阻抗不同，就会形成反射. 下面分析入射波、反射波和透射波与波阻抗的关系.

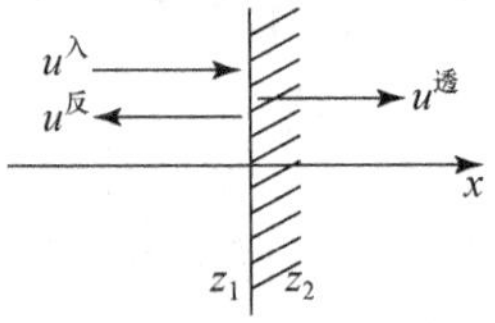

图 8.19　入射波在分界面上产生反射和透射

如图 8.19 所示，设有正向波

$$u^{入}(x,t)=A^{入}\cos\omega\left(t-\frac{x}{v_1}\right), \tag{8.48}$$

从介质 1 入射到介质 1 和介质 2 的分界面上. 当两种介质的波阻抗不相等时，必然会产生反射波 $u^{反}$ 和透射波 $u^{透}$，反射波 $u^{反}$ 和透射波 $u^{透}$ 的普遍表达式为

$$\begin{aligned} u^{反}(x,t)&=A^{反}\cos\left[\omega\left(t+\frac{x}{v_1}\right)+\varphi_{反}\right]=\alpha A^{入}\cos\left[\omega\left(t+\frac{x}{v_1}\right)+\varphi_{反}\right],\\ u^{透}(x,t)&=A^{透}\cos\left[\omega\left(t-\frac{x}{v_2}\right)+\varphi_{透}\right]=\beta A^{入}\cos\left[\omega\left(t-\frac{x}{v_2}\right)+\varphi_{透}\right],\end{aligned} \tag{8.49}$$

其中，$\alpha=\dfrac{A^{反}}{A^{入}}$ 和 $\beta=\dfrac{A^{透}}{A^{入}}$ 称为反射和透射系数. 利用波在分界面上必需满足的边界条件：入射波和反射波在介质 1 中所产生的合位移和应力与透射波在介质 2 中所产生的合位移和应力在分界面的值必须相等，得

$$\begin{aligned} [u^{入}(x,t)+u^{反}(x,t)]_{x=0}&=[u^{透}(x,t)]_{x=0},\\ \left[Y_1\frac{\partial[u^{入}(x,t)+u^{反}(x,t)]}{\partial x}\right]_{x=0}&=\left[Y_2\frac{\partial u^{透}(x,t)}{\partial x}\right]_{x=0},\end{aligned} \tag{8.50}$$

即

$$\begin{aligned} \cos\omega t+\alpha\cos(\omega t+\varphi_{反})&=\beta\cos(\omega t+\varphi_{透}),\\ Z_1\sin\omega t-\alpha Z_1\sin(\omega t+\varphi_{反})&=\beta Z_2\sin(\omega t+\varphi_{透}),\end{aligned} \tag{8.51}$$

其中,已经用到 $Z=\rho v=\frac{Y}{v}$. 从(8.51)可以解出

$$\alpha=\frac{A^{反}}{A^{入}}=\frac{|Z_1-Z_2|}{Z_1+Z_2},\ \varphi_{反}=\begin{cases}0,\ Z_1>Z_2\\ \pi,\ Z_1<Z_2,\end{cases} \tag{8.52}$$

$$\beta=\frac{A^{透}}{A^{入}}=\frac{2Z_1}{Z_1+Z_2},\ \varphi_{透}=0 \tag{8.53}$$

可以看到,当 $Z_1<Z_2$ 时,$\varphi_{反}=\pi$,即反射波与入射波有半个波的相位差,好像波在反射时损失了半个波似的,称为"半波损". 有几种特殊情况:

① $Z_2\gg Z_1$,$\alpha\to 1$,$\beta\to 0$,全反射,无透射.

② $Z_2\ll Z_1$,$\alpha\to 1$,$\beta\to 2$,$A^{反}=A^{入}$,$A^{透}=2A^{入}$.

在这种情况下,透射波的振幅比入射波还大,是否和能量守恒相矛盾? 不矛盾,因为透射能流与入射能流之比为

$$\frac{I_{透}}{I_{入}}=\frac{\rho_2 A_{透}^2\ \omega^2 v_2}{\rho_1 A_{入}^2\ \omega^2 v_1}=\frac{\rho_2 v_2 A_{透}^2}{\rho_1 v_1 A_{入}^2}=\frac{Z_2\beta^2}{Z_1}=\frac{4Z_1Z_2}{(Z_1+Z_2)^2}\ll 1\quad 当\ Z_1\gg Z_2\ 时$$

③ 虽然是两种介质,但是只要 $Z_1=Z_2$,就有 $\alpha=0$,$\beta=1$,即没有反射,全透射. 这种情况称为**阻抗匹配**.

力学之外——阻抗匹配的概念在电子学中非常重要,它对于信号的有效传输起着十分重要的作用. 例如,在图 8.20 绘出的半波偶极子天线与电视机的连接中,半波偶极子天线的特性阻抗为 300Ω,用特性阻抗也为 300Ω 的传输线连接到输入阻抗为 75Ω 的电视机天线插口. 问由天线接收到能流有多少能进入电视机? 按照前面讲过的理论,电信号在由半波偶极子天线进入传输线时,因为二者的特性阻抗相同,因而没有反射,为全透射. 在由传输线进入天线插口时,因为二者的特性阻抗不同,必然有反射,透射与入射的功率之比为

$$\frac{I_{透}}{I_{入}}=\frac{Z_2\beta^2}{Z_1}=\frac{4Z_1Z_2}{(Z_1+Z_2)^2}\doteq 60\%,$$

约有 40%的能量被反射回去. 为了使能量都能进入电视机,必须在传输线与天线插口之间使用 300Ω 到 75Ω 的阻抗变换器实现阻抗匹配、消除反射.

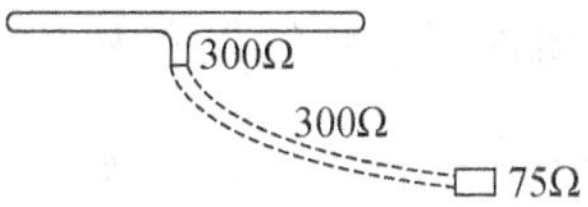

图 8.20　电视天线与电视机插口的连接

(4) 驻波比.*

当入射波与反射波的振幅不相等(设 $A^{反}<A^{入}$)时,合成波的表达式就由(8.39)式变为

$$u = u^{入} + u^{反} = 2A^{反}\cos\left(\frac{2\pi}{\lambda}x + \frac{\varphi_0^{反} - \varphi_0^{入}}{2}\right)\cdot\cos\left(\omega t + \frac{\varphi_0^{入} - \varphi_0^{反}}{2}\right)$$
$$+ (A^{入} - A^{反})\cos\left(\omega t - \frac{2\pi}{\lambda}x + \frac{\varphi_0^{入}}{2}\right), \qquad (8.54)$$

其中,第一项为完全驻波,第二项为正向行波,二者相加称为**部分驻波**.波腹和波节的位置不变,但最大振幅为 $A^{腹} = A^{入} + A^{反}$,最小振幅为 $A^{节} = A^{入} - A^{反}$,二者之比

$$\rho = \frac{A^{入} + A^{反}}{A^{入} - A^{反}} = \frac{1+\alpha}{1-\alpha}, \qquad (8.55)$$

称为"**驻波比**".驻波比是电子学中一个十分重要的物理量.很明显,驻波比的值在 1 到无穷之间,驻波比等于 1 意味着 $\alpha=0$,无反射,即负载匹配.

8.7 多普勒频移

1. 机械波的多普勒效应

以上各节讲述的是相对于介质静止的观察者 R 来考察相对于介质静止的波源 S 所发射出来的波的情况.当观察者或/和波源相对介质有运动时,情况会发生变化,特别是接收者感觉到的波频率会发生变化,这种现象称为波的多普勒效应或**多普勒频移**.我们在火车站或电车站等车时,会发现火车或电车总是高声呼啸而来,闷声吼叫而去.这就是由于声源运动引起的火车或电车汽笛声波的多普勒效应.

在观察者 R 或和波源 S 相对于介质运动的情况下,接收到的波的频率 f' 为单位时间接收到的振动次数,即为波相对于接收者的相速度 v' 与实际波长 λ' 之比,即

$$f' = \text{单位时间接收到的振动次数} = \frac{v'}{\lambda'} \qquad (8.56)$$

当观察者和波源相对介质静止时,波相对于接收者的速度 v' 就等于波相对于介质的相速度 v,波长也不变,因而接收到的频率为

$$f' = \frac{v'}{\lambda'} = \frac{v}{\lambda} = \frac{1}{T} = f \text{ 介质振动的频率.}$$

下面讨论,当观察者或/和波源相对介质有运动时,接收到的波的频率会如何变化.

(1) 接收器以 v_R 相对于介质运动($v_R>0$ 相向而行,$v_R<0$ 背向而行).

接收器的运动不会改变波长,因而 $\lambda=\lambda'$;接收器的运动也不会改变波相对于介质的速度 v,但会改变波相对于接收器的速度 $v'=v+v_R$.这相当于刻度(λ)

不变的尺子以更快的速度 $v'=v+v_R$ 到达接收器，因而接收到的频率变为

$$f'=\frac{v'}{\lambda'}=\frac{v+v_R}{\lambda}=\frac{v}{\lambda}\frac{v+v_R}{v}=f\frac{v+v_R}{v}\begin{cases}>f & \text{当 } v_R>0\\ <f & \text{当 } v_R<0,\end{cases} \tag{8.57}$$

(2) 波源以 v_S 相对于介质运动($v_S>0$ 相向而行，$v_S<0$ 背向而行).

接收器相对于介质不动，因而波相对于接收器的速度仍为波相对于介质的速度 $v'=v$；波源的运动不会改变波相速，但波源的运动将改变波长. 设波源在某时刻向接收器方向发出一波面，经过一个周期 T 的时间后，该波面前进了一个波长 λ 的距离；与此同时，波源向接收器方向前进了一段距离 v_ST 并发出第二个波面. 前后两个波面的距离即为新的波长 $\lambda'=\lambda-v_ST$，如图 8.21 所示. 因而接收到的频率变为

$$f'=\frac{v'}{\lambda'}=\frac{v}{\lambda-v_ST}=\frac{1}{T}\frac{v}{\lambda/T-v_S}=f\frac{v}{v-v_R}\begin{cases}>f & \text{当 } v_S>0\\ <f & \text{当 } v_S<0,\end{cases} \tag{8.58}$$

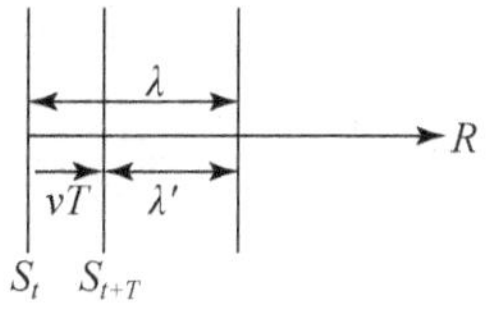

图 8.21　波源相对于介质运动

(3) 接收器以 v_R、波源以 v_S 相对于介质运动(速度>0 相向而行，速度<0 背向而行).

这时，波长和相对于接收器的相速都会发生变化，因而接收到的频率变为

$$f'=\frac{v'}{\lambda'}=\frac{v+v_R}{\lambda-v_ST}=f\frac{v+v_R}{v-v_S}. \tag{8.59}$$

(4) 接收器以 v_R、波源以 v_S 相对于介质运动，但速度方向不在二者连线的方向.

这时，只有在波源与接收器连线方向上的速度分量对频率的变化有贡献，即

$$f'=f\frac{v+v_R\cos\beta}{v-v_S\cos\alpha}, \tag{8.60}$$

其中，α,β 分别表示 $\boldsymbol{v}_S,\boldsymbol{v}_R$ 与连线方向的夹角. 很明显，当 α 和 β 等于 90 度，即接收器和波源相对于二者连线作横向运动时，频率没有变化. 所以机械波只存在纵向多普勒效应.

机械波的多普勒效应广泛应用于测速. 公路上安装的汽车测速器就是利用测速器发射出的超声波频率与被汽车反射回来的超声频率之差来计算汽车速度

的.另外，利用安装在气体和液体管道外的超声发生器和接收器接收到的超声频率的差别，可以测出流体的速度，从而测出流体的流量.超声流量计与传统的流量计不同，不需要在管道内安装探测器，更方便于实际应用.

例题 1　超声测速器.

静止的超声测速器发出频率为 f_S 的超声，经迎面而来的汽车反射后测到的超声频率为 f_R，如图 8.22(a)所示.求汽车的行驶速度 v_c.

解： 注意，不应简单地只把汽车考虑为接收器，应分两步考虑.

第一步，汽车作为接收器.接收到的频率为 $f'=f_S\dfrac{v+v_c}{v}$，

第二步，汽车作为发射器.测速器接收到的频率为 $f_R=f'\dfrac{v}{v-v_c}=f_S\dfrac{v+v_c}{v-v_c}$.

最后得 $v_c=v\cdot\dfrac{f_R-f_S}{f_R+f_S}$

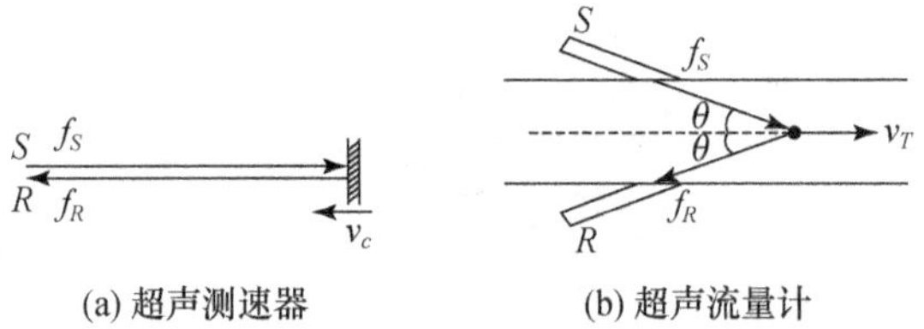

图 8.22　超声测速器和超声流量计

例题 2　超声波流量计.

静止的超声发生器发出频率为 f_s 的超声，经流体中的悬浮粒子反射后被安放在管子另一边的接收器接收，接收到的超声频率为 f_R，如图所示 8.22(b).求流体流动的速度 v_T.流体中的波相速为 v.

解： 也应分两步考虑：

第一步，悬浮物为接收器，相对于介质静止；发射器相对于介质运动(远离悬浮物).悬浮物接收到的频率为

$$f_1=f_s\frac{v}{v+v_T\cos\theta},$$

第二步，悬浮物为发射器，相对于介质静止；管外的接收器远离悬浮物运动，接收到的频率为

$$f_R=f_1\frac{v-v_T\cos\theta}{v}=f_S\frac{v-v_T\cos\theta}{v+v_T\cos\theta},$$

其中，相速 v 是机械波相对于介质的速度，与介质运动与否无关.由上式可解出悬浮物、即介质的速度

$$v_T = \frac{v}{\cos\theta}\frac{f_S - f_R}{f_S + f_R}.$$

2. 激震波*

当波源相对于介质的速度 v_S 大于介质中的波速 v 时，会出现 V 字形的或圆锥形的波面，这种波称为激震波，如图 8.23 所示. 设点波源于某时刻在 O 点发出一球形波面，经过 Δt 时间后球形波面变为半径为 $R = v\Delta t$ 的球面 1，与此同时波源到 O' 点，前进了距离 $\overline{OO'} = v_S\Delta t$，因为 $v_S > v$，故点 O' 在球面 1 之外. 在运动过程中，波源陆续发出了一系列的球形波面，在 Δt 时刻，它们分别形成球面 2、3、4 等. 这些球形波面的包络面为圆锥面，它就是激震波的波面，称为马赫锥. 如图 8.23 所示可以得到马赫锥的半顶角为

$$\alpha = \sin^{-1}(R/\overrightarrow{OO'}) = \sin^{-1}(v/v_S).$$

激震波的种类很多. 子弹、炮弹、火箭、飞机等，当其速度超过声速时，都会在空气中产生激震波. 当船的速度较大时，也会在水面激起 V 字形的波面.

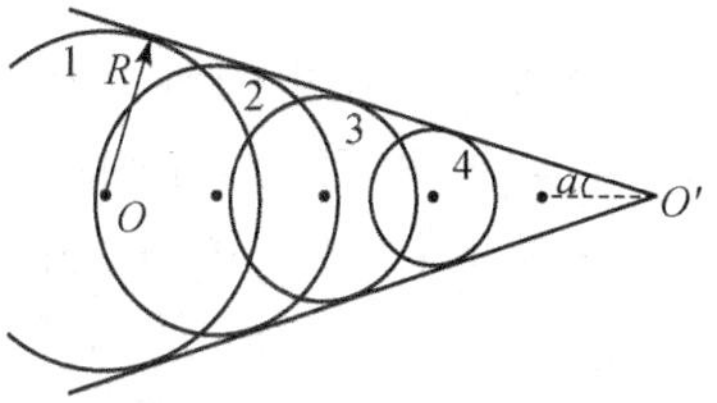

图 8.23　激震波

3. 电磁波的多普勒效应*

电磁波与机械波不同：

(1) 不需要传播介质，因而多普勒效应只与波源和接收器的相对运动有关；

(2) 由于相对论的时间效应，即运动的钟总要变慢，因而存在横向多普勒效应.

纵向多普勒频移为

$$f'_{/\!/} = f\sqrt{\frac{1+\beta}{1-\beta}} = f\gamma(1+\beta). \tag{8.61}$$

横向多普勒频移为

$$f'_{\perp} = f\,\frac{1}{\gamma} = f\sqrt{1-\beta^2}. \tag{8.62}$$

其中，$\beta = v/c$，v 为波源和接收器的相对速度(相向而行取正号)，$\gamma = 1/\sqrt{1-\beta^2}$ 为相对论因子.

力学之外——电磁波的多普勒效应有广泛的影响.在天文上,可用光的多普勒效应测定天体相对于地球的速度、测定天体自转的速度;在雷达技术中,可以利用电磁波的多普勒效应测速,并借此区分活动目标和静止目标.在卫星通信和导航定位中,由于卫星运动所产生的微波信号的多普勒频移会影响检测信号的质量,如何减少和避免其影响是尚未完全解决的问题.

思 考 题

1. 列举你知道的波动,它们各属于什么性质的波动?它们是如何产生、如何传播的?

2. 投一石于平静的水面,直观地观察水面波,它是是纵波还是横波?是否是简谐波?为什么?试估计水面波的波速的数量级.

3. 试举出平面波和球面波的例子.

4. 在描述简谐波的参量中,哪些参量是与简谐振动相同的,哪些参量是波动才特有的?

5. 孤立振子的振动与存在波的介质中的体积元的振动有何区别?试从其所受的力及动能和势能的变化规律等方面加以说明.

6. 雷达的电磁波自发射机发射后,被 100 km 外的目标反射回接收机,问需经历多少时间?

7. 什么是简谐波的波形图?怎样利用波形图判断正向波和负向波?

8. 机械纵波的波动方程是依据什么定律导出的?在导出波动方程时,假定介质遵循胡克定律,有什么条件?

9. 机械波在介质中的传播速度与什么因素有关?有人说,音量大的声音比音量小的声音传播得快;有人说,音调高的声音比音调低的声音传播得快.你的看法呢?

10. 俯耳贴近钢轨,可以清楚地听见远处的列车的声音.为什么会有这种现象?与钢轨中声波的波速有什么关系?

11. 为什么在液体和固体的表面层中传播的波速与在其内部传播的波速不同?

12. 你估计在地震波中可能有哪几种不同的机械波?它们是在线性无耗介质中的波动吗?

13. 雷达接收机接收目标的反射波时,通常认为接收到的反射波的功率与目标至雷达的距离的四次方成反比.你认为是依据什么模型作出这种估计的?

14. 举例说明声波、无线电波都有衍射现象.

15. 机械波在两种固体的界面上发生反射:

(1) 若入射波为纵波,问在什么情况下反射波中只有纵波?

(2) 若入射波为横波,问在什么情况下反射波中只有横波?

16. 机械波在两种固体的界面上发生反射:

若入射波是纵波,反射波只有横波,且其振动方向与入射波的振动方向相同.已知在该介质中纵波的波速是横波波速的$\sqrt{3}$倍,求入射角?

17. 据你所知,哪些光学元件(装置)是依据反射定律或折射定律制成的?声波、微波是否可能有相似的元件(装置)?你估计可能有何不同?你曾见到过吗?

18. 考虑反射现象,定性地说明声波如何在钢管中传输、光波如何在光纤(实心玻璃丝)中传输、微波如何在波导(中空金属壁管道)中传播的?

19. 当波从介质1透射到介质2,在 $z_1>z_2$ 的条件下,会出现透射波振幅大于入驻波振幅的情况,这是否与能量守恒相予盾?

20. 如图 SK8.1 所示是两根传输波动的管子,两管之间通过小孔 S_1、S_2 连通,两孔间的距离为$\frac{\lambda}{4}$;r_1,r_2 是两台接收机.试定性地说明:若波自 A 端口注入管道,两台接收机接收到的波动的相位有何不同?

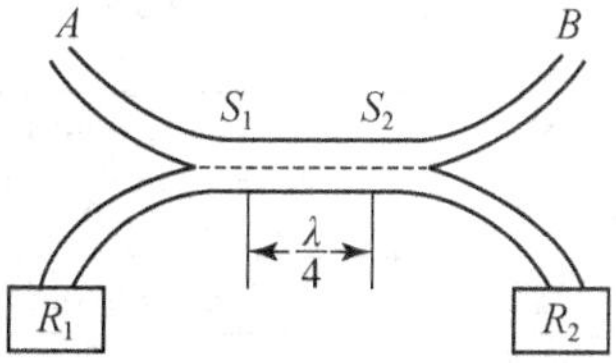

图 SK8.1 思考题 20 图

21. 按你的设想,18 题提出的模型有什么实际用途?你见过这类装置吗?

22. 什么是驻波?实际的驻波是怎样形式的?驻波中运动状态是否传播?驻波中能量是否有能量流动?

23. 举例说明管乐器、弦乐器是如何改变谐振频率的?

24. 管乐器是开口的声学谐振腔、微波炉是封闭式的微波谐振腔,而光学谐振腔可以由两个平行的反射镜面组成,思考一下它们的结构和大小为什么会有所不同?

25. Ne气的原子向各方向作随机运动,其平均速率可估计为 $1.3\times10^3\ \mathrm{m\cdot s^{-1}}$:(常温).若 Ne气发射波长为 $0.633\ \mu\mathrm{m}$ 的光波.问在实验室测得光波的频率约在什么范围内?

习 题 八

8.1 机械波在空气中的波速约为 331 m·s^{-1}(1 个大气压,0℃),在海水(25℃)中的波速约为 1530 m·s^{-1},在低碳钢中的波速(纵波)约为 5960 m·s^{-1}.求:

(1) 频率为 20 Hz～20 kHz 的声波在三种介质中的波长;

(2) 频率为 20 kHz～1 MHz 的超声波在海水和低碳钢中的波长.

8.2 已知下列电磁波在空气中的波长:

(1) 可见光波长为 0.7～0.4 μm;

(2) 微波波长为 1 m～1 mm.

求它们的频率.

8.3 在一次雷击发生时,有一人在看见闪光 3 s 后才听见雷声.试估计雷击发生处离这个人的距离.

8.4 已知一平面波的表示式为

$u = A\cos[\omega t + kx + \varphi(t)]$;($k,\omega$ 为大于零的常数)

$\varphi(t) = \alpha t + \beta$.($\alpha,\beta$ 为常数)

求此平面波的角频率与波速,并说明波的传播方向.

8.5 求机械波在下列材料中的波速(纵波和横波).

材料(多晶)	$Y(10^{11}\ \mathrm{N\cdot m^{-2}})$	$N(10^{11}\ \mathrm{N\cdot m^{-2}})$	$\rho_m(10^3\ \mathrm{kg\cdot m^{-3}})$
铝	0.7	0.3	2.7
铜	1.1	0.42	8.4
钢	2.0	0.84	7.8

8.6 证明:若 $u = F(\varphi)$,$F(\varphi)$有二阶导数且 $\varphi = \omega\left(t \pm \frac{x}{v}\right) + \varphi_0$,

则 u 是波动方程的一个解.

8.7 频率为 1000 Hz 的声波沿截面积为 10 cm^2 的长管传输.已知管内空气密度为 1.29 kg·m^{-3},波的振幅为 10^{-4} cm.若管中声波可看作平面波,声速为 330 m·s^{-1},试估计管中声波的平均能量密度、平均能流密度和平均功率.

8.8 一电台以 2.0 W 的功率发射球面波.若不计介质(空气)的耗损,试估计离电台 50 km 处的电磁波的能流密度与能量密度.

8.9 光在玻璃中的折射率约为 1.5.

(1) 估计光在玻璃中的波速;

(2) 若空气中的平行光束,以任意的入射角射到空气与玻璃的界面上,如图 XT8.1(a)所示,问透射光的折射角分布在什么范围内?

(3) 若玻璃中的平行光束，以任意的入射角射到界面上，如图 XT8.1(b)所示，问入射角在什么范围内将没有透射光？

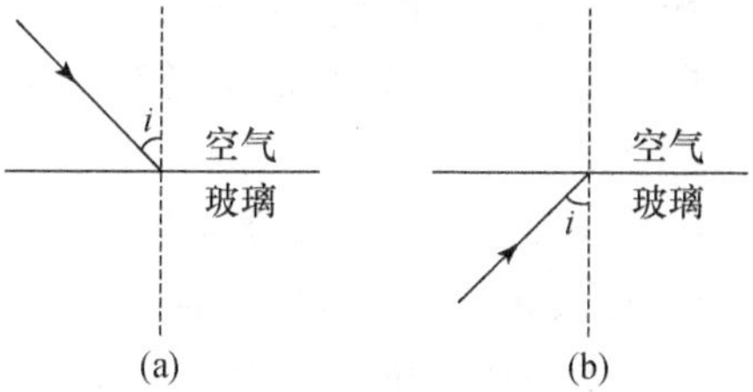

图 XT8.1 习题 8.9 图

8.10 在低碳钢中纵波的波速为 5960 $\mathrm{m\cdot s^{-1}}$，为保证从空气中入射的声波可以在空气与低碳钢的界面处产生透射波，入射角最大为多少？

8.11 证明下列命题：

(1) 若反射面为旋转抛物面，在其焦点上有一点波源，则反射波是平行波束；

(2) 若反射面是一旋转椭球面，在其一个焦点上有一点波源 S，如图 XT8.2 所示，则反射光将会聚于另一焦点(C 点)。

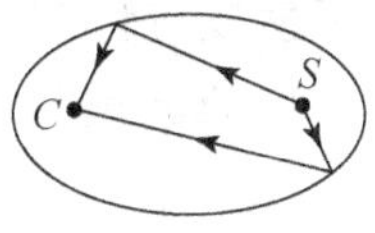

图 XT8.2 习题 8.11(2)图

8.12 在 x 轴上有 S_1，S_2 两个点波源，如图 XT8.3 所示，它们的振动分别为 $u_1=A\cos\omega t$；$u_2=A\cos\left(\omega t+\frac{1}{2}\pi\right)$. 两波源的距离为 $d=\frac{\lambda}{4}$. 在远处两波源的波动振幅可看作相等，且振动的方向相同.

(1) 在什么方向波动最强？什么方向波动最弱？为什么？

(2) 定性描述不同方向波动振幅的分布状况.

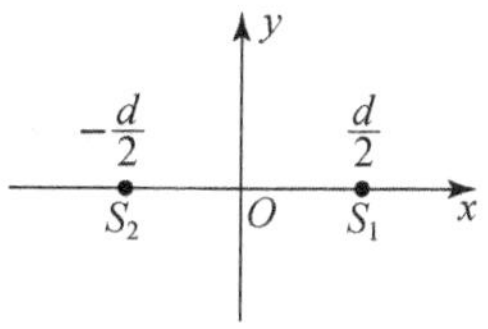

图 XT8.3 习题 8.12 图

8.13 将上题条件作如下修改：两波源同相，且它们之间的距离为$\frac{\lambda}{2}$. 试定性地描述不同方向波动振幅的分布状况.

8.14 对于上题所示的例子，若要用一反射面代替 S_2 而产生同样的效果，你认为应选用什么性质的反射面？

8.15 将 12 题中的波源 S_2 去掉，代之以与 S_1 相距$\frac{\lambda}{2}$的反射面. 要保持向 x 轴正向发射的波动不变. 问应选用什么性质的反射面？在这种情况下，驻波如何分布？

8.16 一长为 L 的匀质弹性细杆中的纵波波速为 u. 杆的一端固定,另一端自由,重力可以忽略. 求谐振频率和最大波长.

8.17 频率为 1000 Hz 的声源 S,在半径为 6 m 的圆周上,以每秒一周的速率运动,接收器 R 在距圆心 12 m 处,如图 XT8.4 所示：

(1) 求接收到的声波的最高频率和最低频率；

(2) 求接收到最高、最低频率时波源的位置.

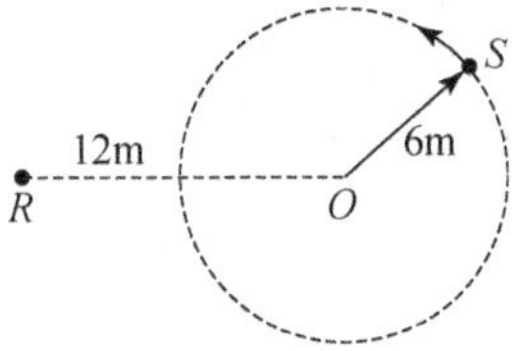

图 XT8.4 习题 8.17 图

8.18 一微波测速雷达发射的电磁波的频率为 37.5 GHz,用它测量迎面开来的汽车的车速,测得反射波与发射波的频差为 7.5 kHz. 求该汽车的时速.

8.19 若以波长为 10.06 μm 的红外线作测速雷达,测量上题中的汽车,问测得的频差是多少?

8.20 如图 XT8.5 所示是超声多普勒流量计的原理图. 波源 S 发射频率为 υ_S 的定向波束,射入管道内流动的液体中,经液体中的悬浮物反射后被 R 接收. 已知超声波在液体中的波速为 v,入射波、反射波与管道轴线的夹角皆为 θ. 证明：若管内液体的流速为 v_T,R 接收到的反射波的频率为 υ_R,则

$$\upsilon_s - \upsilon_R = 2\upsilon_s \frac{v_T\cos\theta}{v + v_T\cos\theta}$$

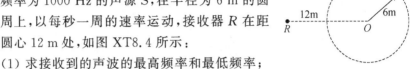

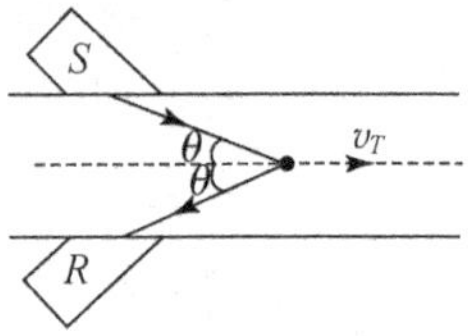

图 XT8.5 习题 8.20 图

8.21 一子弹在空气中形成的马赫锥的顶角为 30°,试估计子弹的速度.

第九章　狭义相对论简介*

本章提要

前八章介绍了经典力学矢量力学的主要内容，它所涉及的物体大到宇宙天体、小到原子、电子，但是这些物体的运动速度都限于比真空光速小得多的情况．当物体运动的速度很大、以致可以和真空光速相比拟时，这些经典力学的规律是否还成立呢？这就是本章所要讨论的问题．本章首先阐述狭义相对论产生的历史条件，导出狭义相对论的主要公式——洛伦兹变换，在此基础上讨论了相对论的时空观和电磁波的多普勒效应；然后简单介绍相对论动力学，用简单易懂的方法导出相对论动量和相对论质量的概念和著名的能-质关系式．最后极其简单地指出狭义相对论的不足，介绍了广义相对论．

9.1　狭义相对论的产生和洛伦兹变换

1．狭义相对论产生的历史条件*

19 世纪后半叶电磁学得到充分发展．1865 年，麦克斯韦从电磁学实验规律中总结出麦克斯韦方程组，并进一步导出了自由空间电磁场满足的方程$\nabla^2\begin{pmatrix}\boldsymbol{E}\\\boldsymbol{H}\end{pmatrix}-\frac{1}{c^2}\frac{\partial^2}{\partial t^2}\begin{pmatrix}\boldsymbol{E}\\\boldsymbol{H}\end{pmatrix}=0$，这与机械波方程$\nabla^2 u-\frac{1}{v^2}\frac{\partial^2 u}{\partial t^2}=0$十分相似，说明电磁场也是一种波——电磁波，并以真空光速传播．1888 年，赫兹首次用实验证实了电磁波的存在．这些理论和实验的成就完善了经典电磁学，但是如何理解和解释这些成就，又给科学家们提出了新的任务．从机械波的角度，人们提出了以太说，认为电磁波是靠无处不在的以太这种介质来传播的．这样，又产生了一系列新问题：是否存在以太？是否能测出地球相对于以太的运动？电磁学的规律是否只对以太这个特殊的参考系成立？为了得到这些问题的答案，人们进行了各种各样的实验，其中最著名的是迈克尔逊—莫雷的实验．

迈克尔逊—莫雷的实验如图 9.1 所示．光线经半透明反射镜 A 后分为两路：一路透过 A 经过另一反射镜 A' 反射回到 A；另一路经 A 反射又经过另一反射镜 A'' 回到 A．由于光路 $A\to A'\to A$ 和 $A\to A''\to A$ 的光程不同，在 A 表面就会形成干涉条纹．

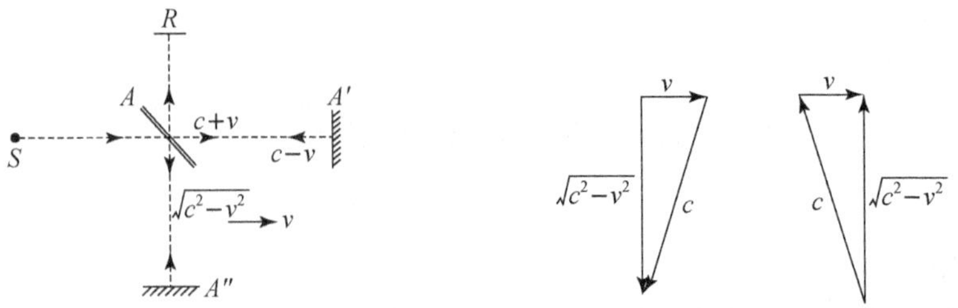

(a) 实验示意图　　(b) 光在光路 $A\to A''\to A$ 中相对于地球的传播速度

图 9.1　迈克尔逊-莫雷实验

假定光相对于以太的速度是真空光速 c，以太相对于地球以地球公转速度 v 沿 $A\to A'$ 方向运动. 按照伽利略变换，光在光路 $A\to A'\to A$ 中相对于地球的传播速度分别为 $c+v$ 和 $c-v$，所用的时间为 $t=\dfrac{l_1}{c+v}+\dfrac{l_1}{c-v}=\dfrac{2cl_1}{c^2-v^2}\doteq\dfrac{2l_1}{c}\left(1+\dfrac{v^2}{c^2}\right)$；光在光路 $A\to A''\to A$ 中相对于地球的传播速度均为 $\sqrt{c^2-v^2}$，所用的时间为 $t'=\dfrac{2l_2}{\sqrt{c^2-v^2}}=\dfrac{2l_2}{c}\left(1+\dfrac{v^2}{2c^2}\right)$. 在 $l_2=l_1=l$ 的情况下，两路的时间差为 $\Delta t=t-t'=\dfrac{l}{c}\cdot\left(\dfrac{v}{c}\right)^2$，相位差为 $\Delta\varphi=2\pi f\Delta t=\dfrac{2\pi fl}{c}\cdot\left(\dfrac{v}{c}\right)^2=\dfrac{2\pi l}{\lambda}\cdot\left(\dfrac{v}{c}\right)^2$. 由于镜面 A 上各点的 l 不同，相位差也就不同，A 面上就会形成干涉条纹. 如果整个系统转动 90 度，即 $A\to A'\to A$ 变成垂直于以太运动方向，$A\to A''\to A$ 变成平行于以太运动方向，则 A 面上同一点转动前后两次相位差的改变量为 $2\Delta\varphi=\dfrac{4\pi l}{\lambda}\cdot\left(\dfrac{v}{c}\right)^2$，干涉条纹就会移动 $\dfrac{2\Delta\varphi}{2\pi}=\dfrac{2l}{\lambda}\cdot\left(\dfrac{v}{c}\right)^2$ 根. 当时实验装置的 $l\approx 11.0\ \mathrm{m}$，光波波长 $\lambda\approx 0.55\times10^{-9}\ \mathrm{m}$，干涉条纹预计移动 0.4 根，但是并未观察到. 以后人们又在不同的时间和地点，进行过十多次相同的实验，均未观察到条纹的移动.

这个实验的否定结果说明，要么以太不存在或者以太虽然存在，但随地球一起运动，因而观察不到光相对于它的运动；要么光速不变，它不受伽利略变换的影响. 尽管如此，人们还是企图用传统的观念来解释这个实验结果. 1892 年左右，洛伦兹和斐兹杰惹分别独立的提出了“收缩假定”：当物体相对于以太以速度 v 运动时，物体在运动方向的长度就会缩短为有原来的 $\sqrt{1-v^2/c^2}$ 倍. 收缩假定在一定程度上可以解释迈克尔逊实验为什么观察不到条纹的移动，但又被其他实验，例如双折射实验所否定. 因为如果收缩假定成立，相对于以太运动的介质在运动方向和垂直于运动的方向上将具有不同的折射率，因而是双折射的. 瑞利和布拉斯先后进行了精密的实验，均未发现任何双折射效应.1904 年洛伦兹发展了他的理论,在收缩假定的基础上,补充了“局部时间”的概念,提出了与伽利略变换不同的时空变换公式,即洛伦兹公式.洛伦兹已经走到了相对论的边缘,但是他没有突破经典的时空观,没能正确地解释自己的公式.另外,人们进行了很多直接测定光速的实验,实验表明,无论在任何地方,任何方向,测得的光速都接近于 3×10^8 m/s.这是实验条件限制,还是光的本质就是如此.

总之,20 世纪初的物理学,无论是理论上和实验上都取得了极大的发展,同时也产生若干矛盾和问题.如何解释和解决这些矛盾和问题?是从传统的观念和理论出发进行修修补补,还是突破传统的局限,提出新的观念和理论,从整体上解决这些问题.爱因斯坦选择了后者.

2. 狭义相对论的基本假定

1905 年,爱因斯坦发表了他的著名论文“论运动物体的电动力学”,创立了狭义相对论.在论文中,他提出了相对论时空观,其基础是两条基本假定:

(1) 相对性原理　物理规律在一切惯性系中都是相同的,所有惯性系都是等价的,不存在任何一个特殊的惯性系.

(2) 光速不变原理　对任何惯性系,光在真空中任何方向上的传播速度都不变.

应该指出,上述两条当时是作为基本假定提出的,但是现在已经有了直接的实验验证,由相对论导出的结论已被大量实验所证实,所以现在一般称为基本原理.另外,尽管当时已具备一定的实验基础和历史条件,但要提出这两条基本假定,还是需要观念的变革和创新的勇气,而这正是爱因斯坦所具有的.

狭义相对论的两条基本原理与反映经典时空观的伽利略速度变换直接矛盾,也和伽利略坐标变换相矛盾.因此,我们需要从这两条基本假定出发,找出新的变换关系——洛伦兹变换.

3. 洛伦兹变换

为了帮助初学者较自然地从经典时空观过渡到相对论的时空观,较为自然地接受相对论,我们先分析一个特殊的实验,看看两条基本原理有什么结果,然后在此基础上导出洛伦兹变换.

(1) 光钟的实验.

设想有两个完全相同的光钟 A 和 A',它们分别由相距为 h 的两个平面镜组成,有光子在两个平面镜之间来回反射.当两个钟相对静止时,把它们调节到同步,即光子同时由各自的下端出发,经过相同的时间间隔 $\tau=h/c$ 同时到达各自的上端.现在令 A' 钟相对于 A 钟以速度 v 沿垂直于钟的方向向右运动,如图 9.2 所示,看看两钟有何变化.

首先，由相对性原理可以断定，两钟的高度，即垂直于相对运动方向的长度 h 不变. 这一点可以这样来证明. 设想在 A 钟上端固定一支蘸有墨汁的毛笔，和它擦边而过的物体就会被涂上墨汁. 如果认为运动的钟会变矮的话，当运动的 A' 钟与 A 钟擦边而过时，A' 钟上端的上方就会留下画痕. 但是，按 A' 钟的看法，根据相对性原理，是 A 钟在运动，因而 A 钟变矮，故画痕应在 A' 钟上端的下方. 但是，A' 钟上的画痕位置应该是确定的，不可能既在上端的上方，又在上端的下方. 所以结论只能是高度不变.

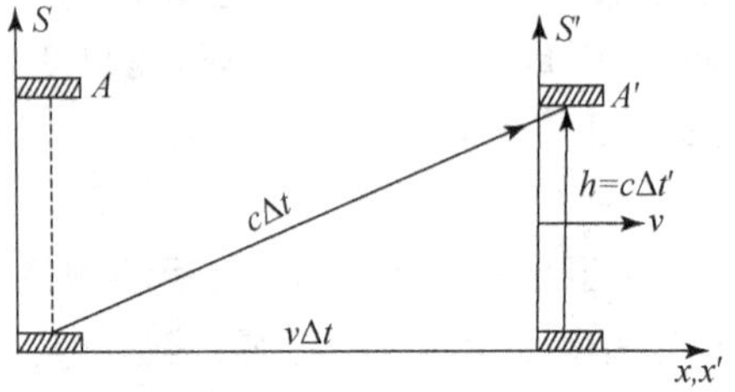

图 9.2　在 S 系和 S' 中观察 A' 钟的光子的运动

下面，从不同的参考系分析 A' 钟的光子由其下端运动到上端所用的时间. 设 S 系和 S' 系是分别固定在 A 钟和 A' 钟上的参考系，S' 系相对 S 系以速度 v 沿垂直于钟的方向即沿 x 轴正向运动. 在 S' 中的观察者看来，A' 钟无任何变化，光子仍然由其下端运动到上端，所用的时间仍为为 $\Delta t'=h/c=\tau$ 即 $h=c\Delta t'$. 但是在 S 系中的观察者看来，根据光速不变原理，A' 钟的光子运动速度仍为 c，但因所走的路径不再是垂直向上，而是倾斜向右向上，因而需要较多的时间. 设这段时间为 Δt，则倾斜向上的路径长度为 $c\Delta t$；同时，在这段时间里，A' 向右移动了距离 $\Delta x=v\Delta t$. 由图示几何关系有 $(c\Delta t)^2-(v\Delta t)^2=(c\Delta t')^2$，即

$$\Delta t = \Delta t'/\sqrt{1-v^2/c^2}, \tag{9.1}$$

引入**相对论因子**

$$\gamma = 1/\sqrt{1-v^2/c^2}, \tag{9.2}$$

(9.1)写成

$$\Delta t = \gamma\Delta t'. \tag{9.3}$$

这就是同一个物理过程"A' 钟的光子由其下端运动到上端"在不同参考系中所得到的时间关系. 我们把它和相关的空间坐标关系写在一起，为

$$\begin{cases}\Delta x' = 0 \\ \Delta x = v\Delta t \\ \Delta t = \gamma\Delta t',\end{cases} \tag{9.4}$$

类似地，分析"A 钟的光子由其下端运动到上端"这一物理过程，我们会发现在 S'系中，A 钟的光子运动速度仍为 c，但所走的路径不再是垂直向上，而是倾斜向左向上，因而需要较多的时间. 我们同样会得到相应的时间空间坐标关系：

$$\begin{cases}\Delta x = 0 \\ \Delta x' = -v\Delta t' \\ \Delta t' = \gamma\Delta t.\end{cases} \tag{9.5}$$

(2) 洛伦兹变换的导出.

设 S'系相对 S 系以速度 v 沿 x 轴正向运动，令 S'系的坐标轴与 S 系的坐标轴平行，并设 $t=t'=0$ 时两坐标系的原点重合，建立如图 9.3 所示的坐标系. 设 (x,y,z,t) 和 (x',y',z',t') 分别为同一事件在 S 系和 S'系中的时间空间坐标. 这里所指的事件是指，例如两质点相撞、光源发射一光脉冲、光脉冲到达反射镜、火箭的发射、人的出生等等. 我们把事件的发生地点理想化为一几何点. 下面的任务就是要找到 (x,y,z,t) 和 (x',y',z',t') 之间的变换关系.

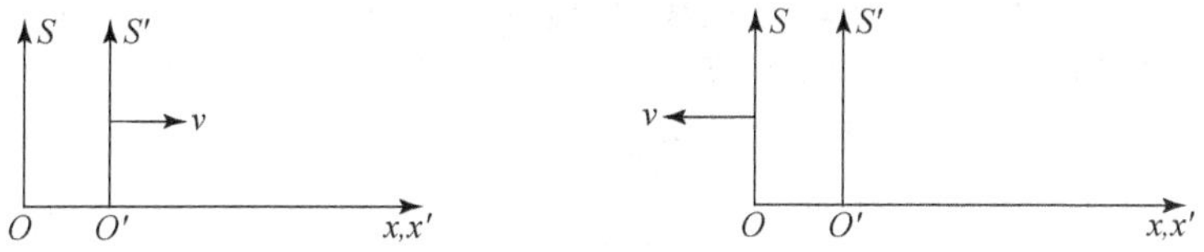

图 9.3　洛伦兹变换的坐标系

由于时间和空间是均匀的，变换必定是线性的；再考虑到两个参考系在 y 轴和 z 轴方向上没有相对运动，所以时空变换的一般形式为

$$\begin{cases}x' = a_1x + a_2t \\ y' = y \\ z' = z \\ t' = a_3x + a_4t,\end{cases} \tag{9.6}$$

任意两个事件的时间间隔和空间间隔（$\Delta x = x_2 - x_1$，$\Delta x' = x'_2 - x'_1$，$\Delta y = y_2 - y_1$，$\Delta y' = y'_2 - y'_1$，$\Delta z = z_2 - z_1$，$\Delta z' = z'_2 - z'_1$，$\Delta t = t_2 - t_1$，$\Delta t' = t'_2 - t'_1$）之间也存在相应的关系

$$\begin{cases}\Delta x' = a_1\Delta x + a_2\Delta t & (9.6\text{a}) \\ \Delta y' = \Delta y & (9.6\text{b}) \\ \Delta z' = \Delta z & (9.6\text{c}) \\ \Delta t' = a_3\Delta x + a_4\Delta t, & (9.6\text{d})\end{cases}$$

其中的常系数 a_1, a_2, a_3, a_4 仅与两个参考系的相对运动有关，与具体事件无关. 因此我们可根据一些具体事件的时间空间关系来确定这些系数.

把前面得到的 A 和 A' 的时间和空间关系(9.5)，即

$$\begin{cases}\Delta x = 0 \\ \Delta x' = -v\Delta t' \\ \Delta t' = \gamma\Delta t,\end{cases}$$

代入(9.6a)和(9.6d)得

$$\Delta x' = -v\Delta t' = 0 + a_2\Delta t = a_2\Delta t'/\gamma \Rightarrow a_2 = -\gamma v, \tag{9.7}$$

$$\Delta t' = \gamma\Delta t = 0 + a_4\Delta t \Rightarrow a_4 = \gamma, \tag{9.8}$$

把前面关于光钟 A 和 A' 的时间和空间关系(9.4)，即

$$\begin{cases}\Delta t = \gamma\Delta t' \\ \Delta x = v\Delta t \\ \Delta x' = 0,\end{cases}$$

代入(9.6a)和(9.6d)并利用 $a_2=-\gamma v$ 和 $a_4=\gamma$ 得

$$\Delta x' = 0 = va_1\Delta t + a_2\Delta t = (a_1 - \gamma)v\Delta t = 0 \Rightarrow a_1 = \gamma, \tag{9.9}$$

$$\Delta t' = \Delta t/\gamma = a_3 v\Delta t + a_4\Delta t = (va_3 + \gamma)\Delta t \Rightarrow a_3 = -\gamma v/c^2, \tag{9.10}$$

把系数(9.7)至(9.10)代入(9.6)得

$$\begin{cases}x' = \gamma(x - vt) \\ y' = y \\ z' = z \\ t' = \gamma\left(t - \dfrac{v}{c^2}x\right),\end{cases} \tag{9.11}$$

这就是**洛伦兹变换**.

S'系相对 S 系以速度 v 沿正 x 轴方向运动与 S 系相对 S'系以速度 v 沿负 x 轴方向运动是等价的，重复上述推导，可得

$$\begin{cases}x = \gamma(x' + vt') \\ y' = y \\ z' = z \\ t = \gamma\left(t' + \dfrac{v}{c^2}x'\right),\end{cases} \tag{9.12}$$

上式也可由(9.11)式经线性变换直接得到.

对于洛伦兹变换，需强调说明几点：

(1) 从洛伦兹表达式中可以直接看出：第一，时间和空间均与参考系的运动不可分割地联系着，这与经典时空观是完全不同的. 第二，因时空坐标均为实数，故相对论因子 $\gamma=1/\sqrt{1-v^2/c^2}$ 中的 $v\leqslant c$，即物体运动的速度不能超过光速. 这是狭义相对论的基本结果. 第三，当 $v\ll c$ 时，相对论因子 γ 趋于 1，洛伦兹变换与伽利略变换一致. 这说明，牛顿力学可以看成是相对论力学的特殊情况. 在科学

上，如果新的理论比旧理论有更广的适用范围，但在一定条件下又能还原为旧理论，这种新理论才能称为好的新理论. 狭义相对论正是这种好的新理论.

(2) 不同惯性系中的时间、空间量度的基准必须一致. 时间基准必须选择相同的物理过程，例如同一种原子结构的振动周期；空间长度的基准必须选择相同的物体或对象，例如某个频率下的电磁波波长. 这些被选定的过程或物体称为时钟和直尺. 由于时钟的快慢和直尺的长短可能因为运动而改变，故各个参考系中的时钟和直尺相对于该参考系必须处于静止状态.

(3) 洛伦兹变换反映了同一事件在不同惯性系之间的时间空间坐标关系. 因此在应用时必须核实(x,y,z,t)和(x',y',z',t')是否确实代表了同一事件；另外，还需检查所取的坐标系是否与上述要求一致. 在本书的以下章节中凡是提到S系和S'系，除非特别描述，都满足：S'系相对S系以速度v沿正x轴方向运动(或S系相对S'系以速度v沿负x轴方向运动)；两参考系的坐标轴互相平行；$t=t'=0$时两坐标系的原点重合.

9.2　相对论的时间和空间

1. 长度收缩——空间的相对性

设有一把尺，静止长度为L_0，放到以速度v运动的火车(S'系)上，尺子方向沿x轴. 因其相对于火车静止，故在火车上测量，长度不变，仍为$\Delta x'=x_2'-x_1'=L_0$，其中x_2'，x_1'是尺子两端的坐标，与测量时间无关. 现在要问，在地上(S系)测量该尺有多长？因为在地上看，该尺是运动的，所以我们必须同时去测量直尺的两端才有意义. 即在$\Delta t=t_2-t_1=0$条件下测得$\Delta x=x_2-x_1$. 把$\Delta x'=x_2'-x_1'=L_0$，$\Delta x=x_2-x_1$和$\Delta t=t_2-t_1=0$代入洛伦兹变换(9.11)第一式，即得

$$\Delta x' = L_0 = \gamma(\Delta x - v\Delta t) = \gamma\Delta x,$$

即在地上(S系)测量到该尺的长度为

$$L = \Delta x = \frac{1}{\gamma}\Delta x' = \frac{1}{\gamma}L_0 < L_0, \tag{9.13}$$

可见，运动的尺在运动的方向上缩短了，变为原来的$\frac{1}{\gamma}$，这种现象称为**相对论长度收缩**，$\frac{1}{\gamma}$为长度收缩因子. 由洛伦兹变换可以立刻看出，在垂直于运动方向上的长度并不发生改变.

由于运动的物体在运动的方向上总是缩短，所以物体在其相对静止的惯性系中测得的长度最长，称为该物体的**固有长度**. 对于运动速度不同的惯性系，$\frac{1}{\gamma}$

不同，测得的长度 $L=L_0/\gamma$ 也不同，但测得的长度与相对论因子的乘积等于固有长度，即

$$L_1\gamma_1 = L_2\gamma_2 = L_3\gamma_3 = \cdots = L_0, \tag{9.14}$$

也就是说，固有长度是洛伦兹变换下的不变量.

应当指出，运动的尺缩短是一种普遍的时空效应，无论物体的具体结构和组成如何，在同一参考系中都会按相同的比例缩短.

相对论长度收缩效应也是相对的. 例如在行进的火车上测量静止于地面的尺，测得的长度也是静止长度的 $\dfrac{1}{\gamma}$.

2. 时间膨胀——时间的相对性

设有一个静止于 S' 系中某处的过程，这个过程可能是前面所述的光钟所发出的光子的一次往返，可能是机械钟齿轮转动了一个角度，也可能是某个离子从产生到湮灭. 这个过程在 S' 系中所用的时间为 $\Delta t'=\tau$，因相对于 S' 系静止，所以有 $\Delta x'=0$. 在 S 系中看来，发生这个过程所用的时间变为 Δt，在 S 系中的位置因相对于 S 系向 x 轴正向运动发生了变化 $\Delta x=v\Delta t$. 把 $\Delta t'=\tau$，$\Delta x'=0$，$\Delta x=v\Delta t$ 等代入洛伦兹变换式(9.11)或(9.12)式的第四式即得

$$\Delta t = \gamma\Delta t' = \gamma\tau, \tag{9.15}$$

可见，发生上述物理过程所用的时间由于运动增加了，变为原来的 γ 倍，这种现象称为**相对论时钟变慢**或**时间膨胀**，γ 为时间膨胀因子.

由于运动的过程总是变慢，所以该过程在其相对静止的惯性系所用的时间最短，称为该过程的**固有时间**或**原时**. 对于运动速度不同的惯性系，γ 不同，测得的时间 $\Delta t=\gamma\Delta t'=\gamma\tau$ 也不同，但测得的时间与相对论因子的比值不变，等于固有时间，即

$$\Delta t_1/\gamma_1 = \Delta t_2/\gamma_2 = \Delta t_3/\gamma_3 = \cdots = \tau, \tag{9.16}$$

也就是说，固有时间和固有长度一样，是洛伦兹变换下的不变量.

应当指出，时间膨胀或时钟变慢是一种普遍的时空效应，与具体的物理过程或时钟的种类无关，无论何种过程或时钟，在同一参考系中都会按相同的比例变慢.

相对论时间膨胀效应也是相对的. 例如在行进的火车上测量静止于地面的时钟，测得的时间周期也是静止钟的长度的 γ 倍.

时间膨胀似乎是不可思议的，但却有直接的实验验证. π^+ 介子是一种不稳定的微观粒子，当它相对于实验室静止时，测得的平均寿命为 $\tau=2.5\times10^{-8}$ 秒(固有时间). 那么，高速运动的 π^+ 介子的寿命是多少呢？有一个实验产生了速率为 $0.99c$、即相对论因子为 $\gamma\doteq7.09$ 的 π^+ 介子射线，测得其平均飞行距离为 $L=52\text{ m}$. 因而其平均飞行时间、即平均寿命为 $\Delta t=L/(0.99c)\doteq1.75\times10^{-7}$ 秒；

而由时间膨胀(9.15)式计算得到得平均寿命为 $\Delta t=\gamma\tau=7.09\times 2.5\times 10^{-8}\doteq 1.77\times 10^{-7}$秒,很好地验证了洛伦兹变换.

3. 同时的相对性——时间和空间相关

经典时空观认为时间与空间无关,是绝对的,同时性也是绝对的.也就是说,在某个惯性系中是同时发生的事件,在其他所有惯性系中看来也都是同时的.

相对论则认为同时是相对的.在某个惯性系中是同时发生的事件,在其他惯性系中看来则可能不是同时的.

设想在匀速行进的火车(S'系)上的车头和车尾(坐标为 x_1',x_2',$\Delta x'=x_2'-x_1'<0$),同时($\Delta t'=t_2'-t_1'=0$)打开两盏灯.在地面(S 系)看来,两盏灯打开的时间差 $\Delta t=t_2-t_1$ 把 $\Delta x'=x_2'-x_1'<0$ 和 $\Delta t'=t_2'-t_1'=0$ 代入洛伦兹变换(9.11)第四式可得

$$\Delta t=t_2-t_1=\gamma\left(\Delta t'+\frac{v}{c^2}\Delta x'\right)=\gamma\frac{v}{c^2}\Delta x'<0 \tag{9.17}$$

由此可见,在地面看来,两盏灯不再是同时打开的了,而是车尾先开,车头后开.由(9.6)也可以看出,在 $\Delta t'=t_2'-t_1'=0$ 的条件下,要 $\Delta t=t_2-t_1=0$,只有$\Delta x'=x_2'-x_1'=0$.也就是说,只有同一地点同时发生的事件在任何惯性系中才是同时的.

既然同时是相对的,那么是否会发生时序颠倒的现象,即在一个惯性系中先发生的事件在另一个惯性系中反而后发生呢?答案是肯定的.设车头和车尾的灯不是同时打开的,车头的先开,车尾的后开,即 $\Delta t'=t_2'-t_1'>0$ 由(9.17)知,要时序颠倒,必须要

$$\Delta t=t_2-t_1=\gamma\left(\Delta t'+\frac{v}{c^2}\Delta x'\right)<0, \tag{9.18}$$

这只要

$$-\frac{v}{c^2}\Delta x'=\frac{v}{c^2}(x_1'-x_2')>\Delta t', \tag{9.19}$$

就可以了.也就是说,只要两个事件发生地(车头和车尾)相距足够远就可以了.

既然时序可以颠倒,那么是否会发生违反因果律的现象,比如在某个惯性系中会看到人先死而后生呢?答案是否定的.要满足时序颠倒的(9.18)和(9.19),事件 1 和事件 2 必须是两个非相关事件,因此我们可以事先选择两点的距离,只要距离足够远就可以了.但若这两个事件是相关的,比如人的生与死.在 $\Delta t'=t_{死}'-t_{生}'>0$ 条件下,要满足 $\Delta t=t_{死}-t_{生}<0$,只有满足$\frac{v}{c^2}(x_{生}'-x_{死}')>\Delta t'$,即

$$\frac{x_{生}'-x_{死}'}{\Delta t'}>\frac{c^2}{v}>c. \tag{9.20}$$

这就要求人出生后就以大于光速的速度由出生地飞快地奔向死亡地，而这是绝对办不到的. 所以对于相关事件，时序不会颠倒.

为了使读者对于相对论因子的大小有一个明确的概念，我们列出了下表. 从表中可以看出，对于宏观物体的运动，即使像第三宇宙速率，相对论因子仍然很小很小，相对论效应难于观察到. 只有微观粒子的运动速度可以达到与光速可以相比的水平，这时才有明显的相对论效应.

v	$\gamma=1/\sqrt{1-v^2/c^2}$
$7.9\times10^3\ \mathrm{ms^{-1}}$	1.000 000 000 3
$11.2\times10^3\ \mathrm{ms^{-1}}$	1.000 000 000 7
$16.7\times10^3\ \mathrm{ms^{-1}}$	1.000 000 001 5
$0.01c$	1.000 05
$0.1c$	1.005
$0.9c$	2.29
$0.99c$	7.09

9.3 相对论速度变换和电磁波的多普勒效应

1. 相对论速度变换

将洛伦兹变换(9.11)式进行微分得

$$\begin{cases} dx' = \gamma(dx - v dt) \\ dy' = dy \\ dz' = dz \\ dt' = \gamma\left(dt - \dfrac{v}{c^2}dx\right), \end{cases} \tag{9.21}$$

把质点在两个惯性系中的速度表达式

$$\begin{cases} u_x = \dfrac{dx}{dt},\ u_y = \dfrac{dy}{dt},\ u_z = \dfrac{dz}{dt} \\ u'_x = \dfrac{dx'}{dt'},\ u'_y = \dfrac{dy'}{dt'},\ u'_z = \dfrac{dz'}{dt'}, \end{cases} \tag{9.22}$$

代入(9.21)得相对论速度变换式

$$\begin{cases} u'_x = \dfrac{u_x - v}{1 - \dfrac{v}{c^2}u_x} \\ u'_y = \dfrac{u_y}{\gamma\left(1 - \dfrac{v}{c^2}u_x\right)} \\ u'_z = \dfrac{u_z}{\gamma\left(1 - \dfrac{v}{c^2}u_x\right)}, \end{cases} \tag{9.23}$$

当惯性系相对运动的速度 $v \ll c$ 时，上式变为伽利略速度变换式

$$\begin{cases} u'_x = u_x - v \\ u'_y = u_y \\ u'_z = u_z, \end{cases}$$

同理有相对论速度变换式的另一形式

$$\begin{cases} u_x = \dfrac{u'_x + v}{1 + \dfrac{v}{c^2}u'_x} \\ u_y = \dfrac{u'_y}{\gamma\left(1 + \dfrac{v}{c^2}u'_x\right)} \\ u_z = \dfrac{u'_z}{\gamma\left(1 + \dfrac{v}{c^2}u'_x\right)}. \end{cases} \tag{9.24}$$

2. 真空中光速不可超过

设想光子枪在火车(S'系)中沿火车前进方向发射出速度为($u'_x=c$，$u'_y=0$，$u'_z=0$)的光子. 按伽利略变换，相对于地面(S 系)，光子的速度应该为 $u=u_x=c+v$ 超过光速了. 但是，按洛伦兹速度变换(9.24)得相对论速度变换，在光子在地面(S 系)中的速度为

$$\begin{cases} u_x = \dfrac{c + v}{1 + \dfrac{v}{c^2}c} = \dfrac{c + v}{1 + \dfrac{v}{c}} = c \\ u_y = \dfrac{0}{\gamma\left(1 + \dfrac{v}{c^2}c\right)} = 0 \\ u_z = \dfrac{0}{\gamma\left(1 + \dfrac{v}{c^2}c\right)} = 0, \end{cases}$$

仍然是光速. 可见用速度叠加或速度变换的办法得不到超过光速的速度.

光的传播速率不会因参考系而变，但传播方向可能会因参考系不同而不同.

例题 1 已知一光子在 S' 系中的速度为 c，与 x' 轴的交角为 θ'，求该光子在 S 系中的速度.

解： 根据已知，光子在 S' 系中的速度为

$$\begin{cases} u'_x = c\cos\theta' \\ u'_y = c\sin\theta' \\ u'_z = 0, \end{cases}$$

由洛伦兹速度变换(9.24)得到该光子在 S 系中的速度为

$$\begin{cases} u_x = \dfrac{c\cos\theta' + v}{1 + \dfrac{v}{c}\cos\theta'} \\ u_y = \dfrac{c\sin\theta'}{\gamma\left(1 + \dfrac{v}{c}\cos\theta'\right)} \\ u_z = 0, \end{cases}$$

其大小

$$u = \sqrt{u_x^2 + u_y^2 + u_z^2} = \frac{1}{1 + \dfrac{v}{c}\cos\theta'}\sqrt{(c\cos\theta' + v)^2 + \left(\frac{c\sin\theta'}{\gamma}\right)^2}$$

$$= \frac{1}{1 + \dfrac{v}{c}\cos\theta'}\sqrt{(c\cos\theta' + v)^2 + (c\sin\theta')^2\left(1 - \frac{v^2}{c^2}\right)} = \frac{c + v\cos\theta'}{1 + \dfrac{v}{c}\cos\theta'} = c,$$

仍为 c，但运动方向有所改变，与 x 的交角由 θ' 变为 θ. θ 可由下式得出

$$\cos\theta = \frac{u_x}{c} = \frac{\cos\theta' + \dfrac{v}{c}}{\left(1 + \dfrac{v}{c}\cos\theta'\right)},$$

当 $\theta' = \dfrac{\pi}{2}, \cos\theta' = 0$ 时，$\theta = \cos^{-1}\left(\dfrac{\cos\theta' + \dfrac{v}{c}}{1 + \dfrac{v}{c}\cos\theta'}\right) = \cos^{-1}\left(\dfrac{v}{c}\right) < \dfrac{\pi}{2}$,

当 $\theta' = \cos^{-1}\left(-\dfrac{v}{c}\right), \cos\theta' = -\dfrac{v}{c}$ 时，$\theta = \cos^{-1}\left(\dfrac{\cos\theta' + \dfrac{v}{c}}{1 + \dfrac{v}{c}\cos\theta'}\right) = \cos^{-1}(0) = \dfrac{\pi}{2}$,

由此可以看出，在 S' 系中凡是 θ' 在 0 到 $\dfrac{\pi}{2}$ 的光线，在 S 系中看来，光线方向变到了 0 到锐角 $\cos^{-1}\left(\dfrac{v}{c}\right)$ 之间；在 S' 系中凡是 θ' 在 $\dfrac{\pi}{2}$ 到钝角 $\cos^{-1}\left(-\dfrac{v}{c}\right)$ 的光

线，在 S 系中看来，光线方向变到了 $\cos^{-1}\left(\frac{v}{c}\right)$ 和 $\frac{\pi}{2}$ 之间. 也就是说，光子速度方向更偏向于 x 轴正向，亦即 S' 系的运动方向. 如果在 S' 系中是均匀球面波，在 S 系中仍然是球面波，但不再均匀，光线更集中在 x 轴正向，如图 9.4 所示.

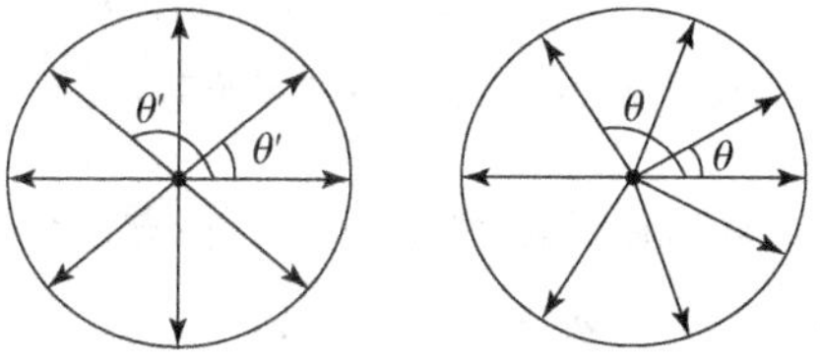

图 9.4　S' 系中的均匀球面波，在 S 系中变为不均匀球面波

3. 电磁波的多普勒效应

上一章讨论过机械波的多普勒效应. 机械波只有在弹性介质中才能传播，传播的速度是相对于介质的速度. 因而在讨论多普勒效应时，应区分是波源相对于介质运动还是接收器相对于介质运动. 电磁波与机械波不同，它在真空中就能传播，而且传播速度对于任何惯性系、在任何方向上都相同. 因此，对于电磁波而言，不存在区分波源相对于介质运动还是接收器相对于介质运动的问题，只与波源和接收器的相对运动有关. 所以无论实际上是波源运动，还是接收器运动，考虑多普勒效应时都只考虑波源相对于接收器的运动.

设振动周期为 τ、频率为 $f=1/\tau$ 的波源固定在 S 系中，接收器固定在 S' 系中，波源相对于接收器以速率 v 系沿 x 轴负向运动. 在接收器看来，波源是运动的，因而有时间膨胀，振动周期变长，为

$$T' = \gamma\tau. \tag{9.25}$$

设某时刻波源沿 x 轴正向发射一个平面电磁波. 在接收器看来，在一个周期 T' 里该电磁波的波前沿 x 轴正向传播了距离 cT'，与此同时，波源向沿 x 轴负向运动移动了距离 vT'，如图 9.5 所示. 因此波长变为

$$\lambda' = cT' + vT' = (c+v)T', \tag{9.26}$$

因而接收到的频率变为

$$f'_{/\!/} = \frac{c}{\lambda'} = \frac{c}{(c+v)T'} = \frac{1}{\gamma\tau(1+v/c)} = f\sqrt{\frac{1-v/c}{1+v/c}} = f\sqrt{\frac{1-\beta}{1+\beta}}, \tag{9.27}$$

这是纵向多普勒频移. 当波源与接收器相互离开时，v 取正值，频率降低；当波源与接收器相互接近时，v 取负值，频率升高.

下面考虑横向多普勒效应. 仍设波源沿 x 轴正向发射平面电磁波，但波源沿垂直于 x 轴的方向运动. 在接收器看来，在一个周期 T' 里该电磁波的波前沿 x

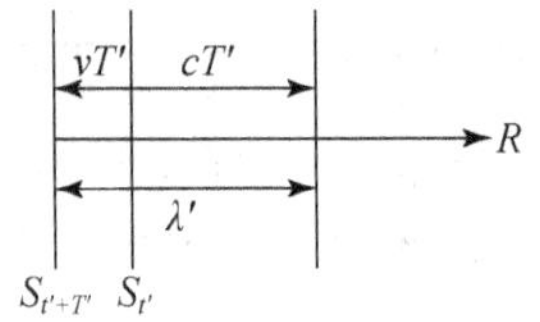

图 9.5　电磁波的纵向多普勒频移

轴正向传播了距离 cT'，但是在此期间波源在 x 轴方向没有运动，因此波长变为

$$\lambda' = cT' = c\gamma\tau, \tag{9.28}$$

因而接收到的频率变为

$$f'_{\perp} = \frac{c}{\lambda'} = \frac{c}{c\gamma\tau} = \frac{1}{\gamma}f, \tag{9.29}$$

这是横向多普勒频移，因为相对论因子总是大于 1 的，所以横向多普勒频率总是降低.

9.4　相对论动力学

1. 相对论质量和动量守恒定律

在洛伦兹变换的基础上建立相对论动力学理论有两条途径. 一条是把三维时间和一维空间看作统一的整体，组成复四维时空，洛伦兹变换是这个复四维时空的正交变换；然后把已知的质量、速度、动量、力、电场、磁场等物理量表达成复四维时空的标量、矢量或张量，从而找到相对论力学和经典电动力学的复四维形式. 它们在洛伦兹变换下是不变的. 另一种方法是洛伦兹变换和力学基本定律出发，通过简单的例子和形象的论证，找出质量、动量等基本力学量的新形式，建立相对论力学的三维形式. 前一种方法严格而普遍，但理论性较强，较难理解，一般在电动力学课程中进行；后一种方法简单易懂、物理概念清楚，本书采用后一方法.

首先指出，经典的质量概念必须修正. 经典力学的质量是与物体运动速度无关的常量. 在力 $\boldsymbol{F}$ 的作用下，它满足 $\boldsymbol{F}=m\dfrac{\mathrm{d}\boldsymbol{u}}{\mathrm{d}t}$. 如果力的大小和方向都不变，则有

$$u = u_0 + \int_{t_0}^{t} (F/m)\mathrm{d}t = u_0 + (F/m)(t - t_0),$$

可见只要时间足够长，物体运动的速度就可能超过光速. 这是和光速不可超过相矛盾的，因此质量是常量的概念必须修正. 如果设想物体的质量与速度有关，而

且随速度的增加而增加，那么在恒力的作用下，加速度就会越来越小，最终趋于零，物体的末速度就会受到限制. 关键是找到质量与速度的关系式.

此外，为了保证动量守恒在洛伦兹变换下成立，经典的动量概念也必须修正. 下面通过一个简单的例子来说明.

设有两个质量同为 m 的小球，在 S 系中以速度 $\boldsymbol{u}_1=v\boldsymbol{i}$ 和 $\boldsymbol{u}_2=-v\boldsymbol{i}$ 相向而碰，碰后速度为 $\boldsymbol{u}=0$，质量为 M，如图 9.6 所示. 按经典动量守恒定律，有

$$mu_1+mu_2=Mu, \tag{9.30}$$

即

$$mv+m(-v)=M\cdot 0=0,$$

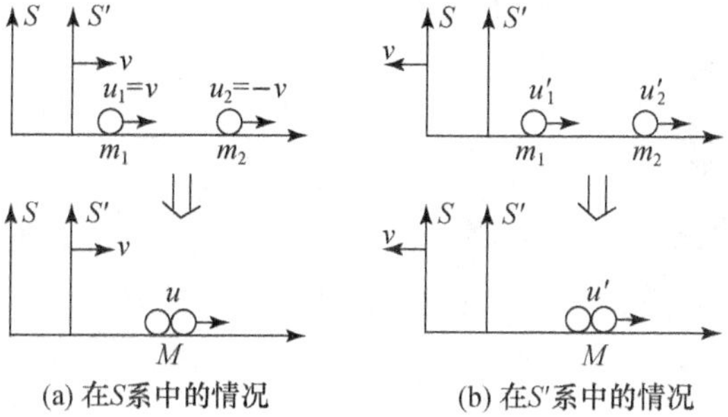

图 9.6　两球的非弹性碰撞

其中，

$$m+m=M, \tag{9.31}$$

表示碰撞前后质量不变，称为质量守恒. 现在，用伽利略变换求出碰撞前后各物体在在 S' 系中的速度，为

$$u'_1=v-v=0,\ u'_2=-v-v=-2v,\ u'=0-v=-v, \tag{9.32}$$

可见，在 S' 系中仍然有

$$mu'_1+mu'_2=Mu', \tag{9.33}$$

也就是说，动量守恒定律在伽利略变换下仍然成立. 如果采用洛伦兹变换，碰撞前后各物体在 S' 系中的速度则为

$$u'_1=\frac{v-v}{1-\frac{v}{c^2}v}=0,\ u'_2=\frac{-v-v}{1-\frac{v}{c^2}(-v)}=\frac{-2v}{1+v^2/c^2},\ u'=\frac{0-v}{1-\frac{v}{c^2}\cdot 0}=-v. \tag{9.34}$$

显然，如果保持经典质量和动量的定义不变，则有

$$mu'_1+mu'_2\neq Mu',$$

也就是说，动量守恒定律在洛伦兹变换下反而不成立了. 然而动量守恒定律应该是普遍成立的规律，所以经典的质量和动量的定义必须修正.

下面，先给出质量和动量均与物体的运动速度有关的新定义，即

$$m = m(u),\ \boldsymbol{P} = m(u)\boldsymbol{u}, \tag{9.35}$$

然后利用上述例子，在满足洛伦兹变换和动量守恒条件下导出(9.35)的具体表达式. 按(9.35)各物体在 S' 系中的质量为

$$m_1 = m(u_1') = m(0) = m_0,\ m_2 = m(u_2'),\ M = M(u'), \tag{9.36}$$

其中，m_1 对应于速度为零时的质量，故用 m_0 表示. 如果动量和质量守恒仍成立，则有

$$\begin{cases} m_0 \cdot 0 + m_2 \cdot u_2' = M \cdot u' \\ m_0 + m_2 = M, \end{cases} \tag{9.37}$$

在上式中消去 M，得

$$m_2 = m_0 \frac{u'}{u_2' - u'}, \tag{9.38}$$

利用洛伦兹变换得到的(9.34)，得

$$u_2' = \frac{2u'}{1 + u'^2/c^2} \tag{9.39}$$

由此可解出

$$u' = \frac{c^2}{u_2'}\left[1 \pm \sqrt{1 - \frac{u_2'}{c^2}}\right], \tag{9.40}$$

其中，考虑到 $m_0 + m_2 = M$，上式中根号前只能取负号. 把(9.40)代入(9.38)，将 m_2 系表达成 u_2' 的函数，即

$$m_2 = m_2(u_2') = \frac{m_0}{\sqrt{1 - u_2'^2/c^2}}, \tag{9.41}$$

同样作法，在(9.37)中消去 m_2 得 $M = m_0 \dfrac{u_2'}{u_2' - u'}$，再利用(9.39)，消去其中的 u_2' 得

$$M = M(u') = \frac{M_0}{\sqrt{1 - u'^2/c^2}}, \tag{9.42}$$

其中

$$M_0 = \frac{2m_0}{\sqrt{1 - v^2/c^2}}, \tag{9.43}$$

代表两小球相碰后的静止质量，即相碰后两小球在其静止的坐标系(S)系中的质量. 注意，它并不等于两小球相碰前的静止质量 $2m_0$. 由 S 系中的动量和质量守恒

$$\begin{cases} m(v) \cdot v + m(-v) \cdot (-v) = M(u) \cdot u \\ m(v) + m(-v) = M(u), \end{cases} \tag{9.44}$$

可得

$$\begin{cases} u = 0, \Rightarrow M(u) = M(0) = M_0 \\ M_0 = m(v) + m(-v) = \dfrac{2m_0}{\sqrt{1 - v^2/c^2}}, \end{cases} \tag{9.45}$$

这样，通过上述例子，我们得到了运动速度为 $\boldsymbol{u}$、静止质量为 m_0 的**相对论性的质量和动量**的表达式：

$$m(u) = \frac{m_0}{\sqrt{1 - u^2/c^2}} = \gamma_u m_0, \tag{9.46}$$

$$\boldsymbol{P} = m(u) \cdot \boldsymbol{u} = \frac{m_0}{\sqrt{1 - u^2/c^2}} \boldsymbol{u} = \gamma_u m_0 \boldsymbol{u}, \tag{9.47}$$

它们使质量守恒和动量守恒在洛伦兹变换下保持不变. 当速度很小时，相对论因子趋于一，上两式回到经典表达式.

相对论质量随速度增加已被多种电子偏转实验和高能粒子加速器实验所证实. 众所周知，在匀强磁场中电子运动的轨迹为圆，圆半径 R 的大小由电子的电荷量 e、电子的质量 m_e、运动的速率 u 以及磁感应强度 B 有关：

$$R = \frac{m_e u}{eB}, \tag{9.48}$$

只要测出 R 和 u，就可算出 m_e. 1909 年，布歇勒对不同速率的电子轨道进行了测量，由此计算出相应的 m_e，得到与(9.46)相符的结果，直接验证了相对论质量的正确性.

不受外力作用的质点系称为孤立系. 孤立系的质量和动量必然守恒. 经历某一过程(如碰撞、裂变、聚变等)前后的**质量和动量守恒**可以表示为

$$\sum_i \gamma_{u_i} m_{i0} = \sum_j \gamma_{u_j} m_{j0}, \tag{9.49}$$

$$\sum_i \gamma_{u_i} m_{i0} \boldsymbol{u}_i = \sum_j \gamma_{u_j} m_{j0} \boldsymbol{u}_j, \tag{9.50}$$

其中，m_{i0}、$\boldsymbol{u}_i$ 和 γ_{u_i} 分别表示过程前任一质点的静止质量、速度和相对论因子；m_{j0}、$\boldsymbol{u}_j$ 和 γ_{u_j} 分别表示过程后任一质点的静止质量、速度和相对论因子. 因过程前后质点的性质和数目可能发生变化，故用不同的下角标 i 和 j 表示.

例题 2　一静止质量为 $3m_0$ 的静止粒子衰变为两个粒子，其中一个粒子的静止质量为 m_0，速率为 $0.5c$. 求另一个粒子的静止质量和速率.

解： 衰变过程为孤立系，有质量守恒和动量守恒

$$\begin{cases} \gamma_0 \cdot 3m_0 = \gamma_{0.5c} \cdot m_0 + \gamma_u \cdot m_{20} \\ \gamma_0 \cdot 3m_0 \cdot 0 = \gamma_{0.5c} \cdot m_0 \cdot 0.5c + \gamma_u \cdot m_{20} \cdot u \end{cases} \tag{1}$$

其中，$\gamma_0 = 1$，$\gamma_{0.5c} = 1/\sqrt{1-(0.5c)^2/c^2} \doteq 1.155$(9.49). 代入上式即

$$\begin{cases}3m_0 = 1.155m_0 + \gamma_u m_{20} \\ 0 = 0.5775m_0 c + \gamma_u m_{20} \cdot u\end{cases} \tag{2}$$

联立求解(2)得

$$\begin{cases}\gamma_u m_{20} = 1.845m_0 \\ u = -0.313c\end{cases} \tag{3}$$

u 为负值，表示第二个粒子的速度方向与第一个相反.第二个粒子的静止质量为

$$m_{20} = 1.845m_0/\gamma_u = 1.845m_0 \times \sqrt{1-0.313^2} \doteq 1.752m_0.$$

2. 相对论质量—能量守恒定律

(1) 三维形式的相对论力学方程.

有了相对论动量的表达式，就容易得到质点三维形式的相对论力学方程

$$\boldsymbol{F} = \frac{\mathrm{d}\boldsymbol{P}}{\mathrm{d}t} = \frac{\mathrm{d}}{\mathrm{d}t}\left(\frac{m_0}{\sqrt{1-u^2/c^2}}\boldsymbol{u}\right), \tag{9.51}$$

在形式上，它仍表示力等于动量的改变率，但在内容上有很大区别：

① 由于相对论质量随速度的增加而增大，所以不论施加多大的力或施加多长时间，都不会出现超过光速的情况.

② 由于 $\boldsymbol{F}=\frac{\mathrm{d}\boldsymbol{P}}{\mathrm{d}t}=\frac{\mathrm{d}}{\mathrm{d}t}(\gamma_u m_0 \boldsymbol{u})=\gamma_u m_0 \frac{\mathrm{d}\boldsymbol{u}}{\mathrm{d}t}+m_0 \boldsymbol{u} \frac{\mathrm{d}\gamma_u}{\mathrm{d}t}$，因此加速度 $\boldsymbol{a}=\frac{\mathrm{d}\boldsymbol{u}}{\mathrm{d}t}$ 的方向一般与力的方向不同，除非 $\boldsymbol{F}/\!/\boldsymbol{u}$ 或者 $\boldsymbol{F}\perp\boldsymbol{u}$.对于 $\boldsymbol{F}\perp\boldsymbol{u}$ 的情况，力不做功，速率不变，$\frac{\mathrm{d}\gamma_u}{\mathrm{d}t}=0$.

③ (9.51)式适用于任何惯性系，其中的作用力、时间和动量都是在同一惯性系中测到的量.与经典力学不同的是作用力也是与参考系有关的物理量.

(2) 相对论动能、相对论能量和相对论质量—能量守恒定律.

在经典力学中，质点的动能定义为 $E_k=\frac{1}{2}mu^2$，它满足动能定理，即动能的变化等于外力所做的功

$$\int_{r_0}^{r_1} \boldsymbol{F} \cdot \mathrm{d}\boldsymbol{r} = \frac{1}{2}mu_2^2 - \frac{1}{2}mu_1^2.$$

现在假设在相对论情形下，外力所做的功仍然等于动能的变化，考察一下动能的表达式是什么？设静止质量为 m_0 的质点，在外力作用下，速率由 0 变为 u，动能由 0 变为 E_k，在此期间力所做的功为

$$E_k = \int_{r_0}^{r} \boldsymbol{F} \cdot \mathrm{d}\boldsymbol{r} = \int_{r_0}^{r} \frac{\mathrm{d}\boldsymbol{P}}{\mathrm{d}t} \cdot \mathrm{d}\boldsymbol{r} = \int_0^u \boldsymbol{u} \cdot \mathrm{d}(\gamma_u m_0 \boldsymbol{u}),$$

用部分积分法得

$$E_k = \boldsymbol{u}\cdot\gamma_u m_0 \boldsymbol{u}\ \Big|_0^u - \int_0^u (\gamma_u m_0 \boldsymbol{u})\cdot \mathrm{d}\boldsymbol{u} = \gamma_u m_0 u^2 - m_0 c^2 \int_0^u \frac{\mathrm{d}(u^2/c^2)}{2\sqrt{1-u^2/c^2}}$$

$$= \gamma_u m_0 u^2 + m_0 c^2 \sqrt{1-u^2/c^2}\ \Big|_0^u = \gamma_u m_0 u^2 + m_0 c^2 \left(\frac{1}{\gamma_u} - 1\right)$$

$$= \gamma_u m_0 u^2 + \frac{m_0 c^2}{\gamma_u} - m_0 c^2 = \gamma_u m_0 c^2 \left(\frac{u^2}{c^2} + \frac{1}{\gamma_u^2}\right) - m_0 c^2$$

$$= \gamma_u m_0 c^2 - m_0 c^2,$$

这样，我们就得到了**相对论动能**的表达式

$$E_k = \gamma_u m_0 c^2 - m_0 c^2, \tag{9.52}$$

它在形式上与经典动能完全不同，但在速度很小，即 $u/c \doteq 1$ 时，

$$\gamma_u = \frac{1}{\sqrt{1-u^2/c^2}} \doteq 1 + \frac{u^2}{2c^2},$$

因此

$$E_k = \gamma_u m_0 c^2 - m_0 c^2 \doteq \left(1 + \frac{u^2}{2c^2}\right) m_0 c^2 - m_0 c^2 = \frac{1}{2} m_0 u^2,$$

转化为经典动能的表达式.

在(9.52)中，$m_0 c^2$ 只是一个积分常数，似乎没有什么特别的意义. 但是爱因斯坦敏锐地看出，若定义静止质量为 m_0、速率为 u 的物体所具有的相对论能量为

$$E = \gamma_u m_0 c^2 = m(u) c^2, \tag{9.53}$$

那么，$m_0 c^2$ 就表示静止物体所具有的能量，称为**静止能量**. 物体的相对性能量就是动能与其静止能量之和：

$$E = \gamma_u m_0 c^2 = E_k + m_0 c^2,$$

静止物体也具有的能量，这是一个全新的概念.(9.53)式就是著名的**质能公式**.

对于孤立系，即不受外界的作用、于外界没有能量交换的系统，总能量守恒：

$$\sum_i \gamma_{u_i} m_{i0} c^2 = \sum_j \gamma_{u_j} m_{j0} c^2, \tag{9.54}$$

消去 c^2 后得到总**质量守恒**：

$$\sum_i \gamma_{u_i} m_{i0} = \sum_j \gamma_{u_j} m_{j0}, \tag{9.55}$$

由此可见，在相对论中，能量守恒与质量守恒是一个统一的定律，可称为相对论质量—能量守恒定律，它在洛伦兹变换下是不变的.

(2) 质能公式的意义.

相对论质能公式(9.53)表明，物体的相对论能量与质量相关，一定量的能量对应着一定量的质量，一定量的质量也必然对应着一定量的能量，而且静止的质量也对应着一定量的质量. 从质能公式(9.53)和动能公式(9.52)还可以得到，一

个系统的总能量的变化

$$\Delta E = c^2\Delta M = \Delta E_k + c^2\Delta M_0,$$

对孤立系而言，总相对论质量和总相对论能量总是守恒的，即 $\Delta E=c^2\Delta M\equiv 0$，但总静止质量不一定守恒. 因此，静止质量增加（$\Delta M_0>0$），必然导致动能减少（$\Delta E_k<0$）；静止质量减少（$\Delta M_0<0$），必然导致动能增加（$\Delta E_k>0$）. 发现静止质量和能量之间可以相互转化是爱因斯坦相对论最有价值的贡献. 正是在此基础上，人类进入了应用原子能的新时代.

质能关系得到验证和应用的最典型例子是核裂变反应和核聚变反应. 铀 235 与一个中子 n 裂变生成钡 141 和氪 92 的反应是

$$U^{235} + n \rightarrow Ba^{141} + Kr^{92} + 3n,$$

裂变前的总静止质量为 236.133（原子单位，下同），裂变后减为 235.918，亏损的静止质量为 $\Delta M_0=0.215$，转化为能量 $\Delta E_k=c^2\Delta M_0\doteq 2.00\times 10^8$ 电子伏，相当于碳燃烧时放出能量的 10^8 倍. 氘 H^2 和氚 H^3 聚变为氦 He^4 的反应是

$$H^2 + H^3 \rightarrow He^4 + n,$$

聚变前的总静止质量为 5.0296，聚变后减为 5.01127，亏损的静止质量为 $\Delta M_0=0.0183$，转化为能量 $\Delta E_k=c^2\Delta M_0\doteq 1.71\times 10^7$ 电子伏，相当于碳燃烧时放出能量的 10^7 倍.

3. 相对论动量和能量的关系

由相对论能量和动量的定义 $E=\gamma_u m_0 c^2$ 和 $\boldsymbol{P}=\gamma_u m_0\boldsymbol{u}$ 可以得到

$$\boldsymbol{P} = \frac{E}{c^2}\boldsymbol{u}, \tag{9.56}$$

或

$$E^2 - P^2c^2 = m_0^2c^4, \tag{9.57}$$

该式称为**相对论能量—动量关系**. 在进行坐标变换时，尽管能量 E 和动量 P 的值可以变化，但 $E^2-P^2c^2$ 的值保持不变，即 $E^2-P^2c^2$ 是洛伦兹变换下的不变量.

(9.56)的重要性是它便于应用于静止质量为零、但速度为光速的粒子，例如光子和光微子. 对于光子和光微子，$m_0=0$，$\gamma_{u=c}=\infty$，不便于应用 $E=\gamma_u m_0 c^2$ 和 $\boldsymbol{P}=\gamma_u m_0\boldsymbol{u}$ 来确定其能量和动量. 事实上，其能量由相应的频率决定

$$E = h\nu, \tag{9.58}$$

其中，为普朗克常量. 动量由(9.56)决定

$$P = \frac{E}{c} = \frac{h\nu}{c} = \frac{h}{\lambda}. \tag{9.59}$$

9.5 相对论小结

以上扼要介绍了狭义相对论的运动学和动力学. 狭义相对论从时空观和质

能观的高度更新了经典力学，建立了全新的相对论力学，使力学理论在原子物理、核物理及天文学中得到更充分的应用．另外，在运动速度远小于光速时，相对论力学又回到经典力学，表明相对论是一种很好的理论．

尽管如此，狭义相对论并非是无缺陷的．爱因斯坦认为，狭义相对论只适用于惯性系是一个缺陷．他认为，大自然是统一的、和谐的、简单的，所有的物理规律对所有的参考系都应该是平等的，不论这个参考系是惯性系还是非惯性系．这就是广义相对性原理．另外，狭义相对论并没有解决所有的力学问题．它虽然对经典力学的基本规律，如牛顿第二定律、动量和能量守恒定律进行了改造，但是对于经典力学的另一支柱——万有引力定律却没有触及．万有引力理论在天文学上取得了极大的成功，但是它与狭义相对论有明显的矛盾之处．例如，万有引力理论认为，引力的“超距”作用是瞬时完成的，这显然与相对论相悖．另外，万有引力质量与惯性质量这两个没有内在联系的物理量严格相等，也是值得研究的问题．为解决万有引力的“超距即时”作用与相对论的不协调，为了揭示引力质量与惯性质量的内在联系，爱因斯坦又提出：在封闭系统中，不论用任何方法都不能区分是真实的引力还是表观的惯性力．这就是引力和惯性力的等效原理．

在广义相对性原理和引力与惯性力等效原理的基础上，爱因斯坦用严格的数学方法建立了相对论的引力理论 —— 广义相对论．在广义相对论中，弯曲的四维时空代替了经典的引力，质量密度越大，弯曲的曲率越大．自由粒子的惯性运动，是在弯曲的四维时空中作“短程线”运动．广义相对论把时空和物质进一步联系起来，成为物理学上的又一里程碑．

广义相对论的一些重要推论，例如引力红移、光线弯曲、水星近日点进动等已被实验证实．一些重要推论，例如“黑洞”、“引力波”等，还有待实验验证．广义相对论在比基本粒子还小的范围内的作用，还是有待研究的问题．广义相对论开创了现代宇宙学，但是宇宙的起源、宇宙的模型等基本问题还远远没有解决．总之，人类对自然界的认识是永无止境的，自然科学还要继续深化、丰富和发展．

思　考　题

1. 爱因斯坦的相对性原理与经典的力学相对性原理有何不同？

2. 在本书所述的光钟实验里，运动的光钟变慢可以理解为光速不变，但光子经历了一个较长的距离．那么怎么理解其他形式的钟只要运动也会变慢呢？

3. 测量作匀速直线运动的物体（如火车）的长度有两种方法：

（1）同时测量物体两端的坐标，然后相减；（2）如果已知物体的速度 v，测出其两端通过某一定点的时间差 Δt．试问这两种方法的测量结果是否相同？

4. 火车与站台的静止长度相等，当火车以匀速 v 通过站台、车头与站台一端对齐时，火车司机认为，站台因运动而变短，车尾应在站台外面：站台工作人员则认为，火车因运动而变短，车尾应在站台里面. 谁的看法对？为什么？

5. 若有 A，B 两根相同的尺，各以速率 v 相对于质心系运动，但运动方向相反，如图 SK9.1 所示. 现以 A 为参照系，按洛伦兹变换，两尺的长度有何不同？

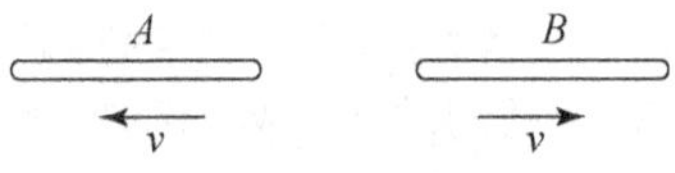

图 SK9.1　思考题 5 图

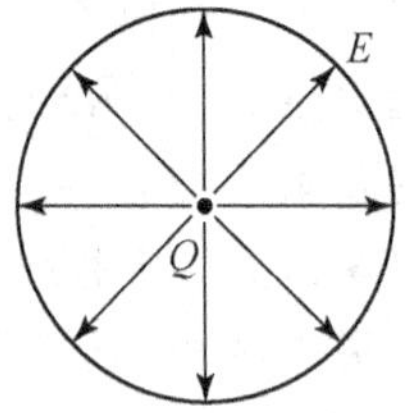

图 SK9.2　思考题 6 图

6. 若在 S 系（惯性系）中有一静止的点波源 Q，发射球面波，在 S 系观察其波线和波阵面呈球对称分布，如图 SK9.2 所示. S' 系相对于 S 系以匀速度 v 运动. 说明在 S' 系中观察到的波线和波阵面.

7. 何谓原时？何谓时间膨胀？

8. 若有 A，B 两个相同的钟，它们之间的相对速度为 v. 若以 A 为参照系，问观察到哪个钟快、哪个钟慢？若以 B 为参照系，问观察到哪个钟快、哪个钟慢？

9. S 和 S' 是两个惯性系，两参照系上直角坐标系的对应轴平行，S' 相对于 S 的速度为 $\{v_x, v_y, v_z\}$，试依据特殊洛伦兹变换(9.11)式导出一般洛伦兹变换的表示式.

10. 证明四维体积元素 $\mathrm{d}x\mathrm{d}y\mathrm{d}z\mathrm{d}t$ 是一个洛伦兹变换不变量.

11. S 和 S' 是两惯性系，两参照系上直角坐标系的对应轴平行，S' 相对于 S 的速度 v 沿 x 轴方向. 问：若一质点相对于 S 系的速度为 $\{u_x, u_y, u_z\}$，为什么从 S' 系观测到的速度的每一分量皆与 u_x 有关？

12. 同上题. 若在 S 系观测到光子沿 y 轴方向以速率 c 运动，求在 S' 系观测到的光子速度的大小和方向.

13. 扼要说明真空中电磁波存在纵向和横向多普勒效应的原因，并与机械波的多普勒效应比较.

14. 在 S 系（惯性系）有一静止的点光源，它发射球面光波，在 S 系的波长为 633 nm（红光），问：

a) 在什么参照系可以观测到这个光源发射的光波是波长为 436 nm 的蓝光？

b）在什么参照系可以观测到这个光源发射的光波是波长为 800 nm 的红外线？

15. 设想一个利用电磁波的多普勒频移测量恒星的自转速度的方法.

16. 按照经典概念，对任一惯性系质点在三个正交方向的动量是独立的. 即：质点在某一方向的速度变化，不改变另外两个方向的动量. 问：相对论动量的三个分量是独立的吗？为什么？

17. 扼要说明质量守恒定律的意义.

18. 相对论性动量和能量有何关系？零静止质量的光子也具有动量和能量吗？它们是如何定义的？

19. 扼要地说明，狭义相对论既是新理论，又包含了经典力学的理论.

20. 迄今为止的实验测量说明，引力质量与惯性质量在很高的精度上相等. 你认为这种实验有何重要的意义？

习　题　九

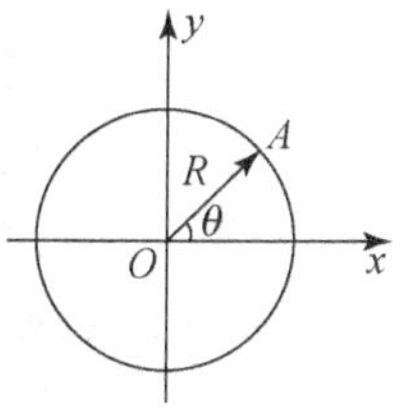

图 XT9.1　习题 9.1 图

9.1　在 S 系（惯性系）的 Oxy 平面上，有一半径为 R 的圆环，如图 XT9.1 所示. S'系相对于 S 系在 x 轴方向以匀速 v 运动. 求在 S'系观察到的环的形状与所围的面积.

9.2　同上题. 若 S'系的相对速度可以在任意方向，求在 S'系观察到的环的形状与所围的面积.

9.3　在高能直线加速器内，电子被加速到 $(1-2.45\times10^{-9})c$，并以此速度在加速器内飞行 100 m. 问：若以电子为参照系，观测到加速器运动的距离有多长？

9.4　π^+ 介子的固有平均寿命为 2.5×10^{-8} s，若 π^+ 介子以速率 $\beta=0.73$ 相对于实验室运动，求在实验室观测到的 π^+ 介子的飞行距离.

9.5　以上题中的 π^+ 介子为参照系，求实验室中的观察者在 π^+ 介子存在的时间内运动的总距离.

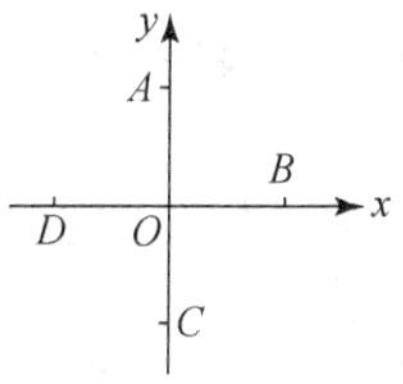

图 XT9.2　习题 9.6 图

9.6　在 S 系（惯性系）的 Oxy 平面上，有 A,B,C,D 四点，如图 XT9.2 所示，它们至 O 点的距离皆为 2000 m. 在 S 系通过在 O 点的开关（与导线）控制，使放在四点处的炸药同时爆炸. S'系相对于 S 系以速率 $\beta=0.2$ 沿 x 轴方向运动，问：在 S'系观测到四点的爆炸时间差为多少？在 S'系观测的结果是否与因果律相悖？

9.7　在上题中，假定起爆信号沿导线以速率 c 传递，问：在 S'系观察到 O 点的开关闭合后，经过多长时间四点才先后爆炸？

9.8 若在地球上观察到一星系以速率 $0.4c$ 向某特定方向退行，另一星系以相同的速率朝反方向退行. 问：若在其中的一个星系观测，另一星系的退行速率是多少？

9.9 A，B 两电子以高速率相向运行，它们相对于实验室的速率皆为 $0.8c$，求以 A 为参照系测得的电子 B 的速率.

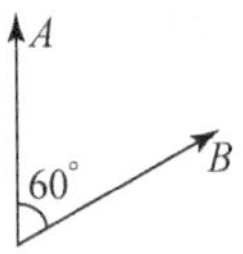

图 XT9.3　习题 9.10 图

9.10 在实验室观察到两个速率均为 $0.8c$ 的电子，它们的运动方向如图 XT9.3 所示. 求以 A 为参照系测得的电子 B 的速度.

9.11 一火箭以 $1000\ \mathrm{m\cdot s^{-1}}$ 的速率向雷达射来，如图 XT9.4 所示.

(1) 若雷达发射的电磁波是波长为 8.00 mm 的微波，则反射波与发射波的频差是多少？

(2) 若雷达发射的电磁波是波长为 10.06 μm 的红外线，频差又是多少？

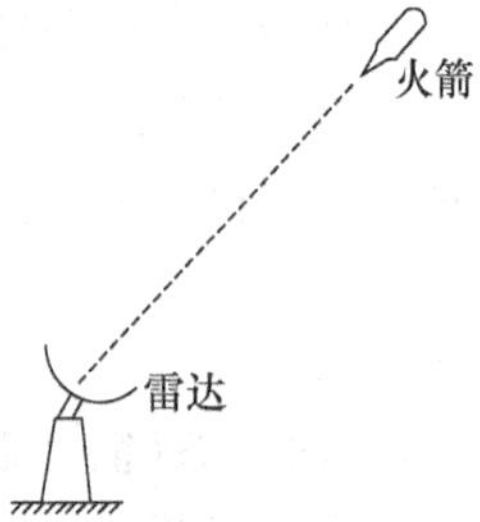

图 XT9.4　习题 9.11 图

9.12 静止的氢原子发射的红线的波长为 656.1 nm. 若在地球上分别测量从太阳赤道两边发射的这条谱线，测得二者的波长差为 0.009 nm.

(1) 已知太阳的直径约为 1.4×10^9 m，试估计太阳的自转周期；

(2) 怎样依据测量结果判断太阳的自转方向？

9.13 静止的氢原子发射的一种蓝光的波长为 486.133 nm. 若氢原子以速率 $2\times10^8\ \mathrm{m\cdot s^{-1}}$ 的速率相对于实验室运动，问：

(1) 在面向和背向氢原子运动的方向上，测得该谱线的波长各为多少？

(2) 在垂直于氢原子运动的方向上，测得该谱线的波长为多少？

9.14 一个电子（$m_0=9.11\times10^{-31}$ kg）以 $0.99c$ 的速率运动，求：

(1) 该电子的质量与动量；

(2) 该电子的能量与动能.

9.15 一质量 m_0 为 1.00×10^{-26} kg 的原子核，在相对于实验室静止时发射一能量为 1.00 MeV 的γ光子，求原子核的反冲动量与动能.（$1\mathrm{eV}=1.602\times10^{-19}$ J.）

9.16 一质量数为 42 的静止粒子衰变为两个粒子，其中一个粒子的静质量数为 20，速率为 $0.6c$，求另一粒子的动量与静质量.

9.17 一个能量为 10 MeV 的光子和一静止的电子碰撞后射向与入射方向垂直的方向，求碰撞后光子的波长.

9.18 能量为 5.0 MeV 的电子与一静止的正电子湮灭，产生两个光子，其中一个光子向电子的入射方向运动，求每个光子的频率.

习 题 解 答

第一章　运动学

1.1　解：$\boldsymbol{r}(0)=R\boldsymbol{i}$，$\boldsymbol{r}\left(\dfrac{\pi}{2}\right)=\dfrac{R}{2}\boldsymbol{j}$，$\boldsymbol{r}(\pi)=-R\boldsymbol{i}$，$\boldsymbol{r}\left(\dfrac{3\pi}{2}\right)=-\dfrac{R}{2}\boldsymbol{j}$

$$\Delta\boldsymbol{r}\left(\frac{\pi}{4}\right)=\boldsymbol{r}\left(\frac{\pi}{4}\right)-\boldsymbol{r}(0)=R\left[\left(\frac{\sqrt{2}}{2}-1\right)\boldsymbol{i}+\frac{\sqrt{2}}{4}\boldsymbol{j}\right],$$

$$\Delta\boldsymbol{r}(\pi)=\boldsymbol{r}(\pi)-\boldsymbol{r}(0)=-2R\boldsymbol{i},\ \Delta\boldsymbol{r}(2\pi)=0$$

轨迹为椭圆：$\dfrac{x^2}{R^2}+\dfrac{4y^2}{R^2}=1$.

1.2　解：(1) $x=Ae^{-kt}$，$y=\alpha t$

消去 t 得到轨迹方程：$y=\dfrac{\alpha}{k}\ln\dfrac{A}{x}$ $(0<x\leqslant A,\ y\geqslant 0)$；

$$\boldsymbol{v}=\frac{\mathrm{d}\boldsymbol{r}}{\mathrm{d}t}=-kAe^{-kt}\boldsymbol{i}+\alpha\boldsymbol{j}；\ \boldsymbol{a}=\frac{\mathrm{d}\boldsymbol{v}}{\mathrm{d}t}=k^2Ae^{-kt}\boldsymbol{i}；$$

设切线单位矢量与 x 轴夹角为 θ.

$$\tan\theta=\frac{\mathrm{d}y}{\mathrm{d}x}=-\frac{\alpha}{kx}；$$

所以 $\cos\theta=\dfrac{-kx}{\sqrt{k^2x^2+\alpha^2}}$，$\sin\theta=\dfrac{\alpha}{\sqrt{k^2x^2+\alpha^2}}$；$\boldsymbol{\tau}=\boldsymbol{i}\cos\theta+\boldsymbol{j}\sin\theta=\dfrac{-kx\boldsymbol{i}+\alpha\boldsymbol{j}}{\sqrt{k^2x^2+\alpha^2}}$.

(2) $x=R\cos\omega t$，$y=\alpha t$；

$$x=R\cos\frac{\omega y}{\alpha},\ y=\frac{\alpha\arccos\dfrac{x}{R}}{\omega},\ |x|\leqslant R,\ 0\leqslant y\leqslant\frac{\alpha\pi}{\omega}；$$

$$\boldsymbol{v}=\frac{\mathrm{d}\boldsymbol{r}}{\mathrm{d}t}=-R\omega\sin\omega t\boldsymbol{i}+\alpha\boldsymbol{j}；\ \boldsymbol{a}=\frac{\mathrm{d}\boldsymbol{v}}{\mathrm{d}t}=-R\omega^2\cos\omega t\boldsymbol{i}；$$

$$\tan\theta=\frac{\mathrm{d}y}{\mathrm{d}x}=-\frac{\alpha}{\omega R}\frac{1}{\sqrt{1-\left(\dfrac{x}{R}\right)^2}}=-\frac{\alpha}{\omega\sqrt{R^2-x^2}}；$$

$$\cos\theta=-\frac{\omega\sqrt{R^2-x^2}}{\sqrt{\alpha^2+\omega^2(R^2-x^2)}}；\quad \sin\theta=\frac{\alpha}{\sqrt{\alpha^2+\omega^2(R^2-x^2)}}；$$

$$\boldsymbol{\tau}=\frac{-\omega\sqrt{R^2-x^2}\boldsymbol{i}+\alpha\boldsymbol{j}}{\sqrt{\alpha^2+\omega^2(R^2-x^2)}}.$$

1.3 解：$\dot{\theta}=\frac{\mathrm{d}\theta}{\mathrm{d}t}=\omega_0$，$\int_0^\theta \mathrm{d}\theta=\int_0^t\omega_0\,\mathrm{d}t$，$\theta=\omega_0 t$，

$r=r_0\mathrm{e}^{-k\omega_0 t}$，$\dot{r}=-k\omega_0 r_0\mathrm{e}^{-k\omega_0 t}$，$\ddot{r}=(k\omega_0)^2 r_0\mathrm{e}^{-k\omega_0 t}$，$\ddot{\theta}=0$，

$\boldsymbol{v}=\dot{r}\boldsymbol{e}_r+r\dot{\theta}\boldsymbol{e}_\theta=-k\omega_0 r_0\mathrm{e}^{-k\omega_0 t}\boldsymbol{e}_r+\omega_0 r_0\mathrm{e}^{-k\omega_0 t}\boldsymbol{e}_\theta$，

$v=\sqrt{v_r^2+v_\theta^2}=\sqrt{1+k^2}\,\omega_0 r_0\mathrm{e}^{-k\omega_0 t}$，

$a_r=(k^2-1)r_0\omega_0^2\mathrm{e}^{-k\omega_0 t}$，$a_\theta=-2k\omega_0^2 r_0\mathrm{e}^{-k\omega_0 t}$，

$\boldsymbol{a}=a_r\boldsymbol{e}_r+a_\theta\boldsymbol{e}_\theta=r_0\omega_0^2\mathrm{e}^{-k\omega_0 t}[(k^2-1)\boldsymbol{e}_r-2k\boldsymbol{e}_\theta]$，

$a=\sqrt{a_r^2+a_\theta^2}=(1+k^2)\omega_0^2 r_0\mathrm{e}^{-k\omega_0 t}$，

$a_\tau=\dot{v}=-k\sqrt{1+k^2}\,\omega_0^2 r_0\mathrm{e}^{-k\omega_0 t}$，$a_n=\sqrt{a^2-a_\tau^2}=\sqrt{1+k^2}\,\omega_0^2 r_0\mathrm{e}^{-k\omega_0 t}$，

$\rho=\frac{v^2}{a_n}=r_0\sqrt{1+k^2}\,\mathrm{e}^{-k\omega_0 t}$.

1.4 解：(1) $x=3+\frac{v_0}{k}(1-\mathrm{e}^{-kt})$，$y=4$；$\boldsymbol{a}(t)=-kv_0\mathrm{e}^{-kt}\boldsymbol{i}$，

轨迹为自(3,4)点向$\left(3+\frac{v_0}{k},4\right)$点逼近的线段.

(2) $x=\frac{v_0}{\omega}\sin\omega t$，$y=R+\frac{v_0}{\omega}(1-\cos\omega t)$，

$\boldsymbol{a}(t)=v_0\omega(-\sin\omega t\boldsymbol{i}+\cos\omega t\boldsymbol{j})$，

$x^2+\left[y-\left(R+\frac{v_0}{\omega}\right)\right]^2=\left(\frac{v_0}{\omega}\right)^2$.

(3) $x=R$，$y=v_0 t$，$\boldsymbol{a}(t)=0$，

轨迹为起点为$(R,0)$的平行于 y 轴的射线.

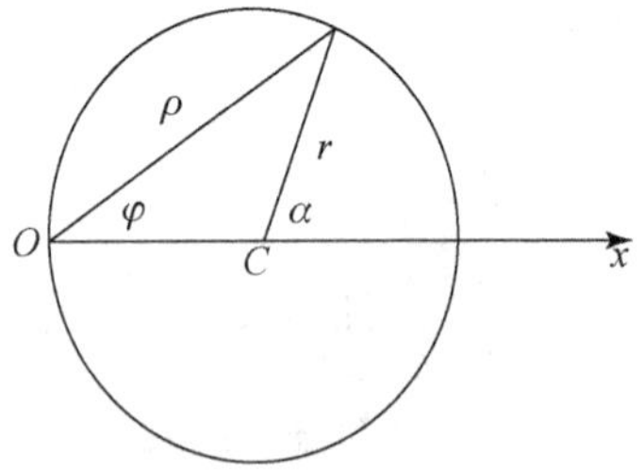

图 TJ1.1　题解图 1.5

1.5 解：如图 TJ1.1 所示，该轨迹为圆，半径为 r.

$\dot{\alpha}=\pm\frac{v_0}{r}$，$\dot{\varphi}=\frac{\dot{\alpha}}{2}=\pm\frac{v_0}{2r}$，$\ddot{\varphi}=0$，

$v_\rho=\dot{\rho}=-2r\dot{\varphi}\sin\varphi=\mp v_0\sin\varphi$，

$\ddot{\rho}=-2r\ddot{\varphi}\sin\varphi-2r\dot{\varphi}^2\cos\varphi=-\frac{v_0^2\cos\varphi}{2r}$，$a_\rho=-\frac{v_0^2\cos\varphi}{r}$，

1.6 解：(1) $\boldsymbol{v}(t)=\frac{a_0}{k}(1-\mathrm{e}^{-kt})\boldsymbol{j}$，$\boldsymbol{r}(t)=\left[\frac{a_0}{k}t+\frac{a_0}{k^2}(\mathrm{e}^{-kt}-1)\right]\boldsymbol{j}$，

(2) $\boldsymbol{v}(t)=\frac{a_0}{\omega}\sin\omega t\boldsymbol{i}$，$\boldsymbol{r}(t)=\frac{a_0}{\omega^2}(1-\cos\omega t)\boldsymbol{i}+r_0\boldsymbol{j}$，

(3) $\boldsymbol{v}(t)=(v_0-a_0 t)\boldsymbol{i}$，$\boldsymbol{r}(t)=\left(v_0 t-\frac{1}{2}a_0 t^2\right)\boldsymbol{i}+r_0\boldsymbol{j}$.

1.7 解：建立如图 TJ1.2 所示的极坐标系，任意时刻质点坐标为(r,θ).

(1) $$\begin{cases} v_r=\dot{r}=v_0\sin\theta=\dfrac{v_0^2t}{\sqrt{x_0^2+v_0^2t^2}} \\ v_\theta=r\dot{\theta}=v_0\cos\theta=\dfrac{x_0v_0}{\sqrt{x_0^2+v_0^2t^2}}. \end{cases} \quad (1)$$

(2) $\boldsymbol{v}=v_0\boldsymbol{j}$，且 v_0 为常量，

所以 $\boldsymbol{a}=\dfrac{\mathrm{d}\boldsymbol{v}}{\mathrm{d}t}=0 \quad \begin{cases} a_r=0 \\ a_\theta=0. \end{cases}$

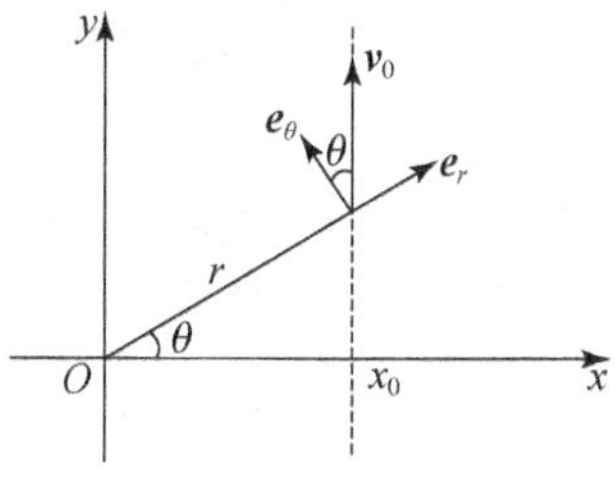

图 TJ1.2　题解图 1.7

(3) 由(1)式，

$$\dot{\theta}=\frac{v_0}{r}\cos\theta=\frac{v_0\cos\theta}{\dfrac{x_0}{\cos\theta}}=\frac{x_0v_0}{x_0^2+v_0^2t^2}, \quad (2)$$

对(2)求导得：$\ddot{\theta}=-\dfrac{2x_0v_0^3t}{(x_0^2+v_0^2t^2)^2}$,

科里奥利加速度 $a_c=2\dot{r}\dot{\theta}=2\cdot(v_0\sin\theta)\cdot\dfrac{v_0}{r}\cos\theta=\dfrac{2x_0v_0^3t}{(x_0^2+v_0^2t^2)^{3/2}}$.

1.8 解：(1) 显然，$\dot{\theta}=0$，$\ddot{\theta}=0$，$a_c=0$.

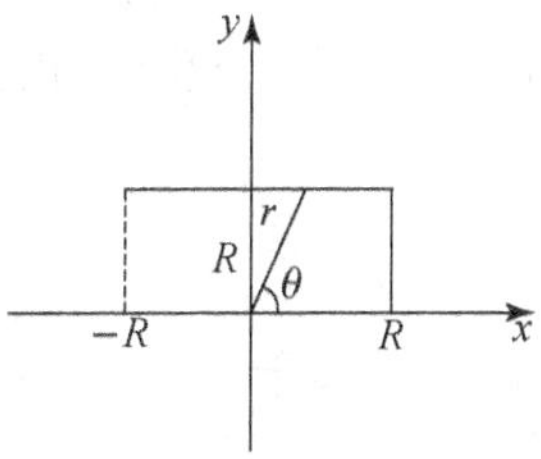

图 TJ1.3　题解图 1.8

(2) $x=R\cos\omega t$，$y=R$，

如图 TJ1.3 所示，质点在$|x|\leqslant R$，$y=R$ 范围内运动.

$$\tan\theta=\frac{y}{x}=\frac{1}{\cos\omega t} \quad (1)$$

(1)式两边求导，

$$\dot{\theta}=\frac{\omega\sin\omega t}{\cos^2\omega t}\cdot\cos^2\theta=\frac{\omega\sin\omega t}{1+\cos^2\omega t} \quad (2)$$

对(2)式两边求导，$\ddot{\theta}=\dfrac{\omega^2\cos\omega t(2+\sin^2\omega t)}{(1+\cos^2\omega t)^2}$

$$r^2=R^2+R^2\cos^2\omega t \quad (3)$$

对(3)式两边求导，

$$\dot{r}=-\frac{R^2\omega\cos\omega t\sin\omega t}{r},\ a_c=2\dot{r}\dot{\theta}=-\frac{2R\omega^2\cos\omega t\sin^2\omega t}{(1+\cos^2\omega t)^{\frac{3}{2}}}.$$

1.9 解：(1) 相对于杆：轨迹为直线，$v'=v_0$，$a'=0$.

(2) 设 M 到 O 点的距离为 r，杆在任意时刻 t 与在初始时刻所处的方向之间的夹角为 θ.

$r=v_0t \quad (1)$

$\theta=\omega_0t \quad (2)$

利用(1)式和(2)式消去 t,得到轨迹方程：$r=\dfrac{v_0}{\omega_0}\theta$, 为阿基米德螺线.

$\dot{r}=v_0$, $\ddot{r}=0$, $\dot{\theta}=\omega_0$, $\ddot{\theta}=0$,

$\boldsymbol{v}=v_0\boldsymbol{e}_r+v_0\omega_0 t\boldsymbol{e}_\theta$, $\boldsymbol{a}=-v_0\omega_0^2 t\boldsymbol{e}_r+2v_0\omega_0\boldsymbol{e}_\theta$.

1.10 解：易知 $\begin{cases}v_x=v_0\cos\alpha\\ v_y=v_0\sin\alpha-gt\end{cases}$ 和 $\begin{cases}a_x=0\\ a_y=-g,\end{cases}$

$v=\sqrt{v_x^2+v_y^2}=\sqrt{(v_0\cos\alpha)^2+(v_0\sin\alpha-gt)^2}$,

$\boldsymbol{a}=-g\boldsymbol{j}$, $a=|\boldsymbol{a}|=g$.

(方法 I)

$$a_\tau=\frac{\mathrm{d}v}{\mathrm{d}t}=\frac{g(gt-v_0\sin\alpha)}{\sqrt{(v_0\cos\alpha)^2+(v_0\sin\alpha-gt)^2}},$$

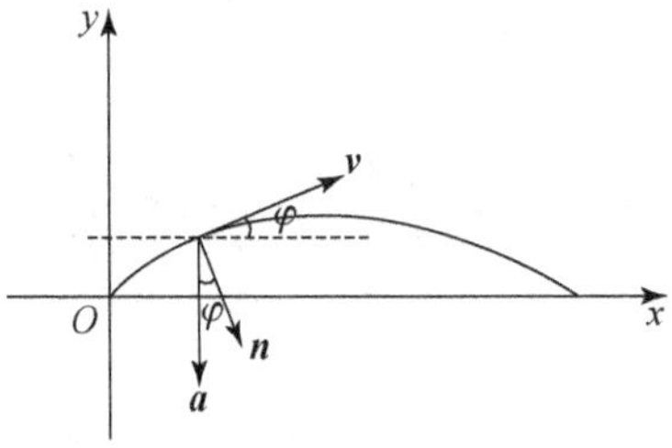

图 TJ1.4 题解图 1.10

$$a_n=\sqrt{a^2-a_\tau^2}=\frac{gv_0\cos\alpha}{\sqrt{(v_0\cos\alpha)^2+(v_0\sin\alpha-gt)^2}}.$$

(方法 II)

设 a_τ 为 $\boldsymbol{a}$ 在 $\boldsymbol{v}$ 方向的分量，a_n 为 $\boldsymbol{a}$ 在轨迹法线方向的分量. 如图 TJ1.4 所示，设质点速度方向与水平方向的夹角为 φ.

$$\tan\varphi=\frac{v_y}{v_x}=\frac{v_0\sin\alpha-gt}{v_0\cos\alpha}$$

$$a_\tau=-a\sin\varphi=\frac{g(gt-v_0\sin\alpha)}{\sqrt{(v_0\cos\alpha)^2+(v_0\sin\alpha-gt)^2}},$$

$$a_n=a\cos\varphi=\frac{gv_0\cos\alpha}{\sqrt{(v_0\cos\alpha)^2+(v_0\sin\alpha-gt)^2}}$$

1.11 证：$a_n=\dfrac{v^2}{\rho}$，a_n 和 v 保持不变，则 ρ 保持不变.

1.12 答：$a_n=\dfrac{v^2}{\rho}=0$, $\rho\to\infty$，直线.

1.13 证：任取一斜面，设其与竖直方向的夹角为 α. 易知质点沿斜面运动的加速度为 $a=g\cos\alpha$. 设质点经过时间 t 到达 A 点，则

$$\overline{OA}=\frac{1}{2}(g\cos\alpha)t^2=\left(\frac{1}{2}gt^2\right)\cos\alpha$$

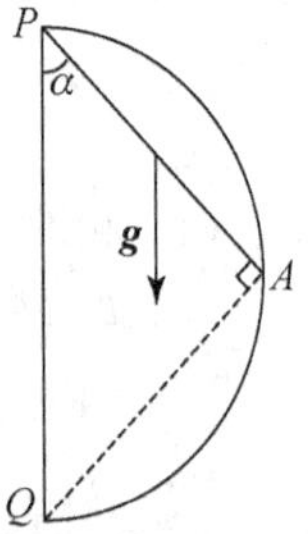

图 TJ1.5 题解图 1.13

如图 TJ1.5 所示，由圆的直径与弦长的关

系可知，A 点在直径为$\overline{PQ}=\dfrac{1}{2}gt^2$ 的半圆上.

1.14 解：(1) 设质点沿任意倾斜角 θ 下滑至底端所需时间为 T.

易知质点加速度 $\boldsymbol{a}$ 沿斜面方向，其大小 $a=g\sin\theta$. 斜面长度

$$x=\frac{b}{\cos\theta}=\frac{1}{2}(g\sin\theta)T^2,$$

所以 $T^2=\dfrac{2b}{g\sin\theta\cos\theta}=\dfrac{4b}{g\sin2\theta}$ (1)

将 $T=0.4$ s 代入(1)，得到 $\theta\approx25°$.

(2) 求 $T^2=T^2(\theta)$的极值点：

由$\dfrac{\mathrm{d}T^2}{\mathrm{d}\theta}=-\dfrac{8b}{g}\dfrac{\cos2\theta}{\sin^2 2\theta}=0$，所以 $\theta=\dfrac{\pi}{4}$是极值点.

$$\frac{\mathrm{d}^2T^2}{\mathrm{d}\theta^2}=\frac{8b}{g}\frac{(2\sin^3 2\theta+4\cos^2 2\theta\sin2\theta)}{\sin^4 2\theta},\ \theta=\frac{\pi}{4}\text{时}\frac{\mathrm{d}^2T^2}{\mathrm{d}\theta^2}>0,$$

所以 $\theta=\dfrac{\pi}{4}$是极小值点.

由(1)式，$T_{\min}=\sqrt{\dfrac{4b}{g}}\approx0.35$ s.

1.15 解：设从西向东为 x 方向，从南向北为 y 方向.

设风速 $\boldsymbol{v}=v_x\boldsymbol{i}+v_y\boldsymbol{j}$，人的速度 $\boldsymbol{v}_1=v_{x1}\boldsymbol{i}=50\boldsymbol{i}$，$\boldsymbol{v}_2=v_{x2}\boldsymbol{i}=75\boldsymbol{i}$.

$\boldsymbol{v}-\boldsymbol{v}_1=v_x\boldsymbol{i}+v_y\boldsymbol{j}-v_{x1}\boldsymbol{i}=v_y\boldsymbol{j}$，$\therefore\ v_x=v_{x1}=50$，

$\boldsymbol{v}-\boldsymbol{v}_2=v_x\boldsymbol{i}+v_y\boldsymbol{j}-v_{x2}\boldsymbol{i}$，$v_x-v_{x2}=-v_y$，$\therefore\ v_y=25$，

$\boldsymbol{v}=50\boldsymbol{i}+25\boldsymbol{j}$ m/min.

即风速有自西向东和自南向北的分量，大小为 $25\sqrt{5}$ (m/min).

1.16 解：(1) 显然，船应以垂直于岸的速度相对于江水行驶. 船的实际航行方向偏向下游.

(2) 设船相对于水的速度为 $\boldsymbol{v}'$，水相对于岸的速度为 $\boldsymbol{v}_0$，船相对于岸的速度为 $\boldsymbol{v}$.

如图 TJ1.6 所示.

$\boldsymbol{v}=\boldsymbol{v}_0+\boldsymbol{v}'$. $v'\cos\alpha=v_0$，$\alpha=\dfrac{\pi}{3}$.

$t=\dfrac{L}{v}=\dfrac{L}{v'\sin\alpha}=1.2$ hr.

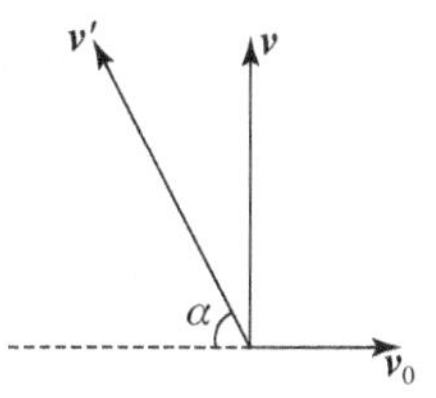

图 TJ1.6　题解图 1.16

1.17 解：设 S'系为随 A 平动的参考系. 设 $\boldsymbol{v}'_B$为 B 在 S'系中的速度，则

$\boldsymbol{v}_B=\boldsymbol{v}_A+\boldsymbol{v}'_B$. (1)

只有 $\boldsymbol{v}'_B$ 沿$\overrightarrow{BA}$方向，B 才能截住 A. 由(1)式，有

$\boldsymbol{v}'_B=\boldsymbol{v}_B+(-\boldsymbol{v}_A)$.　　(2)

根据(2)式作图 TJ1.7，易得 $\boldsymbol{v}_B$ 与海岸的夹角 γ 为

$$\gamma=\alpha+\beta=\tan^{-1}\frac{d}{L}+\sin^{-1}\frac{v_A}{v_B}\cdot\sin\alpha=\tan^{-1}\frac{d}{L}+\sin^{-1}\frac{v_A}{v_B}\cdot\frac{d}{\sqrt{d^2+L^2}}.$$

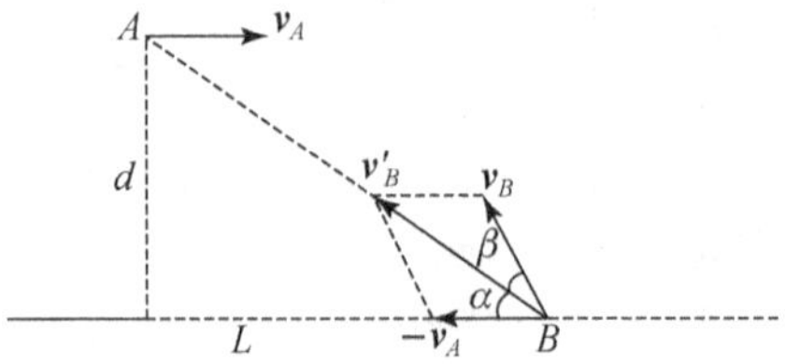

图 TJ1.7　题解图 1.17

思考：如何在海岸参考系中求解？

1.18　证：两个物体的加速度皆为重力加速度，所以任意时刻的速度差都等于初速度的差，与时间无关.

1.19　解：设圆心为 O，P 为圆周上任意一点，O'为圆周与地的接触点. OP 与 OO'的夹角为 φ.

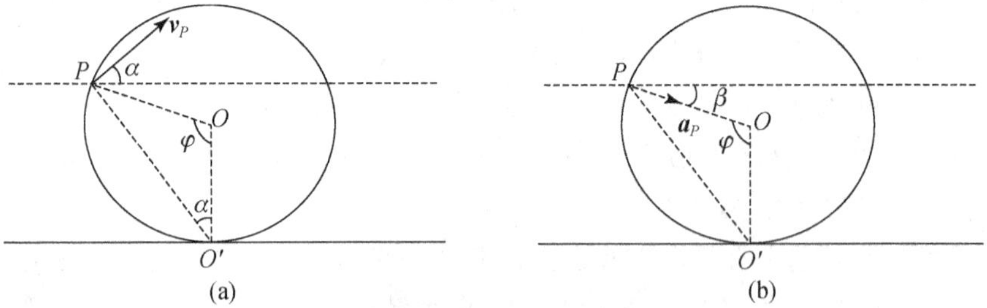

图 TJ1.8　题解图 1.19

$$\boldsymbol{v}_{O'}=\boldsymbol{v}_O+\boldsymbol{\omega}\times\boldsymbol{OO'}=v_0\boldsymbol{i}-R\omega\boldsymbol{i}=0,\ \omega=\frac{v_0}{R},$$

如图 TJ1.8(a)所示，以 O'为基点求 P 点的速度.

$$\boldsymbol{v}_P=\boldsymbol{v}_{O'}+\boldsymbol{\omega}\times\boldsymbol{O'P}=\boldsymbol{\omega}\times\boldsymbol{O'P},$$

$$\overline{O'P}=\sqrt{R^2+R^2-2R^2\cos\varphi}=R\sqrt{2-2\cos\varphi},$$

$$v_P=|\boldsymbol{\omega}\times\boldsymbol{O'P}|=\omega R\sqrt{2-2\cos\varphi}=v_0\sqrt{2-2\cos\varphi},$$

$$\alpha=\frac{\pi}{2}-\frac{\varphi}{2},\ v_{Pi}=v_0\sqrt{2-2\cos\varphi}\cos\alpha=v_0(1-\cos\varphi)>0,$$

$$v_{Pj}=v_0\sqrt{2-2\cos\varphi}\sin\alpha=v_0\sin\varphi,$$

$\boldsymbol{v}=v_{Pi}\boldsymbol{i}+v_{Pj}\boldsymbol{j}=v_0[(1-\cos\varphi)\boldsymbol{i}+\sin\varphi\boldsymbol{j}]$.

如图 TJ1.8(b)所示,以 O 为基点求 P 点的加速度.

$\boldsymbol{a}_P=\boldsymbol{a}_O+\dot{\boldsymbol{\omega}}\times\boldsymbol{OP}+\boldsymbol{\omega}\times(\boldsymbol{\omega}\times\boldsymbol{OP})$,

$a_P=\omega^2\cdot\overline{OP}=\omega^2R$,

$\beta=\varphi-\dfrac{\pi}{2}$, $a_{Pi}=\omega^2R\cos\beta=\omega^2R\sin\varphi$,

$a_{Pj}=-\omega^2R\sin\beta=\omega^2R\cos\varphi$,

$\boldsymbol{a}_P=\boldsymbol{a}_{Pi}+\boldsymbol{a}_{Pj}=\dfrac{v_0^2}{R}(\sin\varphi\boldsymbol{i}+\cos\varphi\boldsymbol{j})$,

当 P 点与地面接触时,$\varphi=0$,$\boldsymbol{a}_P=\dfrac{v_0^2}{R}\boldsymbol{j}$.

1.20 解:经过 1 s 的时间,两根杆向前运动的距离分别为 v_1 和 v_2. 交点由 M_1 运动到 M_2. 则 M_1 至 M_2 的距离为其速度 v,如图 TJ1.9 所示.

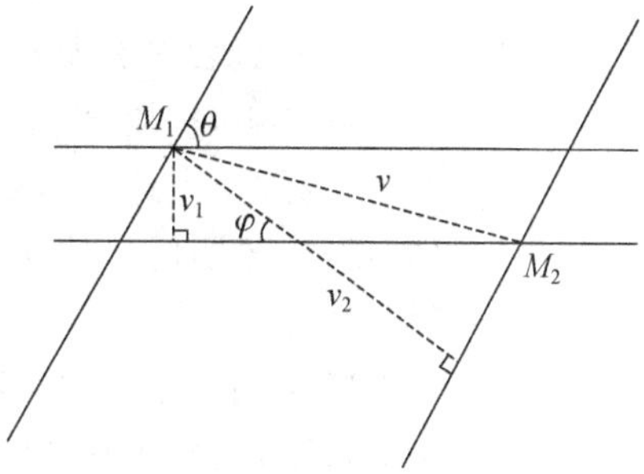

图 TJ1.9 题解图 1.20

由几何关系可知:

$v^2=\left[\left(v_2-\dfrac{v_1}{\sin\varphi}\right)\tan\varphi\right]^2+v_2^2$,

易知:$\varphi=\dfrac{\pi}{2}-\theta$,

故 $v=\dfrac{\sqrt{v_1^2+v_2^2-2v_1v_2\cos\theta}}{\sin\theta}$.

1.21 证:以 A 为基点计算 B 的速度为:$\boldsymbol{v}_2=\boldsymbol{v}_1+\boldsymbol{\omega}\times\boldsymbol{AB}$,

所以 B 相对于 A 的速度为:$\boldsymbol{v}_2-\boldsymbol{v}_1=\boldsymbol{\omega}\times\boldsymbol{AB}$,

由叉乘的性质可知,$(\boldsymbol{v}_2-\boldsymbol{v}_1)\perp\boldsymbol{AB}$.

第二章　质点动力学基本定律

2.1 解:已知地球赤道半径 $R=6.378\times10^6$ m,地球质量 $M=5.976\times10^{24}$ kg. 将地球自转周期近似为 24 hr. 则有

$\omega=\dfrac{2\pi}{24\times60\times60}$, $\dfrac{GMm}{(R+H)^2}=m(R+H)\omega^2$, 解得 $H=3.6\times10^4$ km,

$v=(R+H)\omega=3.1$ km/s, $a=(R+H)\omega^2=\dfrac{GM}{(R+H)^2}=0.22\ \mathrm{m/s^2}$.

2.2 解:当汽车在路面上行驶而不"跳起"时,汽车对路面有正压力,即路面对

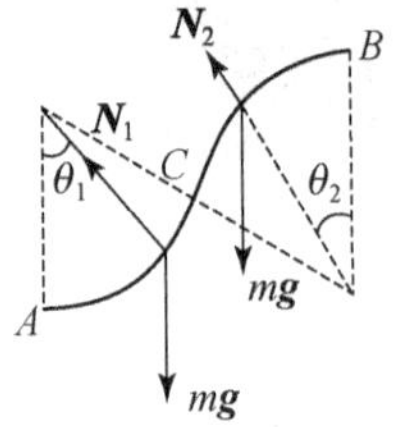

图 TJ2.1 题解图 2.2

汽车有支持力，如图 TJ2.1 所示.

在 AC 段：$N_1 - mg\cos\theta_1 = m\dfrac{v_0^2}{R}$，

所以 $N_1 = mg\cos\theta_1 + m\dfrac{v_0^2}{R} > 0$，汽车不会“跳起”.

在 CB 段：$mg\cos\theta_2 - N_2 = m\dfrac{v_0^2}{R}$.

$N_2 = mg\cos\theta_2 - m\dfrac{v_0^2}{R} < 0$ 表示汽车会“跳起”. 此时 $v_0^2 > Rg\cos\theta_2$.

由于 $\theta_2 \leqslant \theta$，$\cos\theta_2 \geqslant \cos\theta$，所以“跳起”必发生在 C 点.

2.3 解：小球运动过程中机械能守恒(解题时亦可不直接利用机械能守恒，见本题“注”). 如图 TJ2.2 所示，小球从最低点到悬点 O 的运动先后经历了圆周运动和重力场中的斜抛运动两个过程.

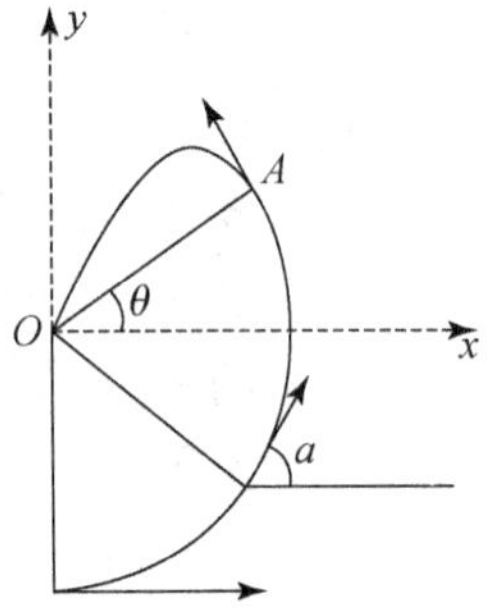

图 TJ2.2 题解图 2.3

设小球在两个过程之间的临界位置 A 时绳子与水平面之间的夹角为 θ，小球的速率为 v. 此时绳子的张力为 0.

机械能守恒：$\dfrac{1}{2}mv_0^2 - mgl = \dfrac{1}{2}mv^2 + mgl\sin\theta$. (1)

小球作圆周运动所需的向心力由重力的分量提供：$mg\sin\theta = m\dfrac{v^2}{l}$.

解得：$v = \sqrt{\dfrac{gl}{\sqrt{3}}}$，$\sin\theta = \dfrac{1}{\sqrt{3}}$，

在如图所示直角坐标系中，

$\ddot{x} = 0$，$\dot{x} = -v\sin\theta$，$\ddot{y} = -g$，$\dot{y} = v\cos\theta - gt$，

得到：$x = x(0) - v\sin\theta \cdot t = l\cos\theta - (v\sin\theta)t$，

$$y = y(0) + v\cos\theta \cdot t - \frac{1}{2}gt^2 = l\sin\theta + (v\cos\theta)t - \frac{1}{2}gt^2,$$

易知 $t = \dfrac{l\cos\theta}{v\sin\theta}$ 时，$x = 0$ 且 $y = 0$，即小球经过 O 点.

注：不利用机械能守恒亦能得到(1)式.

在自然坐标系中求解. 设小球速度与水平方向的夹角为 α. 在运动轨迹的切线方向，

$$m\dot{v}=-mg\sin\alpha,\ \frac{\mathrm{d}v}{\mathrm{d}t}=\frac{\mathrm{d}v}{\mathrm{d}s}\cdot\frac{\mathrm{d}s}{\mathrm{d}t}=v\frac{\mathrm{d}v}{\mathrm{d}s}=-g\sin\alpha,$$

$$v\mathrm{d}v=-g\sin\alpha\mathrm{d}s=-g\mathrm{d}y,\ \int_{v_0}^{v}v\mathrm{d}v=-g\int_{-l}^{y_A}\mathrm{d}y,$$

$$\frac{1}{2}v^2+gy_A=\frac{1}{2}v_0^2-gl.$$

2.4 解：(1) 设落地时速度为 $\boldsymbol{v}$，易知：$\begin{matrix}v_{//}=v_{//0}\\ v_{\perp}=-v_{\perp 0}\end{matrix}$.

所以 $\boldsymbol{v}$ 的方向如图 TJ2.3 所示.

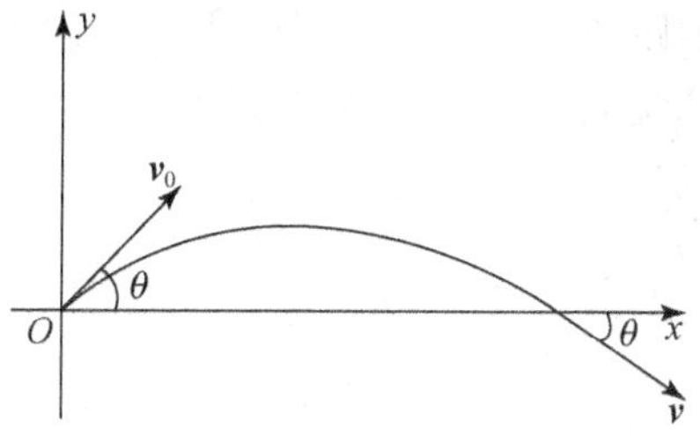

图 TJ2.3 题解图 2.4

动量增量：$\Delta\boldsymbol{K}=m\boldsymbol{v}-m\boldsymbol{v}_0=2mv_0\sin\theta(-\boldsymbol{y})$，

动能增量：$\Delta T=\frac{1}{2}mv^2-\frac{1}{2}mv_0^2=0$.

(2) 地面以上运行时间 $\tau=\frac{2v_0\sin\theta}{g}$.

2.5 解：如图 TJ2.4 所示，设金属丝形状为 $y=y(x)$，对小环的作用力为 $\mathbf{N}$. 小环相对于金属丝静止，相对于地面则作匀速圆周运动.

有：$\begin{matrix}N\sin\theta=m\omega^2x,\\ N\cos\theta=mg.\end{matrix}$

两式相除得：$\tan\theta=\frac{\omega^2}{g}x$，

则有 $\frac{\mathrm{d}y}{\mathrm{d}x}=\tan\theta=\frac{\omega^2}{g}x$，$\mathrm{d}y=\frac{\omega^2}{g}x\mathrm{d}x$，

所以 $y=\frac{\omega^2}{2g}x^2+C$.

设 $x=0$ 时，$y=0$. 则有 $C=0$.

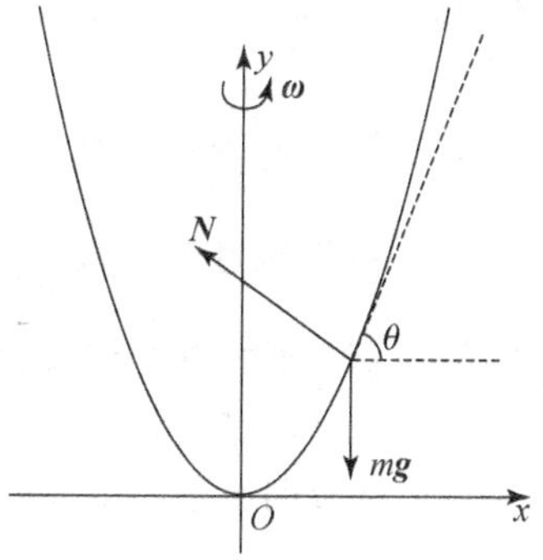

图 TJ2.4 题解图 2.5

2.6 解：如图 TJ2.5 所示，设横截面距左端距离为 L_1，其右侧对左侧的作用力

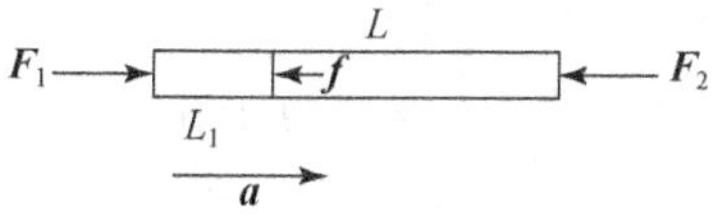

图 TJ2.5 题解图 2.6

大小为 f，杆的加速度大小为 a. 以整个杆为研究对象：$a=\frac{F_1-F_2}{M}$，

以横截面以左为研究对象：$F_1-f=\left(M\frac{L_1}{L}\right)a=\frac{L_1}{L}(F_1-F_2)$，

$f=F_1-\frac{L_1}{L}(F_1-F_2)$.

2.7 解：(题中数据取自 D. Morrison and S. C. Wolff, "Frontiers of Astronomy", 2nd edition, p. 365.)

设太阳轨道内部的银河系质量和太阳的质量分别为 M_g 和 M_s，太阳至银河系中心的距离和地球至太阳的距离分别为 R_s 和 R_e，太阳绕银河系中心和地球绕太阳运行的周期分别为 T_s 和 T_e.

$$\frac{GM_gM_s}{R_s^2}=\frac{M_sv_s^2}{R_s},$$

$$\frac{GM_g}{(2\pi)^2}=\frac{R_s^3}{T_s^2}. \qquad (1)$$

同理：$\frac{GM_s}{(2\pi)^2}=\frac{R_e^3}{T_e^2}$， (2)

(1)式除以(2)式：$\frac{M_g}{M_s}=\frac{R_s^3T_e^2}{R_e^3T_s^2}=\frac{(1.8\times10^9)^3\times1^2}{1^3\times(2\times10^8)^2}=1\times10^{11}$，

注：此题实际上利用了 Kepler 第三定律的特例.

2.8 解：$m\ddot{y}=-eE_0\cos\omega t$，得到 $\dot{y}=-\frac{e}{\omega m}E_0\sin\omega t$，

$y=\frac{e}{\omega^2m}E_0(\cos\omega t-1)$，$x=v_0t$，

所以轨迹为：$y=\frac{e}{\omega^2m}E_0\left(\cos\frac{\omega x}{v_0}-1\right)$.

2.9 解：(1) 鉴于电子的荷质比很大，可以认为电子在电容器中只受到库仑力. 设电子在$(0, y_0)$点射入电容器.

x 方向：$m\ddot{x}=0$，$\dot{x}=v_0$，$x=v_0t$.

y 方向：$m\ddot{y}=-eE_0$，$\dot{y}=-\frac{e}{m}E_0t$，$y=y_0-\frac{eE_0t^2}{2m}$.

所以 $y=y_0-\frac{eE_0x^2}{2mv_0^2}$. 即电子在电容器中的轨迹为抛物线.

(2) 易知电子在电容器中的飞行时间为 $t=\frac{L}{v_0}$.

离开电容器时，$\dot{x}=v_0$，$\dot{y}=-\frac{e}{m}E_0\frac{L}{v_0}$.

设电子离开电容器时速度与 x 轴之间的夹角为 θ. $\tan\theta=\left|\frac{\dot{y}}{\dot{x}}\right|=\frac{eE_0L}{mv_0^2}$.

2.10 答：约六分之一.

2.11 解：可以将两根并联或串联的弹簧等效成一根弹簧. 下面分别求出此等效弹簧的劲度系数 k，如图 TJ2.6 所示.

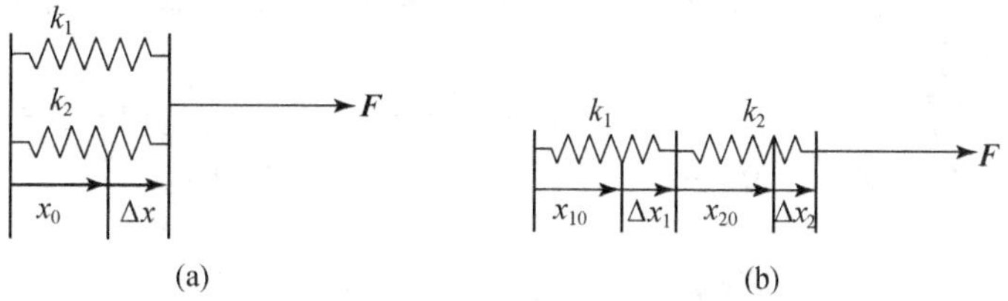

图 TJ2.6　题解图 2.11

如图(a)所示，当两根弹簧并联时，它们的端点位置必然相同. 两根弹簧并联后在外力 $\boldsymbol{F}$ 的作用下皆伸长 Δx，则有

$k_1\cdot\Delta x+k_2\cdot\Delta x=k\cdot\Delta x=F$,

所以 $k=k_1+k_2$，　　(1)

如图(b)所示，两根弹簧串联后在外力 $\boldsymbol{F}$ 的作用下分别伸长 Δx_1 和 Δx_2. 则有，$k\cdot(\Delta x_1+\Delta x_2)=F$,

假设弹簧无质量，则两根弹簧之间的作用力大小亦为 F，于是有，

$k_1\cdot\Delta x_1=k_2\cdot\Delta x_2=F$

所以，$k=\frac{k_1k_2}{k_1+k_2}$.　　(2)

(1) 原弹簧可以看成是两段长为 $\frac{L}{2}$，劲度系数为 k_1 的弹簧串联而成.

由(2)式，$k=\frac{k_1^2}{2k_1}$，所以 $k_1=2k$.

(2) 由(1)式，并联后的弹簧的劲度系数.

$k_3=k_1+k_1=4k$.

2.12 解：如图 TJ2.7 所示，以竖直向下为正方向建立坐标系，设弹簧处于自然长度时质点的位置为 x_0. 则质点的运动方程为：

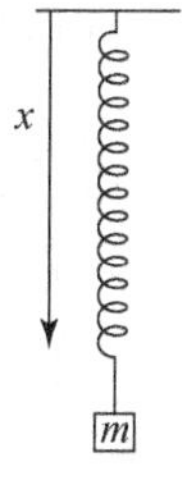

图 TJ2.7　题解图 2.12

$m\ddot{x}=-k(x-x_0)+mg$.

令：$x_1=x-\left(x_0+\frac{mg}{k}\right)$，则有：$m\ddot{x}_1+kx_1=0$.　　(1)

(1)式为一简谐振动方程，相应的圆频率和周期为

$$\omega=\sqrt{\frac{k}{m}},\ T=2\pi\sqrt{\frac{m}{k}}.$$

思考：$x_0+\frac{mg}{k}$的物理意义是什么？

2.13 解：如图 TJ2.8 所示，设两个弹簧的自然长度分别为 l_{10} 和 l_{20}，它们两个固定端点之间的距离为 L，以 k_1 弹簧的固定端点为坐标原点，振子的坐标为 x.

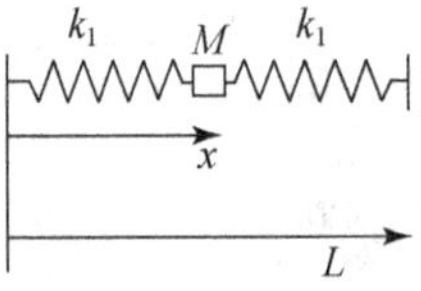

图 TJ2.8　题解图 2.13

$$m\ddot{x}=-k_1(x-l_{10})+k_2(L-x-l_{20}),$$

$$\ddot{x}+\frac{k_1+k_2}{m}x-\frac{k_1l_{10}+k_2L-k_2l_{20}}{m}=0,$$

令 $x_1=x-\frac{k_1l_{10}+k_2L-k_2l_{20}}{k_1+k_2}$，则有

$$\ddot{x}_1+\frac{k_1+k_2}{m}x_1=0,\ T=2\pi\sqrt{\frac{m}{k_1+k_2}}.$$

2.14 解：(Ⅰ) 用运动学方法求解，

易知物体所受摩擦力大小，$f=\mu Mg\cos\theta=\frac{Mg}{8}$，　　(1)

设物体初速率 $v_0=\frac{3}{2}$，回到出发点时的速率为 v_f，在斜面上运动的路程为 S. 向上运动时加速度的大小为 a_1，向上运动的时间为 t，向下运动时加速度的大小为 a_2.

$$v_0-a_1t=0,\ S=v_0t-\frac{1}{2}a_1t^2,$$

消去 t，得到：

$$S=\frac{v_0^2}{2a_1},\qquad(2)$$

向下为匀加速运动，有：

$$S=\frac{v_f^2}{2a_2},\qquad(3)$$

由(2)式和(3)式得到：

$$\frac{v_f^2}{v_0^2}=\frac{a_2}{a_1},\qquad(4)$$

$$a_1=g\sin\theta+\mu g\cos\theta=\frac{5}{8}g,\qquad(5)$$

$$a_2=g\sin\theta-\mu g\cos\theta=\frac{3}{8}g,$$

代入(4)，得到：

$$v_f=\frac{3\sqrt{15}}{10}\ \mathrm{m/s}.$$

(II) 用动能定理求解

据动能定理，又考虑到重力沿闭合路径做功为 0，整个过程中动能的增加(为负值)等于摩擦力做功.

$$\frac{1}{2}Mv_f^2-\frac{1}{2}Mv_0^2=-2fS,$$

由(1)式、(2)式和(5)式，$v_f=\frac{3\sqrt{15}}{10}$ m/s.

2.15 解：设 M_1 与 M_2 之间的静摩擦力大小为 f，两物体皆以加速度 a 运动.

以 M_1 为研究对象：$f=M_1a\leqslant\mu M_1g$，(1)

以 M_2 为研究对象：$F-f=M_2a$，(2)

由(1)式和(2)式解得：

$$F=\left(1+\frac{M_2}{M_1}\right)f\leqslant\left(1+\frac{M_2}{M_1}\right)\mu M_1g=\mu(M_1+M_2)g.$$

2.16 解：由题意，物体与板之间以及板与地面之间均发生相对移动，所以它们之间的摩擦均为滑动摩擦.

如图 TJ2.9 所示，设 m_2 受到的摩擦力为 $\boldsymbol{f}_2$，m_1 受到的来自于地面的摩擦力为 $\boldsymbol{f}_1$.

$f_2=m_2a_2=\mu m_2g$，

$F-(f_1+f_2)=m_1a_1$，

$f_1=\mu(m_1+m_2)g$，

$a_2<a_1$

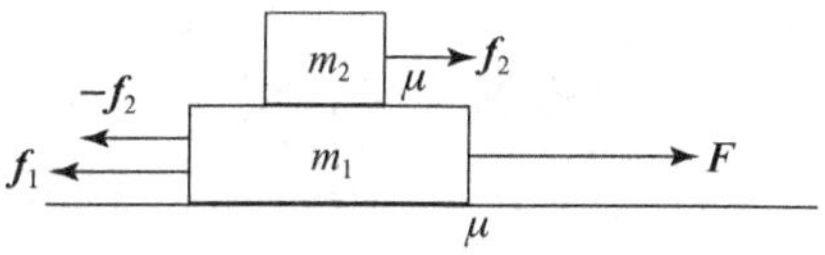

图 TJ2.9 题解图 2.16

所以，$F=m_1a_1+(f_1+f_2)$

$$=\mu(m_1+m_2)g+\mu m_2g+m_1a_1>\mu(m_1+2m_2)g+m_1a_2$$
$$=\mu(m_1+2m_2)g+\mu m_1g=2\mu(m_1+m_2)g.$$

2.17 解：(I) 如图 TJ2.10 所示，M 向下运动，摩擦力沿斜面向上.

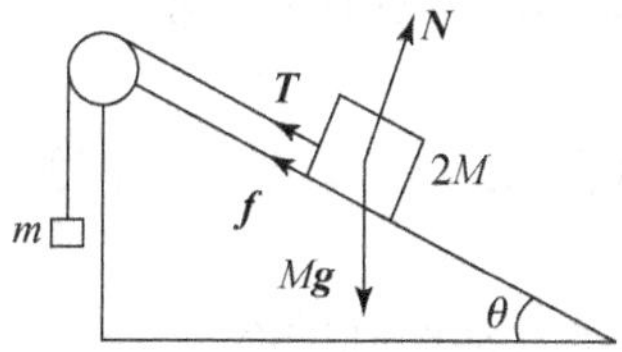

图 TJ2.10 题解图 2.17

$Mg\sin\theta-\mu Mg\cos\theta-T=Ma$，

$T-mg=ma$，

解得：$2g\sin\theta-\frac{1}{2}g\cos\theta-g=3a>0$，

有：$17\sin^2\theta-16\sin\theta+3>0$ 且 $2\sin\theta-1>0$

所以 $\arcsin\frac{8+\sqrt{13}}{17}<\theta<\frac{\pi}{2}$

(II) M 向上运动，摩擦力向下.

$T-Mg\sin\theta-\mu Mg\cos\theta=Ma$，

$mg-T=ma$，

解得 $g-2g\sin\theta-\frac{1}{2}g\cos\theta=3a>0$，

有：$17\sin^2\theta-16\sin\theta+3>0$ 且 $1-2\sin\theta>0$，

所以 $0<\theta<\arcsin\frac{8-\sqrt{13}}{17}$.

2.18 解：(1) γ 的量纲是 $[\gamma]=MT^{-1}$，单位是 $\mathrm{kg\cdot s^{-1}}$.

(2) 设雨滴下落速率为 v.

$m\dot{v}=mg-\gamma v$，

$$\frac{\mathrm{d}\left(\frac{mg}{\gamma}-v\right)}{\mathrm{d}t}=-\frac{\gamma}{m}\left(\frac{mg}{\gamma}-v\right),$$

设 $t=0$ 时，$v=0$，解得：$v=\frac{mg}{\gamma}(1-\mathrm{e}^{-\frac{\gamma}{m}t})$，

雨滴的极限速度 $v_\infty=\frac{mg}{\gamma}$.

2.19 解：(1) 设入水时速率为 v_1.

$H=\frac{1}{2}gt^2$，$H=\frac{v_1^2}{2g}$，所以 $t=\sqrt{\frac{2H}{g}}$，$v_1=\sqrt{2gH}$.

（当 $H=10$ m 时，$t=1.4$ s，$v_1=14$ m/s）

(2) 以运动员入水时刻为时间零点，并设此时速率为 v_1.

$m\dot{v}=-\gamma v$，解得：$v=v_1\mathrm{e}^{-\frac{\gamma}{m}t}$，

$\frac{\mathrm{d}S}{\mathrm{d}t}=v=v_1\mathrm{e}^{-\frac{\gamma}{m}t}$，解得：$S=\frac{-mv_1\mathrm{e}^{-\frac{\gamma}{m}t}}{\gamma}+\frac{mv_1}{\gamma}=\frac{m(v_1-v)}{\gamma}$，

即 $v=\sqrt{2gH}-\frac{\gamma}{m}S$.

第三章　力学相对性原理和非惯性系动力学

3.1 解：以斜面为参考系. 设物体的质量为 m. 则物体受到斜面的支持力 $\boldsymbol{N}$ 的大小 $N=mg\cos\theta+ma\sin\theta$，

根据 a 相对于 g 的大小，可以分为三种情况讨论.

(i) 惯性力($-m\boldsymbol{a}$)与重力 $m\boldsymbol{g}$ 的合力正好垂直于斜面；

即 $\frac{a}{g}=\tan\theta$，$a=\frac{\sqrt{3}}{3}g$

此时物体相对于斜面既无运动，亦无运动趋势.

(ii) 沿着斜面方向,惯性力($-m\boldsymbol{a}$)的分量小于重力 $m\boldsymbol{g}$ 的分量.

则物体有向下运动或向下运动的趋势,因而受到向上的摩擦力,如图 TJ3.1 所示.

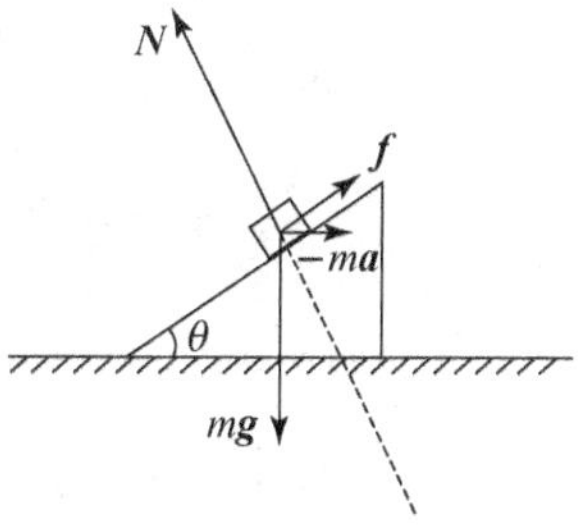

图 TJ3.1　题解图 3.1

此时,$0<a<g\tan\theta$,即 $0<a<\frac{\sqrt{3}}{3}g$

保持相对静止的条件为:$mg\sin\theta=ma\cos\theta+f$ 且 $f\leqslant\mu N$

其中 f 为静摩擦力.

$\therefore\ f=m(g\sin\theta-a\cos\theta)\leqslant\mu N=\mu m(g\cos\theta+a\sin\theta)$

$$a\geqslant\frac{g(\sin\theta-\mu\cos\theta)}{\cos\theta+\mu\sin\theta.}\qquad(1)$$

考虑到 θ 和 μ 的具体数值,可知(1)式恒成立.所以,物体不会有向下的运动.

(iii) 沿着斜面方向,惯性力($-m\boldsymbol{a}$)的分量大于重力 $m\boldsymbol{g}$ 的分量.则物体有向上运动或向上运动的趋势,因而受到向下的摩擦力.

此时,$a>g\tan\theta$,即 $a>\frac{\sqrt{3}}{3}g$.

保持相对静止的条件为:$ma\cos\theta=mg\sin\theta+f$ 且 $f\leqslant\mu N$,

$\therefore\ a(\cos\theta-\mu\sin\theta)\leqslant g(\sin\theta+\mu\cos\theta)$,

$$\therefore\ a\leqslant\frac{g(\sin\theta+\mu\cos\theta)}{\cos\theta-\mu\sin\theta}=\frac{5\sqrt{3}}{3}g.\qquad(2)$$

当不满足(2)式时,物体有沿斜面向上的加速度,

$$a'=\frac{ma\cos\theta-mg\sin\theta-\mu N}{m}=\frac{\sqrt{3}}{4}a-\frac{5}{4}g.$$

总之,当 $0<a\leqslant\frac{5\sqrt{3}}{3}g$ 时,物体相对于斜面静止;

当 $a>\frac{5\sqrt{3}}{3}g$ 时,物体沿斜面向上运动.

3.2 解:以小车为参考系,以弹簧自然长度的位置为坐标原点,弹簧振子的位移为 x,受惯性力($-ma\boldsymbol{i}$)和($-kx\boldsymbol{i}$).

运动微分方程为:$m\ddot{x}=-ma-kx$,即:$\ddot{x}+\frac{k}{m}\left(x+\frac{ma}{k}\right)=0$,

令 $X=x+\frac{ma}{k}$,即以弹力与惯性力平衡时的位置为新的坐标原点.

得：$\ddot{X}+\frac{k}{m}X=0$，解得：$X=A\cos(\omega t+\varphi)$. 其中 $\omega=\sqrt{\frac{k}{m}}$，

$t=0$ 时振子位于自然长度，$x=0 \Rightarrow X=\frac{am}{k}=A\cos\varphi$，

$t=0$ 时振子静止，$\dot{x}=0 \Rightarrow \dot{X}=0=-A\omega\sin\varphi$，

得出：$A=\frac{ma}{k}$，$\varphi=0$，

所以：$X=\frac{ma}{k}\cos(\omega t)$，振幅为$\frac{ma}{k}$，频率为 $f=\frac{1}{2\pi}\sqrt{\frac{k}{m}}$.

3.3 解：以水桶为参考系，水面上任一质量元 m 受到的重力 $m\boldsymbol{g}$ 和惯性力 $-m\boldsymbol{a}$ 的合力为 $m\boldsymbol{g}'$. 质量元 m 相对于水桶静止时，$m\boldsymbol{g}'$ 必垂直于水面. 所以水面与水平面之间的夹角 $\theta=\tan^{-1}\frac{a}{g}$. 如图 TJ3.2，3.3 所示.

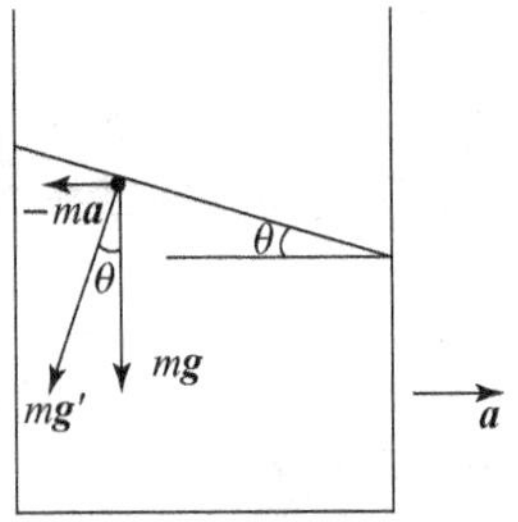

图 TJ3.2　题解图 3.3-1

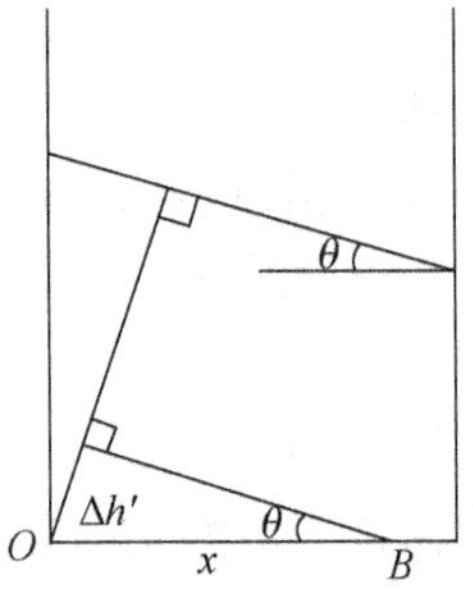

图 TJ3.3　题解图 3.3-2

设水桶左下角为 O 点. 它到水面的距离最大，因而具有最大的压强，记为 P_0. 设水桶底部 B 点到 O 点的距离为 x，则 B 点与 O 点到水面的距离差为：

$\Delta h'=x\sin\theta$

相应的压强差为：

$\Delta P=\rho g'\Delta h'=\rho g' x\sin\theta=\rho a x$，

所以 B 点的压强为：$P_B=P_0-\rho a x$.

思考：P_0 由哪些条件确定？

3.4 解：(1) 以大环为 S' 系，大环圆心 O 为坐标原点，竖直向下的方向为极轴，小圈的位置矢量为 $\boldsymbol{r}$. S' 为纯转动参考系，小圈的相对加速度为：

$\boldsymbol{a}'=-R\dot{\theta}^2\boldsymbol{e}_r+R\ddot{\theta}\,\boldsymbol{e}_\theta$.

如图 TJ3.4 所示，在 S' 系中，质点受重力 $m\boldsymbol{g}$，大环对小圈的作用力 $\boldsymbol{N}_1+\boldsymbol{N}_2$（其中 $\boldsymbol{N}_1$ 沿半径方向，$\boldsymbol{N}_2$ 垂直于大环所在平面），以及惯性离

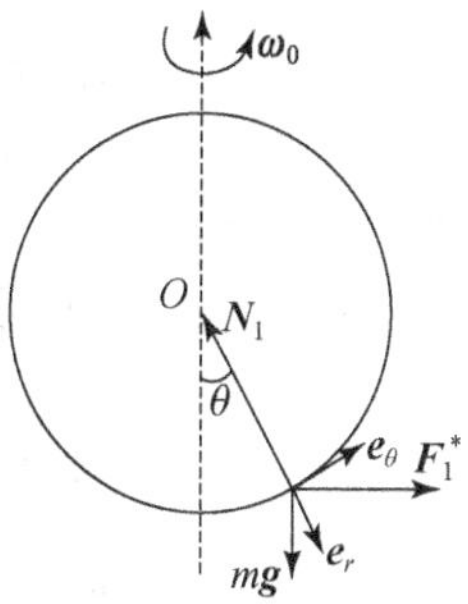

图 TJ3.4 题解图 3.4

心力 $\boldsymbol{F}_1^*$ 和科里奥利力 $\boldsymbol{F}_2^*$.

$\boldsymbol{F}_1^*$ 垂直于轴且指向远离轴的方向，$\boldsymbol{F}_2^*$ 垂直于环面.

$m\boldsymbol{a}'=m\boldsymbol{g}+\boldsymbol{N}_1+\boldsymbol{N}_2+\boldsymbol{F}_1^*+\boldsymbol{F}_2^*$,

$\boldsymbol{F}_1^*=-m\boldsymbol{\omega}_0\times(\boldsymbol{\omega}_0\times\boldsymbol{r})$,

$|\boldsymbol{F}_1^*|=m\omega_0^2R\sin\theta$.

根据小环在 $\boldsymbol{e}_\theta$ 方向的受力得到关于 θ 的运动微分方程：

$mR\ddot{\theta}=m\omega_0^2R\sin\theta\cos\theta-mg\sin\theta$　　(1)

处于平衡状态时，

$mR\ddot{\theta}=0$　　(2)

可能的解有：$\cos\theta_1=\dfrac{g}{\omega_0^2R}$，$\theta_2=0$，$\theta_3=\pi$　　(3)

显然，小圈不可能在 $\theta_3=\pi$ 附近作小振动.

(2) (i) 当 $\omega_0^2>\dfrac{g}{R}$ 时，小圈在平衡位置 θ_1 附近作小振动，可令 $\theta=\theta_1+\Theta$，其中 Θ 为小量. (1)式写为：

$mR\dfrac{\mathrm{d}^2}{\mathrm{d}t^2}(\theta_1+\Theta)=m\omega_0^2R\sin(\theta_1+\Theta)\cos(\theta_1+\Theta)-mg\sin(\theta_1+\Theta)$,　　(4)

将 $\sin(\theta_1+\Theta)=\sin\theta_1+\cos\theta_1\cdot\Theta$ 和 $\cos(\theta_1+\Theta)=\cos\theta_1-\sin\theta_1\cdot\Theta$ 带入(4)：

$mR\ddot{\Theta}=m\omega_0^2R[\sin\theta_1\cos\theta_1+(\cos^2\theta_1-\sin^2\theta_1)\Theta-(\sin\theta_1\cos\theta_1)\Theta^2]-mg(\sin\theta_1+\cos\theta_1\cdot\Theta)$,　　(5)

利用(2)和(3)，并且略去 Θ^2 项，(5)最后化为

$\ddot{\Theta}+\omega_0^2\left(1-\dfrac{g^2}{R^2\omega_0^4}\right)\Theta=0$,　　(6)

(6)为简谐振动方程，相应的圆频率和周期分别为

$$\Omega_1=\omega_0\sqrt{1-\frac{g^2}{R^2\omega_0^4}},\ T_1=\frac{2\pi}{\omega_0\sqrt{1-\frac{g^2}{R^2\omega_0^4}}}.$$

(ii) 当 $\omega_0^2<\dfrac{g}{R}$ 时，θ_1 不存在. 小圈在平衡位置 $\theta_2=0$ 附近作小振动，此时 θ 为小量，$\sin\theta=\theta$，$\cos\theta=1$. (1)式写为：

$\ddot{\theta}+\left(\dfrac{g}{R}-\omega_0^2\right)\theta=0$,　　(7)

(7)式所描述的简谐振动的角频率和周期分别为

$\Omega_2=\omega_0\sqrt{\dfrac{g}{\omega_0^2R}-1}$，$T_2=\dfrac{2\pi}{\omega_0\sqrt{\dfrac{g}{\omega_0^2R}-1}}$.

(iii) 当 $\omega_0^2=\dfrac{g}{R}$ 时，小圈在平衡位置 $\theta_1=\arccos\left(\dfrac{g}{\omega_0^2R}\right)=0=\theta_2$ 附近作小振动，此时 θ 为小量，$\sin\theta=\theta$，$\cos\theta=1-\dfrac{\theta^2}{2}$. (1)式写为

$$\ddot{\theta}+\frac{\omega_0^2\theta^3}{2}=0, \qquad (8)$$

(8)式所描述的小振动不是简谐振动.

$$\frac{\mathrm{d}\dot{\theta}}{\mathrm{d}t}=\frac{\mathrm{d}\dot{\theta}}{\mathrm{d}\theta}\frac{\mathrm{d}\theta}{\mathrm{d}t}=\dot{\theta}\frac{\mathrm{d}\dot{\theta}}{\mathrm{d}\theta}=-\frac{\omega_0^2\theta^3}{2},$$

$\dot{\theta}^2=\dfrac{\omega_0^2}{4}(\theta_m^4-\theta^4)$，($\theta_m>0$ 为 θ 的最大值.)

$$\int_0^{\theta_m}\frac{\mathrm{d}\theta}{\sqrt{\theta_m^4-\theta^4}}=\frac{\omega_0}{2}\int_0^{\frac{T}{4}}\mathrm{d}t,\ T=\frac{8}{\omega_0}\int_0^{\theta_m}\frac{\mathrm{d}\theta}{\sqrt{\theta_m^4-\theta^4}}, \qquad (9)$$

(9)式的计算涉及到椭圆积分，可参考 5.17 题的解答. 最后结果为

$$T=\frac{10.5}{\theta_m}\sqrt{\frac{R}{g}}.$$

思考：当 $\omega_0^2>\dfrac{g}{R}$ 时，小圈是否也可以在 $\theta_2=0$ 附近作小振动？

3.5 解：(1) 设水和病毒的密度分别为 ρ_0 和 $\rho=1.15\rho_0$，病毒的体积为 V，初速度为 0. 如图 TJ3.5 所示.

自然沉降时，病毒受重力 $\rho V\boldsymbol{g}$，浮力 $-\rho_0V\boldsymbol{g}$，以及阻力 $\boldsymbol{f}$($f=3\pi\eta Dv$).

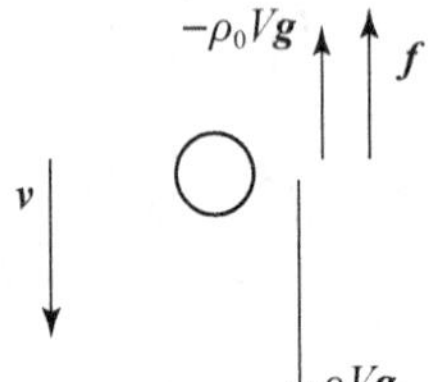

图 TJ3.5 题解图 3.5

运动方程为：$\rho V\dfrac{\mathrm{d}v}{\mathrm{d}t}=\rho gV-\rho_0gV-3\pi\eta Dv$，

$$\therefore\ \frac{\mathrm{d}v}{\mathrm{d}t}=-\frac{3\pi\eta Dv}{\rho\dfrac{4}{3}\pi\left(\dfrac{D}{2}\right)^3}+\left(\frac{\rho-\rho_0}{\rho}\right)g$$

$$=-\frac{18\eta}{\rho D^2}\left[v-\frac{(\rho-\rho_0)gD^2}{18\eta}\right],$$

令：$a=\dfrac{18\eta}{\rho D^2}$，$b=\dfrac{(\rho-\rho_0)gD^2}{18\eta}$，

$$\frac{\mathrm{d}v}{\mathrm{d}t}=-a(v-b),\ \int_0^v\frac{d(b-v)}{b-v}=-a\int_0^t\mathrm{d}t,$$

$v=b(1-\mathrm{e}^{-at})$，

$t\to\infty \quad v\to v_\infty=b=8.33\times10^{-11}$ (m/s).

(2) 病毒(主要)受到三个力的作用

惯性离心力 $\boldsymbol{F}_1^*$、水的静压力("浮力")$\boldsymbol{F}_2$ 和水的阻力 $\boldsymbol{f}$.

$F_1^*=\rho V\omega^2 l$,

其中 ω 为试管转动的角速度,l 为试管(病毒)至转动轴的距离.

$F_2=\rho_0 V\omega^2 l$,

$$\rho V\frac{\mathrm{d}v}{\mathrm{d}t}=\rho V\omega^2 l-\rho_0 V\omega^2 l-3\pi\eta Dv,\ \therefore\ \frac{\mathrm{d}v}{\mathrm{d}t}=-\frac{18\eta}{\rho D^2}\left[v-\frac{(\rho-\rho_0)\omega^2 lD^2}{18\eta}\right],$$

$$t\to\infty\quad v\to v_\infty=\frac{(\rho-\rho_0)\omega^2 lD^2}{18\eta}=1.3\times10^{-5}\,(\mathrm{m/s}).$$

思考:第二问的解答用到了哪些近似?这些近似是否合理?

3.6 解:取一个过转动轴的截面,以水面的最低点为原点,建立如图 TJ3.6 所示坐标系.则水面是由曲线 $y=y(x)$ 绕 y 轴旋转形成的曲面.

水面与大气接触,所以其上每一点的压强均等于大气压.即,水面为一等压面.在水面上任取一质量为 m 的质量元.在水桶参考系中,该质量元在重力 $m\boldsymbol{g}$,周围水的作用力 $\boldsymbol{N}$ 和惯性离心力 $m\omega_0^2 x\boldsymbol{i}$ 的作用下保持静止.

$\therefore\ \boldsymbol{N}+m\boldsymbol{g}+m\omega_0^2 x\boldsymbol{i}=0$.

因为$(m\boldsymbol{g}+m\omega_0^2 x\boldsymbol{i})$必与水面等压面垂直(见漆安慎,杜婵英,《力学》,高等教育出版社,第二版,p. 385),所以 $\boldsymbol{N}$ 在水面的切平面上无分量.

设曲线 $y=y(x)$ 的切线与水平的 x 轴夹角为 θ.沿切线方向的力的平衡方程为:$mg\sin\theta-m\omega_0^2 x\cos\theta=0$,

$\therefore\ \tan\theta=\dfrac{\mathrm{d}y}{\mathrm{d}x}=\dfrac{\omega_0^2}{g}x$,$\therefore\ y=\dfrac{\omega_0^2}{2g}x^2$,

所以水面形状为旋转抛物面.

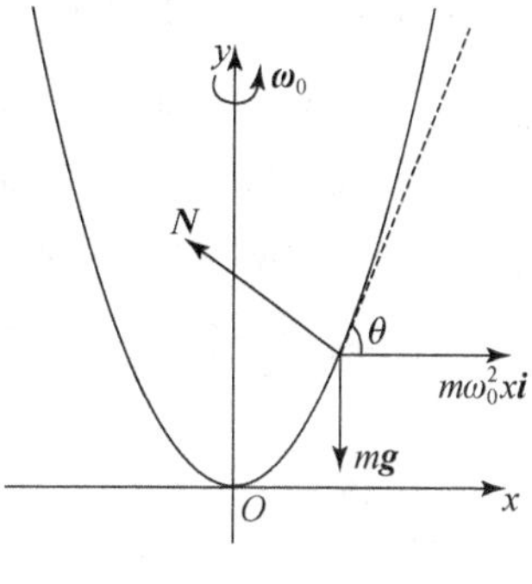

图 TJ3.6 题解图 3.6

3.7 解:设质点到 O 点的距离为 x.

$m\ddot{x}=-k(x-l_0)+m\omega_0^2 x$, (1)

令 $x_1=x-\dfrac{kl_0}{k-m\omega_0^2}$,(1)式化为

$$\ddot{x}_1+\frac{k-m\omega_0^2}{m}x_1=0,$$

$$x=\frac{kl_0}{k-m\omega_0^2}+A\cos(\Omega t+\Phi_0),\ \Omega=\sqrt{\frac{k-m\omega_0^2}{m}}.$$

$v'=\dot{x}=-A\Omega\sin(\Omega t+\Phi_0)$,

$f_{\text{co}}=|2m\omega_0 v'|=2m\omega_0 A\Omega|\sin(\Omega t+\Phi_0)|$.

3.8 解：如图 TJ3.8 所示，以管为 S' 参考系，并以 O 为原点，管为 Ox' 轴建立坐标系. 设质点坐标为 x'，$\theta=\omega_0 t$ 为管与水平方向的夹角. 沿管方向分量不为 0 的力包括重力 mg 和惯性离心力 $\boldsymbol{F}=m\omega_0^2x'\boldsymbol{i}$. 则质点的运动微分方程为

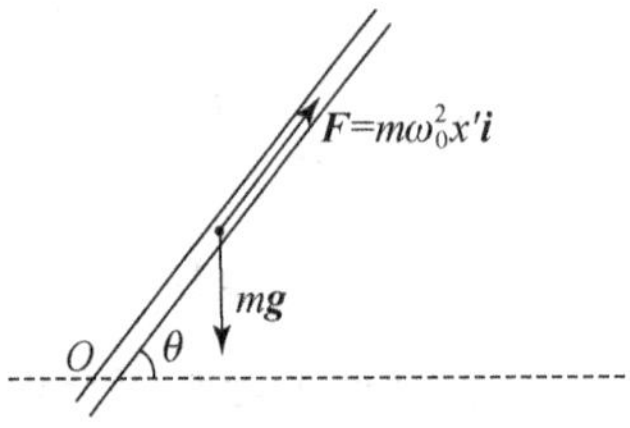

图 TJ3.8　题解图 3.8

$m\ddot{x}'=-mg\sin\theta+m\omega_0^2x'$. 即，

$\ddot{x}'-\omega_0^2x'=-g\sin\omega_0 t$　　(1)

(1)式是一个二阶常系数非齐次线性微分方程. 相应的齐次方程为

$\ddot{x}'-\omega_0^2x'=0.$　　(2)

(2)式的通解为：$x_1'=Be^{\omega_0 t}+Ce^{-\omega_0 t}$.

(1)式的一个特解为：$x_2'=\dfrac{g}{2\omega_0^2}\sin\omega_0 t$.

所以(1)式的通解为

$x'=x_1'+x_2'=Be^{\omega_0 t}+Ce^{-\omega_0 t}+\dfrac{g}{2\omega_0^2}\sin\omega_0 t$.

由初始条件，$t=0$ 时，$x'=\rho_0$，$\dot{x}'=v_0$，得到 $\rho_0=B+C$，

$v_0=\dfrac{g}{2\omega_0}+B\omega_0-C\omega_0$.

所以 $B=\dfrac{1}{2}\left[\rho_0+\left(\dfrac{v_0}{\omega_0}-\dfrac{g}{2\omega_0^2}\right)\right]$，$C=\dfrac{1}{2}\left[\rho_0-\left(\dfrac{v_0}{\omega_0}-\dfrac{g}{2\omega_0^2}\right)\right]$.

所以 $x'=\dfrac{g}{2\omega_0^2}\sin\omega_0 t+\dfrac{1}{2}\left[\rho_0+\left(\dfrac{v_0}{\omega_0}-\dfrac{g}{2\omega_0^2}\right)\right]e^{\omega_0 t}+\dfrac{1}{2}\left[\rho_0-\left(\dfrac{v_0}{\omega_0}-\dfrac{g}{2\omega_0^2}\right)\right]e^{-\omega_0 t}$.

x' 包括 3 项. 第一项为简谐振动；第二项为指数增加；第三项为指数衰减，经历足够长的时间之后可以忽略. 所以，若质点作简谐振动，则第二项必须为 0，即，$B=0$.

得出：$\rho_0+\left(\dfrac{v_0}{\omega_0}-\dfrac{g}{2\omega_0^2}\right)=0$.

在 $v_0=0$ 的特殊情况下，$\rho_0=\dfrac{g}{2\omega_0^2}$，$B=0$，$C=\rho_0$.

在 $\rho_0=0$ 的特殊情况下，$v_0=\dfrac{g}{2\omega_0}$，$B=C=0$.

3.9 解：惯性离心力在南北两极为 0，在赤道最大；科里奥利力在赤道为 0，在南北两极最大.

取地球赤道半径 $R=6.378\times10^6$ m，自转周期 $T=86\ 164$ s，声速 $v=331$ m/s.

$$f_{1\max}=m\omega^2R=1\times\left(\frac{2\times3.1416}{86164}\right)^2\times6.378\times10^6=3.39\times10^{-2}\text{ N}.$$

$$f_{2\max}=2m\omega v=2\times1\times\frac{2\times3.1416}{86164}\times331=4.83\times10^{-2}\text{ N}.$$

第四章　动量和动量矩

4.1　解：$r_C=\dfrac{m_s\cdot0+m_e\cdot r}{m_s+m_e}=\dfrac{r}{\dfrac{m_s}{m_e}+1}=4.5\times10^5\text{ m}.$

4.2　解：(1) 质点组动量守恒：$Mv_f+Nm(v_f-v)=0$，

$\therefore\ v_f=\dfrac{Nmv}{M+Nm}.$

(2) 设已经有 n 个人跳下去之后车(及其上的人)的速度为 v_n. 显然 $v_0=0$.

$[M+(N-n)m]v_n=\{M+[N-(n+1)]m\}v_{n+1}+m(v_{n+1}-v)$，$n=0,1,\cdots N-1$，

$v_{n+1}-v_n=\dfrac{mv}{M+(N-n)m}$，

$$\therefore\ v_f=v_N=\sum_{n=0}^{N-1}(v_{n+1}-v_n)=\sum_{n=0}^{N-1}\frac{mv}{M+(N-n)m}=\sum_{k=1}^{N}\frac{mv}{M+km}.$$

4.3　解：由对称性：$x_c=y_c=0$.

将半球分割成无限多个无限薄的圆盘. 距离大圆底面为 z 的圆盘的半径为$\sqrt{R^2-z^2}$. 不妨设密度为 1.

$$z_c=\frac{\int_0^R z\pi(R^2-z^2)\,\mathrm{d}z}{\frac{2}{3}\pi R^3}=\frac{3R}{8}\text{，质心坐标：}\left(0,0,\frac{3R}{8}\right).$$

4.4　解：显然，质心位于以大圆圆心为一个端点的小圆直径的延长线上. 设它到大圆圆心的距离为 y_C. 可以认为大圆盘由小圆和异形板组成. 大圆盘的质心位于圆心，所以有

$$\frac{\pi\left(\frac{R}{2}\right)^2\cdot\frac{R}{2}+\left[\pi R^2-\pi\left(\frac{R}{2}\right)^2\right](-y_C)}{\pi R^2}=0,$$

因此 $y_C=\dfrac{R}{6}$. 即，该异形板的质心位于圆心正下方，距圆心$\dfrac{R}{6}$.

4.5　解：质心至 O 原子的距离

$$r_C=\frac{m_O\cdot 0+m_C\cdot r}{m_O+m_C}=\frac{r}{\frac{m_O}{m_C}+1}=0.48\times 10^{-10}\ \text{m}.$$

4.6 解：如图 TJ4.1 所示，设 A 和 B 为弯管的边界. t 时刻处于弯管中的水体在 $t+dt$ 时刻流动到了 A' 和 B' 之间. 由于是稳定流动，处在 $A'B$ 之间的水流动量不变. 所以，所跟踪的水体从 t 至 $t+dt$ 时刻的动量增加为

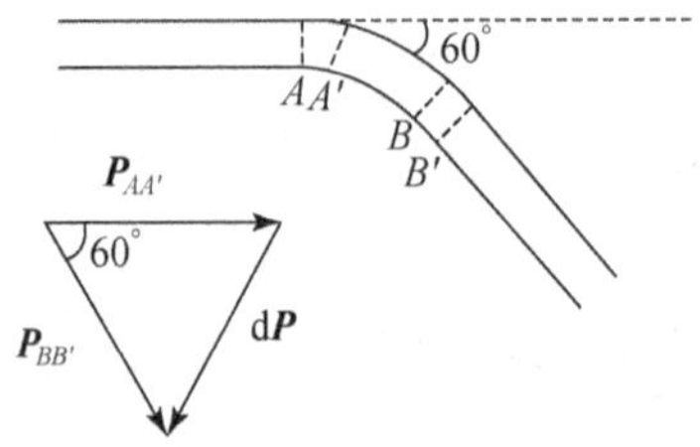

图 TJ4.1　题解图 4.6

$$\mathrm{d}\boldsymbol{P}=\boldsymbol{P}_{BB'}-\boldsymbol{P}_{AA'},$$

$$|\boldsymbol{P}_{BB'}|=|\boldsymbol{P}_{AA'}|=(\rho vSdt)\cdot v=\rho v^2Sdt,$$

$$|\mathrm{d}\boldsymbol{P}|=|\boldsymbol{P}_{AA'}|=\rho v^2Sdt,$$

$$F=\left|\frac{\mathrm{d}\boldsymbol{P}}{\mathrm{d}t}\right|=\rho v^2S=1\times 10^3\times 3^2\times 50\times 10^{-4}=45\ \text{N},$$

力与弯曲前的轴线夹角为 60°.

思考：这段流体所受的力来自于哪里？

4.7 解：忽略空气阻力，火箭所受外力只有重力. 设包括燃料在内的火箭质量为 m，燃料的喷射速率为 u. 以向上为正方向，则有

$$(m+\mathrm{d}m)(v+\mathrm{d}v)+(-\mathrm{d}m)(v+\mathrm{d}v-u)-mv=-mg\mathrm{d}t,\quad (\mathrm{d}m<0)$$

$$\therefore\ -mg=m\frac{\mathrm{d}v}{\mathrm{d}t}+u\frac{\mathrm{d}m}{\mathrm{d}t},$$

$$\left|\frac{\mathrm{d}m}{\mathrm{d}t}\right|=\frac{m}{u}\left(g+\frac{\mathrm{d}v}{\mathrm{d}t}\right)=\frac{3mg}{2u}=\frac{3\times 5\times 10^3\times 9.8}{2\times 2\times 10^3}=36.75\ \text{kg/s}.$$

4.8 解：$\Delta v=u\ln\dfrac{M_0}{M}$，(1) $v=u\ln\dfrac{7m}{4m}\approx 0.56u$.

(2) $v=u\left(\ln\dfrac{7m}{6m}+\ln\dfrac{5m}{4m}+\ln\dfrac{3m}{2m}\right)=u\ln\left(\dfrac{7}{6}\cdot\dfrac{5}{4}\cdot\dfrac{3}{2}\right)\approx 0.78u$.

4.9 解：底面面积为 1、高为速度 v 的柱体内的分子可以在单位时间内撞击到器壁上. 这些分子在以原速率弹回后动量的增加即为压强：

$$P=(nv)\cdot(2mv)=2nmv^2=2\times 5.0\times 10^{27}\times 5.4\times 10^{-26}\times 500^2=1.4\times 10^8\ \text{Pa}.$$

4.10 解：$p_C=20\times 1.5-10\times 2.5=5\ \text{kg}\cdot\text{m}\cdot\text{s}^{-1}$（向东为正），

$$v_C=\frac{1}{6}\ \text{m}\cdot\text{s}^{-1},\ v_{1C}=\frac{4}{3}\ \text{m}\cdot\text{s}^{-1},\ v_{2C}=-\frac{8}{3}\ \text{m}\cdot\text{s}^{-1},$$

$$p_{1C}=\frac{80}{3}\ \text{kg}\cdot\text{m}\cdot\text{s}^{-1},\ p_{2C}=-\frac{80}{3}\ \text{kg}\cdot\text{m}\cdot\text{s}^{-1}.$$

4.11 解：$a_1=\frac{2}{20}=0.1\ \text{m}\cdot\text{s}^{-2}$（向南为正），$a_C=\frac{2}{30}=\frac{1}{15}\ \text{m}\cdot\text{s}^{-2}$.

$$a_{1C}=\left(0.1-\frac{1}{15}\right)=\frac{1}{30}\ \text{m}\cdot\text{s}^{-2},\ a_{2C}=0-\frac{1}{15}=-\frac{1}{15}\ \text{m}\cdot\text{s}^{-2}$$

4.12 解：设子弹在枪筒中运动的时间为 t_0. 由题意：

$$F(t_0)=400-\frac{4}{3}\times10^5 t_0=0,\ \therefore\ t_0=3\times10^{-3}\ \text{s},$$

冲量 $I=\int_0^{t_0}F\text{d}t=400t_0-\frac{2}{3}\times10^5 t_0^2=0.6\ \text{Ns}$,

据冲量定理：$mv=I$, $m=\frac{I}{v}=\frac{0.6}{300}=2\times10^{-3}\ \text{kg}$.

4.13 解：设 m 获得冲量后的瞬间速度为 v. 则：

$$T-mg=m\frac{v^2}{l},\qquad \therefore\ v=\sqrt{\frac{Tl}{m}-gl}.$$

冲量：$I=mv-0=m\sqrt{\frac{Tl}{m}-gl}=0.87\ \text{Ns}$.

4.14 解：(1) 系统在水平方向动量守恒. 在初始时刻两个圆环都静止，则质心的水平位置保持不变. 小环竖直下落，大环在竖直方向无位移，所以系统质心竖直向下运动.

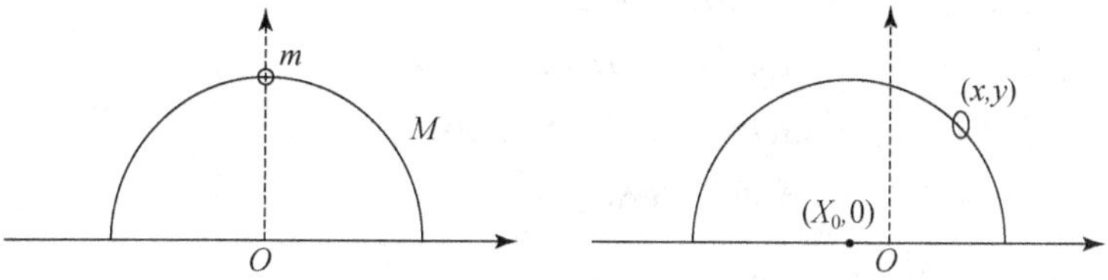

图 TJ4.2 题解图 4.14

(2) 如图 TJ4.2 建立坐标系，设初始时刻大环顶点位于坐标轴纵轴上. 小环坐标为 (x,y)；大环圆心坐标为 $(X_0,0)$，质心坐标为 (X_C,Y_C). 显然，

$X_0=X_C$. (1)

系统质心的水平坐标始终为 0，

$mx+MX_C=0$. (2)

小环套在大环上运动，

$(x-X_0)^2+y^2=R^2$. (3)

联立(1)式至(3)式，得到：$\dfrac{x^2}{\left(\dfrac{M}{M+m}R\right)^2}+\dfrac{y^2}{R^2}=1.$

即，小环的轨迹为椭圆，长半轴为 R，短半轴为 $\dfrac{M}{M+m}R$.

4.15 解：(解法 I)

如图 TJ4.3 所示，以 M 为参考系研究 m 的运动. 设 M 在地面参考系中的加速度为 $\boldsymbol{a}_0$，则 m 受力为重力 $m\boldsymbol{g}$、支持力 $\boldsymbol{N}$ 和惯性力 $-m\boldsymbol{a}_0$. 显然，m 在 M 参考系中的加速度 $\boldsymbol{a}'$ 沿斜面向下.

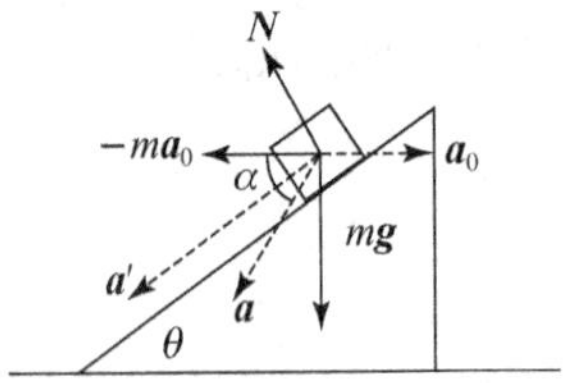

图 TJ4.3　题解图 4.15-1

$ma'=mg\sin\theta+ma_0\cos\theta$,　　(1)

$mg\cos\theta=ma_0\sin\theta+N$,　　(2)

$N\sin\theta=Ma_0$.　　(3)

联立(1)式至(3)式，可得

$a_0=\dfrac{mg\cos\theta\sin\theta}{M+m\sin^2\theta}$,　　(4)

$a'=\dfrac{(M+m)g\sin\theta}{M+m\sin^2\theta}$,　　(5)

m 在地面参考系中的加速度为

$\boldsymbol{a}=\boldsymbol{a}_0+\boldsymbol{a}'$,

设 $\boldsymbol{a}$ 与水平方向的夹角为 α.

水平方向：$a'\cos\theta-a_0=a\cos\alpha$,　　(6)

竖直方向：$a'\sin\theta=a\sin\alpha$,　　(7)

由(4)式至(7)式可以解得

$\tan\alpha=\dfrac{M+m}{M}\tan\theta$,　　(8)

$a=a'\dfrac{\sin\theta}{\sin\alpha}$.　　(9)

在初速度为 0 的情况下，m 的速度与位移皆与 $\boldsymbol{a}$ 方向相同. 即，m 向左下方运动，轨迹为直线，与水平面夹角 $\alpha=\arctan\left(\dfrac{M+m}{M}\tan\theta\right)$.

在地面参考系中观察，m 从 M 顶端至底端的位移：

$S=\dfrac{h}{\sin\alpha}$.　　(10)

m 滑至底端的速度：

$v=\sqrt{2aS}$.　　(11)

将(5)、(9)和(10)式代入(11)式，得

$$v=\sqrt{\frac{2gh(M^2+2Mm\sin^2\theta+m^2\sin^2\theta)}{(M+m)(M+m\sin^2\theta)}}. \qquad (12)$$

(解法 II,学习完"功和能"一章之后):

如图 TJ4.4 所示,设 M 和 m 在地面参考系中的速度分别为 $\boldsymbol{v}_0$ 和 $\boldsymbol{v}$, m 在 M 参考系中的速度为 $\boldsymbol{v}'$. 根据速度合成、水平方向动量守恒和机械能守恒有

$$v'\cos\theta-v_0=v\cos\alpha, \qquad (13)$$

$$v'\sin\theta=v\sin\alpha, \qquad (14)$$

$$mv\cos\alpha=Mv_0, \qquad (15)$$

$$\frac{1}{2}mv^2+\frac{1}{2}Mv_0^2=mgh. \qquad (16)$$

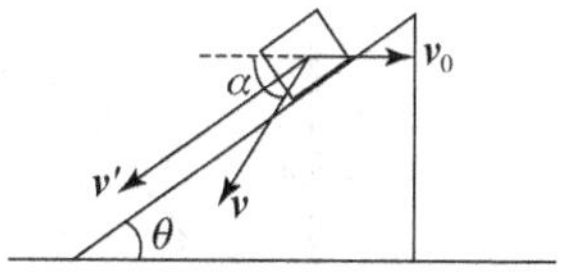

图 TJ4.4 题解图 4.15-2

联立(13)式至(16)式,亦得(8)式和(12)式.

思考:在地面参考系中观察,支持力 $\boldsymbol{N}$ 与 m 的位移并不垂直. 在此情况下,系统的机械能是否仍然守恒?

4.16 解:α 粒子即 He 核($^4_2\text{He}^{2+}$),质量数为 4.

设碰撞后 α 粒子与 O 原子(质量数 16)的速率分别为 v_1' 和 v_2'.

由动量守恒,质点组在垂直于入设方向上的动量和为 0,即

$4v_1'\sin71^\circ=16v_2'\sin41^\circ$. 所以 $\frac{v_1'}{v_2'}=\frac{4\sin41^\circ}{\sin71^\circ}=2.8$.

4.17 解:以 O_1 为参考点,摩擦力矩为 0;以 O_2 为参考点,摩擦力矩大小为 μMgh.

4.18 解:如图 TJ4.5 所示,两电荷受到一个力偶的作用,合力为 0. 合力矩与参考点的选择无关. 设 $\boldsymbol{r}$ 为 q 相对于 $-q$ 的位置矢量.

$\boldsymbol{M}=q(\boldsymbol{r}\times\boldsymbol{E})$, $M=q\Delta lE\sin\theta$.

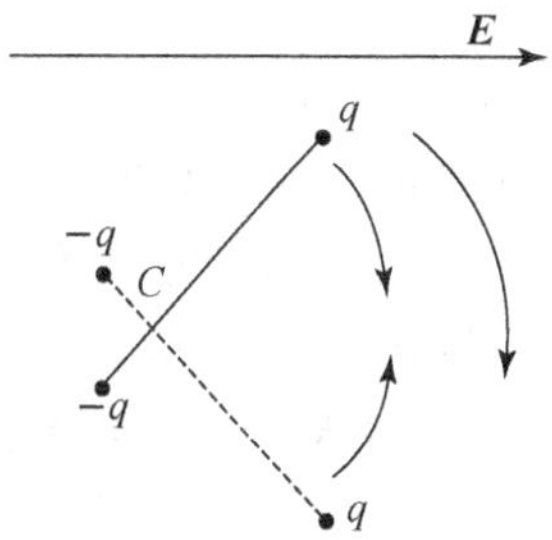

图 TJ4.5 题解图 4.18

两个电荷将绕其质心转动,而质心将始终保持静止或匀速直线运动.

$\boldsymbol{r}$ 平行于电场 $\boldsymbol{E}$($-q$ 在左,q 在右)时力矩为 0. 如果初始角速度较小,则系统在此平衡位置两侧往复转动;如果初始角速度较大,则系统将一直以顺时针方向(或一直以逆时针方向)转动.

思考:$\boldsymbol{r}$ 反平行于电场 $\boldsymbol{E}$($-q$ 在右,q 在左)时力矩是否亦为 0? 系统可否在该位置两侧往复转动?

4.19 解:(1) 水平方向受力平衡 $N_1\sin\theta=N_2$. $\qquad$ (1)

以杆的质心(所在空间点)为参考点的力矩平衡：

$N_1\left(l-\dfrac{d}{\cos\theta}\right)=N_2 l\sin\theta.\qquad(2)$

联立(1)式和(2)式，解得：$\theta=\arccos\left(\dfrac{d}{l}\right)^{\frac{1}{3}}$.

如图 TJ4.6 所示.

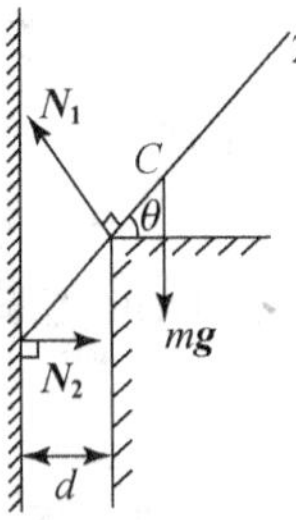

图 TJ4.6　题解图 4.19-1

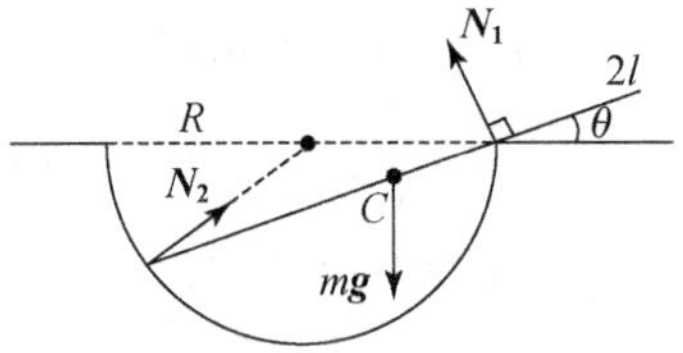

图 TJ4.7　题解图 4.19-2

(2) 水平方向受力平衡 $N_1\sin\theta=N_2\cos2\theta.\qquad(3)$

以杆的质心(所在空间点)为参考点的力矩平衡：

$N_1(2R\cos\theta-l)=N_2\cdot l\sin\theta,\qquad(4)$

联立(3)式和(4)式，解得：$\theta=\arccos\dfrac{l+\sqrt{l^2+32R^2}}{8R}$.

如图 TJ4.7 所示.

4.20　解：(1) $\boldsymbol{v}=\omega_0 R\,\boldsymbol{e}_\theta$，$\boldsymbol{p}=m\boldsymbol{v}=m\omega_0 R\,\boldsymbol{e}_\theta$，$\boldsymbol{L}=R\boldsymbol{e}_r\times\boldsymbol{P}=m\omega_0 R^2\boldsymbol{z}$.

(2) $\boldsymbol{a}=-\omega_0^2 R\boldsymbol{e}_r$，$\boldsymbol{F}=m\boldsymbol{a}=-m\omega_0^2 R\boldsymbol{e}_r$，$\boldsymbol{M}=R\boldsymbol{e}_r\times\boldsymbol{F}=0$.

4.21　解：设给定转动轴为 z 轴.

(1) $I_z=ml^2+ml^2=2ml^2$，$J_z=I_z\omega_0=2ml^2\omega_0$.

(2) 对空间任意定点 O 的动量矩，

$\boldsymbol{J}_O=\boldsymbol{r}_1\times m\boldsymbol{v}_1+\boldsymbol{r}_2\times m\boldsymbol{v}_2=(\boldsymbol{r}_1-\boldsymbol{r}_2)\times m\boldsymbol{v}_1=\boldsymbol{r}'_{1(2)}\times m\boldsymbol{v}_1$.

其中 $\boldsymbol{r}'_{1(2)}$ 为从一个质点指向另一个质点的矢量. 易知，$\boldsymbol{r}'_{1(2)}\perp\boldsymbol{v}_1$，$v_1=l\omega_0$. 所以 $\boldsymbol{J}_O$ 沿 z 轴方向，$|\boldsymbol{J}_O|=J_z=2ml^2\omega_0$，与参考点无关.

4.22　解：在相对于地面静止的参考系中研究此问题.

由质点组的动量矩定理和上题结论，外力矩只在 z 方向有分量.

设 $\boldsymbol{L}=L_z\boldsymbol{e}_z$. $L_z\Delta t=\Delta(I_z\omega)=I_z\omega_0$，所以 $L_z=\dfrac{I_z\omega_0}{\Delta t}$.

因为质心 C(杆中点)静止不动，所以合外力为 0.

设作用点为杆上的 $A_1, A_2, \cdots A_i, \cdots A_n$ 点，作用力分别为 $\boldsymbol{F}_1, \boldsymbol{F}_2, \cdots \boldsymbol{F}_i, \cdots \boldsymbol{F}_n$，任选一空间固定点 O 为参考点，则有

$$L_z\boldsymbol{e}_z = \sum_{i=1}^{n} \boldsymbol{OA}_i \times \boldsymbol{F}_i, \qquad (1)$$

$$\sum_{i=1}^{n} \boldsymbol{F}_i = 0. \qquad (2)$$

满足(1)式和(2)式的力和作用点都可以达到题目的要求.

由(2)式，$\boldsymbol{F}_n = -\sum_{i=1}^{n-1} \boldsymbol{F}_i, \qquad (3)$

(3) 式代入(1) 式，有

$$L_z\boldsymbol{e}_z = \sum_{i=1}^{n-1} \boldsymbol{OA}_i \times \boldsymbol{F}_i - \sum_{i=1}^{n-1} (\boldsymbol{OA}_n \times \boldsymbol{F}_i) = \sum_{i=1}^{n-1} (\boldsymbol{A}_n\boldsymbol{A}_i \times \boldsymbol{F}_i), \qquad (4)$$

即，合力矩与参考点的选择无关.

如果 $n=2$，则作用力大小相等，方向相反，为一对力偶，$\boldsymbol{F}_1 = -\boldsymbol{F}_2$.

此时(4)式应写成：$L_z\boldsymbol{e}_z = \boldsymbol{A}_2\boldsymbol{A}_1 \times \boldsymbol{F}_1$，

即，$\overline{A_2A_1} \cdot F_1 \cdot \sin\theta = \frac{I_z\omega_0}{\Delta t} = \frac{2ml^2\omega_0}{\Delta t}$，其中 θ 为 $\boldsymbol{A}_2\boldsymbol{A}_1$ 与 $\boldsymbol{F}_1$ 之间的夹角.

4.23 解：$Mg\sin\theta - f = M\dot{v}_C, \qquad (1)$

$fR = MR^2\dot{\omega}, \qquad (2)$

$v_C = R\omega, \qquad (3)$

对(3)式两边求导并与(1)、(2)式联立，解得：$\dot{v}_C = \frac{g\sin\theta}{2}$，$\dot{\omega} = \frac{g\sin\theta}{2R}$.

如图 TJ4.8 所示.

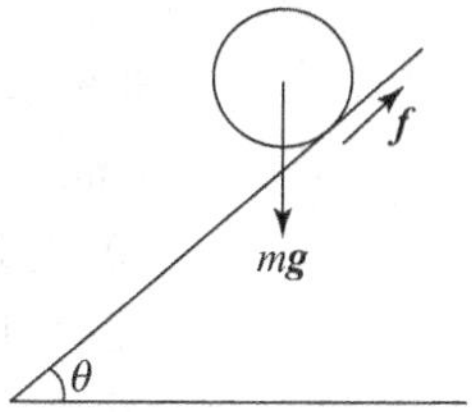

图 TJ4.8　题解图 4.23

4.24 解：O'点是已经伸直的线与圆环相切的点. 由于线不可伸长，所以 O'点的速度为 0. 以向下为正方向，如图 TJ4.9 所示.

$v_{O'} = v_c - \omega R = 0$，

$\therefore\ v_c = \omega R, \qquad (1)$

$\therefore\ a_c = R\dot{\omega}. \qquad (2)$

方法 I：利用圆环的质心运动定理和圆环质心系中的角动量定理.

设已经伸直的线的拉力大小为 T.

$Mg - T = Ma_c, \qquad (3)$

$TR = I\dot{\omega} = MR^2\dot{\omega}, \qquad (4)$

联立(2)式至(4)式，得：

$$a_c = \frac{g}{2}, \qquad (5)$$

$$\dot{\omega} = \frac{g}{2R}, \qquad (6)$$

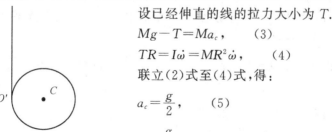

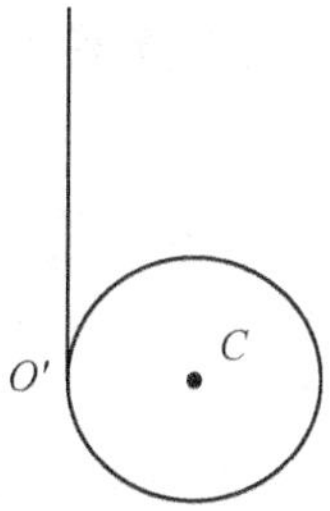

图 TJ4.9　题解图 4.24

$T=\frac{Mg}{2}$.　　(7)

方法 II：利用机械能守恒(学习过“功和能”一章之后).

O'点的速度为 0,所以作为外力的线的拉力做功功率为 0. 由于线不可伸长,尚未展开的线内部的拉力做功之和亦为 0. 所以机械能守恒. 设圆环质心坐标为 x_c.

$\frac{1}{2}Mv_c^2+\frac{1}{2}I\omega^2-Mgx_c=E_0$.　　(8)

将(1)式代入(8)式,得：$\frac{1}{2}Mv_c^2+\frac{1}{2}MR^2\left(\frac{v_C}{R}\right)^2-Mgx_c=E_0$.　　(9)

对(9)式微商得　$2Mv_c\cdot a_c-Mgv_c=0$.

亦得(5)式,进而可得(6)式和(7)式.

4.25 解：在以下讨论中以向右为速度正方向,顺时针(进纸面)为角速度正方向.

(1) 设台球为匀质球体,质量为 M,半径为 R,打击点位于台球质心(即球心)上方,与其高度差为 h. 由于打击的作用时间非常之短,台球与桌面之间可能存在的摩擦力的冲量可以忽略. 打击既使台球获得水平方向的动量,又使其获得相对于质心的动量矩.

质心运动定理：$F\cdot\Delta t=M(v_{C0}-0)=Mv_{C0}$.　　(1)

对质心的动量矩定理：$Fh\cdot\Delta t=\frac{2}{5}MR^2(\omega_0-0)=\frac{2}{5}MR^2\omega_0$.　　(2)

台球与桌面接触点的速度 $v_A=v_C-\omega R$.　　(3)

无滑滚动要求 $v_A=0$. (2)式除以(1)式,并利用(3)式,得到：$h=\frac{2}{5}R$.

(2) 如果打击点偏离此位置,则接触点与桌面之间有相对运动,台球受到水平方向的滑动摩擦力 μMg.

可以求出,当 $v_{Cf}=\frac{5}{7}v_{C0}+\frac{2}{7}R\omega_0$, $\omega_f=\frac{2}{7}\omega_0+\frac{5v_{C0}}{7R}$时台球达到稳定的无滑滚动状态. $v_{C0}>0$. 对应于打击点在质心上方、下方或与之等高的情况,ω_0 可以为正数、负数或者零.

4.26 解：(1) 在达到无滑滚动之前,球受到水平向左的滑动摩擦力 f. 设球质心速度为 v_c. $t=0$ 时,$v_C=v_0$.

由质心运动定理：$f=-\mu Mg=M\frac{dv_c}{dt}$,得到：$\frac{dv_c}{dt}=-\mu g$,

$\therefore\ v_C=v_0-\mu gt$.　　(1)

由对质心的动量矩定理：

$fR=\mu MgR=\frac{dJ}{dt}=I\frac{d\omega}{dt}=\frac{2}{5}MR^2\frac{d\omega}{dt}$,　　(2)

得到：$R\dfrac{d\omega}{dt}=\dfrac{5\mu g}{2}$，∴ $R\omega=\dfrac{5\mu g}{2}t$，　　(3)

球与地面接触点的速度 $v_A=v_C-R\omega$，

无滑动时 $v_A=0$，由(1)式和(3)式得到：

$t_f=\dfrac{2v_0}{7\mu g}$，此时 $\omega_f=\dfrac{5v_0}{7R}$.

(2) 由(2)式得到 $\mu MgR\,dt=dJ$，

两边积分，可知在 $0\leqslant t<\dfrac{2v_0}{7\mu g}$ 时间段内，对质心的动量矩 $J=\mu MgRt$；

当 $t=\dfrac{2v_0}{7\mu g}$ 时，滑动摩擦消失，静摩擦不会产生，$J_f=\dfrac{2}{7}MRv_0$. 此后保持不变.

4.27 解：由本章"刚体定轴转动"的例题结果可知，复摆的运动方程和小振动周期分别为

$$\ddot{\theta}+\frac{m_0 g l_C}{I_O}\sin\theta=0,\qquad (1)$$

$$T=2\pi\sqrt{\frac{I_O}{m_0 g l_C}}.\qquad (2)$$

其中 I_O、m_0 和 l_C 分别为复摆相对于转动轴的转动惯量，复摆质量和复摆质心至转动轴的距离.

杆对转动轴的转动惯量 $I_1=\dfrac{1}{3}ml^2$.

用平行轴定理求出圆盘对转动轴的转动惯量

$$I_2=(l+R)^2M+\frac{1}{2}MR^2,$$

$$I_O=I_1+I_2,\ l_C=\frac{m\cdot\dfrac{l}{2}+M\cdot(l+R)}{m+M}.$$

将这些结果代入(1)式和(2)式，可得

$$\ddot{\theta}+\frac{\dfrac{1}{2}ml+M(l+R)}{\dfrac{1}{3}ml^2+(l+R)^2M+\dfrac{1}{2}MR^2}g\sin\theta=0,$$

$$T=2\pi\sqrt{\frac{\dfrac{1}{3}ml^2+(l+R)^2M+\dfrac{1}{2}MR^2}{\left[\dfrac{1}{2}ml+M(l+R)\right]g}}.$$

4.28 解：碰撞前质点组质心的动量为：$\boldsymbol{K}_{C0}=(m+M)\boldsymbol{v}_{C0}=m\boldsymbol{v}_0$.

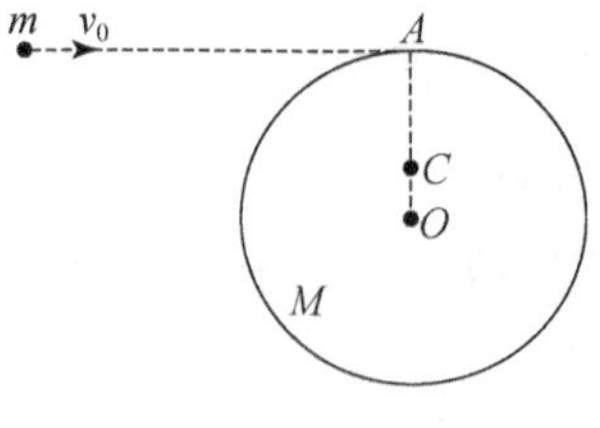

图 TJ4.10　题解图 4.28

由于所受合外力为零，质点组动量守恒，碰撞后质心的速度不变：

$\therefore\ \boldsymbol{v}_C=\boldsymbol{v}_{C0}=\dfrac{m\boldsymbol{v}_0}{m+M}$，

下面在质心系中求解碰撞后系统的角速度.

碰撞后系统质心 C 位于 OA 连线上.

$\overline{AC}=\dfrac{MR}{m+M}$，$\overline{OC}=\dfrac{mR}{m+M}$

碰撞前，圆盘在地面参考系中静止，在质心系中的速度为 $\boldsymbol{v}_{M0}=0-\boldsymbol{v}_{C0}=-\dfrac{m\boldsymbol{v}_0}{m+M}$；质点在地面参考系中以 $\boldsymbol{v}_0$ 运动，在质心系中的速度为 $\boldsymbol{v}_{m0}=\boldsymbol{v}_0-\boldsymbol{v}_{C0}=\dfrac{M\boldsymbol{v}_0}{m+M}$.

碰撞前质点在质心系中的角动量为：$J_{m0}=\overline{CA}\cdot mv_{m0}=\dfrac{mM^2Rv_0}{(m+M)^2}$，

圆盘在质心系中的角动量为 $J_{M0}=\overline{CO}\cdot Mv_{M0}=\dfrac{m^2MRv_0}{(m+M)^2}$，

易知质点和圆盘在质心系中虽然速度方向相反，但是二者的角动量却方向相同. 则系统在碰撞前的角动量为：$J_0=J_{m0}+J_{M0}=\dfrac{mMRv_0}{m+M}$，

碰撞后质点和圆盘组成的系统对过质心 C 且垂直于圆盘的轴（简称对质心 C）的转动惯量为：$I=m\left(\dfrac{MR}{m+M}\right)^2+M\left(\dfrac{mR}{m+M}\right)^2+\dfrac{1}{2}MR^2=\dfrac{(3m+M)MR^2}{2(m+M)}$，

碰撞后系统在质心系中的角动量为：$J=I\omega$，

由 $J=J_0$ 可得：$\omega=\dfrac{2m}{3m+M}\dfrac{v_0}{R}$.

在地面参考系中以空间任意一点为参考点，系统的角动量在碰撞前后也是守恒的，参见 4.29 题之解答.

4.29　解：设质点组由杆 A 和杆 B 组成.

碰撞前质点组质心的动量为

$\boldsymbol{K}_{C0}=2m\boldsymbol{v}_{C0}=\boldsymbol{K}_{A0}+\boldsymbol{K}_{B0}=\boldsymbol{K}_{B0}=m\boldsymbol{v}_0$.

由于所受合外力为零，质点组动量守恒，碰撞后质心的速度不变：

$\therefore\ \boldsymbol{v}_C=\boldsymbol{v}_{C0}=\dfrac{\boldsymbol{v}_0}{2}$.　　(1)

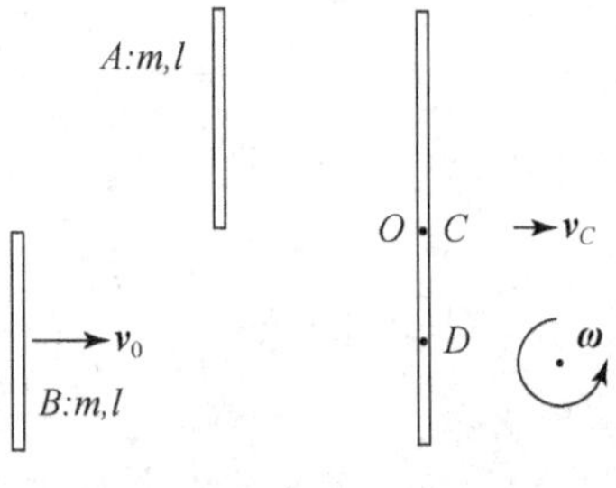

图 TJ4.11　题解图 4.29

下面求解碰撞后直杆的角速度．无论是在地面坐标系中还是质心系中，质点组的角动量都是守恒的．

（方法 I）以碰撞发生的瞬间质点组质心 C 所在空间点为参考点．设此点为 O 点．碰撞前杆 A 静止，杆 B 对 O 点的角动量即为质点组对 O 点的角动量：

$$J_0=J_{B0}=\frac{l}{2}mv_0. \qquad (2)$$

碰撞后质点组的角动量等于质心 C 相对于 O 点的角动量与杆在质心系中的角动量之和．易知前者为 0．

$$J=J_C+J'_C=J'_C=I\omega. \qquad (3)$$

又有：$J=J_0$，　　(4)

联立(2)式至(4)式，得到：$\frac{l}{2}mv_0=I\omega=\frac{1}{12}(2m)(2l)^2\omega$，

$$\therefore\ \omega=\frac{3v_0}{4l}. \qquad (5)$$

（方法 II）在质心系中以质心 C 为参考点．

碰撞前，杆 A 在地面参考系中静止，在质心系中的速度为 $\boldsymbol{v}_{A0}=-\boldsymbol{v}_{C0}=-\frac{\boldsymbol{v}_0}{2}$；杆 B 在地面参考系中以 $\boldsymbol{v}_0$ 运动，在质心系中的速度为 $\boldsymbol{v}_{B0}=\boldsymbol{v}_0-\boldsymbol{v}_{C0}=\frac{\boldsymbol{v}_0}{2}$．

易知，虽然碰撞前杆 A 和杆 B 的速度在质心系中相反，但是它们的角动量却相等．碰撞前质点组的角动量为

$$J_0=2\times\left(\frac{l}{2}\cdot m\cdot\frac{v_0}{2}\right)=\frac{mlv_0}{2}.$$

碰撞后质点组的角动量 $J=I\omega$

由角动量守恒亦得(5)式．

（方法 III）在地面参考系中，无论参考点如何选取，质点组在碰撞前后的角动量皆守恒．在方法 I 之外再举一例．选取在碰撞瞬间与杆 B 的中点重合的空间点 D 为参考点．

显然，碰撞前质点组的角动量 $J_0=0$，

碰撞后：$J=J_C+J'_C=-\frac{l}{2}\cdot 2m\cdot v_C+I\omega$，　　(6)

由角动量守恒和(1)式，亦得(5)式．

4.30　解：如图 TJ4.12 所示，在固定在矩形板的参考系中利用力矩平衡和力的平衡研究此问题．矩形板和转动轴组成的质点组受到 4 个力的作用：

重力 $M\boldsymbol{g}$、惯性离心力 $\boldsymbol{f}^*$ 及两个位于 O_1 和 O_2 点的轴承所施加的力. 图中只标出了轴承力水平方向的分量 $\boldsymbol{F}_1$ 和 $\boldsymbol{F}_2$. 以 O_2 为参考点考察力矩平衡条件，可以看出 $\boldsymbol{F}_1$ 必然向左. $\boldsymbol{F}_2$ 的方向暂不能确定，姑且假设其向左.

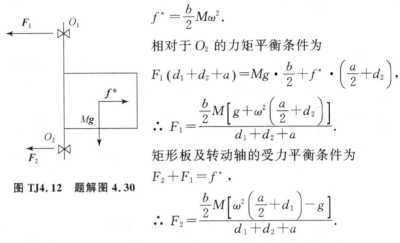

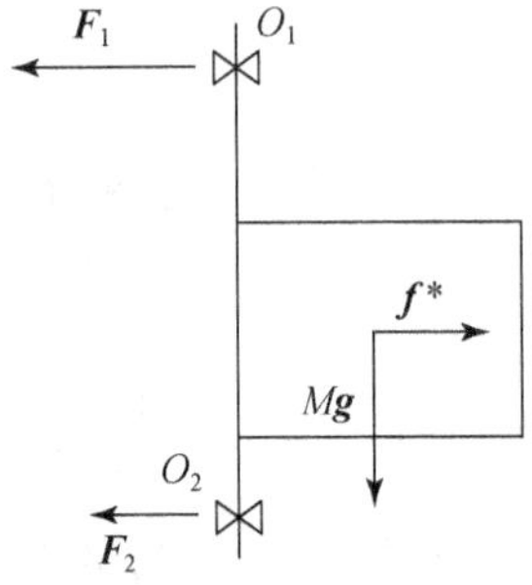

图 TJ4.12　题解图 4.30

$$f^* = \frac{b}{2}M\omega^2.$$

相对于 O_2 的力矩平衡条件为

$$F_1(d_1+d_2+a) = Mg\cdot\frac{b}{2}+f^*\cdot\left(\frac{a}{2}+d_2\right),$$

$$\therefore\ F_1=\frac{\frac{b}{2}M\left[g+\omega^2\left(\frac{a}{2}+d_2\right)\right]}{d_1+d_2+a}.$$

矩形板及转动轴的受力平衡条件为

$$F_2+F_1=f^*,$$

$$\therefore\ F_2=\frac{\frac{b}{2}M\left[\omega^2\left(\frac{a}{2}+d_1\right)-g\right]}{d_1+d_2+a}.$$

$\boldsymbol{F}_1$ 向左；$\boldsymbol{F}_2$ 在矩形板转动较快时向左$\left(\omega^2\left(\frac{a}{2}+d_1\right)>g\right)$，较慢时向右$\left(\omega^2\left(\frac{a}{2}+d_1\right)<g\right)$，临界状态时为 0$\left(\omega^2\left(\frac{a}{2}+d_1\right)=g\right)$.

第五章　功和能

5.1　解：摆锤受到重力与摆绳的拉力. 拉力不做功，重力做功与路径无关.

$$\Delta W = mg\Delta h = mg\left(l-l\cos\frac{\pi}{3}\right)=\frac{mgl}{2},$$

$$T=\Delta T=\frac{1}{2}mv^2=\Delta W=\frac{mgl}{2},\ v=\sqrt{gl}.$$

5.2　解：研究质量为 Δm 的矿砂由于落在传送带上而引起的动量增加. 设此过程中传送带与矿砂之间的水平作用力大小为 F. 为了维持传送带的匀速运动，电机对传送带的水平作用力大小亦为 F.

矿砂落在传送带上之前在水平方向上的动量为 0，之后则为 $\Delta m\cdot v$. 设从矿砂刚刚落在传送带上到其水平方向的速度增至 v 的时间为 Δt. 据冲量定理有

$$\int_0^{\Delta t} F\mathrm{d}t = \Delta m\cdot v - 0. \qquad (1)$$

(1)式的等号两边分别为传送带对矿砂的冲量和矿砂的动量增加. 易知(1)式的左边也等于电机对传送带的冲量.

由于传送带的速度恒为 v,所以在 Δt 时间内电机对传送带做功为

$$\Delta W = \int_0^{\Delta t} Fv\,\mathrm{d}t = v\int_0^{\Delta t} F\,\mathrm{d}t. \qquad (2)$$

将(1)式代入(2)式, $\Delta W=\Delta m \cdot v^2$.

做功功率为: $P=\dfrac{\Delta W}{\Delta t}=\dfrac{\Delta m}{\Delta t}\cdot v^2=20\times 1.5^2=45\ \mathrm{W}$.

思考:以下解法是否正确?

根据动能定理,矿砂落在传送带上之后的动能增加等于传送带对其水平作用力所做的功: $\Delta W=\dfrac{1}{2}\Delta m\cdot v^2$,

做功功率 $P=\dfrac{\Delta W}{\Delta t}=\dfrac{1}{2}\dfrac{\Delta m}{\Delta t}\cdot v^2=22.5\ \mathrm{W}$,

此即电机对传送带的做功功率.

5.3 解:地球平均半径 $R=6.37\times 10^6\ \mathrm{m}$,质量 $M=5.97\times 10^{24}\ \mathrm{kg}$,取自转周期和公转周期分别近似为 $T_s=24\ \mathrm{hr}$, $T_r=365\ \mathrm{d}$. 此外还假设:(i) 地球质量均匀分布;(ii) 地球公转轨道为圆形,半径 $R_{se}=1.50\times 10^{11}\ \mathrm{m}$.

$$E_k=\frac{1}{2}Mv^2+\frac{1}{2}I\omega^2=\frac{1}{2}M\left(\frac{2\pi R_{se}}{T_r}\right)^2+\frac{1}{2}\left(\frac{2}{5}MR^2\right)\left(\frac{2\pi}{T_s}\right)^2$$

$$=2.66\times 10^{33}+2.56\times 10^{29}\approx 3\times 10^{33}\ \mathrm{J}.$$

由上式可知,地球的转动(自转)动能远小于平动(公转)动能,在估算中可忽略.

5.4 解:质点在水平方向不受外力,所以水平方向动量在分裂前后守恒.

(1) 在地面参考系中,分裂后两质点的速度分别为 0 和 v_1.

$$mv=\frac{m}{2}\cdot 0+\frac{m}{2}\cdot v_1 \quad \therefore\ v_1=2v$$

$$\Delta T=\frac{1}{2}\frac{m}{2}v_1^2-\frac{1}{2}mv^2=\frac{1}{2}mv^2$$

在质心系中,m 在分裂前的速度和动能显然都为 0. 易知在分裂后两质点的速度分别为 $-v$ 和 v.

$$\Delta T=\frac{1}{2}\frac{m}{2}v^2\times 2-0=\frac{1}{2}mv^2.$$

(2) 显然,质点组内力的冲量之和为 0;在不受外力时,质点组内力做功之和等于动能的增加,且与参考系无关. 下面分别在地面参考系和质心参考系中加以验证.

冲量(以地面参考系为例)：

$I_1=\Delta p_1=\frac{m}{2}\cdot 0-\frac{m}{2}\cdot v=-\frac{mv}{2}$， $I_2=\Delta p_2=\frac{m}{2}\cdot 2v-\frac{m}{2}\cdot v=\frac{mv}{2}$，

$I_1+I_2=0$.

功(以质心参考系为例)：

$W_1=\frac{1}{2}\frac{m}{2}\cdot(-v)^2-0=\frac{mv^2}{4}$， $W_2=\frac{1}{2}\frac{m}{2}\cdot v^2-0=\frac{mv^2}{4}$，

$W=W_1+W_2=\frac{mv^2}{2}$.

5.5 解：在地面参考系中考察此问题.

(1) $T_a=\frac{1}{2}m_a v_0^2$， $T_b=\frac{1}{2}m_b v_0^2$，

总动能 $T=T_a+T_b=\frac{1}{2}(m_a+m_b)v_0^2$.

(2) $W_{f_a}=\Delta T_a=\frac{1}{2}m_a v_0^2-0=\frac{1}{2}m_a v_0^2$，

一对摩擦力互为作用力与反作用力，又有 m_a 和 m_b 的位移相等，所以：

$W_{f_b}=-W_{f_a}=-\frac{1}{2}m_a v_0^2$.

5.6 解：根据动量矩定理有：$M=I\frac{\mathrm{d}\omega}{\mathrm{d}t}$，

所以 $\mathrm{d}\omega=\frac{M}{I}\mathrm{d}t$.　　(1)

(1)式两边积分得：$\int_{\omega_0}^{0}\mathrm{d}\omega=\int_0^{\Delta t}\frac{M}{I}\mathrm{d}t=\frac{1}{I}\cdot\frac{\Delta t}{\Delta t}\int_0^{\Delta t}M\mathrm{d}t$，　　(2)

引入平均力矩 $\overline{M}=\frac{1}{\Delta t}\int_0^{\Delta t}M\mathrm{d}t$， 代入(2)式有：$-\omega_0=\frac{\Delta t}{I}\overline{M}$，

所以 $|\overline{M}|=\omega_0\frac{I}{\Delta t}=\frac{(2\pi\times 20)\times 200}{5\times 60}=84\ \mathrm{N\cdot m}$.

力矩的功 $W_M=\Delta T=0-\frac{1}{2}I\omega_0^2=-\frac{1}{2}\times 200\times(2\pi\times 20)^2=-1.6\times 10^5\pi^2\ \mathrm{J}$.

5.7 解：(1) 以球心 C(即质心)为基点计算球与地接触点 O' 的速度，

$\boldsymbol{v}_{O'}=\boldsymbol{v}_c+\boldsymbol{\omega}\times\boldsymbol{CO'}$.　　(1)

在刚开始滑动时，$\boldsymbol{v}_{O'}=\boldsymbol{v}_c=v_0\boldsymbol{i}$.

在 O' 点的速度变为 0 之前，球与地面之间存在滑动摩擦.

$\boldsymbol{f}=-\mu N\boldsymbol{i}=-\mu mg\boldsymbol{i}$，

据质心运动定理，在 $\boldsymbol{i}$ 方向，

$$-\mu mg=m\frac{\mathrm{d}v_c}{\mathrm{d}t},\quad \int_{v_0}^{v_c}\mathrm{d}v_c=-\mu g\int_0^t \mathrm{d}t,$$

$v_c=v_0-\mu gt.$ (2)

v_c 随 t 增加而减小.

据对质心的动量矩定理

$$\mu mgR=I_{(c)}\frac{\mathrm{d}\omega}{\mathrm{d}t}=\frac{2}{5}mR^2\frac{\mathrm{d}\omega}{\mathrm{d}t},\quad \int_0^{\omega}\mathrm{d}\omega=\frac{5\mu g}{2R}\int_0^t \mathrm{d}t,$$

所以 $\omega=\frac{5\mu g}{2R}t$, (3)

ω 随 t 增加而增大.

由(1)、(2)和(3)式

$$\boldsymbol{v}_{o'}=(v_c-\omega R)\boldsymbol{i}=\left(v_0-\mu gt-\frac{5\mu g}{2R}Rt\right)\boldsymbol{i}=\left(v_0-\frac{7}{2}\mu gt\right)\boldsymbol{i}.$$

所以，当 $t=\frac{2v_0}{7\mu g}$ 时，$v_{o'}=0$，小球开始作纯滚动. 此时 $v_c=\frac{5v_0}{7}$，$\omega=\frac{5v_0}{7R}$.

(2) $t\geqslant\frac{2v_0}{7\mu g}$，接触点 O' 与地面之间既无相对运动，亦无相对运动趋势，

所以球在水平方向不受力，球之动能守恒：

$$T_f=\frac{1}{2}mv_c^2+\frac{1}{2}I_{(c)}\omega^2=\frac{5}{14}mv_0^2,$$

在地面参考系中求摩擦力从 $t=0$ 至 $t=\frac{2v_0}{7\mu g}$ 的过程中所做的功.

$$W_f=\Delta T=T_f-T_0=\frac{5}{14}mv_0^2-\frac{1}{2}mv_0^2=-\frac{1}{7}mv_0^2,$$

f 作负功，使小球总动能减少.

也可以直接计算：

$$W_f=\int_0^{\frac{2v_0}{7\mu g}} f\cdot v_{o'}\,\mathrm{d}t$$

$$=\int_0^{\frac{2v_0}{7\mu g}} -\mu mg\left(v_0-\frac{7\mu g}{2}t\right)\mathrm{d}t$$

$$=-\frac{1}{7}mv_0^2.$$

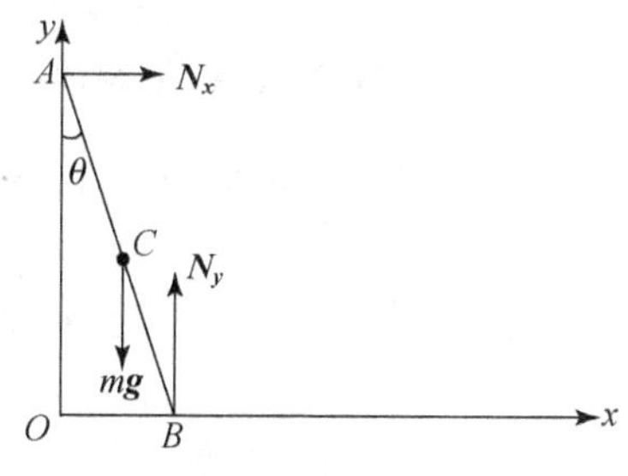

图 TJ5.1 题解图 5.8

5.8 解：(解法 I)设某时刻杆的位置如图 TJ5.1 所示.

由机械能守恒

$$\frac{1}{2}mv_c^2+\frac{1}{2}I_{(c)}\omega^2+mgy_c=E_0=mg\frac{l}{2}, \quad (1)$$

其中 $I_{(c)}=\frac{1}{12}ml^2$，$\omega=\dot{\theta}$，

$$x_c=\frac{l}{2}\sin\theta,\ \dot{x}_c=\frac{l}{2}\cos\theta\cdot\omega,\ \ddot{x}_c=\frac{l}{2}(-\sin\theta\cdot\omega^2+\cos\theta\cdot\dot{\omega}), \quad (2)$$

$$y_c=\frac{l}{2}\cos\theta,\ \dot{y}_c=-\frac{l}{2}\sin\theta\cdot\omega,\ \ddot{y}_c=-\frac{l}{2}(\cos\theta\cdot\omega^2+\sin\theta\cdot\dot{\omega}), \quad (3)$$

$$v_c=\sqrt{\dot{x}_c^2+\dot{y}_c^2}=\frac{l\omega}{2}, \quad (4)$$

将(2)式至(4)式代入(1)式，得到 $\omega^2=\frac{3g}{l}(1-\cos\theta)$， (5)

对(5)式求导，得到 $\dot{\omega}=\frac{3g}{2l}\sin\theta$， (6)

由质心运动定理和(2)、(3)、(5)、(6)式，得到：$N_x=m\ddot{x}_c=m\frac{l}{2}(-\sin\theta\cdot\omega^2+\cos\theta\cdot\dot{\omega})=\frac{3mg}{4}\sin\theta(3\cos\theta-2)$， (7)

$$N_y=m\ddot{y}_c+mg=m\left(-\frac{l}{2}\cos\theta\cdot\omega^2-\frac{l}{2}\sin\theta\cdot\dot{\omega}\right)+mg$$

$$=\frac{mg}{4}(1-3\cos\theta)^2, \quad (8)$$

由(7)式，当 $\theta=\cos^{-1}\left(\frac{2}{3}\right)$时，$N_x=0$；

由(8)式，当 $\theta=\cos^{-1}\left(\frac{1}{3}\right)$时，$N_y=0$.

当 $\theta\geqslant\cos^{-1}\left(\frac{2}{3}\right)$时，$N_x=0$，$A$ 端已离开墙面，(8)式不再成立.

(解法 II)利用对质心的动量矩定理得到(5)式和(6)式：

$$N_y\frac{l}{2}\sin\theta-N_x\frac{l}{2}\cos\theta=\frac{1}{12}ml^2\dot{\omega}, \quad (9)$$

将 $N_x=m\ddot{x}_c=m\frac{l}{2}(-\sin\theta\cdot\omega^2+\cos\theta\cdot\dot{\omega})$ 和 $N_y=m\ddot{y}_c+mg=m\left(-\frac{l}{2}\cos\theta\cdot\omega^2-\frac{l}{2}\sin\theta\cdot\dot{\omega}\right)+mg$ 代入(9)式，得到：

$$\dot{\omega}=\frac{3g}{2l}\sin\theta.$$

$$\frac{d\omega}{d\theta}\cdot\frac{d\theta}{dt}=\omega\frac{d\omega}{d\theta}=\frac{3g}{2l}\sin\theta,\quad \int_0^{\omega}\omega d\omega=\int_0^{\theta}\frac{3g}{2l}\sin\theta d\theta,$$

$$\omega^2=\frac{3g}{l}(1-\cos\theta).$$

5.9 解：设某时刻质点至圆心的连线与竖直方向夹角为 θ.

$$\frac{1}{2}mv^2=mgR(1-\cos\theta)\qquad(1)$$

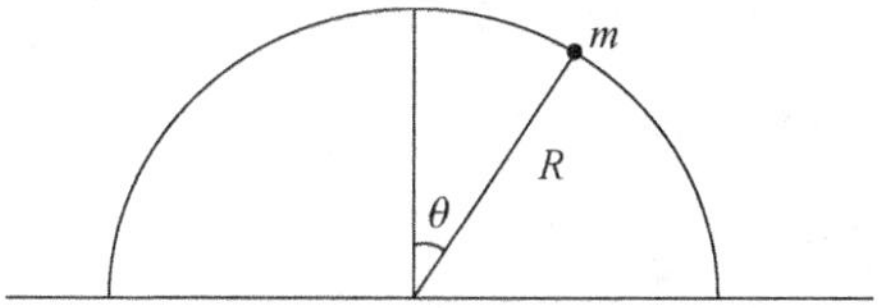

图 TJ5.2 题解图 5.9

在离开圆柱表面的临界点，柱面对质点的支持力为 0，维持圆周运动所需的向心力全部由重力在半径方向上的分量提供：

$$\frac{mv^2}{R}=mg\cos\theta.\qquad(2)$$

联立(1)式和(2)式，得到：$\cos\theta=\frac{2}{3}$.

5.10 解：$\frac{1}{2}mv^2=mgR(1-\cos\theta)$，

$$N+mg\cos\theta=\frac{mv^2}{R}=2mg(1-\cos\theta).$$

$N=mg(2-3\cos\theta)>0$ 时，环对小圈的约束力指向圆心，小圈对环的反作用力有向上的分量.

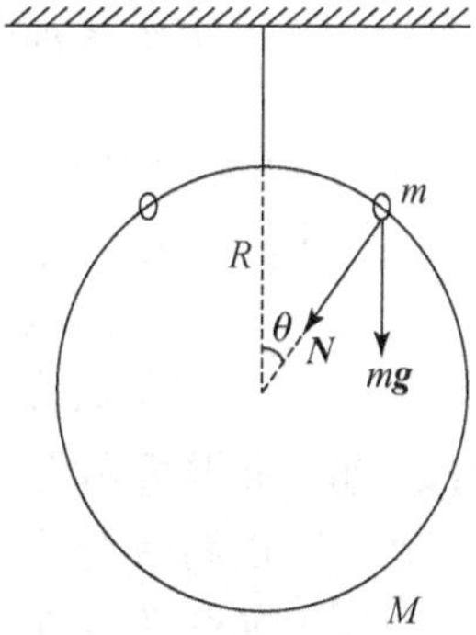

图 TJ5.3 题解图 5.10

$$N_{\perp}=N\cos\theta=mg(2-3\cos\theta)\cos\theta,\qquad(1)$$

$2N_{\perp}=2mg(2-3\cos\theta)\cos\theta=Mg$ 时环开始向上运动，

解得 $\theta=\arccos\dfrac{1\pm\sqrt{1-\frac{3M}{2m}}}{3}$，

考虑到 $\arccos\dfrac{1+\sqrt{1-\frac{3M}{2m}}}{3}<\arccos\dfrac{1-\sqrt{1-\frac{3M}{2m}}}{3}$，

可知 $\theta=\arccos\dfrac{1+\sqrt{1-\frac{3M}{2m}}}{3}$ 时大环开始向上运动.

由(1)式：$\frac{dN_{\perp}}{d(\cos\theta)}=mg(2-6\cos\theta)=0$，

可知 $\cos\theta=\frac{1}{3}$时环受到来自小圈的最大向上作用力(假设大环保持不动).

$$2N_{\perp\max}=\frac{2mg}{3},$$

由 $2N_{\perp\max}>Mg$，得 $m>\frac{3M}{2}$.

5.11 解：设 $x=0$ 为势能零点.

$$E_p=-\int_0^x F\mathrm{d}x=\frac{1}{2}k_1x^2-\frac{1}{3}k_2x^3.$$

5.12 解：如图 TJ5.4 所示，m 与具有无穷小长度的一段细杆之间的作用力沿垂直方向的分量为

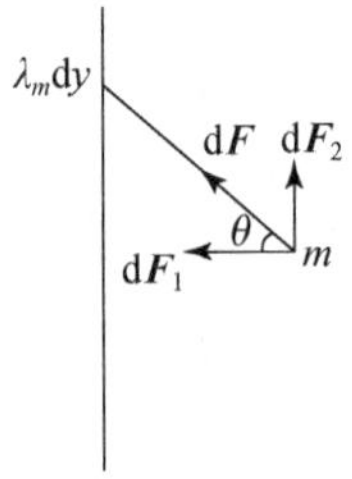

图 TJ5.4　题解图 5.12

$$\mathrm{d}F_1=-\frac{Gm\lambda_m\mathrm{d}y}{\left(\frac{\rho}{\cos\theta}\right)^2}\cos\theta=-\frac{Gm\lambda_m\mathrm{d}y}{\rho^2}\cos^3\theta.$$

积分可得 m 与整个细杆之间的相互作用力：

$$F=\int\mathrm{d}F_1=-\int_{-\infty}^{+\infty}\frac{Gm\lambda_m}{\rho^2}\cdot\left(\frac{\rho^2}{\rho^2+y^2}\right)^{\frac{3}{2}}\mathrm{d}y=-\frac{2Gm\lambda_m}{\rho},$$

设 $V(\rho_0)=0$，

$$V(\rho)=-\int_{\rho_0}^{\rho}F\mathrm{d}\rho=\int_{\rho_0}^{\rho}\frac{2Gm\lambda_m}{\rho}\mathrm{d}\rho=2Gm\lambda_m\ln\frac{\rho}{\rho_0}.$$

5.13 解：此题可用高斯定理或二重积分求解，也可以利用上题的结果求解.

如图 TJ5.5 所示，m 与至垂足坐标为 x 的具有无穷小宽度的窄条之间的相互作用力沿垂直方向的分量为

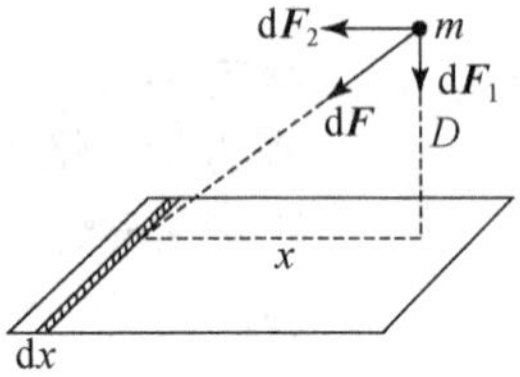

图 TJ5.5　题解图 5.13

$$\mathrm{d}F_1=-\frac{2Gm\sigma_m\mathrm{d}x}{\sqrt{x^2+D^2}}\cdot\frac{D}{\sqrt{x^2+D^2}},$$ 其中 $\sigma_m\mathrm{d}x$ 为此窄条的质量线密度.

$$F=\int\mathrm{d}F_1=-\int_{-\infty}^{\infty}\frac{2DGm\sigma_m\mathrm{d}x}{x^2+D^2}=-2\pi Gm\sigma_m\left(\text{用到 }\arctan(\pm\infty)=\pm\frac{\pi}{2}\right)$$

设 $V(D_0)=0$

$$V(D)=-\int_{D_0}^{D}F\mathrm{d}D=2\pi Gm\sigma_m(D-D_0).$$

5.14 解：将题中的 v_0 理解为物体 m 相对于星体 M 的速度.

解法(I)　在 m 与 M 的质心系中求解.

忽略 $m-M$ 系统所受的外力,则质心系是惯性系,不妨令质心速度为 0.

设发射时 m 在质心系中的速度为 v,M 的速度为 V. m 脱离 M,则至少二者在相距无穷远时相对速度为 0. 考虑到动量守恒,则二者在质心系中的速度皆为 0,进而机械能为 0.

$v-V=v_0$,　　(1)

$mv+MV=0$,　　(2)

$\frac{1}{2}mv^2+\frac{1}{2}MV^2-\frac{GMm}{R}=0$.　　(3)

联立(1)式—(3)式,解得

$v_0=\sqrt{\frac{2G(M+m)}{R}}$.　　(4)

解法(II)　在 M 参考系中求解.

物体 m 的折合质量 $\mu=\frac{mM}{M+m}$.

易知:$\frac{1}{2}\mu v_0^2-\frac{GMm}{R}=0$　　(5)

亦得(4)式.

显然,如果 $m\ll M$,则 $v_0=\sqrt{\frac{2GM}{R}}$,为星体 M 的第二宇宙速度.

思考:在(5)式中,引力势能项 $-\frac{GMm}{R}$ 中的"m"是否应该用"μ"代替?

5.15　解:新的振子质量为 $2m$,所以周期 $T=2\pi\sqrt{\frac{2m}{k}}$.

易知,碰撞后整个系统的机械能减少为原来的一半:

$\frac{1}{2}kA^2=\frac{1}{2}mgH$, $A=\sqrt{\frac{mgH}{k}}$.

5.16　解:(1) 易知碰撞后 B 与质点 m 的速率为 $\frac{v_0}{2}$.

$\frac{1}{2}\cdot 2m\cdot\left(\frac{v_0}{2}\right)^2=\frac{1}{2}k(\Delta l)^2$,　$\Delta l=\sqrt{\frac{m}{2k}}v_0$.

(2) 从 $t=0$ 到弹簧再次达到最大压缩的过程分为两个阶段,其分界点为弹簧首次恢复到自然长度. 此前振子的质量为 $2m$,此后振子的质量为 m 与 $2m$ 的折合质量 $\frac{2}{3}m$. 这两个阶段的时间分别为

$t_1=\frac{1}{2}T_1=\pi\sqrt{\frac{2m}{k}}$,　$t_2=\frac{3}{4}T_2=\pi\sqrt{\frac{3m}{2k}}$,

$$t=t_1+t_2=\pi\sqrt{\frac{m}{k}}\left(\sqrt{2}+\sqrt{\frac{3}{2}}\right).$$

(3) 刚刚恢复到原长时，$2m$ 的速率是$\frac{v_0}{2}$，所以整个系统质心的速率

$$v_C=\frac{2m\cdot\frac{v_0}{2}}{3m}=\frac{v_0}{3}.$$

此后 A 离开墙壁，系统不受外力，质心速度不变.

5.17 解：此题采用舒幼生《力学》(北京大学出版社，2005 年出版)第 254 页的解法.

(1) 易知 $E_p=k\left(\sqrt{x^2+l_0^2}-l_0\right)^2$. (1)

(2) 当 $x\ll l_0$ 时，(1)式化为

$$E_p=kl_0^2\left(\sqrt{\frac{x^2}{l_0^2}+1}-1\right)^2=kl_0^2\left(1+\frac{1}{2}\frac{x^2}{l_0^2}-1\right)^2=\frac{kx^4}{4l_0^2},$$

$$E_k=\frac{1}{2}m\dot{x}^2,$$

$$E_k+E_p=\frac{1}{2}m\dot{x}^2+\frac{kx^4}{4l_0^2}=E=\frac{kA^4}{4l_0^2}, \qquad (2)$$

其中 A 为 x 的正向最大值.

由(2)式：$\dot{x}=\pm\sqrt{\frac{k}{2m}\cdot\frac{(A^4-x^4)}{l_0^2}}$.

显然，质点从 $x=0$ 运动至 $x=A$ 时所经历的时间占总周期的四分之一.

$$T=\int_0^T \mathrm{d}t=4\int_0^A\frac{\mathrm{d}x}{\dot{x}}=\frac{4l_0}{\sqrt{\frac{k}{2m}}}\int_0^A\frac{\mathrm{d}x}{\sqrt{(A^2+x^2)(A^2-x^2)}}. \qquad (3)$$

(3) 式中定积分$\int_0^A\frac{\mathrm{d}x}{\sqrt{(A^2+x^2)(A^2-x^2)}}$的被积函数的原函数不是初等函数，所以不能用牛顿-莱布尼茨公式求得其值. 从数学手册中可以查得以下公式：

$$\int_z^b\frac{\mathrm{d}x}{\sqrt{(a^2+x^2)(b^2-x^2)}}=\frac{1}{\sqrt{a^2+b^2}}F\left(\arccos\frac{z}{b},\frac{b}{\sqrt{a^2+b^2}}\right), \qquad (4)$$

其中 $F(\phi,k)=\int_0^\phi\frac{\mathrm{d}\phi}{\sqrt{1-k^2\sin^2\phi}}$, (5)

(5) 式称为第一类椭圆积分. 对于$\int_0^A\frac{\mathrm{d}x}{\sqrt{(A^2+x^2)(A^2-x^2)}}$，(4) 式

中的各个参数为：$a=A$，$b=A$，$z=0$. 因为 $\arccos\frac{z}{b}=\frac{\pi}{2}$，(5) 式为第一类完全椭圆积分. 由椭圆积分表可以查得：

$$\int_0^A \frac{\mathrm{d}x}{\sqrt{(A^2+x^2)(A^2-x^2)}}=\frac{1}{\sqrt{2}A}F\left(\frac{\pi}{2},\frac{1}{\sqrt{2}}\right)=\frac{1.8541}{\sqrt{2}A},$$

$$\therefore\ T=\frac{4l_0}{\sqrt{\frac{k}{2m}}}\times\frac{1.8541}{\sqrt{2}A}=7.416\times\frac{l_0}{A}\sqrt{\frac{m}{k}}.$$

5.18 解：(1) 如扭摆的顶视图 TJ5.6 所示，当转子相对于平衡位置转动 φ 时，弹性丝在界面上对其施加扭转力矩. 设界面上 $\boldsymbol{r}$ 附近的力为 $\mathrm{d}\boldsymbol{F}$. $\mathrm{d}\boldsymbol{F}\perp\boldsymbol{r}$，$\mathrm{d}\boldsymbol{F}$ 相对于圆心的力矩为 $\mathrm{d}\boldsymbol{M}$，它做功的功率为

$$\mathrm{d}P=\mathrm{d}\boldsymbol{F}\cdot\boldsymbol{v}=\mathrm{d}\boldsymbol{F}\cdot(\boldsymbol{\omega}\times\boldsymbol{r})=\boldsymbol{\omega}\cdot(\boldsymbol{r}\times\mathrm{d}\boldsymbol{F})=\boldsymbol{\omega}\cdot\mathrm{d}\boldsymbol{M}=\omega\mathrm{d}M.$$

整个界面上扭转力矩的功率为

$$P=\int\omega\mathrm{d}M=\omega M.$$

系统势能的增加为

$$\mathrm{d}E_p=-\mathrm{d}W=-P\mathrm{d}t=-\omega M\mathrm{d}t=-M\mathrm{d}\varphi.$$

当 φ 较小时，$M=-k_t\varphi$.

设无形变时系统势能为 0，则有

$$E_p=-\int_0^{\varphi}M\mathrm{d}\varphi=\frac{1}{2}k_t\varphi^2.$$

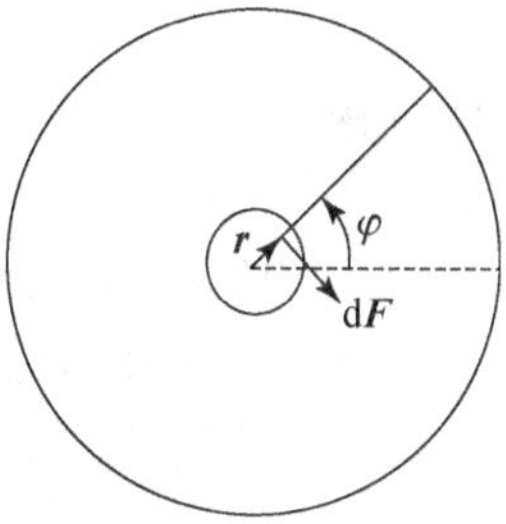

图 TJ5.6 题解图 5.18

(2) $$E=E_k+E_p=\frac{1}{2}I\dot{\varphi}^2+\frac{1}{2}k_t\varphi^2,$$

$$\frac{\mathrm{d}E}{\mathrm{d}t}=0,\ I\ddot{\varphi}+k_t\varphi=0,\quad T=2\pi\sqrt{\frac{I}{k_t}}.$$

5.19 解：设大气压为 P_0. 取一流管自大水池表面经虹吸管至虹吸管出水口，以大水池水面为高度零点，对大水池表面和虹吸管出水口使用伯努利方程：

$$\frac{1}{2}\rho\cdot 0^2+\rho g\cdot 0+P_0=\frac{1}{2}\rho\cdot v^2+\rho g\cdot(-h_2)+P_0,$$

解得：$v=\sqrt{2gh_2}$，

体积流量为

$$Q=v\cdot S=S\cdot\sqrt{2gh}=9.7\times10^{-4}\ \mathrm{m^3/s}.$$

由于虹吸管的截面面积处处相等，水在其中每处的流速也是相等的. 设虹吸管最高点的压强为 P_1. 对虹吸管最高点和虹吸管出水口使用伯努利方程，得

$$\frac{1}{2}\rho\cdot v^2+\rho g\cdot h_1+P_1=\frac{1}{2}\rho\cdot v^2+\rho g\cdot(-h_2)+P_0.$$

解得：$P_1=P_0-\rho g\times(h_1+h_2)=8.9\times10^4\ \mathrm{Pa}.$

5.20 解：取一流经主管和细管中心的流管，对两支管正下方的两点 a 和 b 使用伯努利方程，注意两点等高，有

$$\frac{1}{2}\rho v_a^2+P_a=\frac{1}{2}\rho v_b^2+P_b.$$

则有：$P_a-P_b=\frac{1}{2}\rho v_b^2-\frac{1}{2}\rho v_a^2.\qquad(1)$

对两个支管中的液体可以使用静流体的压强公式，近似认为这种适用性可以延伸至 a 和 b 两点，则有

$P_a-P_b=\rho gh.\qquad(2)$

流体连续性方程：$v_aS_a=v_bS_b.\qquad(3)$

方程(1)—(3) 联立，得到体积流量：$Q=v_aS_a=S_aS_b\sqrt{\dfrac{2gh}{S_a^2-S_b^2}}.$

5.21 解：$m_\alpha v_0=m_\alpha v_1\cos\theta_1+mv_2\cos\theta_2,\qquad(1)$

$m_\alpha v_1\sin\theta_1=mv_2\sin\theta_2,\qquad(2)$

将 $m_\alpha=4.00, v_0=1.90\times10^7, v_1=1.18\times10^7, v_2=2.98\times10^7$, $\theta_1=12°$ 以及 $\theta_2=18°$ 代入(1)式和(2)式，分别得到：$m=1.05, 1.07$.

使用这两个值分别计算碰撞前后系统动能之比，都得到：

$$\frac{T_1}{T_0}=\frac{\frac{1}{2}m_\alpha v_1^2+\frac{1}{2}mv_2^2}{\frac{1}{2}m_\alpha v_0^2}=1.0.$$

在误差范围内，测得粒子为 H 原子，碰撞为弹性碰撞.

读者还可以采用相对论力学计算此题，看误差是否有明显减小.

5.22 解：(i) 实验室参照系

设 $3m$ 的速度与入设方向的夹角为 α.

动量守恒：$2mv=mv_1'\cos45°+3mv_2'\cos\alpha$

$0=mv_1'\sin45°-3mv_2'\sin\alpha$

动能守恒：$\frac{1}{2}\times2mv^2=\frac{1}{2}mv_1'^2+\frac{1}{2}\times3mv_2'^2$

由此解出：$2v_1'^2-\sqrt{2}vv_1'-v^2=0$，进而得到：

$$v_1'=\frac{\sqrt{2}(1+\sqrt{5})}{4}v,\quad v_2'=\sqrt{\frac{5-\sqrt{5}}{12}}v,\quad \sin\alpha=\sqrt{\frac{5+2\sqrt{5}}{30}},\ 0<\alpha<\frac{\pi}{2}.$$

($v_1'=\dfrac{\sqrt{2}(1-\sqrt{5})}{4}v<0$ 也是方程的解. 但是在这种情况下，m 与入设

方向的夹角实为 135°,与题意不符,舍去.)

(ii) 质心系

显然,碰撞前两个质量皆为 $2m$ 的质点的速度分别为 $\frac{v}{2}$ 和 $-\frac{v}{2}$.

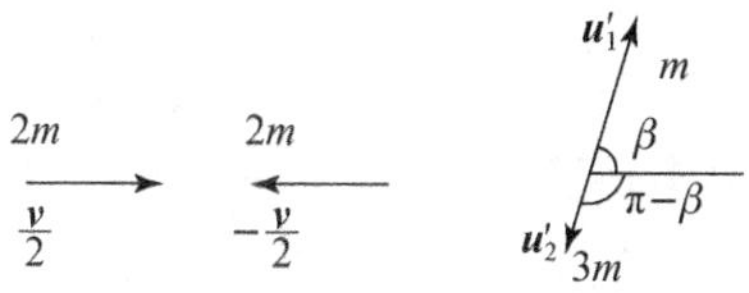

图 TJ5.7 题解图 5.22

设碰撞后 m 与 $3m$ 的速度分别为 $\boldsymbol{u}_1'$ 和 $\boldsymbol{u}_2'$. 因为在质心系中两个质点的总动量为 0,所以它们与 $2m$ 入射方向的夹角分别为 β 和 $\pi-\beta$,如图所示.

动量恒为 0: $mu_1'=3mu_2'$.

m 的速度在实验室参照系中与 $2m$ 的入射方向成 45°角: $\dfrac{u_1'\sin\beta}{u_1'\cos\beta+\dfrac{v}{2}}=1$.

动能守恒: $\frac{1}{2}\cdot 2m\cdot\left(\frac{v}{2}\right)^2+\frac{1}{2}\cdot 2m\cdot\left(-\frac{v}{2}\right)^2=\frac{1}{2}m\cdot u_1'^2+\frac{1}{2}\cdot 3m\cdot u_2'^2$,

由此解出: $u_1'=\dfrac{\sqrt{3}v}{2}$, $u_2'=\dfrac{v}{2\sqrt{3}}$, $\beta=\arcsin\dfrac{1}{\sqrt{6}}+\dfrac{\pi}{4}$.

5.23 解:(题中所给条件为假设.事实上,如果电子具有适当的能量,碰撞可以激发乃至电离氢原子,即碰撞很可能不是弹性的.)

电子和 H 原子质量分别为 m_e 和 m_H.

碰撞前: 电子速度 v_e;H 原子初速度 0;

碰撞后: 电子速度 v_e',H 原子速度 v_H'.

动量守恒: $m_ev_e=m_Hv_H'+m_ev_e'$,

动能守恒: $\frac{1}{2}m_ev_e^2=\frac{1}{2}m_Hv_H'^2+\frac{1}{2}m_ev_e'^2$.

解得: $v_H'=\dfrac{2m_ev_e}{m_e+m_H}$, $v_e'=\dfrac{(m_e-m_H)v_e}{m_e+m_H}$.

碰撞后 H 原子动能: $\frac{1}{2}m_Hv_H'^2=\dfrac{2m_e^2m_Hv_e^2}{(m_e+m_H)^2}=\dfrac{4\dfrac{m_e}{m_H}}{\left(\dfrac{m_e}{m_H}+1\right)^2}\left(\frac{1}{2}m_ev_e^2\right)$.

考虑到 $m_H \gg m_e$，可知 H 原子几乎没有从碰撞中获得动能，而电子则几乎被以原来的速率反弹回去.

第六章　有心运动

6.1　解：$F=-\dfrac{\mathrm{d}E_p}{\mathrm{d}x}=-64mx^3$，

$$E=\frac{1}{2}mv_0^2+E_p(0)=16mx^4,$$

$x_{1,2}=\pm 2^{-\frac{5}{4}}v_0^{\frac{1}{2}}$，质点在 $\pm 2^{-\frac{5}{4}}v_0^{\frac{1}{2}}$ 之间运动.

6.2　解：$F=-\dfrac{\mathrm{d}E_p}{\mathrm{d}x}=4mx(x^2-2)$，　　(1)

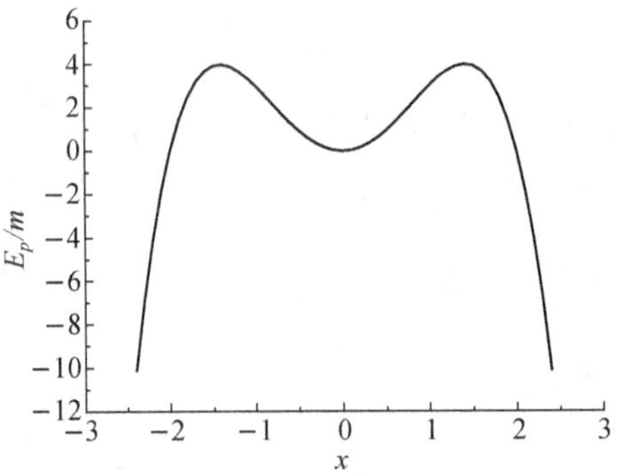

图 TJ6.1　题解图 6.2

$$\frac{\mathrm{d}^2E_p}{\mathrm{d}x^2}=m(8-12x^2).\qquad (2)$$

由(1)式，$x=0$，$\pm\sqrt{2}$时势能取极值. 由(2)式，$\dfrac{\mathrm{d}^2E_p(0)}{\mathrm{d}x^2}>0$，$\dfrac{\mathrm{d}^2E_p(\pm\sqrt{2})}{\mathrm{d}x^2}<0$. 即，$x=0$ 为势能极小点，对应于稳定平衡，是可能的静止位置；$x=\pm\sqrt{2}$为势能极大点，对应于非稳定平衡.

如图 TJ6.1 所示，如果质点能量较小，将在 $x=0$ 附近往复运动；如果能量较大，则可能向 x 轴正向或负向一直运动下去.

6.3　解：设悬挂点至 A 点的高度差为 H，悬挂点右侧的绳子与水平方向的夹角为 θ. 显然 $H=H(\theta)$. H 取极大值时系统势能最低，为稳定状态. 此时 $H'=\dfrac{\mathrm{d}H}{\mathrm{d}\theta}=0$. 由左边的三角形可以得出：

$$\left(5-\frac{H}{\sin\theta}\right)^2=\left(4-\frac{H}{\tan\theta}\right)^2+(H-h)^2;\qquad (1)$$

(1)式两边对 θ 求导，得到

$$\left(\frac{H}{\sin\theta}-5\right)\left(\frac{H'\sin\theta-H\cos\theta}{\sin^2\theta}\right)$$
$$=\left(\frac{H}{\tan\theta}-4\right)\left(\frac{H'\tan\theta-H\sec^2\theta}{\tan^2\theta}\right)+(H-h)H';\qquad (2)$$

令 $H'=0$，(2)式化为：

$$\left(\frac{H}{\sin\theta}-5\right)\left(\frac{\cos\theta}{\sin^2\theta}\right)=\left(\frac{H}{\tan\theta}-4\right)\left(\frac{\sec^2\theta}{\tan^2\theta}\right). \quad (3)$$

由(3)式解得：$\cos\theta=\frac{4}{5}$.　　(4)

(4)式代入(1)式得到：$H=\frac{h+3}{2}$.

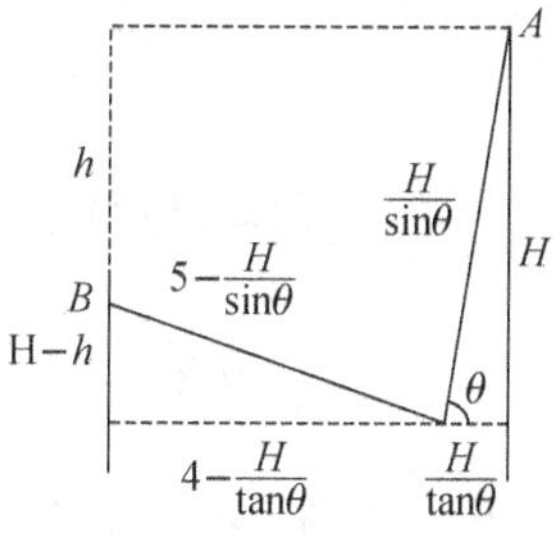

图 TJ6.2　题解图 6.3

6.4　解：质点在有心保守力场中运动，所以机械能和角动量皆守恒，设其分别为 E 和 h.

易知，$E=T+V$，$h=\rho^2\dot{\varphi}$，

$\rho=ae^{-b\varphi}$，所以 $\dot{\rho}=-abe^{-b\varphi}\dot{\varphi}=-b\rho\dot{\varphi}$，

$$T=\frac{1}{2}(\dot{\rho}^2+\rho^2\dot{\varphi}^2)=\frac{1}{2}(b^2+1)\rho^2\dot{\varphi}^2=\frac{1}{2}(b^2+1)\frac{h^2}{\rho^2},$$

$$T+V=\frac{1}{2}(b^2+1)\frac{h^2}{\rho^2}+V=E,\quad V=E-\frac{1}{2}(b^2+1)\frac{h^2}{\rho^2}.$$

6.5　解：(I) 从能量角度求解

$\dot{\rho}=-a\sin\varphi\cdot\dot{\varphi}$，

在有心力场中角动量(或面积速度)守恒.

设 $h=\rho^2\dot{\varphi}$，　　(1)

$$T=\frac{1}{2}m(\dot{\rho}^2+\rho^2\dot{\varphi}^2)=\frac{1}{2}m[a^2\sin^2\varphi\cdot\dot{\varphi}^2+a^2(1+\cos\varphi)^2\dot{\varphi}^2]$$

$$=ma^2\dot{\varphi}^2(1+\cos\varphi)=ma\rho\dot{\varphi}^2=\frac{mah^2}{\rho^3},$$

$$T+V(\rho)=\frac{mah^2}{\rho^3}+V(\rho)=E,$$

所以 $V(\rho)=E-\frac{mah^2}{\rho^3}$. 易知 $E=V(\infty)$

(II) 从力的角度求解

由(1)式 $\dot{\varphi}=\frac{h}{\rho^2}$，

所以 $\dot{\rho}=-a\sin\varphi\cdot\dot{\varphi}=-ah\frac{\sin\varphi}{\rho^2}$，　　(2)

$\ddot{\rho}=-ah^2\left(\frac{1}{\rho^4}\cos\varphi+\frac{2a}{\rho^5}\sin^2\varphi\right)$，　　(3)

$F=F_\rho=m(\ddot{\rho}-\rho\dot{\varphi}^2)$，　　(4)

将(2)式和(3)式代入(4)式

$$F=-amh^2\left(\frac{1}{\rho^4}\cos\varphi+\frac{2a}{\rho^5}\sin^2\varphi\right)-\frac{mh^2}{\rho^3}$$

$$=-\frac{mh^2}{\rho^3}\left[\frac{a}{\rho}\cos\varphi+\frac{2a^2}{\rho^2}(1-\cos^2\varphi)+1\right],$$

注意到 $\cos\varphi=\frac{\rho}{a}-1$，有 $F=-\frac{3amh^2}{\rho^4}$，$V(\rho)-V(\infty)=-\int_\infty^\rho F(\rho)\mathrm{d}\rho$，

所以 $V(\rho)=V(\infty)+\int_\infty^\rho \frac{3amh^2}{\rho^4}\mathrm{d}\rho=V(\infty)-\frac{mah^2}{\rho^3}$.

6.6 解：将参考系固定在一个原子上并令其原点与该原子重合.

(I) 从能量的角度求解.

(1) 势能曲线如图 TJ6.3 所示.

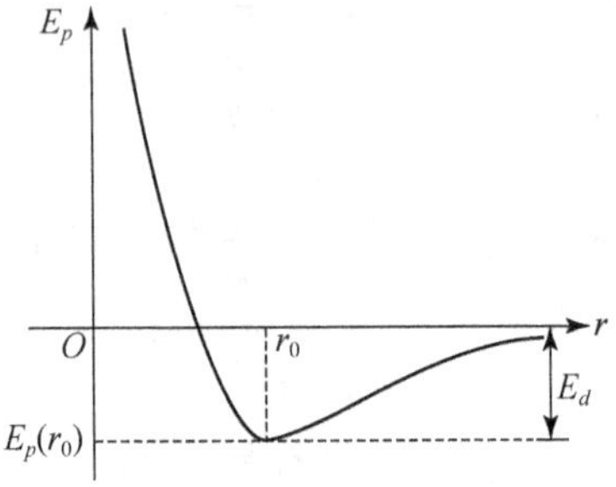

图 TJ6.3　题解图 6.6

当 r 增大时，势能第一项增大，所对应的相互作用力作负功，指向 r 减小的方向，为吸引力；同理，势能第二项对应相互作用力中的斥力部分.

(2) 两原子的平衡距离 r_0 对应于势能极小点.

$$E_p'(r_0)=\frac{6A}{r_0^7}-\frac{nB}{r_0^{n+1}}=0, \qquad (1)$$

$$r_0=\left(\frac{nB}{6A}\right)^{\frac{1}{n-6}},\quad E_p(r_0)=-\frac{A}{r_0^6}+\frac{B}{r_0^n}, \qquad (2)$$

由(1)式，$\frac{B}{r_0^n}=\left(\frac{6A}{r_0^7}\right)\frac{r_0}{n}$，　　(3)

(3)式代入(2)式，$E_p(r_0)=-\frac{A}{r_0^6}+\frac{6A}{nr_0^6}=\frac{(6-n)A}{nr_0^6}<0$，

离解能 $E_d=E_p(\infty)-E_p(r_0)=-E_p(r_0)=\frac{(n-6)A}{nr_0^6}$.

(3) 将 $E_p=-\frac{A}{r^6}+\frac{B}{r^n}$ 在 r_0 附近作 Taylor 展开. 由于是小振动，除 $E_p(r_0)$ 外仅保留最低次不为零项. 注意到(1)式，此项为二次导数项.

$$E_p(r)=E_p(r_0)+E_p'(r_0)(r-r_0)+\frac{1}{2}E_p''(r_0)(r-r_0)^2+\cdots$$
$$=E_p(r_0)+\frac{1}{2}E_p''(r_0)(r-r_0)^2,$$

可以求出 $E_p''(r_0)=-\frac{42A}{r_0^8}+\frac{n(n+1)B}{r_0^{n+2}}$,　　(4)

利用(1)式消去(4)式中的 B, $E_p''(r_0)=\frac{6A(n-6)}{r_0^8}$.

$$E_k+E_p=\frac{1}{2}\mu\dot{r}^2+E_p(r_0)+\frac{1}{2}E_p''(r_0)(r-r_0)^2=E,\qquad(5)$$

其中 $\mu=\frac{M}{2}$为折合质量.

令 $x=r-r_0$,对(5)式两边求导, $\ddot{x}+\frac{E_p''(r_0)}{\mu}x=0$.

振动圆频率 $\omega=\sqrt{\frac{E_p''(r_0)}{\mu}}=\sqrt{\frac{12(n-6)A}{Mr_0^8}}$.

(II) 从力的角度求解.

(1) 对于题中所给的一维情况,相互作用力

$$F(r)=-\frac{dE_p}{dr}=-\frac{6A}{r^7}+\frac{nB}{r^{n+1}}$$

第一项 $-\frac{6A}{r^7}$为引力,第二项$\frac{nB}{r^{n+1}}$为斥力.

(2) 当两原子之间的距离为平衡距离 r_0 时,相互作用力为零.

$$F(r_0)=-\frac{6A}{r_0^7}+\frac{nB}{r_0^{n+1}}=0,\ 所以\ r_0=\left(\frac{nB}{6A}\right)^{\frac{1}{n-6}}.$$

(3) 把 $F(r)$在 r_0 处作 Taylor 展开,不为零的最低次项为一次导数项.

$$F(r)=F(r_0)+F'(r_0)(r-r_0)+\cdots=F'(r_0)x$$
$$=\left[\frac{42A}{r_0^8}-\frac{n(n+1)B}{r_0^{n+2}}\right]x=-\frac{(n-6)6A}{r_0^8}x=-kx,$$

即将双原子系统简化为一个弹簧振子系统.

$$\mu\ddot{x}=-kx,\quad 即,\quad \ddot{x}+\frac{k}{\mu}x=0,\quad \omega=\sqrt{\frac{k}{\mu}}=\sqrt{\frac{12(n-6)A}{Mr_0^8}}.$$

6.7 解: $\frac{mv^2}{R}=\frac{GMm}{R^2}$, $E_k=\frac{1}{2}mv^2=\frac{GMm}{2R}$, $E_{k1}<E_{k2}$

$$E=-\frac{GMm}{2R}=-E_k,\ E_1>E_2\quad T=\frac{2\pi R}{v}=\frac{2\pi R^{\frac{3}{2}}}{\sqrt{GM}}.\ T_1>T_2.$$

6.8 证:设基本电荷为 $e(e>0)$,原子核的质子数为 n,库仑定律中的比例系数为

k. 在极坐标系中研究此问题. 电子受到原子核的吸引力为：$F=-k\dfrac{ne^2}{\rho^2}=-\dfrac{S}{\rho^2}$，其中 $S=kne^2$. 则电子——原子核系统的势能为 $E_p=-\dfrac{S}{\rho}$.

因为角动量已知，所以可以认为(两倍)面积速度 $h=\rho^2\dot{\theta}$ 为已知. 则电子的机械能

$$E=\frac{1}{2}m\dot{\rho}^2+\frac{1}{2}m\rho^2\dot{\theta}^2-\frac{S}{\rho}=\frac{1}{2}m\dot{\rho}^2+\frac{1}{2}m\left(\frac{h}{\rho}\right)^2-\frac{S}{\rho}$$

$$=\frac{1}{2}m\dot{\rho}^2+\frac{1}{2}mh^2\left(\frac{1}{\rho}-\frac{S}{mh^2}\right)^2-\frac{S^2}{2mh^2}\geqslant-\frac{S^2}{2mh^2}=E_{\min}.$$

当电子沿圆轨道运行时，$\dot{\rho}=0$，

$$ma_\rho=-m\rho\dot{\theta}^2=-\frac{mh^2}{\rho^3}=F=-\frac{S}{\rho^2},$$

$$\therefore\ \frac{1}{\rho}-\frac{S}{mh^2}=0,$$此时 $E=E_{\min}$.

6.9 解：氘核包含一个质子和一个中子. 本题假设呈电中性的中子发射一个电子后衰变成荷正电的质子.（实际上，作为核子的中子是稳定的. 自由中子可以发生衰变，产物中除了质子和电子之外还有一个反中微子.）

(1) 由题中假设，核失去负电子后的瞬间，轨道电子的动能不变，只有势能改变. 设库仑定律中的比例系数为 k.

氘核失去电子前：$E_{k1}=\dfrac{1}{2}mv_1^2$，$\dfrac{mv_1^2}{r_0}=\dfrac{ke\cdot e}{r_0^2}$，　$\therefore\ E_{k1}=\dfrac{ke^2}{2r_0}$，

$E_{p1}=-\dfrac{ke^2}{r_0}$，　$\therefore\ E_1=E_{k1}+E_{p1}=-\dfrac{ke^2}{2r_0}$，

在失去电子后的瞬间：$E_{k2}=E_{k1}=\dfrac{ke^2}{2r_0}$

$E_{p2}=-\dfrac{k(2e)\cdot e}{r_0}=-\dfrac{2ke^2}{r_0}$，　$\therefore\ E_2=E_{k2}+E_{p2}=-\dfrac{3ke^2}{2r_0}$，

$\therefore\ \dfrac{E_2}{E_1}=3\ (E_2<E_1<0)$.

(2) 电子能量降低，轨道由圆形变为椭圆，长半轴小于 r_0. 所以 r_0 成为“远地点”至核的距离. 设电子与核最小的距离为 r_x，所对应的速度为 v_x.

由面积速度守恒和机械能守恒：

$$r_0v_1=r_xv_x,\quad -\frac{3ke^2}{2r_0}=\frac{1}{2}mv_x^2-\frac{2ke^2}{r_x},\quad r_x=\frac{r_0}{3},\ v_x=3\sqrt{\frac{ke^2}{mr_0}}.$$

6.10 解：由于受到阻力，卫星的轨道已经不再是闭合的圆锥曲线，难以严格求

解.但是由于阻力十分微弱,可以仍然将卫星的运动轨道近似为圆形,只是此圆形轨道的半径连续缩小.

设地球质量为M.阻力的存在使得卫星的机械能E不再守恒,其增加率(为负值)等于阻力做功的功率:

$$\frac{\mathrm{d}E}{\mathrm{d}t}=P=\boldsymbol{F}\cdot\boldsymbol{v}=-\alpha v^2, \qquad (1)$$

$$E=-\frac{GMm}{2r}, \qquad (2)$$

$$\frac{mv^2}{r}=\frac{GMm}{r^2} \quad \therefore\ v^2=\frac{GM}{r}. \qquad (3)$$

将(2)式和(3)式代入(1)式:

$$\frac{\mathrm{d}}{\mathrm{d}t}\left(-\frac{GMm}{2r}\right)=-\alpha\frac{GM}{r},\ \frac{\mathrm{d}}{\mathrm{d}t}\left(\frac{GM}{r}\right)=\frac{2\alpha}{m}\left(\frac{GM}{r}\right),$$

$$\int_{r_0}^{r}\frac{\mathrm{d}\left(\frac{GM}{r}\right)}{\left(\frac{GM}{r}\right)}=\frac{2\alpha}{m}\int_0^t\mathrm{d}t,\ r=r_0\mathrm{e}^{-\frac{2\alpha}{m}t}.$$

6.11 解:完成轨道转换的过程如下:在大圆轨道的A点减速,进入椭圆轨道,则A点为椭圆轨道的远地点.在椭圆轨道的近地点B再次减速,最终进入小圆轨道.两次减速时速度方向都不变.

(解法 I)利用机械能守恒和角动量守恒.设航天器在A点和B点的速度分别为v_1和v_2.

$$\frac{1}{2}mv_1^2-\frac{GMm}{r_1}=\frac{1}{2}mv_2^2-\frac{GMm}{r_2}, \qquad (1)$$

$$mr_1v_1=mr_2v_2, \qquad (2)$$

(1)式代入(2)式,得到:$\frac{1}{2}mv_1^2=\frac{r_2}{r_1}\frac{GMm}{(r_1+r_2)}$,

$$\therefore\ E_0=\frac{1}{2}mv_1^2-\frac{GMm}{r_1}=-\frac{GMm}{r_1+r_2}.$$

(解法 II)直接利用能量与轨道参数之间的关系.

易知长半轴$a=\frac{r_1+r_2}{2}$,$E_0=-\frac{GMm}{2a}=-\frac{GMm}{r_1+r_2}$.

6.12 解:设卫星在近地点和远地点到地心的距离分别为r_1和r_2(对应的高度分别为h_1和h_2.),在远地点的速度为v_2.

$$\frac{1}{2}mv_1^2-\frac{GMm}{r_1}=\frac{1}{2}mv_2^2-\frac{GMm}{r_2},$$

$$mr_1v_1=mr_2v_2,$$

其中 r_1, v_1 以及 $GM=R_eV_1^2$ 为已知量，r_2 和 v_2 为未知量.

解得：$v_1^2=2GM\dfrac{r_2}{r_1(r_1+r_2)}$，　$\therefore r_2=\dfrac{r_1}{\dfrac{2R_eV_1^2}{r_1v_1^2}-1}$，

$$h_2=r_2-R_e=\frac{h_1+R_e}{\dfrac{2R_eV_1^2}{(h_1+R_e)v_1^2}-1}-R_e=1.06\times10^3\ \text{km},$$

机械能 $E=m\left(\dfrac{v_1^2}{2}-\dfrac{GM}{r_1}\right)$，角动量 $L=mv_1r_1$，

偏心率：

$$e=\sqrt{1+\frac{2EL^2}{G^2M^2m^3}}=\sqrt{1+\frac{2\left(\dfrac{v_1^2}{2}-\dfrac{GM}{r_1}\right)v_1^2r_1^2}{G^2M^2}}=\sqrt{1+\frac{2\left(\dfrac{v_1^2}{2}-\dfrac{R_eV_1^2}{r_1}\right)v_1^2r_1^2}{V_1^4R_e^2}}.$$

$$T=\frac{\pi ab}{v_1r_1/2}=2\pi\frac{a\sqrt{a^2-c^2}}{v_1r_1}=2\pi\frac{a^2\sqrt{1-e^2}}{v_1r_1}$$

$$=2\pi\frac{a^2\sqrt{\dfrac{2\left(\dfrac{V_1^2R_e}{r_1}-\dfrac{v_1^2}{2}\right)v_1^2r_1^2}{V_1^4R_e^2}}}{v_1r_1}=2\pi a^2\sqrt{\frac{\dfrac{2V_1^2R_e}{r_1}-v_1^2}{V_1^4R_e^2}}$$

$$=\frac{\pi(r_1+r_2)^2}{2}\sqrt{\frac{\dfrac{2V_1^2R_e}{r_1}-v_1^2}{V_1^4R_e^2}}=1.6\ \text{hr}$$

或者利用 $\dfrac{T^2}{a^3}=\dfrac{4\pi^2}{GM}$，$T=2\pi a\sqrt{\dfrac{a}{GM}}=\pi(r_1+r_2)\sqrt{\dfrac{(r_1+r_2)}{2R_eV_1^2}}=1.6\ \text{hr}.$

6.13　解：机械能守恒：$2\times\dfrac{1}{2}m\dot{r}^2+\dfrac{1}{2}mr^2\dot{\theta}^2-mg(L-r)$

$$=\frac{1}{2}mr_0^2\omega_0^2-mg(L-r_0),\quad(1)$$

角动量守恒：$r^2\dot{\theta}=r_0^2\omega_0$，　(2)

由(2)式，$\dot{\theta}=\dfrac{r_0^2\omega_0}{r^2}$，　(3)

(3)式代入(1)式，解得 $v=\dot{r}=\sqrt{\dfrac{r_0^2\omega_0^2}{2}-\dfrac{r_0^4\omega_0^2}{2r^2}+g(r_0-r)}$.

6.14　证：径向加速度：$\ddot{r}-r\dot{\theta}^2=-\dfrac{k}{m}r$，　(1)

面积速度守恒：$r^2\dot{\theta}=h$，　(2)

利用(2)式从(1)式中消去$\dot{\theta}$：

$$\ddot{r}-\frac{h^2}{r^3}=-\frac{k}{m}r,\quad \ddot{r}=\frac{\mathrm{d}\dot{r}}{\mathrm{d}t}=\frac{\mathrm{d}r}{\mathrm{d}r}\frac{\mathrm{d}\dot{r}}{\mathrm{d}t}=\frac{\dot{r}\,\mathrm{d}\dot{r}}{\mathrm{d}r}=\frac{h^2}{r^3}-\frac{k}{m}r,$$

$$\mathrm{d}\dot{r}^2=2\left(\frac{h^2}{r^3}-\frac{k}{m}r\right)\mathrm{d}r,\quad \dot{r}^2=-\frac{h^2}{r^2}-\frac{k}{m}r^2+C_1,$$

$$\mathrm{d}r=\pm\mathrm{d}t\sqrt{-\frac{h^2}{r^2}-\frac{k}{m}r^2+C_1},\qquad (3)$$

由(2)式：$\mathrm{d}\theta=\frac{h}{r^2}\mathrm{d}t$，　　(4)

利用(3)式和(4)式消去 $\mathrm{d}t$：

$$\frac{\mathrm{d}r}{\mathrm{d}\theta}=\pm\frac{r^2}{h}\sqrt{-\frac{h^2}{r^2}-\frac{k}{m}r^2+C_1},$$

令 $u=\frac{1}{r}$，则有：$\frac{\mathrm{d}u}{\mathrm{d}\theta}=\mp\frac{1}{hu}\sqrt{-h^2u^4-\frac{k}{m}+C_1u^2}$，

$$\frac{\mathrm{d}u^2}{\sqrt{-u^4-\frac{k}{mh^2}+\frac{C_1}{h^2}u^2}}=\mp2\mathrm{d}\theta,\quad \frac{\mathrm{d}\frac{u^2}{\sqrt{\left(\frac{C_1}{2h^2}\right)^2-\frac{k}{mh^2}}}}{\sqrt{1-\left[\frac{u^2-\frac{C_1}{2h^2}}{\sqrt{\left(\frac{C_1}{2h^2}\right)^2-\frac{k}{mh^2}}}\right]^2}}=\mp2\mathrm{d}\theta,$$

$$\arccos\frac{u^2-\frac{C_1}{2h^2}}{\sqrt{\left(\frac{C_1}{2h^2}\right)^2-\frac{k}{mh^2}}}=\pm2\theta+C_2,\quad \frac{u^2-\frac{C_1}{2h^2}}{\sqrt{\left(\frac{C_1}{2h^2}\right)^2-\frac{k}{mh^2}}}=\cos(\pm2\theta+C_2),$$

令 $C_2=\pi$，可以得到

$$\frac{1}{r^2\sqrt{\left(\frac{C_1}{2h^2}\right)^2-\frac{k}{mh^2}}}-\frac{\frac{C_1}{2h^2}}{\sqrt{\left(\frac{C_1}{2h^2}\right)^2-\frac{k}{mh^2}}}=-\cos(2\theta)=2\sin^2\theta-1,$$

$$1=r^2\left(\frac{C_1}{2h^2}-\sqrt{\left(\frac{C_1}{2h^2}\right)^2-\frac{k}{mh^2}}\right)+2r^2\sin^2\theta\sqrt{\left(\frac{C_1}{2h^2}\right)^2-\frac{k}{mh^2}},\qquad (5)$$

椭圆的直角坐标方程 $\frac{x^2}{a^2}+\frac{y^2}{b^2}=1$，　　(6)

将极点取在椭圆中心：$x=r\cos\theta$，$y=r\sin\theta$，

则(6)式化为：

$$\frac{x^2+y^2}{a^2}+\left(\frac{1}{b^2}-\frac{1}{a^2}\right)y^2=\frac{r^2}{a^2}+\left(\frac{1}{b^2}-\frac{1}{a^2}\right)r^2\sin^2\theta=1.\qquad (7)$$

比较(5)式和(7)式，可知(5)式为椭圆方程，力心位于椭圆中心. 平方反比力作用下的轨迹亦为椭圆，但是力心位于焦点上.

思考：积分常数 C_1 的物理意义是什么？

第七章　振动

7.1　解：根据题 2.11 和 2.12 的解答过程，可知垂直悬挂的并联弹簧和串联弹簧的振动周期分别是：$T_1=2\pi\sqrt{\dfrac{m}{k_1+k_2}}$，$T_2=2\pi\sqrt{\dfrac{m(k_1+k_2)}{k_1k_2}}$.

7.2　解：设半球质量为 M. 如图 TJ7.1(a)所示，球心、与地面接触点和质心分别用 O、O'和 C 点表示. OC 与竖直方向 OO'的夹角用 θ 表示，则半球转动的角速度 $\omega=\dot{\theta}$.

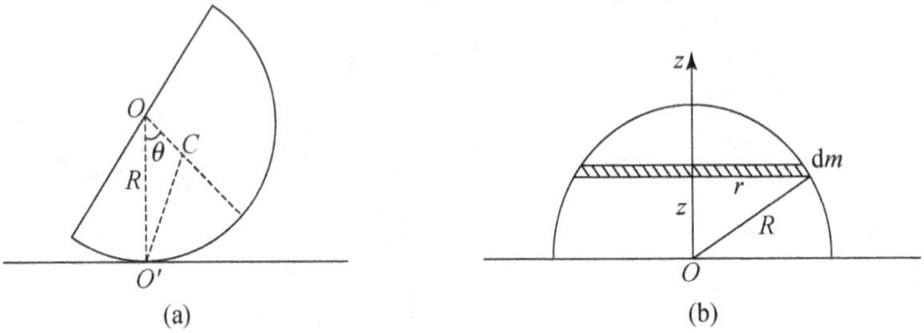

图 TJ7.1　题解图 7.2

首先在图 TJ7.1(b)所示坐标系中求解质心至球心的距离 $\overline{OC}$，进而求出半球绕通过质心 C 且垂直于运动平面的轴的转动惯量 I'_C.

$r^2 = R^2 - z^2$.

$$z_C = \frac{1}{M}\int_0^R z\mathrm{d}m = \frac{1}{M}\int_0^R z\cdot\rho\pi r^2\mathrm{d}z = \frac{\rho\pi}{M}\int_0^R z\cdot(R^2-z^2)\mathrm{d}z = \frac{3}{8}R.$$

(其中 ρ 为密度.)

易知，半球相对于任一过球心 O 的直径的转动惯量 $I_O=\dfrac{2}{5}MR^2$，

所以 $I'_C=I_O-Mz_C^2=\dfrac{83}{320}MR^2$，

质心速度 $\boldsymbol{v}_C=\boldsymbol{v}_{O'}+\boldsymbol{\omega}\times\boldsymbol{O'C}=\boldsymbol{\omega}\times\boldsymbol{O'C}$，

$$v_C^2=\dot{\theta}^2\cdot\overline{O'C}^2=\dot{\theta}^2\cdot(R^2+\overline{OC}^2-2R\,\overline{OC}\cos\theta)=\left(\frac{73}{64}R^2-\frac{3}{4}R^2\cos\theta\right)\dot{\theta}^2,$$

半球动能　$T=\dfrac{1}{2}Mv_C^2+\dfrac{1}{2}I'_C\omega^2$，

势能　$V=Mg(R-\overline{OC}\cos\theta)=MgR\left(1-\frac{3}{8}\cos\theta\right)$,

机械能　$E=T+V$

$$=\frac{1}{2}\cdot\frac{7}{5}MR^2\dot{\theta}^2-\frac{1}{2}\cdot\frac{3}{4}MR^2\dot{\theta}^2\cos\theta+MgR\left(1-\frac{3}{8}\cos\theta\right),$$

半球所受外力为重力、支持力和静摩擦力.支持力和静摩擦力作用于瞬时转动中心 O',皆不做功,所以半球的机械能守恒,即 $\frac{\mathrm{d}E}{\mathrm{d}t}=0$.

利用 $\sin\theta=\theta$ 及 $\cos\theta=1$,有:

$$\frac{13}{20}R\ddot{\theta}+\frac{3}{8}R\theta\dot{\theta}^2+\frac{3}{8}g\theta=0,$$

忽略高阶无穷小,得到 $\ddot{\theta}+\frac{15g}{26R}\theta=0$,可知小振动周期 $T=2\pi\sqrt{\frac{26R}{15g}}$.

7.3　解:如图 TJ7.2 所示,小球受到重力 $m\boldsymbol{g}$ 以及来自于球壳的支持力 $\boldsymbol{N}$ 和静摩擦力 $\boldsymbol{f}$.球壳中心、小球中心和小球与球壳的接触点分别用 O、C 和 O'表示.设 OC 与竖直方向的夹角为 θ,当从竖直方向按逆时针方向转至 OC 时 θ 为正.OC 方向的单位矢量为 $\boldsymbol{e}_1$,垂直于 OC 并指向 θ 增大方向的单位矢量为 $\boldsymbol{e}_2$,$\boldsymbol{e}_3=\boldsymbol{e}_1\times\boldsymbol{e}_2$.

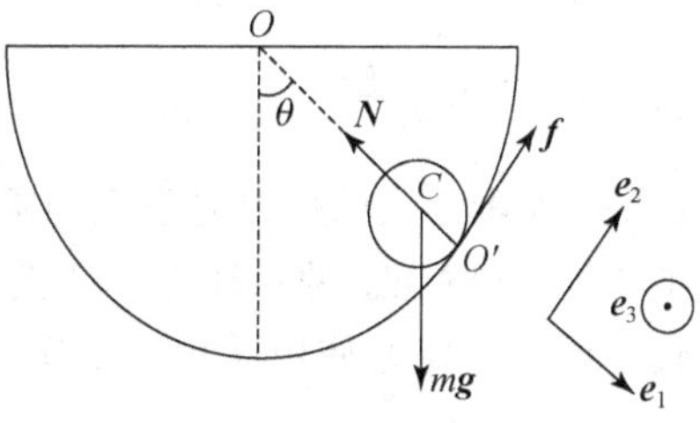

图 TJ7.2　题解图 7.3

首先须求出小球转动的角速度 $\boldsymbol{\omega}$.注意:$\omega\neq\dot{\theta}$,因为 O 点并非与小球刚性连接.

易知:$\boldsymbol{v}_C=(R-r)\dot{\theta}\boldsymbol{e}_2$

$\boldsymbol{v}_{O'}=\boldsymbol{v}_C+\boldsymbol{\omega}\times\boldsymbol{CO'}=(R-r)\dot{\theta}\boldsymbol{e}_2+r\omega\boldsymbol{e}_3\times\boldsymbol{e}_1=0$

所以 $\omega=-\frac{R-r}{r}\dot{\theta}$　　(1)

(方法 I)利用机械能守恒

$\boldsymbol{N}$ 和 $\boldsymbol{f}$ 均不做功,所以小球的机械能守恒.

小球相对于直径的转动惯量为 $I'_C=\frac{2}{5}mr^2$，则小球的动能 $T=\frac{1}{2}mv_c^2+\frac{1}{2}I'_C\omega^2$，势能 $V=-Mg(R-r)\cos\theta$，

机械能 $E=T+V=\frac{1}{2}m(R-r)^2\dot{\theta}^2+\frac{1}{2}\left(\frac{2}{5}mr^2\right)\omega^2-mg(R-r)\cos\theta$，

由 $\frac{\mathrm{d}E}{\mathrm{d}t}=0$ 并利用(1)式和 $\sin\theta=\theta$，得到：

$$\ddot{\theta}+\frac{5g}{7(R-r)}\theta=0,\quad T=2\pi\sqrt{\frac{7(R-r)}{5g}},$$

(方法 II)对 O' 点使用动量矩定理.

设小球对 O' 点、小球对 C 点和小球质心对 O' 点的动量矩分别为 $\boldsymbol{J}'_{O'}$、$\boldsymbol{J}'_C$ 和 $\boldsymbol{J}_C$.

$$\boldsymbol{J}'_{O'}=\boldsymbol{J}'_C+\boldsymbol{J}_C=\frac{2}{5}mr^2\boldsymbol{\omega}+mr(R-r)\dot{\theta}(-\boldsymbol{e}_3)$$

$$=\left(\frac{2}{5}mr^2\omega+mr^2\omega\right)\boldsymbol{e}_3=\frac{7}{5}mr^2\omega\boldsymbol{e}_3,$$

重力 $m\boldsymbol{g}$ 相对于 O' 点的力矩

$$\boldsymbol{M}=\boldsymbol{O'C}\times m\boldsymbol{g}=mgr\sin\theta\boldsymbol{e}_3,\quad \boldsymbol{M}=\frac{\mathrm{d}\boldsymbol{J}'_{O'}}{\mathrm{d}t},$$

再利用(1)式，亦有：$\ddot{\theta}+\frac{5g}{7(R-r)}\theta=0$.

思考：选择 O' 点作为参考点的优点是显而易见的，即可以不计 $\boldsymbol{N}$ 和 $\boldsymbol{f}$ 的力矩. 此处的 O' 点是球壳上的点还是小球上的点？

(方法 III)在质心系中对质心使用动量矩定理.

$rf=\frac{2}{5}mr^2\dot{\omega}$，所以 $f=\frac{2}{5}m\dot{r}\omega$，

再利用质心运动定理

$$f-mg\sin\theta=m(R-r)\ddot{\theta}.$$

利用(1)式，有 $-\frac{2}{5}m(R-r)\ddot{\theta}-mg\sin\theta=m(R-r)\ddot{\theta}$，即

$$\ddot{\theta}+\frac{5g}{7(R-r)}\theta=0.$$

7.4 解：以弹簧处于自然长度时上面物体的位置为坐标原点，竖直向下建立 ox 轴. 则去掉下面的物体后系统的运动方程为

$$M\ddot{x}=-kx+Mg,$$

即 $\ddot{x}+\omega_0^2x=g$，$\omega_0^2=\frac{k}{M}$，　　(1)

$t=0$ 时，$x=\frac{2Mg}{k}$，$\dot{x}=0$，　　(2)

易知(1)的解为 $x=A\cos(\omega_0 t+\varphi)+\frac{Mg}{k}$，

则有 $\dot{x}=-A\omega_0\sin(\omega_0 t+\varphi)$，

由(2)得 $A\cos\varphi+\frac{Mg}{k}=2\frac{Mg}{k}$，$-\omega_0 A\sin\varphi=0$，

得到 $A=\frac{Mg}{k}$，$\varphi=0$，振动表达式为 $x=\frac{Mg}{k}(1+\cos\omega_0 t)$.

7.5 解：如图 TJ7.3 所示，在转动角 θ 很小的情况下，可以假设细杆的运动局限在一个固定平面内.

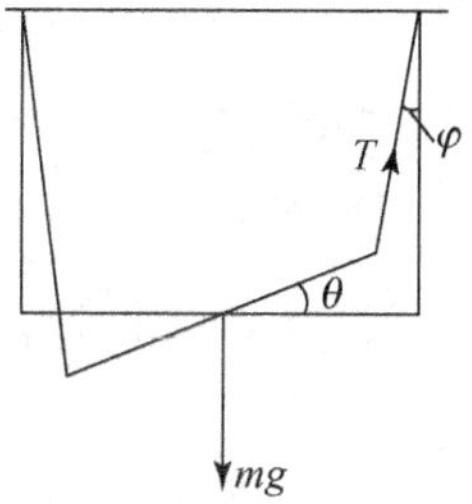

图 TJ7.3　题解图 7.5

$2T\cos\varphi=mg$，　　(1)

$2T\sin\varphi\cdot l=-I\ddot{\theta}=-\frac{1}{12}\cdot m\cdot(2l)^2\ddot{\theta}$，　　(2)

$L\varphi=l\theta$，　　(3)

联立(1)式至(3)式，并利用 $\tan\varphi=\varphi$，得到

$\ddot{\theta}+\frac{3g}{L}\theta=0$，杆来回转动的角频率 $\omega=\sqrt{\frac{3g}{L}}$.

7.6 解：$A\sin(\omega t+\varphi)=A\cos\left(\omega t+\varphi-\frac{\pi}{2}\right)$，

所以 x_1、x_2 和 x_3 的初位相分别为 $-\frac{\pi}{2}$、$\frac{\pi}{6}$ 和 $-\frac{7\pi}{6}$.

x_2 对 x_1 的相差为：$\frac{2\pi}{3}$，x_3 对 x_1 的相差为：$-\frac{2\pi}{3}$.

7.7 解：(1) $x=x_1+x_2=8\cos\left(\omega t+\frac{3}{4}\pi\right)+6\cos\left(\omega t-\frac{1}{4}\pi\right)$

$$=-\sqrt{2}\cos\omega t-\sqrt{2}\sin\omega t=2\cos\left(\omega t+\frac{3}{4}\pi\right).$$

（2）$x=8\cos\left(\omega t+\frac{3}{4}\pi\right)+6\cos\left(\omega t+\frac{1}{4}\pi\right)$

$$=-\sqrt{2}\cos\omega t-7\sqrt{2}\sin\omega t=10\cos(\omega t+\pi-\arctan 7).$$

（3）$x=0$.

7.8 解：（1）合振动 $x=x_1+x_2=A\{\cos\omega t+\cos[\omega t+\varphi_0(t)]\}$

$$=2A\cos\frac{\varphi_0(t)}{2}\cos\left[\omega t+\frac{\varphi_0(t)}{2}\right].$$

当 $\varphi_0(t)$ 为时间 t 的缓慢变化函数时，合振动可以看作"角频率"为 ω，"振幅"$2A\cos\frac{\varphi_0(t)}{2}$ 和初位相 $\frac{\varphi_0(t)}{2}$ 都随时间缓慢变化的"简谐振动"．$2A\cos\omega t$ 可以看成是"载波"．而 $\cos\frac{\varphi_0(t)}{2}$ 和 $\frac{\varphi_0(t)}{2}$ 可以分别看成是调制载波振幅和初位相的"信号"．

（2）（i）当 $\varphi_0(t)=\varphi_0$ 为常量时，

$x=2A\cos\frac{\varphi_0}{2}\cos\left(\omega t+\frac{\varphi_0}{2}\right)$ 为简谐振动；

（ii）当 $\varphi_0(t)=\varphi_0+\omega_0 t$ 时，

$$x=2A\cos\left(\frac{\omega_0}{2}t+\frac{\varphi_0}{2}\right)\cos\left[\left(\omega+\frac{\omega_0}{2}\right)t+\frac{\varphi_0}{2}\right]$$

当 $n_1\cdot\frac{2\pi}{\omega+\frac{\omega_0}{2}}=n_2\cdot\frac{2\pi}{\frac{\omega_0}{2}}$，其中 n_1,n_2 为互质的正整数，且 $n_1>n_2$，即 $\omega=\frac{n_1-n_2}{2n_2}\cdot\omega_0$ 时，合振动为非简谐周期振动，其周期

$$T=\frac{4\pi}{2\omega+\omega_0}n_1=\frac{4\pi}{\omega_0}n_2.$$

7.9 解：（1）$x=A(1+m\cos\Omega t)\cos\omega t$

$$=A\cos\omega t+\frac{mA}{2}\cos(\omega+\Omega)t+\frac{mA}{2}\cos(\omega-\Omega)t.$$

（2）简谐振动 $x=A\cos\omega t$ 的振幅受到函数 $(1+m\cos\Omega t)$ 的调制．

7.10 解：设 $\boldsymbol{i}$ 和 $\boldsymbol{j}$ 是两个相互垂直的单位矢量．$\boldsymbol{i}=\boldsymbol{e}_1$，$\boldsymbol{e}_2=\frac{1}{2}\boldsymbol{i}+\frac{\sqrt{3}}{2}\boldsymbol{j}$

$$\boldsymbol{U}_1=A_1\cos\omega t\boldsymbol{i},\quad \boldsymbol{U}_2=A_2\cos\left(\omega t+\frac{\pi}{2}\right)\left(\frac{1}{2}\boldsymbol{i}+\frac{\sqrt{3}}{2}\boldsymbol{j}\right),$$

$$\boldsymbol{U}=\boldsymbol{U}_1+\boldsymbol{U}_2=\left[A_1\cos\omega t+\frac{A_2}{2}\cos\left(\omega t+\frac{\pi}{2}\right)\right]\boldsymbol{i}+\frac{\sqrt{3}}{2}A_2\cos\left(\omega t+\frac{\pi}{2}\right)\boldsymbol{j}.$$

轨迹的参数方程为：

$$x=A_1\cos\omega t+\frac{A_2}{2}\cos\left(\omega t+\frac{\pi}{2}\right)=A_1\cos\omega t-\frac{A_2}{2}\sin\omega t,$$

$$y=\frac{\sqrt{3}}{2}A_2\cos\left(\omega t+\frac{\pi}{2}\right)=-\frac{\sqrt{3}}{2}A_2\sin\omega t,$$

得出：$\sin\omega t=\dfrac{-2y}{\sqrt{3}A_2}$，$\cos\omega t=\dfrac{x-\frac{1}{\sqrt{3}}y}{A_1}$，

所以：$\left(\dfrac{x-\frac{1}{\sqrt{3}}y}{A_1}\right)^2+\left(\dfrac{2y}{\sqrt{3}A_2}\right)^2=1$，其图形是一个椭圆.

7.11 证：$\boldsymbol{u}=\boldsymbol{u}_1+\boldsymbol{u}_2=A[\cos\omega t+\cos(\omega t+\alpha)]\boldsymbol{i}+A[\sin\omega t-\sin(\omega t+\alpha)]\boldsymbol{j}.$

$$=2A\cos\left(\omega t+\frac{\alpha}{2}\right)\cos\frac{\alpha}{2}\boldsymbol{i}-2A\cos\left(\omega t+\frac{\alpha}{2}\right)\sin\frac{\alpha}{2}\boldsymbol{j}$$

$$=2A\cos\left(\omega t+\frac{\alpha}{2}\right)\left(\cos\frac{\alpha}{2}\boldsymbol{i}-\sin\frac{\alpha}{2}\boldsymbol{j}\right),$$

在与 x 轴成 $-\dfrac{\alpha}{2}$ 角的方向上作振幅为 $2A$、频率为 ω 的简谐振动.

7.12 答：

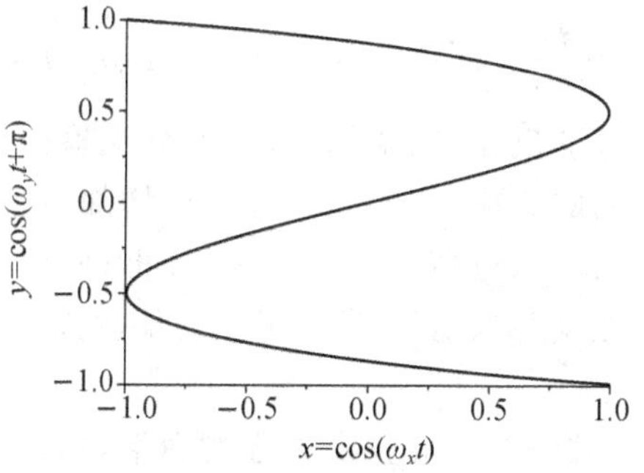

图 TJ7.4　题解图 7.12

7.13 解：$x(t)=A_0+\sum\limits_{n=1}^{\infty}(A_n\cos n\omega t+B_n\sin n\omega t)$，$\omega=\dfrac{2\pi}{T}$

$$A_0=\frac{1}{T}\int_0^{\frac{T}{2}}A\mathrm{d}t=\frac{A}{2},\ A_n=\frac{2}{T}\int_0^{\frac{T}{2}}A\cos n\omega t\,\mathrm{d}t=0,$$

$$B_n=\frac{2}{T}\int_0^{\frac{T}{2}}A\sin n\omega t\,\mathrm{d}t=\frac{A}{n\pi}(1-\cos n\pi),$$

$$\therefore\ x(t)=\frac{A}{2}+\sum_{k=0}^{\infty}\frac{2A}{(2k+1)\pi}\sin(2k+1)\omega t.$$

7.14 解：(1) $\omega_0=\sqrt{\dfrac{g}{l}}=3.5\ \mathrm{rad\cdot s^{-1}}$，

对于弱阻尼，有 $A(t)=A_0\mathrm{e}^{-\beta t}$，

所以$\beta=\frac{1}{t}\ln\frac{A_0}{A(t)}=\frac{1}{35.15}\ln 3=3.125\times 10^{-2}\ \mathrm{s}^{-1}$，

$Q=\frac{\omega_0}{2\beta}\approx 56.$

(2) $E(t)=E_0 e^{-2\beta t}=\frac{1}{2}E_0$，得到 $t=11$ s.

(3) $A(t)=A_0 e^{-\beta t}=\frac{1}{100}A_0$，得到 $t=1.5\times 10^2$ s.

7.15 解：$\Delta t=QT_0=\frac{Q}{f_0}=\frac{10^6}{10^6}=1$ s.

7.16 解：受迫振动方程：$\ddot{x}+2\beta\dot{x}+\omega_0^2 x=f_0\cos\omega t$，

其解为：$x=Ae^{-\beta t}\cos(\omega_1 t+\varphi_1)+B\cos(\omega t+\varphi_2)$， (1)

由题意，$\omega_1=\sqrt{\omega_0^2-\beta^2}\approx\omega_0$，$\omega=\omega_0$，$\varphi_2=-\frac{\pi}{2}$，$A$ 和 φ_1 由初条件决定.

所以 $x=Ae^{-\beta t}\cos(\omega_0 t+\varphi_1)+B\sin\omega_0 t$.

$\dot{x}=-\beta Ae^{-\beta t}\cos(\omega_0 t+\varphi_1)-\omega_0 Ae^{-\beta t}\sin(\omega_0 t+\varphi_1)+B\omega_0\cos\omega_0 t$，

$x(0)=A\cos\varphi_1=0$，$\dot{x}(0)=-\beta A\cos\varphi_1-\omega_0 A\sin\varphi_1+B\omega_0=0$

得到 $\varphi_1=\frac{\pi}{2}$，$A=B=\frac{f_0}{2\beta\omega_0}$. 所以 $x=-Be^{-\beta t}\sin\omega_0 t+B\sin\omega_0 t$.

即，自由振动与受迫振动反相. 在初始阶段，部分受迫振动被自由振动抵消. 随着自由振动的衰减，振子总振幅逐渐增加. 这里驱动力的频率等于系统的固有频率，近似属于谐振情况. 但是，由上题的解可知，$t=0.5$ s 时，自由振动并未消失，所以振子总振幅尚不能达到稳态解的振幅 B.

思考：(1)式中的第一部分是相应齐次方程的通解，描述的是自由振动. 是否可以据此认为其中的两个待定常数 A 和 φ_1 与驱动力无关？

7.17 解：$\Delta\omega=2\beta=\frac{\omega_0}{Q}$，以频率表示的通频带 $\Delta f=\frac{f_0}{Q}=1$ Hz，相对通频带

$S=\frac{1}{Q}=10^{-6}$，

第八章　波动

8.1 解：$v=\lambda f$

(1) 空气中 λ：16.6 m～1.66 cm，水中 λ：76.5 m～7.65 cm，
钢中 λ：298 m～29.8 cm.

(2) 水中 λ：7.65 cm～1.53 mm，钢中 λ：29.8 cm～5.96 mm.

8.2 解：$c=\lambda f$,

(1) 可见光，f：4×10^{14} Hz～8×10^{14} Hz.

(2) 微波，f：3×10^{8} Hz～3×10^{11} Hz.

8.3 解：鉴于光速远大于声速，此处忽略光从雷击处至人眼的传播时间. 设雷击处与观察者距离为 x. 则 $x=3v=3\times331\approx1$ km.

8.4 解：$u=A\cos[(\omega+\alpha)t+kx+\beta]$,

$\omega+\alpha>0$，波向 x 轴负向传播；

$\omega+\alpha<0$，$u=A\cos(-|\omega+\alpha|t+kx+\beta)=A\cos(|\omega+\alpha|t-kx-\beta)$，波向 x 轴正向传播波.

角频率 $|\omega+\alpha|$，波速 $\dfrac{|\omega+\alpha|}{k}$.

8.5 答：利用纵波波速公式 $v=\sqrt{\dfrac{Y}{\rho_m}}$ 和横波波速公式 $v=\sqrt{\dfrac{N}{\rho_m}}$ 可以解得：

	纵波波速($km\cdot s^{-1}$)	横波波速($km\cdot s^{-1}$)
铝	5	3
铜	3.6	2.2
钢	5.1	3.3

8.6 证：$\dfrac{\partial u}{\partial t}=\dfrac{dF}{d\varphi}\dfrac{\partial\varphi}{\partial t}=\omega\dfrac{dF}{d\varphi}$

$$\frac{\partial^2 u}{\partial t^2}=\omega\frac{\partial}{\partial t}\left(\frac{dF}{d\varphi}\right)=\omega\frac{d^2F}{d\varphi^2}\frac{\partial\varphi}{\partial t}=\omega^2\frac{d^2F}{d\varphi^2}$$

$\dfrac{\partial^2 u}{\partial x^2}=\left(\dfrac{\omega}{v}\right)^2\dfrac{d^2F}{d\varphi^2}$　所以 $\dfrac{\partial^2 u}{\partial t^2}=v^2\dfrac{\partial^2 u}{\partial x^2}$.

8.7 解：平均能量密度 $\bar{e}=\dfrac{1}{2}\rho\omega^2A^2=2.5\times10^{-5}\ \mathrm{J/m^3}$,

平均能流密度 $\bar{I}=\dfrac{1}{2}\rho v\omega^2A^2=8.4\times10^{-3}\ \mathrm{W/m^2}$,

平均功率 $\bar{I}\cdot S=8.4\times10^{-6}$ W.

8.8 解：由 $\bar{I}\cdot S=P$ 可知 $\bar{I}=\dfrac{P}{4\pi r^2}=6.4\times10^{-11}\ \mathrm{W/m^2}$,

$\bar{e}=\dfrac{\bar{I}}{c}=2.1\times10^{-19}\ \mathrm{J/m^3}$.

8.9 解：(1) $v=\dfrac{c}{n}=2\times10^{8}$ m/s.

(2) $\sin i=n\sin i'$　所以 $\sin i'=\dfrac{\sin i}{n}$，$0\leqslant i'\leqslant\arcsin\dfrac{1}{n}=42°$.

(3) 光的透射路径是可逆的，所以根据上一问的答案易知当 i 在(42°, 90°)范围内时无透射光.

8.10 解：$\dfrac{\sin\theta_1}{\sin\theta_2}=\dfrac{u_1}{u_2}$，$\theta_{1\max}=\arcsin\left(\dfrac{u_1}{u_2}\right)$.

将 $u_1=331\ \text{m/s}$ 和 $u_2=5960\ \text{m/s}$，代入，得到：$\theta_{1\max}=3.18°$.

8.11 证：(1) 如图 TJ8.1 所示，设抛物线方程为 $y^2=2px$，则焦点为 $F\left(\dfrac{p}{2},0\right)$；$P(x_0,y_0)$ 为抛物线上任意一点；m 为过 P 点的抛物线切线；$Q(x_1,0)$ 为 m 与 x 轴的交点；n 为过 P 点且平行于 x 轴的射线.

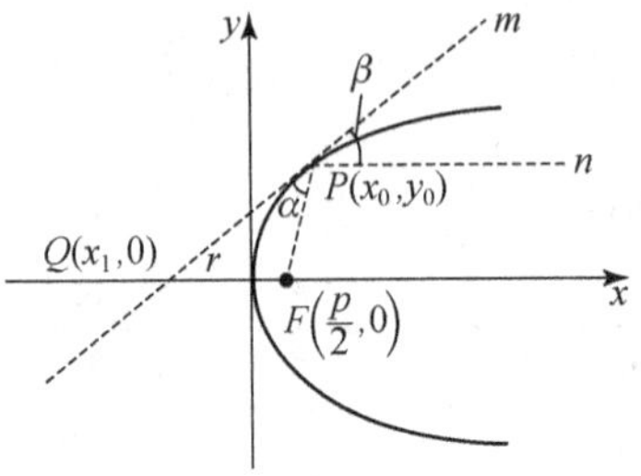

图 TJ8.1　题解图 8.11-1

易知切线 m 的斜率为 $k=\dfrac{p}{y_0}$，则可以求出 $x_1=x_0-\dfrac{y_0^2}{p}=-x_0$.

则 $|FQ|=\dfrac{p}{2}+x_0$

根据抛物线的性质可知，P 点至焦点 F 的距离等于 P 点至准线 $x=-\dfrac{p}{2}$ 的距离. 则 $|FP|=\dfrac{p}{2}+x_0$，

即 $|FQ|=|FP|$，所以 $\alpha=\gamma=\beta$，沿 FP 入射的波必沿 n 反射.

(2) 如图 TJ8.2 所示，设椭圆方程为 $\dfrac{x^2}{a^2}+\dfrac{y^2}{b^2}=1$.

在椭圆上任取一点 $P(x_0,y_0)$. 设直线 m 为过 P 点的椭圆切线. 椭圆焦点为 $F_1(-c,0)$ 和 $F_2(c,0)$. α 和 β 分别为 F_1P 和 F_2P 与切线 m 的夹角. 作辅助线 l 垂直于切线 m，设 F_1P 与 l 交于 $Q(x_1,y_1)$ 点. γ 为 α 的对顶角.

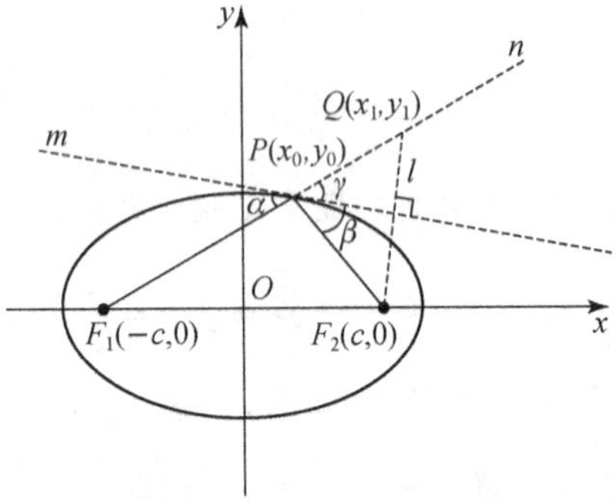

图 TJ8.2　题解图 8.11-2

易求出 m 的斜率：

$k_m=-\dfrac{b^2x_0}{a^2y_0}$，则 l 的斜率：$k_l=\dfrac{a^2y_0}{b^2x_0}$，

所以有：$\dfrac{y_1}{x_1-c}=\dfrac{a^2y_0}{b^2x_0}$，　　(1)

又因为 F_1、P 和 Q 三点共线而有：$\dfrac{y_1}{x_1+c}=\dfrac{y_0}{x_0+c}$，　　(2)

(1)式与(2)式联立，解得 Q 点坐标：

$$x_1=c\frac{a^2(x_0+c)+b^2x_0}{a^2(x_0+c)-b^2x_0},$$

$$y_1=\frac{2a^2cy_0}{a^2(x_0+c)-b^2x_0},$$

由 Q 点坐标以及 $a^2=b^2+c^2$ 和 $y_0^2=b^2\left(1-\dfrac{x_0^2}{a^2}\right)$等关系，可以求得 F_1 与 Q 之间的距离：

$$|F_1Q|=\sqrt{(x_1+c)^2+y_1^2}$$

$$=\sqrt{\frac{4a^4c^2\left[x_0^2+2x_0c+c^2+(a^2-c^2)\left(1-\dfrac{x_0^2}{a^2}\right)\right]}{[a^2(x_0+c)-(a^2-c^2)x_0]^2}}=2a,\qquad(3)$$

由椭圆的性质可知：$|F_1P|+|F_2P|=2a$，　　(4)

由(3)式和(4)式可知 $|F_2P|=|PQ|$，

等腰三角形底边的垂线与角平分线重合，

所以 $\beta=\gamma=\alpha$

所以从 F_1 发出的波经反射后必过 F_2.

8.12 解：球面波的振幅随着传播而衰减. 当 P 点距离波源 S_1 和 S_2 较远时，可以认为从两处波源发出的波在 P 点的振幅相等：$A_{r_1}=A_{r_2}$.

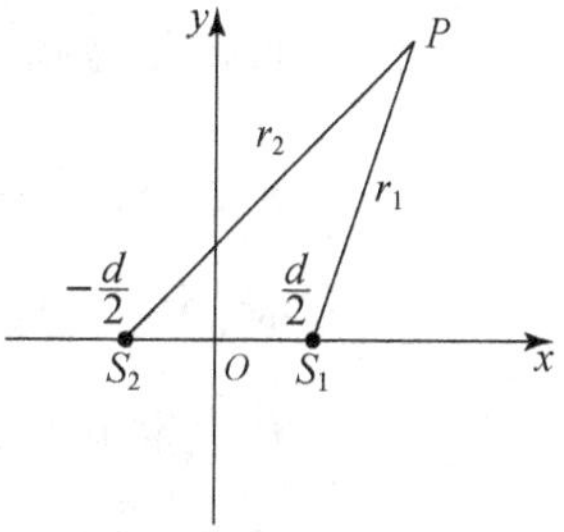

图 TJ8.3　题解图 8.12

$$\xi_1=A_{r_1}\cos(\omega t-kr_1),$$

$$\xi_2=A_{r_1}\cos\left(\omega t-kr_2+\frac{\pi}{2}\right),$$

$$\xi=\xi_1+\xi_2=2A_{r_1}\cos\left[\frac{k}{2}(r_2-r_1)-\frac{\pi}{4}\right]\cos\left[\omega t-\frac{k}{2}(r_1+r_2)+\frac{\pi}{4}\right]$$

可视为振幅 $A_P=2A_{r_1}\left|\cos\left[\dfrac{\pi}{\lambda}(r_2-r_1)-\dfrac{\pi}{4}\right]\right|$的简谐振动.

易知，当 $r_2-r_1=\left(\dfrac{1}{4}+n\right)\lambda$ 时，$A_P=A_{P\max}=2A_{r_1}$；当 $r_2-r_1=\left(\dfrac{3}{4}+n\right)\lambda$ 时，$A_P=A_{P\min}=0$.

根据三角形性质易知，$|r_2-r_1|\leqslant d=\dfrac{\lambda}{4}$. 在 S_1 以右(较远)的 x 轴上，$r_2-r_1=\dfrac{\lambda}{4}$，$A_P=2A_{r_1}$，振幅最大；在 S_2 以左(较远)的 x 轴上，

$r_2-r_1=-\frac{\lambda}{4}, A_P=0$，无振动.

P 为空间任意一点时，所有满足 $r_2-r_1=2a\left(|2a|\leqslant\frac{\lambda}{4}\right)$ 的点振幅相等：

$A_P=2A_{r_1}\left|\cos\left[\left(\frac{2a}{\lambda}-\frac{1}{4}\right)\pi\right]\right|.$

这些点构成双曲线 $\frac{x^2}{a^2}-\frac{y^2}{b^2}=1$ 中的一支，$b^2=\left(\frac{\lambda}{8}\right)^2-a^2$.

当 P 点在远离 O 点处由 x 轴正向向负向移动时，振幅逐渐减小.

以上讨论局限于 xy 平面内. 将这些双曲线绕 x 轴旋转，即可得到整个空间的等振幅面——双叶双曲面.

8.13 解：如上题所述，从两处波源发出的波在 P 点的振幅相等：$A_{r_1}=A_{r_2}$.

$\xi_1=A_{r_1}\cos(\omega t-kr_1)$，　$\xi_2=A_{r_1}\cos(\omega t-kr_2)$，

$\xi=\xi_1+\xi_2=2A_{r_1}\cos\left[\frac{k}{2}(r_2-r_1)\right]\cos\left[\omega t-\frac{k}{2}(r_1+r_2)\right]$，

可视为振幅 $A_P=2A_{r_1}\left|\cos\left[\frac{\pi}{\lambda}(r_2-r_1)\right]\right|$ 的简谐振动.

易知，当 $r_2-r_1=n\lambda$ 时，$A_P=A_{P\max}=2A_{r_1}$；当 $r_2-r_1=\left(\frac{1}{2}+n\right)\lambda$ 时，$A_P=A_{P\min}=0$.

P 为空间任意一点时，所有满足 $r_2-r_1=2a\left(|2a|\leqslant\frac{\lambda}{2}\right)$ 的点振幅相等：

$A_P=2A_{r_1}\left|\cos\left(\frac{2a}{\lambda}\pi\right)\right|.$

这些点构成双曲线 $\frac{x^2}{a^2}-\frac{y^2}{b^2}=1$ 中的一支，$b^2=\left(\frac{\lambda}{4}\right)^2-a^2$.

$r_2-r_1=0$（P 点在 y 轴上），$A_P=A_{P\max}=2A_{r_1}$，振幅最强；

$r_2-r_1=\frac{\lambda}{2}$（$P$ 点在 S_1 以右的 x 轴上）和 $r_2-r_1=-\frac{\lambda}{2}$（$P$ 点在 S_2 以左的 x 轴上）时，$A_P=0$，无振动. P 点在远处由 x 轴（无论正向还是负向）向 y 轴移动时振幅逐渐增大. 整个空间的等振幅面为双叶双曲面.

8.14 答：显然此反射面应该位于 y 轴上，因为只有这样反射波的传播路径 RP 才与 S_2P 共线且从 S_1 发出的波经反射后到达 P 点时所传播的距离恰好等于 S_2P.

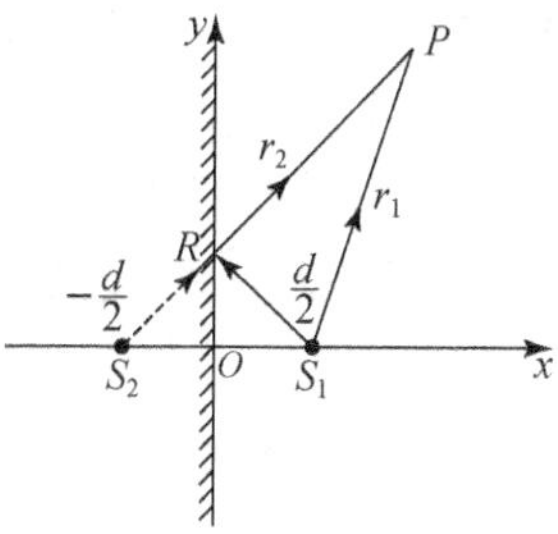

图 TJ8.4　题解图 8.14

S_1 发出的波在 P 点直接产生的振动：

$\xi_1 = A_{r_1}\cos(\omega t - kr_1)$，

如果反射时不引入相位差和振幅衰减，则反射波在 P 点产生的振动

$\xi_2 = A_{r_1}\cos(\omega t - kr_2)$，

与原来位于 S_2 的波源产生的效果相同.

8.15　解：如 8.12 题所指出，S_1 和 S_2 发出的波在 S_1 以右的 x 轴上相位相同，振幅 $A_P = 2A_{r_1}$.

去掉 S_2，代之以位于 $x = -\frac{3\lambda}{8}$ 的反射面.

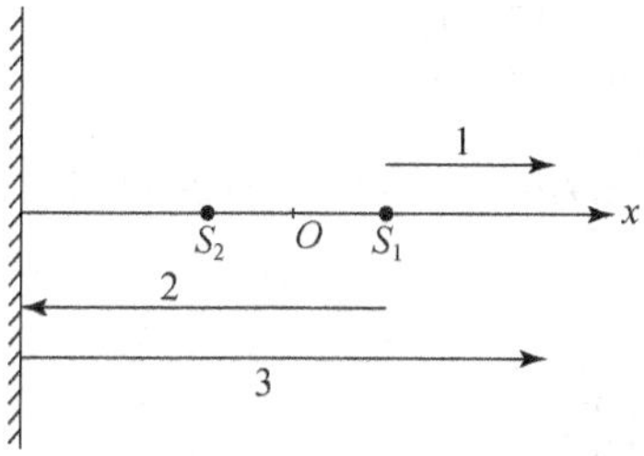

图 TJ8.5　题解图 8.15

在 S_1 以右向 x 轴正向传播的波是波"1"与波"3"的叠加. 其中波"1"是由 S_1 直接向右发出的波；波"3"是 S_1 向左发出的波"2"的反射波.

易知，到达 x 轴上同一点时，波"1"与波"3"的传播路程相差 λ，如果在反射面不引入额外的相位差和振幅衰减，则振动的相位相差 2π，反射面可以与 S_2 等效.

在不考虑衰减的情况下，波"2"引起的振动为

$$\xi_1 = A\cos\left[\omega t + k\left(x - \frac{\lambda}{8}\right)\right] = A\cos\left(\omega t + kx - \frac{\pi}{4}\right)$$

由此引起的任意时刻在 $x = -\frac{3\lambda}{8}$ 处的位相为 $\varphi = \omega t - \pi$. 所以波"3"引起的振动：

$$\xi_2 = A\cos\left[\omega t - k\left(x + \frac{3\lambda}{8}\right) - \pi\right] = A\cos\left(\omega t - kx - \frac{7\pi}{4}\right)$$

在 S_1 和反射面之间形成驻波：

$$\xi = \xi_1 + \xi_2 = 2A\cos(\omega t)\cos\left(kx - \frac{\pi}{4}\right)$$

注意波源 S_1 和反射面处皆为波腹.

8.16　解：自由端是驻波波腹，固定端是驻波波节.

$$L = \frac{\lambda}{2}n + \frac{\lambda}{4},\ n = 0,\ 1,\ 2,\cdots,$$

$$\lambda = \frac{L}{\frac{n}{2} + \frac{1}{4}},\ f = \frac{u}{\lambda} = \frac{u}{L}\left(\frac{n}{2} + \frac{1}{4}\right),\quad \lambda_{\max} = 4L.$$

8.17 解：只有声源与接收器在二者连线上的相对运动能够引起多普勒效应.（此结论不适用于电磁波.）

声源的速率 $v_s=2\pi R=37.7\ \mathrm{m/s}$.

S 沿 S 与 R 的连线向 R 运动时，$f=\dfrac{u}{u-v_s}f_0=1.13\times10^3\ \mathrm{Hz}$.

S 沿连线远离 R 时，$f=\dfrac{u}{u+v_s}f_0=898\ \mathrm{Hz}$.

两种情况下连线 SR 都恰好为圆的切线，OS 与连线的夹角皆为 $\theta=60°$.

8.18 解：设雷达发出的微波频率为 f_0，汽车接收到（和反射出）的频率为 f_1，最后测量者接收到的频率为 f_2. 则有

$$f_1=\sqrt{\frac{1+\beta}{1-\beta}}f_0,\ f_2=\sqrt{\frac{1+\beta}{1-\beta}}f_1=\frac{1+\beta}{1-\beta}f_0,$$

$$f_2-f_0=\frac{2\beta}{1-\beta}f_0\approx\frac{2v}{c}f_0,\ f_2-f_0=7.5\ \mathrm{kHz},\ f_0=37.5\ \mathrm{GHz},$$

$\therefore\ v=30\ \mathrm{m/s}=108\ \mathrm{km/hr}$.

8.19 解：同上题：$f_0'=\dfrac{c}{\lambda},\ f_1'=\sqrt{\dfrac{1+\beta}{1-\beta}}f_0'$，

$$f_2'=\sqrt{\frac{1+\beta}{1-\beta}}f_1'=\frac{1+\beta}{1-\beta}f_0',\ f_2'-f_0'=\frac{2\beta}{1-\beta}f_0',$$

$$\frac{f_2'-f_0'}{f_2-f_0}=\frac{f_0'}{f_0},\quad \therefore\ f_2'-f'=5.96\ \mathrm{MHz}.$$

8.20 解：在超声波从 S 到达悬浮物的过程中，悬浮物是接收器，所接收到的频率 $\upsilon_1=\dfrac{v-v_T\cos\theta}{v}\upsilon_s$，被反射的超声波频率不变.

在超声波从悬浮物到达 R 的过程中，悬浮物是波源，R 所接收到的频率 $\upsilon_R=\dfrac{v}{v+v_T\cos\theta}\upsilon_1=\dfrac{v-v_T\cos\theta}{v+v_T\cos\theta}\upsilon_s$，$\therefore\ \upsilon_s-\upsilon_R=2\upsilon_s\dfrac{v_T\cos\theta}{v+v_T\cos\theta}$.

8.21 解：$\sin\theta=\dfrac{u}{v},\ v=\dfrac{u}{\sin\theta}=6.6\times10^2\ \mathrm{m/s}$.

第九章　狭义相对论简介

9.1 解：在 S 系中，圆环上任意一点 A 的坐标为 $x=R\cos\theta,\ y=R\sin\theta$，圆心坐标为 $x_0=0,\ y_0=0$.

在 S' 系中，A 点和圆心的坐标分别为 (x',y') 和 $(x_O',\ y_O')$. 在时刻 t'：

$x=\gamma(x'+vt'),\ y=y'$；$x_O=0=\gamma(x_O'+vt'),\ y_O=0=y_O'$，

$\therefore\ x'+vt'=\dfrac{x}{\gamma}=\dfrac{R\cos\theta}{\gamma},\ y'=y=R\sin\theta;\ x'_O=-vt',\ y'_O=0,$

$\therefore\ \left(\dfrac{x'-x'_O}{R/\gamma}\right)^2+\left(\dfrac{y'}{R}\right)^2=1$

即，在 S' 中，环的形状为椭圆，面积等于$\dfrac{\pi R^2}{\gamma}$.

注：本题和下一题的计算结果是“测量”到的形状而非人直接“观看”到的形状. 由于视觉的形成涉及到光线从物体至人眼的传播，人所真正“观看”到的形状远比 Lorentz 变换所得结果复杂. 初学相对论的读者对此不必深究. 有兴趣者可以查阅 James Terrell 等人的文章.

9.2 解：利用上题的结果可知，S 系中的圆在 S'系的运动方向上被压缩为椭圆，面积变为原来的 γ 分之一.

9.3 解：以实验室为 S 系，电子为 S'系中的原点. 在 S 系中，电子以 $v=(1-2.45\times10^{-9})c$ 沿 x 轴正向飞行 100 m，这一过程对应的时空坐标变化为 $\Delta x=v\Delta t=100\ \text{m}$，$\Delta x'=0$，

代入洛伦兹变换式 $\Delta t=\gamma\left(\Delta t'+\dfrac{v}{c^2}\Delta x'\right)=\gamma\Delta t'$，即 $\Delta t'=\dfrac{\Delta t}{\gamma}$，

所以，在 S'系中看来，S 系的坐标原点向 $-x'$方向飞行的距离为

$v\Delta t'=v\Delta t/\gamma=100/\gamma$，

因此，以电子为参照系，此距离变为 $100/\gamma=0.007\ \text{m}$，

其中 $\gamma=\dfrac{1}{\sqrt{1-(1-2.45\times10^{-9})^2}}\doteq\dfrac{1}{\sqrt{1-(1-4.9\times10^{-9})}}=\dfrac{1}{7\times10^{-5}}$.

9.4 解：在实验室参照系中，π^+ 介子是运动的，其时钟变慢，即寿命变长，为 $T=\gamma\tau$，飞行距离 $L=vT=\gamma\tau v=8.0\ \text{m}$.

9.5 解：以 π^+ 介子为 S'参照系.

$\Delta x=\dfrac{\Delta x'+v\Delta t'}{\sqrt{1-\beta^2}}$，$\Delta x=0$，$\Delta t'=\tau$

$\therefore\ |\Delta x'|=v\Delta t'=v\tau=5.5\ \text{m}$.

9.6 解：设 4 个爆炸的时空坐标分别为(x_i,y_i,t_i)和(x'_i,y'_i,t'_i)，$i=A,B,C,D$. 由已知条件

$$\begin{cases}\Delta x_{BD}=x_B-x_D=2l\\ \Delta t_{BD}=t_B-t_D=0\end{cases}\Rightarrow\quad \Delta t'_{BD}=\gamma\left(\Delta t_{BD}-\frac{v}{c^2}\Delta x_{BD}\right)=-2\gamma\frac{v}{c^2}l$$

$$\begin{cases}\Delta x_{CA}=x_C-x_A=0\\ \Delta t_{CA}=t_C-t_A=0\end{cases}\Rightarrow\quad \Delta t'_{CA}=\gamma\left(\Delta t_{CA}-\frac{v}{c^2}\Delta x_{CA}\right)=0$$

$$\begin{cases}\Delta x_{CD}=x_C-x_D=l\\ \Delta t_{CD}=t_C-t_D=0\end{cases}\Rightarrow\quad \Delta t'_{CD}=\gamma\left(\Delta t_{CD}-\frac{v}{c^2}\Delta x_{CD}\right)=-\gamma\frac{v}{c^2}l$$

可见，在 S' 系中看来，B 先爆炸，其次是 C 和 A，最后是 D.

时间差为 $\gamma \dfrac{v}{c^2}l=1.36\times10^{-6}$ s.

下面考察是否会违反因果律. 为此，只需考察在 O 点启动开关的时空坐标 $(x_o,\ t_o)$，$(x'_o,\ t'_o)$ 与在 B 点爆炸的时空坐标 $(x_B,\ t_B)$，$(x'_B,\ t'_B)$ 的关系. 设电信号沿导线的传播速率为 v_0，则在 S 系中电信号的传播时间和距离为

$$\Delta t_{BO}=t_B-t_O=\frac{l}{v_0}>0 \quad 和 \quad \Delta x_{BO}=l>0,$$

由洛伦兹变换得，在 S' 系中电信号的传播时间为

$$\Delta t'_{BO}=\gamma\left(\Delta t_{BO}-\frac{v}{c^2}\Delta x_{BO}\right)=\gamma\left(\frac{l}{v_0}-\frac{v}{c^2}l\right),$$

如果违反因果律，只有 $\Delta t'_{BO}<0$，即 $\gamma\left(\dfrac{l}{v_0}-\dfrac{v}{c^2}l\right)<0$，由此推出 $v_0>\dfrac{c^2}{v}=5c$，而这是不可能的.

9.7 解：由上题的结果，将 $v_0=c$ 带入得：

$$\Delta t'_{BO}=\gamma\left(\frac{l}{v_0}-\frac{v}{c^2}l\right)=\gamma\frac{l}{c}(1-\beta)=5.4\times10^{-6}\ \text{s},$$

$$\Delta t'_{DO}=\gamma\left(\Delta t_{DO}-\frac{v}{c^2}\Delta x_{DO}\right)=\gamma\left(\frac{l}{c}+\frac{v}{c^2}l\right)=\gamma\frac{l}{c}(1+\beta)=8.2\times10^{-6}\ \text{s},$$

$$\Delta t'_{AO}=\Delta t'_{CO}=\gamma\frac{l}{c}=6.80\times10^{-6}\ \text{s}.$$

可见，在 S' 系中观察，爆炸的顺序为 $B(CA)D$.

小结 1：以上 7 题都是利用洛伦兹坐标变换公式求解时空关系的. 除了某些简单的情况可以直接应用运动的空间变短、时间变长的结论外，求解这类问题的要点一般是：(1) 确定有关的参考系 S 系和 S' 系，注意 S 系和 S' 系必需满足洛伦兹坐标变换的条件；(2) 根据已知条件，确定某一事件或某一过程(包括开始事件和终了事件)在 S 系和/或 S' 系中的坐标或坐标差；(3) 将这些坐标或坐标差代入洛伦兹坐标变换公式求出另一些坐标或坐标差.

9.8 解：以地球参考系为 S 系，以星系 A 为 S' 系，其运动方向为 x 和 x' 轴方向，运动速度为 $v=0.4c$. 现已知星系 B 在 S 系中的速度为

$$\begin{cases} u_x=-v \\ u_y=0 \\ u_z=0. \end{cases}$$

由洛伦兹速度变换公式得到 B 相对于 A 的速度，即在 S' 系中的速度为

$$u_x'=\frac{u_x-v}{1-\frac{v}{c^2}u_x}=\frac{-2v}{1+\frac{v^2}{c^2}}=-0.69c,\ u_y'=\frac{u_y}{\gamma\left(1-\frac{v}{c^2}u_x\right)}=0,\ u_z'=0,$$

B 相对于 A 的速率为 $0.69c$.

9.9 解：以实验室为 S 系，A 为 S' 系，且以 A 的运动方向为 x 和 x' 轴方向，则在 S 系中 B 的速度为

$$\begin{cases}u_x=-v\\u_y=0\\u_z=0,\end{cases}$$

B 在 S' 系中的速度为

$$u_x'=\frac{u_x-v}{1-\frac{v}{c^2}u_x}=\frac{-2v}{1+\frac{v^2}{c^2}}=\frac{-2\times0.8c}{1+0.8^2}=-0.98c,$$

$$u_y'=\frac{u_y}{\gamma\left(1-\frac{v}{c^2}u_x\right)}=0,\ u_z'=\frac{u_z}{\gamma\left(1-\frac{v}{c^2}u_x\right)}=0.$$

9.10 解：以实验室为 S 系，电子 A 为 S' 系，且以 v_A 方向为 S 系和 S' 系的 x 和 x' 轴正向，则根据已知条件得 B 在 S 系中的速度为 $\begin{cases}u_x=v\cos60°=\frac{v}{2}\\u_y=v\sin60°=\frac{\sqrt{3}}{2}v\\u_z=0,\end{cases}$

B 相对于 A 的速度，即 B 在 S' 系中的速度为

$$u_x'=\frac{u_x-v}{1-\frac{v}{c^2}u_x}=-0.588c,$$

$$u_y'=\frac{u_y}{\gamma\left(1-\frac{v}{c^2}u_x\right)}=0.611c,\ u_z'=0,$$

速率为 $u'=\sqrt{u_x'^2+u_y'^2+u_z'^2}=0.85c,$

小结 2：以上 3 题都是求解相对速度关系的.求解这类问题切忌按经典力学的概念去思考问题.而应按洛伦兹速度变换公式去思考和求解问题，其要点一般是：(1) 确定有关的参考系 S 系和 S' 系，注意 S 系和 S' 系必需满足洛伦兹坐标变换的条件；(2) 根据已知条件，确定某一物体在 S 系(或 S' 系)中的各个速度分量；(3) 将这些速度分量代入洛伦兹速度变换公式求出该物体在另一个坐标系中的各个速度分量.

9.11 解：火箭接收到的频率 $\upsilon'=\upsilon\sqrt{\dfrac{1+\beta}{1-\beta}}$，

雷达接收到的反射波的频率 $\upsilon''=\upsilon'\sqrt{\dfrac{1+\beta}{1-\beta}}=\upsilon\dfrac{1+\beta}{1-\beta}$，

雷达接收到的反射波与发射波的频差 $\Delta\upsilon=\upsilon''-\upsilon=\upsilon\dfrac{2\beta}{1-\beta}$.

(1) $\Delta\upsilon=\dfrac{c}{\lambda_1}\dfrac{2\beta}{1-\beta}=2.5\times10^5\ \text{Hz}$，

(2) $\Delta\upsilon=\dfrac{c}{\lambda_2}\dfrac{2\beta}{1-\beta}=1.99\times10^8\ \text{Hz}$.

9.12 解：赤道两边的氢原子为电磁波源，由于太阳的自转，使电磁波波源分别以速率 ωR 朝向和远离地球运动，从而产生多普勒频移.

朝向地球运动，频率升高：$\upsilon_1=\upsilon\sqrt{\dfrac{1+\beta}{1-\beta}}$，相应的波长：$\lambda_1=\dfrac{c}{\upsilon_1}=\lambda\sqrt{\dfrac{1-\beta}{1+\beta}}$.

远离地球运动，频率降低：$\upsilon_2=\upsilon\sqrt{\dfrac{1-\beta}{1+\beta}}$，相应的波长：$\lambda_2=\dfrac{c}{\upsilon_2}=\lambda\sqrt{\dfrac{1+\beta}{1-\beta}}$.

其中 $\beta=\dfrac{\omega R}{c}=\dfrac{2\pi R}{Tc}=\dfrac{\pi D}{Tc}$，$T$ 是太阳的自转周期，D 是太阳直径.

波长差为 $\Delta\lambda=\lambda_2-\lambda_1=\lambda\dfrac{2\beta}{\sqrt{1-\beta^2}}\approx\lambda\cdot2\beta$，所以 $\beta=\dfrac{\Delta\lambda}{2\lambda}$

(1) 太阳自转周期 $T=\dfrac{\pi D}{\beta c}=\dfrac{2\pi\lambda D}{\Delta\lambda\cdot c}=2\times10^6\ \text{s}$.

(2) 根据波长变大和变小的方向，可判断太阳的自转方向.

9.13 解：氢原子运动的 $\beta=v/c=2/3$

(1) 在面向氢原子运动的方向上，频率升高，波长变短：

$\upsilon_1=\upsilon\sqrt{\dfrac{1+\beta}{1-\beta}}$，$\lambda_1=\dfrac{c}{\upsilon_1}=\lambda\sqrt{\dfrac{1-\beta}{1+\beta}}=217.405\ \text{nm}$，

在背向氢原子运动的方向上，频率降低，波长变长：

$\upsilon_2=\upsilon\sqrt{\dfrac{1-\beta}{1+\beta}}$，$\lambda_2=\dfrac{c}{\upsilon_2}=\lambda\sqrt{\dfrac{1+\beta}{1-\beta}}=1087.026\ \text{nm}$.

(2) 在垂直于氢原子运动的方向上，有横向多普勒频移：

$\upsilon_3=\upsilon/\gamma$，$\lambda_1=\dfrac{c}{\upsilon_3}=\lambda\gamma=486.133\times\dfrac{1}{\sqrt{1-(2/3)^2}}=652.216\ \text{nm}$.

9.14 解：(1)
$$m=\gamma_u m_0=\frac{1}{\sqrt{1-\left(\dfrac{0.99c}{c}\right)^2}}\times9.11\times10^{-31}\ \text{kg}$$
$$=6.46\times10^{-30}\ \text{kg}，$$

$p = \gamma_u m_0 u = 1.92 \times 10^{-21}$ kgm/s.

(2) $E = \gamma_u m_0 c^2 = 5.81 \times 10^{-13}$ J,

$E_k = \gamma_u m_0 c^2 - m_0 c^2 = 4.99 \times 10^{-13}$ J.

9.15 解：原子核为孤立系，故在发射光子前后有

能量守恒 $m_0 c^2 = E_c + \gamma_u m_0' c^2$ (1)

动量守恒 $0 = P_c + \gamma_u m_0' u$ (2)

其中，E_c 和 P_c 分别为光子的能量和动量，m_0' 和 u 分别为发射光子后原子核的静止质量和速率.

$$P_c = \frac{E_c}{c} \qquad (3)$$

由(1)式：$\gamma_u m_0' = m_0 - \dfrac{E_c}{c^2} = (1 - 1.78 \times 10^{-4}) \times 10^{-26}$ kg (4)

由(2)式和(3)式得到发射光子后原子核的动量为

$$\gamma_u m_0' u = -\frac{E_c}{c} = -5.34 \times 10^{-22} \text{ kgm/s} \qquad (5)$$

由(4)式和(5)式得：$|u| = \dfrac{\dfrac{E_c}{c}}{m_0 - \dfrac{E_c}{c^2}} = 5.34 \times 10^4$ m/s (6)

鉴于 $|u| \ll c$ $(\gamma \approx 1)$，可以直接使用牛顿力学中的动能表达式. 利用(5)式和(6)式：

$$E_k' = \frac{1}{2} m_0' u^2 = \frac{1}{2} \cdot m_0' |u| \cdot |u| = \frac{1}{2} \cdot \frac{E_c}{\gamma_u c} \cdot \frac{\dfrac{E_c}{c}}{m_0 - \dfrac{E_c}{c^2}}$$

$$\approx \frac{1}{2} \cdot \frac{E_c^2}{m_0 c^2 - E_c} \approx \frac{1}{2} \cdot \frac{E_c^2}{m_0 c^2} = 1.43 \times 10^{-17} \text{ J}$$

9.16 解：设一原子质量单位的质量为 m_o，则衰变前静止粒子的静止质量为 $42m_o$，衰变后速率为 $0.6c$ 的粒子的静止质量为 $20m_o$，另一粒子的速度为 u，静止质量为 m_2.

质量守恒：$42m_o = \gamma_1 \cdot 20m_o + \gamma_u m_2$，

动量守恒：$\gamma_1 \cdot 20m_o \cdot 0.6c + \gamma_u m_2 u = 0$，

将 $\gamma_1 = 1/\sqrt{1 - 0.6^2} = 1.25$ 代入上两式得

$$\begin{cases} 42m_o = 25m_o + \gamma_u m_2 \\ 0 = 15m_o c + \gamma_u m_2 u, \end{cases}$$

由第一式得另一粒子的相对论质量 $\gamma_u m_2 = 17m_o$.

由第二式得该粒子的相对论动量 $\gamma_u m_2 u = -15m_o c$.

两式相除得该粒子的速率 $|u| = 15c/17$

从而得到该粒子的静止质量 $m_2 = 17m_o/\gamma_u = 17\sqrt{1-(15/17)^2}\,m_o = 8m_o$.

9.17 解：设碰前光子的速度沿 x 方向，能量已知为 E_0，动量为 $\frac{E_0}{c}$；碰后光子的速度沿 y 方向，波长为 λ_1，则能量为 $E_1 = h\upsilon_1 = h\frac{c}{\lambda_1}$，动量为 $\frac{E_1}{c} = \frac{h}{\lambda_1}$，电子的速度为 $u = \sqrt{u_x^2 + u_y^2}$.

能量守恒 $E_0 + m_e c^2 = \frac{h}{\lambda_1}c + \gamma_u m_e c^2$， (1)

动量守恒 x 方向 $\frac{E_0}{c} + 0 = 0 + \gamma_u m_e u_x$， (2)

y 方向 $0 + 0 = \frac{h}{\lambda_1} + \gamma_u m_e u_y$， (3)

三个方程，三个未知量 λ_1, u_x, u_y，

$$(2)^2 + (3)^2 \Rightarrow \left(\frac{E_0}{c}\right)^2 + \left(\frac{h}{\lambda_1}\right)^2 = (\gamma_u m_e u)^2 = (m_e c)^2\left(\gamma_u^2 \frac{u^2}{c^2}\right)$$

$$= (m_e c)^2(\gamma_u^2 - 1)$$

$$\Rightarrow (m_e c\gamma_u)^2 = \left(\frac{E_0}{c}\right)^2 + \left(\frac{h}{\lambda_1}\right)^2 + (m_e c)^2, \quad (4)$$

$[(1)/c]^2 \Rightarrow (m_e c\gamma_u)^2 = \left(\frac{E_0}{c} - \frac{h}{\lambda_1} + m_e c\right)^2$ 代入(4)消去 γ_u 得

$$-2\left(\frac{E_0}{c} + m_e c\right)\frac{h}{\lambda_1} + 2\left(\frac{E_0}{c}m_e c\right) = 0$$

$$\Rightarrow \lambda_1 = \frac{h(E_0 + m_e c^2)}{E_0 m_e c} = 2.6\times 10^{-12}\ \text{m}.$$

9.18 解：设湮灭前能量为 E_0、动量为 P_0 的电子沿 x 轴正向运动，与静止的正电子湮灭后，产生两个光子，频率为 υ_1 的光子向 x 轴正向运动，频率为 υ_2 的光子向 x 轴负向运动. 湮灭前后能量守恒和动量守恒：

$$\begin{cases} E_0 + m_e c^2 = h\upsilon_1 + h\upsilon_2 \\ P_0 + 0 = \frac{h}{c}\upsilon_1 - \frac{h}{c}\upsilon_2, \end{cases}$$

联立解得 $\begin{cases} \upsilon_1 = (E_0 + m_e c^2 + P_0 c)/2h \\ \upsilon_2 = (E_0 + m_e c^2 - P_0 c)/2h, \end{cases}$

而相对论能量和动量间存在普遍关系：$E^2 - P^2c^2 = m_0^2 c^4$，所以

$P_0 c = \sqrt{E_0^2 - m_e^2 c^4}$.

$$\begin{cases} \upsilon_1 = (E_0 + m_e c^2 + \sqrt{E_0^2 - m_e^2 c^4})/2h \\ \upsilon_2 = (E_0 + m_e c^2 - \sqrt{E_0^2 - m_e^2 c^4})/2h, \end{cases}$$

$$\begin{cases} \upsilon_1 = 1.3 \times 10^{21}\,(\mathrm{Hz}) \\ \upsilon_2 = 6.5 \times 10^{19}\,(\mathrm{Hz}). \end{cases}$$

小结 3： 以上几题是关于相对论动力学的问题.这类问题的关键是正确表达相对论质量和动量，特别是光子类粒子(静止质量为零，运动速率为光速)的能量和动量表达.涉及孤立系的某一过程——如原子发射光子、原子的分裂或衰变等——的问题一般都有相对论质量(能量)守恒和相对论动量守恒，所以求解要点是：(1) 根据已知条件正确写出过程前后的质量、动量表达式和质量、动量守恒的表达式；(2) 联立求解这些表达式求出所涉及的未知量. 注意，质量守恒给出一个标量方程、动量守恒一般包括三个标量方程，所以联立求解这些表达式可以解决未知量少于 4 时的问题.未知量多于 4 时，需要附加其他条件，才能完全求解.

参 考 书 目

[1] 王楚,李椿,周乐柱,郑乐民.基础物理教程——力学.北京：北京大学出版社.
[2] 蔡伯濂.力学.长沙：湖南教育出版社.
[3] 梁昆淼.力学(上册).北京：人民教育出版社.
[4] Kittle C(美).伯克利物理学教程——力学.陈秉乾,译.北京：科学出版社.
[5] 赵凯华.新概念力学.北京：北京大学出版社.
[6] 陆果,陈凯旋.基础物理学教学参考书.北京：高等教育出版社.

附录Ⅰ　数学

基础物理的力学课程是大多数理工科一年级大学生的必修课，它必须在微积分和矢量概念的基础上进行. 然而，一方面由于近年来大学入学考试不考这方面的内容，很多中学也就不教这方面的内容；另一方面大学里有关的数学课程又相对滞后，不能满足一年级大学生学习力学课程的要求. 针对这一矛盾，我们编写了这篇附录，介绍微积分和矢量的最基本的概念和最简单的计算方法，期望对大学一年级学生学习基础物理课程会有所帮助. 该附录的内容教学共需 6—8 学时，安排在力学课程前集中学习. 由于时间短，内容多，有部分学生会觉得太快，但是实践证明，大多数学生不会觉得太困难. 本附录着重在物理问题的基础上建立微积分和矢量的最基本的概念，学会最简单的计算. 至于精确的数学表述和较难的计算，则留待学生在正规数学课程中去完成.

一、函数的极限和微分

1.1　函数的极限

1. 极限的概念

函数的微商是建立在极限的基础上的，因此有必要先介绍极限的概念和计算方法.

直观的极限概念　对于简单的初等函数，如幂函数 $y=x^n$，x^a，指数函数 $y=e^x$，a^x 和对数函数 $y=\ln x$，$\log_a x$，三角函数 $y=\sin x$，$\cos x$，$\tan x$ 和反三角函数 $y=\sin^{-1}x$，$\cos^{-1}x$，$\tan^{-1}x$ 等，我们说“自变量等于某个值时，函数值是多少”，这是不成问题的. 只需要把自变量的值代进去就行了. 但是对于某些由简单初等函数组成的函数，对于同样的问题就难于回答了. 例如我们问“函数 $y=\dfrac{\sin x}{x}$ 在 $x=0$ 处的值是多少”，就不能直接回答了，因为该函数在时 $x\neq 0$ 时都有确定的值，而在 $x=0$ 这一点上出现了 $y=\dfrac{0}{0}$ 不确定的形式. 直观地，我们把类似“自变量无限趋于某个值时，函数值是多少”这样的问题称为函数在该点的极限是多少. 当然，这种“无限趋于”说法是不严格的. 严格的定义是数学上的“ε-δ”法.

严格的极限定义：对于任意给定的正数 $\delta>0$，存在（总能找到）$\varepsilon(\delta)>0$，只要 $|x-a|<\varepsilon$，就有 $|f(x)-A|<\delta$. 我们则称函数 $f(x)$ 在 $x=a$ 点的极限是 A，记为

$$\lim_{x\to a} f(x)=A$$

利用极限的定义和其他方法，可证明简单函数的极限. 对于复杂函数的极限，则要利用已知函数的极限和相关的运算规则来进行计算.

一些有用的极限　下面介绍求初等函数微商时要用到的两个极限.

(1) $\lim\limits_{x\to 0}\dfrac{\sin x}{x}=1$.

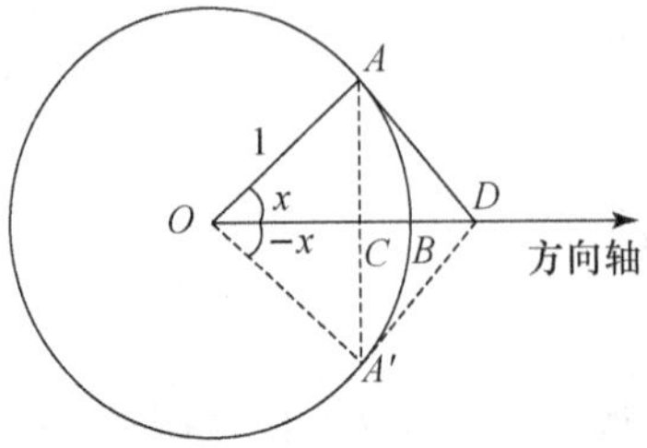

图附 1.1　证明 $\lim\limits_{x\to 0}\dfrac{\sin x}{x}=1$ 所用的图

对于这种$\dfrac{0}{0}$不定形式的函数的极限，一般可用洛必达法则，即：对分子和分母进行微商后再求极限．但是我们这里还未讲到微商，如果用微商的方法求极限，有本末倒置之嫌，故采用几何的方法．如附图 1.1 所示，单位圆与 x 轴的交点为 B，单位圆上的一条半径为 OA，A 与 B 之间的的圆弧长度值为$\widehat{AB}=x$．A 到 x 轴的垂直距离为 $AC=\sin x$，OB 延长线与过 A 点的切线交于 D 点，则 $AD=\tan x$．由几何关系很容易得到

$$AC<\widehat{AB}<AD,\quad 即\quad \sin x<x<\tan x$$

由此可得 $1<\dfrac{x}{\sin x}<\dfrac{1}{\cos x}$，即 $1>\dfrac{\sin x}{x}>\cos x$．

很明显，$\dfrac{\sin x}{x}$的值在 1 和 $\cos x$ 之间．当 $x\to 0$ 时，$\cos x\to 1$，故$\lim\limits_{x\to 0}\dfrac{\sin x}{x}=1$．

(2) $\lim\limits_{x\to\infty}\left(1+\dfrac{1}{x}\right)^x=\mathrm{e}$．

这个函数的极限等于序列$\left(1+\dfrac{1}{n}\right)^n$的极限$\lim\limits_{n\to\infty}\left(1+\dfrac{1}{n}\right)^n=\mathrm{e}$．序列的极限可用数学归纳法等方法证明，这里不再赘述．

2．极限的运算规则和简单应用

(1) 常数函数积的极限等于常数与函数极限之积：$\lim\limits_{x\to a}a\cdot f(x)=a\cdot\lim\limits_{x\to a}f(x)$

(2) 函数和的极限等于函数极限之和：$\lim\limits_{x\to a}[f(x)+g(x)]=\lim\limits_{x\to a}f(x)+\lim\limits_{x\to a}g(x)$

(3) 函数积的极限等于函数极限之积：$\lim\limits_{x\to a}[f(x)\times g(x)]=\lim\limits_{x\to a}f(x)\times\lim\limits_{x\to a}g(x)$

(4) 函数商的极限等于函数极限之商：$\lim\limits_{x\to a}[f(x)\div g(x)]=\lim\limits_{x\to a}f(x)\div\lim\limits_{x\to a}g(x)$

$\lim\limits_{x\to a}g(x)\neq 0$

在下面求极限的例子中，为了与下一节微商的定义对照，我们把 x 看作常量，把 Δx 看作变量．

例题 1　证明 $\lim\limits_{\Delta x\to 0}\dfrac{\cos(x+\Delta x)-\cos x}{\Delta x}=-\sin x$

证明：由和差化积的公式得

$$\lim_{\Delta x\to 0}\frac{\cos(x+\Delta x)-\cos x}{\Delta x}=\lim_{\Delta x\to 0}\frac{-2\sin(x+\Delta x/2)\cdot\sin(\Delta x/2)}{\Delta x}$$

$$=-\lim_{\Delta x\to 0}\frac{\sin(\Delta x/2)}{\Delta x/2}\cdot\lim_{\Delta x\to 0}\sin(x+\Delta x/2)=-\sin x$$

上式用到了极限 $\lim\limits_{\Delta x\to 0}\dfrac{\sin(\Delta x/2)}{\Delta x/2}=1$．

3．极限的其他有关概念

无穷小量和无穷大量：若$\lim\limits_{x\to a}f(x)=0$，则称函数 $f(x)$在 $x=a$ 处为无穷小量；若$\lim\limits_{x\to a}f(x)=\infty$，则称函数 $f(x)$在 $x=a$ 处为无穷大量．

若两个无穷小量的商的极限$\lim\limits_{x\to a}[f(x)\div g(x)]=0$,则称$f(x)$是比$g(x)$更高阶的无穷小量.若两个无穷大量的商的极限$\lim\limits_{x\to a}[f(x)\div g(x)]=\infty$,则称$f(x)$是比$g(x)$更高阶的无穷大量.很明显,无穷小量与无穷大量互为倒数.

在求极限的运算中,若干个无穷小量相加时,较高阶的无穷小量可略去;若干个无穷大量相加时,较低阶的无穷大量可略去.

例题 2 证明 $\lim\limits_{\Delta x\to 0}\dfrac{(x+\Delta x)^3-x^3}{\Delta x}=3x^2$

证明: 利用二项式公式得

$$\begin{aligned}\lim_{\Delta x\to 0}\frac{(x+\Delta x)^3-x^3}{\Delta x}&=\lim_{\Delta x\to 0}\frac{x^3+3x^2\Delta x+3x(\Delta x)^2+(\Delta x)^3-x^3}{\Delta x}\\&=\lim_{\Delta x\to 0}(3x^2+3x(\Delta x)+(\Delta x)^2)=\lim_{\Delta x\to 0}3x^2+\lim_{\Delta x\to 0}3x(\Delta x)+\lim_{\Delta x\to 0}(\Delta x)^2\\&=3x^2\end{aligned}$$

上式用到了无穷小量的极限.

单侧极限: 当x只从小于a的一侧趋于a时函数的极限称为左侧极限;当x只从大于a的一侧趋于a时函数的极限称为右侧极限.分别记为

$$\lim_{x\to a-0}g(x) \quad 和 \quad \lim_{x\to a+0}g(x).$$

函数的连续: 若函数在某点的左侧极限和右侧极限相等,则称函数在该点连续;若函数在某点的左侧极限和右侧极限不相等,则称函数在该点不连续.例如:函数$\sin(x)$和$\cos(x)$在任意点连续;而函数$\tan(x)$在$x=n\pi+\pi/2$处不连续,因为

$$\lim_{x\to n\pi+\pi/2-0}\tan(x)=+\infty\neq\lim_{x\to n\pi+\frac{\pi}{2}+0}\tan(x)=-\infty.$$

习题 1.1

1. 设x和Δx为独立变量,求下列极限.

(1) $\lim\limits_{\Delta x\to 0}\dfrac{(x+\Delta x)^n-x^n}{\Delta x}$　　(2) $\lim\limits_{\Delta x\to 0}\dfrac{\sin(x+\Delta x)-\sin x}{\Delta x}$

(3) $\lim\limits_{\Delta x\to 0}\dfrac{\tan(x+\Delta x)-\tan x}{\Delta x}$　　(4) $\lim\limits_{\Delta x\to 0}\dfrac{\cot(x+\Delta x)-\cot x}{\Delta x}$

2. 求下列极限.

(1) $\lim\limits_{x\to\infty}\dfrac{x^2+2x-3}{5x^2+8x+5}$　　(2) $\lim\limits_{x\to\infty}\dfrac{x^2+2x-3}{5x^3+6x+3}$

(3) $\lim\limits_{x\to\infty}\dfrac{\sqrt{1+x^2}-x^2}{5x^3}$　　(4) $\lim\limits_{x\to\infty}\dfrac{x^2\sin x}{6x^3}$

1.2 函数的微商和微分

1. 微商和微分的基本概念

(1) 物理问题及微商的定义.

在物理学中,经常会研究一个物理量随时间或空间作非均匀变化的快慢问题.例如:

(a) 质点沿y轴作变速运动,已知其路程(坐标)随时间的变化关系$y=y(t)$,我们要问质点运动有多快?即速度有多大?

首先引入平均速度.设 t 到 $t+\Delta t$ 时间间隔内，质点的运动距离为 $\Delta y = y(t+\Delta t)-y(t)$，则在这段时间间隔中的平均速度为 $\dfrac{\Delta y}{\Delta t}=\dfrac{y(t+\Delta t)-y(t)}{\Delta t}$. 很明显，这个速度与 Δt 的大小有关，Δt 越小，越能精确地描述 t 时刻质点运动的快慢程度.如果取平均速度的极限，即瞬时速度 $v=\lim\limits_{\Delta t\to 0}\dfrac{\Delta y}{\Delta t}=\lim\limits_{\Delta t\to 0}\dfrac{y(t+\Delta t)-y(t)}{\Delta t}$ 就可以精确地描述 t 时刻质点运动的快慢程度.

(b) 杆绕其一端在一个平面内作变速转动，已知其转过的角度(角坐标)随时间的变化关系 $\theta=\theta(t)$，我们要问杆转动有多快？即角速度有多大？

首先引入平均角速度.设 t 到 $t+\Delta t$ 时间间隔内，杆转过的角度为 $\Delta\theta=\theta(t+\Delta t)-\theta(t)$，则在这段时间间隔中的平均角速度为 $\dfrac{\Delta\theta}{\Delta t}=\dfrac{\theta(t+\Delta t)-\theta(t)}{\Delta t}$. 很明显，$\Delta t$ 越小，越能精确地描述 t 时刻杆转动的快慢程度.如果取平均角速度的极限，即瞬时角速度 $\omega=\lim\limits_{\Delta t\to 0}\dfrac{\Delta\theta}{\Delta t}=\lim\limits_{\Delta t\to 0}\dfrac{\theta(t+\Delta t)-\theta(t)}{\Delta t}$ 就精确地描述 t 时刻杆转动的快慢程度.

(c) 已知一座山在某一方向的海拔高度 h 随水平距离 x 的变化关系为 $h=h(x)$，我们要问这座山有多陡？即陡度或梯度有多大？

首先引入平均陡度.设 x 到 $x+\Delta x$ 的水平距离内，山的高度变化为 $\Delta h=h(x+\Delta x)-h(x)$，则在这段水平距离的平均陡度为 $\dfrac{\Delta h}{\Delta x}=\dfrac{h(x+\Delta x)-h(x)}{\Delta x}$. 很明显，$\Delta x$ 越小，越能精确地描述 x 处山的陡度.如果取平均陡度的极限，即 $g=\lim\limits_{\Delta x\to 0}\dfrac{\Delta h}{\Delta x}=\lim\limits_{\Delta x\to 0}\dfrac{h(x+\Delta x)-h(x)}{\Delta x}$ 就精确地描述 x 处山的陡度.

为了解决上述物理问题，数学家提出了微商的概念和计算法.

微商的定义： 给定函数 $y=y(x)$ 在 $x=x_0$ 附近有定义，若极限

$$\lim_{\Delta x\to 0}\frac{y(x_0+\Delta x)-y(x_0)}{\Delta x}$$

存在，则称该极限为函数 $y=y(x)$ 在 $x=x_0$ 点的微商或导数，记作

$$y'(x_0)=\left.\frac{\mathrm{d}y}{\mathrm{d}x}\right|_{x_0}=\lim_{\Delta x\to 0}\frac{y(x_0+\Delta x)-y(x_0)}{\Delta x}=\lim_{\Delta x\to 0}\frac{\Delta y}{\Delta x}.$$

(为书写方便，通常略去 x_0 的下角标，简记为 x)

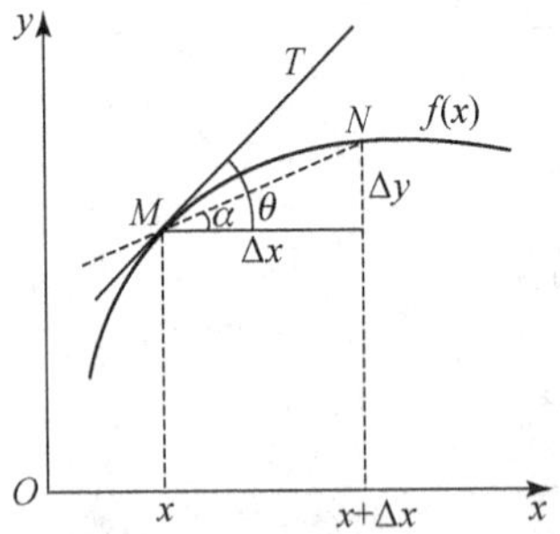

图附 1.2　微商的几何意义

(2) 微商的几何意义.

函数 $y=y(x)$ 在 xy 平面可用一条曲线表示，$y(x)$ 对应于曲线上的 M 点，$y(x+\Delta x)$ 对应于曲线上的 N 点，如附图 1.2 所示. $\dfrac{\Delta y}{\Delta x}$ 代表直线 MN 的斜率，当 $\Delta x\to 0$，即当 $N\to M$ 时，直线 MN 趋向于曲线在 M 点的切线 T. 因此，函数 $y=y(x)$ 在 x 点的微商或导数的几何意义就是函数曲线在该点的斜率，即

$$y'(x)=\lim_{\Delta x\to 0}\frac{\Delta y}{\Delta x}=\tan\theta$$

由此可知，若 $y'(x)>0$ 则函数为增函数；若 $y'(x)<0$ 则

函数为减函数；若 $y'(x)=0$ 则函数在该点可能取极值.

(3) 微分.

用 dx 代表自变量的微小变化，如图附 1.3 所示. 则

$$dy=y'(x)dx$$

定义为函数在该点的微分，它等于该点切线上 x 和 $x+dx$ 对应点的纵坐标的变化，它与函数曲线上对应点的纵坐标的变化 $\Delta y=y(x+dx)-y(x)$ 相差一个无穷小量，即

$$dy=y'(x)dx=\Delta y+o(\Delta x).$$

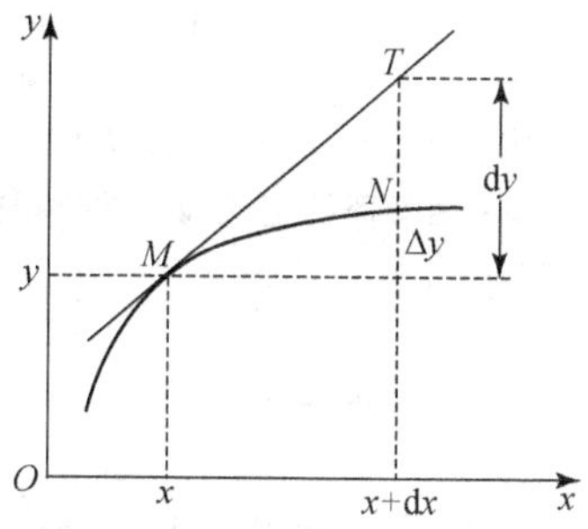

图附 1.3 微分的几何意义

定义微分的意义：

(1) 在数值积分中用于近似计算 $\Delta y\approx dy=y'(x)dx$；

(2) 用于理论推导微商公式（见有关复合函数，反函数和隐函数微商公式的推导）.

2. 求微商的基本方法

(1) 按定义求基本微商公式.

例题 3 求 $y=\ln x$ 的微商.

解： $$y'(x)=\lim_{\Delta x\to 0}\frac{\ln(x+\Delta x)-\ln x}{\Delta x}=\lim_{\Delta x\to 0}\frac{\ln\left(1+\frac{\Delta x}{x}\right)}{\Delta x}=\lim_{\Delta x\to 0}\left[\frac{x}{x\cdot\Delta x}\ln\left(1+\frac{\Delta x}{x}\right)\right]$$

$$=\lim_{\Delta x\to 0}\left[\frac{1}{x}\ln\left(1+\frac{1}{x/\Delta x}\right)^{x/\Delta x}\right]=\frac{1}{x}\lim_{x/\Delta x\to\infty}\left[\ln\left(1+\frac{1}{x/\Delta x}\right)^{x/\Delta x}\right]=\frac{1}{x}\ln e=\frac{1}{x}$$

上式用到基本极限公式 $\lim\limits_{x\to\infty}\left(1+\frac{1}{x}\right)^x=e.$

(2) 求微商的四则运算公式.

(a) 常数的微商为零 $c'=0$

(b) $(cf(x))'=cf'(x)$

(c) $(u(x)+v(x))'=u'(x)+v'(x)$

(d) $(u(x)\cdot v(x))'=u'(x)\cdot v(x)+u(x)\cdot v'(x)$

(e) $\left(\frac{u(x)}{v(x)}\right)'=\frac{u'(x)\cdot v(x)-u(x)\cdot v'(x)}{v^2(x)}$

利用微商定义很容易证明公式(a)—(d)，这里只证明公式(e).

证明： $$\left(\frac{u(x)}{v(x)}\right)'=\lim_{\Delta x\to 0}\left[\frac{u(x+\Delta x)}{v(x+\Delta x)}-\frac{u(x)}{v(x)}\right]\Big/\Delta x=\lim_{\Delta x\to 0}\left[\frac{u(x+\Delta x)\cdot v(x)-u(x)\cdot v(x+\Delta x)}{v(x+\Delta x)\cdot v(x)\cdot\Delta x}\right]$$

$$=\lim_{\Delta x\to 0}\frac{u(x+\Delta x)\cdot v(x)-u(x)\cdot v(x)+u(x)\cdot v(x)-u(x)\cdot v(x+\Delta x)}{v(x+\Delta x)\cdot v(x)\cdot\Delta x}$$

$$=\lim_{\Delta x\to 0}\frac{[u(x+\Delta x)-u(x)]\cdot v(x)-u(x)\cdot[v(x+\Delta x)-v(x)]}{v(x+\Delta x)\cdot v(x)\cdot\Delta x}$$

$$=\lim_{\Delta x\to 0}\left[\frac{[u(x+\Delta x)-u(x)]\cdot v(x)}{\Delta x}-\frac{[v(x+\Delta x)-v(x)]\cdot u(x)}{\Delta x}\right]\cdot$$

$$\left[\lim_{\Delta x\to 0}\frac{1}{v(x+\Delta x)\cdot v(x)}\right]$$

$$=\frac{u'(x)\cdot v(x)-u(x)\cdot v'(x)}{v^2(x)}$$

例题 4 求 $y=\sin x$ 的微商.

解：由微商的定义和和差化积的公式得

$$y'=(\sin x)'=\lim_{\Delta x\to 0}\frac{\sin(x+\Delta x)-\sin x}{\Delta x}=\lim_{\Delta x\to 0}\frac{2\cos(x+\Delta x/2)\cdot\sin(\Delta x/2)}{\Delta x}$$

$$=\lim_{\Delta x\to 0}\frac{\sin(\Delta x/2)}{\Delta x/2}\cdot\lim_{\Delta x\to 0}\cos(x+\Delta x/2)=\cos x$$

上式用到了极限 $\lim\limits_{\Delta x\to 0}\frac{\sin(\Delta x/2)}{\Delta x/2}=1$.

例题 5 求 $y=\tan x$ 的微商.

解：利用函数商的微商公式得

$$y'=\left(\frac{\sin x}{\cos x}\right)'=\frac{(\sin x)'\cdot\cos x-\sin x\cdot(\cos x)'}{\cos^2 x}=\frac{(\cos x)\cdot\cos x-\sin x\cdot(-\sin x)}{\cos^2 x}=\frac{1}{\cos^2 x}$$

(3) 复合函数的微商法.

设有函数 $y=F(u)$，而 $u=u(x)$，则称 $y=F(u(x))$ 为复合函数，其对于 x 的微商为

$$y'=\frac{\mathrm{d}y}{\mathrm{d}x}=F'(u)\cdot u'(x)$$

证明：这里用微分与微商的关系证明.

因为 $y=F(u)$，所以有 $\qquad \mathrm{d}y=F'(u)\mathrm{d}u \qquad (1)$

又因 $u=u(x)$，所以有 $\qquad \mathrm{d}u=u'(x)\mathrm{d}x \qquad (2)$

(2)式代入(1)式得 $\qquad \mathrm{d}y=F'(u)u'(x)\mathrm{d}x \qquad (3)$

故 $\qquad y'=\frac{\mathrm{d}y}{\mathrm{d}x}=F'(u)\cdot u'(x)$

例题 6 求 $y=\sin(\omega t+\varphi)$ 对于 t 的微商，其中 ω 和 φ 为常量.

解：这里 $y=\sin(u)$，$u=\omega t+\varphi$，

所以 $\frac{\mathrm{d}y}{\mathrm{d}t}=\sin'(u)\cdot u'(t)$

其中 $\sin'(u)=\cos u=\cos(\omega t+\varphi)$

$$u'(t)=(\omega t+\varphi)'=(\omega t)'+(\varphi)'=\omega(t)'+(\varphi)'=\omega+0=\omega$$

其中，用到了微商法的运算规则 $(\omega t)'=\omega(t)'=\omega$，$(\varphi)'=0$ 及幂函数的微商 $(t^n)'=nt^{n-1}$，$n=1$ 时 $(t)'=1$.

最后得 $\frac{\mathrm{d}y}{\mathrm{d}t}=\omega\cos(\omega t+\varphi)$.

(4) 反函数的微商法.

设有反函数 $y=F^{-1}(x)$，则其微商 $y'=\frac{\mathrm{d}y}{\mathrm{d}x}=\frac{1}{F'(y)}$，

即：反函数的微商等于相关正函数微商的倒数.

这里仍用微分与微商的关系证明.

证明：因为 $y=F^{-1}(x)$，所以 $x=F(y)$，

由微分的定义得 $\mathrm{d}x=F'(y)\mathrm{d}y$

所以 $\dfrac{dy}{dx}=\dfrac{1}{F'(y)}$.

例题 7 求反函数 $y=\sin^{-1}(x)$的微商.

解: $y'=\dfrac{d}{dx}\sin^{-1}(x)=\dfrac{1}{\sin'(y)}=\dfrac{1}{\cos(y)}=\dfrac{1}{\cos(\sin^{-1}(x))}=\dfrac{1}{\sqrt{1-x^2}}$

其中,第一步用到了反函数的微商公式,第二步用到了 $\sin'(y)=\cos(y)$,第三步是把自变量再代回 x.

例题 8 求反函数 $y=\tan^{-1}x$ 的微商.

解:$y'=\dfrac{d}{dx}\tan^{-1}(x)=\dfrac{1}{\tan'(y)}=\dfrac{1}{1/\cos^2(y)}=\cos^2(\tan^{-1}(x))=\dfrac{1}{1+x^2}$

其中,第一步用到了反函数的微商公式,第二步用到了 $\tan'(y)=1/\cos^2(y)$,第三步是把自变量再代回 x.

(5) 隐函数的微商法.

在椭圆方程$\dfrac{x^2}{a^2}+\dfrac{y^2}{b^2}=1$ 中,y 是 x 的隐函数.要求 $y'=\dfrac{dy}{dx}$有两种方法.

方法 1:求出的明显表达式 $y=\pm b\sqrt{1-x^2/a^2}$,然后按上述微商法进行计算.

方法 2:对椭圆方程$\dfrac{x^2}{a^2}+\dfrac{y^2}{b^2}=1$ 两边求微分,得

$$d\left(\frac{x^2}{a^2}\right)+d\left(\frac{y^2}{b^2}\right)=d(1)=0$$

左边$=\left(\dfrac{d(x^2)}{a^2}\right)+\left(\dfrac{d(y^2)}{b^2}\right)=\dfrac{2x dx}{a^2}+\dfrac{2y dy}{b^2}=0\Rightarrow\dfrac{2x dx}{a^2}=-\dfrac{2y dy}{b^2}$

于是得 $y'=\dfrac{dy}{dx}=-\dfrac{b^2x}{a^2y}$

(6) 常用初等函数微商公式.

我们把常用的初等函数微商公式列在下面,便于读者查阅和记忆.

$c'=0$ (c 为常数)	$(x^n)'=nx^{n-1}$(n 为常数)
$(\sin x)'=\cos x$	$(\sin^{-1}x)'=1/\sqrt{1-x^2}$
$(\cos x)'=-\sin x$	$(\cos^{-1}x)'=-1/\sqrt{1-x^2}$
$(\tan x)'=1/\cos^2 x$	$(\tan^{-1}x)'=1/(1+x^2)$
$(\cot x)'=-1/\sin^2 x$	$(\cot^{-1}x)'=-1/(1+x^2)$
$(e^x)'=e^x$	$(\ln x)'=1/x$

习题 1.2

1. 利用微商的定义求下列函数的微商.

(1) 常数 c (2) $\sin x$ (3) $\cos x$ (4) x^α (5) $\log_a x$

2. 利用微商的运算规则求下列函数的微商,其中 α,β,ω 为常数.

(1) $\tan x$ (2) $\cot x$ (3) $e^{-\beta x}\cos(\omega x+\alpha)$ (4) $\dfrac{x^\alpha}{\sin\beta x}$

3. 利用反函数的微商法求下列函数的微商.

(1) $\sin^{-1}x$ (2) $\cos^{-1}x$ (3) $\tan^{-1}x$ (4) $\cot^{-1}x$ (5) e^x (6) a^x

1.3 高阶微商和高阶微分

1. 高阶微商和微分的定义

函数 $y=F(x)$的微商 $y'=F'(x)$仍是 x 的函数，因此可以再求微商，称为原函数的二阶微商，记作

$$y''=\frac{\mathrm{d}}{\mathrm{d}x}y'=\frac{\mathrm{d}}{\mathrm{d}x}\left(\frac{\mathrm{d}}{\mathrm{d}x}y\right)=\frac{\mathrm{d}^2}{\mathrm{d}x^2}y$$

二阶微商可以再求微商，称为三阶微商，记作 y'''，或 $y^{(3)}$

$$y'''=y^{(3)}=\frac{\mathrm{d}}{\mathrm{d}x}y''=\frac{\mathrm{d}}{\mathrm{d}x}\left(\frac{\mathrm{d}^2}{\mathrm{d}x^2}y\right)=\frac{\mathrm{d}^3}{\mathrm{d}x^3}y$$

可以一直做到 n 阶微商 $y^{(n)}$

$$y^{(n)}=\frac{\mathrm{d}}{\mathrm{d}x}y^{(n-1)}=\frac{\mathrm{d}^n}{\mathrm{d}x^n}y.$$

类似地，可以定义高阶微分

一阶微分　$\mathrm{d}y=y'\mathrm{d}x$

二阶微分　$\mathrm{d}^2y=\mathrm{d}(\mathrm{d}y)=\mathrm{d}(y'\mathrm{d}x)=y''\mathrm{d}x^2$

三阶微分　$\mathrm{d}^3y=\mathrm{d}(\mathrm{d}^2y)=y^{(3)}\mathrm{d}x^3$

n 阶微分　$\mathrm{d}^ny=\mathrm{d}(\mathrm{d}^{n-1}y)=y^{(n)}\mathrm{d}x^n$

例题 9　求函数 $y=x^2$，$\sin\omega x$ 和 e^{ax} 的 1—4 阶微商.

解：

$y=x^2$	$y=\sin\omega x$	$y=\mathrm{e}^{ax}$
$y'=2x$	$y'=\omega\cos\omega x$	$y'=a\mathrm{e}^{ax}$
$y''=2$	$y''=-\omega^2\sin\omega x$	$y''=a^2\mathrm{e}^{ax}$
$y^{(3)}=0$	$y^{(3)}=-\omega^3\cos\omega x$	$y^{(3)}=a^3\mathrm{e}^{ax}$
$y^{(4)}=0$	$y^{(4)}=\omega^4\sin\omega x$	$y^{(4)}=a^4\mathrm{e}^{ax}$

2. 高阶微商和微分的运用举例

(1) 函数的极值.

函数 $y=y(x)$在 x 点的微商 $y'(x)$的几何意义就是函数曲线在该点的斜率，因此

若 $y'(x)>0$，则函数在该点附近为增函数；

若 $y'(x)<0$，则函数在该点附近为减函数；

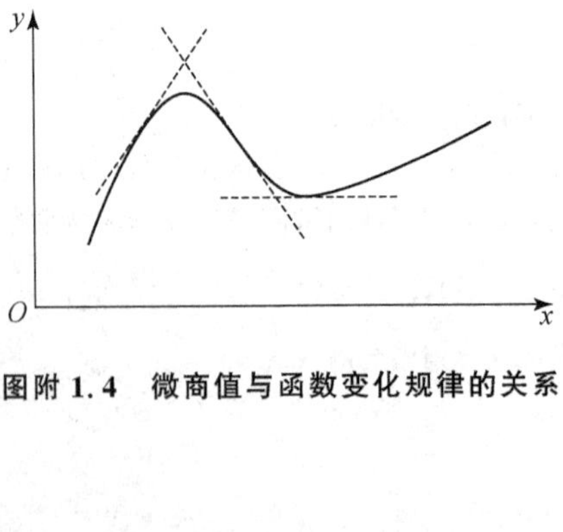

图附 1.4　微商值与函数变化规律的关系

若 $y'(x)=0$,若 $y''(x)>0$ 则函数在该点取极小值;

若 $y''(x)<0$ 则函数在该点取极大值.

若 $y''(x)=0$,如何进一步分析函数的行为,读者可参阅专业数学书,这里不再赘述.

如图附 1.4 所示.

例题 10 函数 $y=\cos x$

当 $x=-\frac{\pi}{2}$时,$y'\left(-\frac{\pi}{2}\right)=(-\sin x)_{x=-\pi/2}=1>0$,故 $\cos x$ 在 $x=-\frac{\pi}{2}$附近为增函数;

当 $x=\frac{\pi}{2}$时,$y'\left(\frac{\pi}{2}\right)=(-\sin x)_{x=\pi/2}=-1<0$,故 $\cos x$ 在 $x=\frac{\pi}{2}$附近为减函数;

当 $x=0$ 时,$y'(0)=(-\sin x)_{x=0}=0$,需进一步求微商,

$y''(0)=(-\cos x)_{x=0}=-1<0$,故 $\cos x$ 在 $x=\frac{\pi}{2}$处取极大值;

当 $x=\pi$ 时,$y'(\pi)=(-\sin x)_{x=\pi}=0$,需进一步求微商,

$y''(\pi)=(-\cos x)_{x=\pi}=1>0$,故 $\cos x$ 在 $x=\pi$ 处取极小值.

注意 在求函数在某个确定点的微商时应先求微商,然后再代入该点自变量的值,绝不能先代入自变量,再求微商.例如求 $y=\cos x$ 在 $x=\frac{\pi}{2}$点的微商,应先求微商得 $y'=-\sin x$,然后代入 $x=\frac{\pi}{2}$得 $y'\left(\frac{\pi}{2}\right)=(-\sin x)_{x=\pi/2}=-1$.

(2) 泰勒展开式.

在力学问题的分析中经常会采用必要的近似,例如在分析单摆的小角度摆动时,就会用到近似 $\sin\theta\approx\theta$,在分析地球引力随高度 h 的变化时,会用到近似$[1+(h/R_e)^2]^{-2}\approx1-2(h/R_e)^2$.这些近似的基础就是函数的泰勒展开式.

(a) 常用的泰勒展开式:

$\sin x=x-\frac{1}{3!}x^3+\frac{1}{5!}x^5-+\cdots$

$\cos x=1-\frac{1}{2!}x^2+\frac{1}{4!}x^4-+\cdots$

$e^x=1+x+\frac{1}{2!}x^2+\frac{1}{3!}x^3+\frac{1}{4!}x^4+\frac{1}{5!}x^5-+\cdots$

$(1+x)^\alpha=1+\alpha x+\frac{\alpha(\alpha-1)}{2!}x^2+\frac{\alpha(\alpha-1)(\alpha-2)}{3!}x^3+\cdots$

(b) 普遍的泰勒展开式.

函数 $F(x)$在 x_0+h 的值 $F(x_0+h)$可用该函数及其 n 阶微商在 x_0 点的值来展开,即

$$F(x_0+h)=F(x_0)+\frac{1}{1!}F'(x_0)h+\frac{1}{2!}F''(x_0)h^2+\cdots+\frac{1}{n!}F^{(n)}(x_0)h^n \tag{1}$$

证明:定义在某一区间的任意函数可用多项式来逼近,即

$$F(x)=a_0+a_1x+a_2x^2+\cdots+a_nx^n$$

该函数在区间中某个确定点 $x=x_0$ 附近 $x=x_0+h$ 的值(h 是与 x_0 无关的小变量)可以表为

$$F(x_0+h)=a_0+a_1(x_0+h)+a_2(x_0+h)^2+\cdots+a_n(x_0+h)^n$$

计算上式中的$(x_0+h)^n$项($n=1,2,\cdots,n$)，并按h的幂次重新整理得

$$F(x_0+h)=A_0+A_1h+A_2h^2+A_3h^3+\cdots+A_nh^n \tag{2}$$

其中的系数$A_0,A_1,\cdots,A_n$是与h无关，仅与x_0有关的量.下面确定这些系数.

在(2)式中令即$h=0$得$A_0=F(x_0)$ (2′)

对(2)式求h的微商得(3)式

$$F'(x_0+h)=A_1+A_2 2h+A_3 3h^2+\cdots+A_n nh^{n-1} \tag{3}$$

在(3)式中令即$h=0$得$A_1=F'(x_0)$. (3′)

对(3)式求h的微商得(5)式

$$F''(x_0+h)=A_2 2\cdot 1+A_3 3\cdot 2h+\cdots+A_n n(n-1)h^{n-2} \tag{4}$$

在(4)式中令即$h=0$得$A_2=\dfrac{1}{2!}F''(x_0)$ (4′)

对(4)式求h的微商得(5)式

$$F^{(3)}(x_0+h)=A_3 3\cdot 2\cdot 1+\cdots+A_n n(n-1)(n-2)h^{n-2} \tag{5}$$

在(5)式中令即$h=0$得$A_3=\dfrac{1}{3!}F^{(3)}(x_0)$ (5′)

依次类推，微商n次后得 $A_n=\dfrac{1}{n!}F^{(n)}(x_0)$ (6)

把$A_0,A_1,\cdots A_n$的值代入(2)即得到(1)式.

例题11 求e^x在$x=0$的泰勒展开式.

解：因$F(x)=e^x$，$x_0=0$，$(e^x)^{(n)}=e^x$，所以

$$F(x_0)=e^0=1,\ F'(x_0)=e^0=1,\ F''(x_0)=e^0=1,\cdots,\ F^{(n)}(x_0)=e^0=1$$

把上述值代入(1)即得

$$e^h=1+\frac{1}{1!}h+\frac{1}{2!}h^2+\cdots+\frac{1}{n!}h^n$$

把上式中的h写成x即得e^x在$x=0$的泰勒展开式

$$e^x=1+\frac{1}{1!}x+\frac{1}{2!}x^2+\cdots+\frac{1}{n!}x^n$$

(3) 曲线的密切圆和曲率半径.

过函数曲线上的点M和两个相近的点N，P可以作一圆，当N和P趋于M时，此圆的极限圆称为曲线在该点的密切圆.密切圆的半径称为曲率半径ρ，下面求曲率半径ρ，如附图1.5所示.

设M点和P点的法线交于O'点，两条法线的交角为$\Delta\theta$.因M点微商等于该点切线的斜率，即$y'=\tan\theta$，$\theta=\tan^{-1}y'$，故

$$d\theta=d(\tan^{-1}y')=(\tan^{-1}y')'dx=\frac{1}{1+y'^2}y''dx$$

弧长$\widehat{PM}\approx$弦长$\overline{PM}=\sqrt{(dx)^2+(dy)^2}=|dx|\sqrt{1+\left(\dfrac{dy}{dx}\right)^2}=|dx|\sqrt{1+y'^2}$

曲率半径ρ则是$\overline{O'P}$或$\overline{O'M}$的极限，如图附1.5所示，因此

$$\rho=\lim_{\Delta\theta\to 0}\overline{O'M}=\lim_{\Delta\theta\to 0}\frac{\widehat{PM}}{|\Delta\theta|}=\lim_{\Delta\theta\to 0}\frac{|dx|\sqrt{1+(y')^2}}{\left|\dfrac{1}{1+y'^2}y''dx\right|}=\frac{(1+(y')^2)^{3/2}}{|y''|}$$

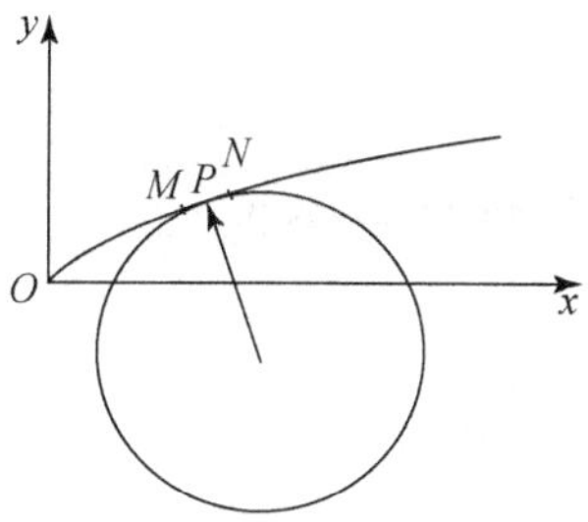

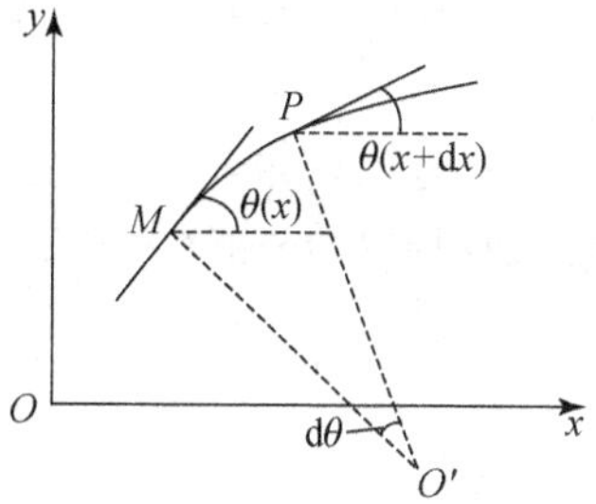

图附 1.5 推导曲率半径ρ的图示

例题 12 求 $\sin x$ 在 $x=0$ 和 $x=\pi/2$ 的曲率半径.

解: $y=\sin x \to y'=\cos x$, $y''=-\sin x$

在 $x=0$ 点, $y'=\cos x=1$, $y''=-\sin x=0$, $\rho=\dfrac{(1+(y')^2)^{3/2}}{|y''|}\to\infty$.

在 $x=\pi/2$ 点, $y'=\cos x=0$, $y''=-\sin x=-1$, $\rho=\dfrac{(1+(y')^2)^{3/2}}{|y''|}=1$.

习题 1.3

1. 求下列函数的极值,并说明是极大值还是极小值.

(1) $y=\sin x$　　(2) $y=\mathrm{ch}x=\dfrac{e^x+e^{-x}}{2}$　　(3) $y=3x^2-6x+5$

2. 试推导 $\sin x$, $\cos x$ 和 $(1+x)^a$ 在 $x=0$ 点的泰勒展开式.

3. 试求椭圆 $\dfrac{x^2}{a^2}+\dfrac{y^2}{b^2}=1$ 在 $(a,0)$ 和 $(0,b)$ 点的曲率半径.

二、函数的积分

2.1 函数的不定积分

1. 不定积分的概念

前面讲过微商或导数运算,即按微商的定义和计算法则对原函数 $F(x)$ 进行的运算,结果得到原函数的微商或导数 $G(x)$,记为

$\dfrac{d}{dx}F(x)=F'(x)=G(x)$,其中 $\dfrac{d}{dx}(\quad)$ 或 $(\quad)'$ 称为微商算符.

积分运算定义为微商运算的逆运算,即已知某原函数 $F(x)$ 的微商 $G(x)$,求原函数,记为

$\int G(x)dx=\int F'(x)dx$,其中 $\int(\quad)dx$ 为积分算符, $G(x)$ 称为被积函数.

因为 $G(x)=F'(x)$,必然有 $\int G(x)dx=\int F'(x)dx=F(x)$.

又因为任意常数 c 的微商为零,即 $(F(x)+c)'=F'(x)$,必然有 $\int G(x)dx=\int F'^{(x)}dx=$

$F(x)+c$，也就是说，从已知微商求出的原函数可以相差任意常数 c，因此我们称这种积分为不定积分.

2. 基本不定积分公式

从不定积分的定义容易由基本微分公式得到下列不定积分的公式.

$c'=0$（c 为常数）　　$\int 0\mathrm{d}x = c$

$(\sin x)'=\cos x$　　$\int \cos x\mathrm{d}x=\sin x+c$

$(\cos x)'=-\sin x$　　$\int \sin x\mathrm{d}x=-\cos x+c$

$(\tan x)'=1/\cos^2 x$　　$\int \frac{1}{\cos^2 x}\mathrm{d}x=\tan x+c$

$(\cot x)'=-1/\sin^2 x$　　$\int \frac{1}{\sin^2 x}\mathrm{d}x=-\cot x+c$

$(\mathrm{e}^x)'=\mathrm{e}^x$　　$\int \mathrm{e}^x\mathrm{d}x=\mathrm{e}^x+c$

$(x^\alpha)'=\alpha x^{\alpha-1}$（$\alpha$ 为常数）　　$\int x^\alpha\mathrm{d}x=\frac{x^{\alpha+1}}{\alpha+1}+c\ (\alpha\neq -1)$

$(\ln x)'=1/x$　　$\int \frac{1}{x}\mathrm{d}x=\ln x+c$

$(\sin^{-1}x)'=1/\sqrt{1-x^2}$　　$\int \frac{1}{\sqrt{1-x^2}}\mathrm{d}x=\sin^{-1}x+c_1=-\cos^{-1}x+c_2$

$(\cos^{-1}x)'=-1/\sqrt{1-x^2}$

$(\tan^{-1}x)'=1/(1+x^2)$　　$\int \frac{1}{1+x^2}\mathrm{d}x=\tan^{-1}x+c_1=-\cot^{-1}x+c_2$

$(\cot^{-1}x)'=-1/(1+x^2)$

3. 不定积分的运算规则

与微商运算相似，有了一些基本积分公式，再加上相关的运算规则，就有可能计算较为复杂的积分. 下面简单介绍不定积分的运算规则.

(1) 函数与常数积的积分 $\int cG(x)\mathrm{d}x=c\int G(x)\mathrm{d}x$.

(2) 函数和的积分法 $\int [G(x)+H(x)]\mathrm{d}x=\int G(x)\mathrm{d}x+\int H(x)\mathrm{d}x$.

(3) 换元积分法（来源于复合函数的微分法）.

设被积函数可以写成 $G(x)=G_1(u(x))\cdot u'(x)=F'(u)\cdot u'(x)$ 的形式，则

$$\int G(x)\mathrm{d}x=\int F'(u)\cdot u'(x)\mathrm{d}x=\int F'(u)\mathrm{d}u=F(u)+c=F(u(x))+c$$

换元积分法的关键是在被积函数中找到 $u'(x)\mathrm{d}x=\mathrm{d}u$ 来.

例题 1 $\int \frac{1}{\sqrt{a^2-x^2}}\mathrm{d}x=\int \frac{1}{\sqrt{1-(x/a)^2}}\mathrm{d}\left(\frac{x}{a}\right)=\int \frac{1}{\sqrt{1-u^2}}\mathrm{d}(u)$

$$=\sin^{-1}u+c=\sin^{-1}\left(\frac{x}{a}\right)+c$$

例题 2 $\int \frac{x}{ax^2+b}dx = \int \frac{1}{ax^2+b} \cdot \frac{1}{2a}d(ax^2+b) = \int \frac{1}{2a} \cdot \frac{du}{u}$

$$= \frac{1}{2a}\ln u + c = \frac{1}{2a}\ln(ax^2+b) + c$$

例题 3 $\int \tan x dx = \int \frac{\sin x}{\cos x}dx = \int \frac{-1}{\cos x}d\cos x = \int \frac{-1}{u}du = -\ln u + c = -\ln(\cos x) + c$

(4) 部分积分法(来源于函数积的微分法).

由函数积的微商公式 $[u(x)v(x)]' = u'(x)v(x) + u(x)v'(x)$

两边积分得 $\int [u(x)v(x)]'dx = \int u'(x)v(x)dx + \int u(x)v'(x)dx$

即 $u(x)v(x) = \int v(x)du(x) + \int u(x)dv(x)$,从而得

部分积分公式 $\int u(x)dv(x) = u(x)v(x) - \int v(x)du(x)$

应用部分积分公式的关键是将积分化为$\int u(x)dv(x)$ 的形式,而且 $u'(x)$ 应该比 $u(x)$ 更简单.

例题 4 计算积分 $\int \ln x dx$.

解: 这里,可将 $\ln x$ 看成 u,将 x 看成 v,这样 $u'=(\ln x)'=1/x$ 使被积函数更简单.

$$\int \ln x dx = \int u dv = uv - \int v du = x\ln x - \int x d(\ln x) = x\ln x - \int x \cdot \frac{1}{x}dx$$

$$= x\ln x - \int dx = x\ln x - x + c$$

例题 5 计算积分 $\int e^x x^2 dx$.

解: 第一步,可令 $u=x^2$, $v=e^x$,这样 $u'=(x^2)'=2x$ 使被积函数更简单,而 $v'=e^x$ 保持不变.

$$\int e^x x^2 dx = \int (x^2)de^x = \int u dv = uv - \int v du$$

$$= e^x x^2 - \int e^x d(x^2) = x^2 e^x - \int e^x 2x dx$$

在积分$\int e^x 2x dx$ 中,再令 $2x = u$, $e^x = v$, 得

$$\int e^x(2x)dx = \int (2x)de^x = e^x(2x) - \int e^x d(2x)$$

$$= 2xe^x - 2\int e^x dx = 2xe^x - 2e^x + c$$

原积分 $\int e^x x^2 dx = x^2 e^x - 2xe^x + 2e^x + c$

习题 2.1

1. 试用函数和的积分法积分

(1) $\int (ax^2+bx+c)dx$　　(2) $\int \frac{1}{(x+a)(x+b)}dx \quad a \neq b$　　(3) $\int \sin^2 ax dx$

2. 试用换元积分法积分

(1) $\int \frac{x}{a^2+x^2}\mathrm{d}x$　(2) $\int \tan x\mathrm{d}x$　(3) $\int \sec x\mathrm{d}x$　(4) $\int \mathrm{e}^x\cos x\mathrm{d}x$

3. 试用部分积分法积分

(1) $\int \mathrm{e}^x\cos x\mathrm{d}x$　(2) $\int \mathrm{e}^x(ax^2+bx+c)\mathrm{d}x$　(3) $\int x^2\cos x\mathrm{d}x$

(4) $\int (\tan^{-1}x)\mathrm{d}x$　(5) $\int (\sin^{-1}x)\mathrm{d}x$

2.2　函数的定积分

1. 物理例子

物理上常常会有随时间或空间变化的物理量的累积计算问题.

例如质点作非匀速直线运动，已知其速度随时间的变化关系 $v=v(t)$，我们要求质点在从 t_1 到 t_2 的时间间隔内运动的路程. 由于速度是变化的，故不能简单地用速度乘以时间 (t_2-t_1). 而是要把总的时间间隔分成若干小段，每段的时间为 Δt. 只要 Δt 足够小，就可近似地用匀速运动的公式求这段小路程 $\Delta S=v(t)\Delta t$，总路程即为这些小路程之和 $\sum_{t_1}^{t_2}\Delta S=\sum_{t_1}^{t_2}v(t)\Delta t$. 当然，这是近似值，取极限才能得到总路程的精确值 $S=\lim\limits_{\Delta t\to 0}\sum_{t_1}^{t_2}\Delta S=\lim\limits_{\Delta t\to 0}\sum_{t_1}^{t_2}v(t)\Delta t$.

又例如质点在万有引力作用下沿一条半径向地心运动，要求质点在从半径为 r_1 运动到 r_2 的距离内万有引力所做的功. 因为万有引力 F 的大小随距地心距离的平方减少，故不能简单地用力乘以距离 (r_2-r_1) 来计算功. 而是要把总的距离分成若干小段，每段的距离为 Δr. 只要 Δr 足够小，就可近似地用恒力做功的公式来求这段小路程的功 $\Delta w=F(r)\Delta r$，总功即为这些小路程之功的和 $\sum_{r_1}^{r_2}\Delta w=\sum_{r_1}^{r_2}F(r)\Delta r$. 当然，这是近似值，取极限才能得到总功的精确值 $w=\lim\limits_{\Delta r\to 0}\sum_{r_1}^{r_2}\Delta w=\lim\limits_{\Delta r\to 0}\sum_{r_1}^{r_2}F(r)\Delta r$.

针对这类实际问题，数学家提出了定积分的概念.

2. 定积分的定义和几何意义

定积分的定义：若函数 $G(x)$ 在区间 $[a,b]$ 上连续，把 $[a,b]$ 分成 N 段 $\Delta x_1,\Delta x_2,\cdots,\Delta x_N$，作和 $\sum_{k=1}^{k=N}G(x_k)\Delta x_k$. 当 $\max|\Delta x_k|\to 0$ 时，若和的极限 $\lim\limits_{\max|\Delta x_k|\to 0}\sum_{k=1}^{k=N}G(x_k)\Delta x_k$ 存在，则称此极限为函数 $G(x)$ 在区间 $[a,b]$ 上的定积分，记作

$$\int_a^b G(x)\mathrm{d}x=\lim_{\max|\Delta x_k|\to 0}\sum_{k=1}^{k=N}G(x_k)\Delta x_k$$

其中 $\int_a^b(\quad)\mathrm{d}x$ 为定积分算符，括号中的函数为被积函数，a 和 b 分别称为积分的下限和上限.

定积分的几何意义：从附图 2.1 可以看出，$G(x_k)\Delta x_k$ 代表以 $G(x_k)$ 为高，Δx_k 为宽的矩形的面积；而 $\sum_{k=1}^{k=N}G(x_k)\Delta x_k$ 代表从 $k=1$ 到 $k=N$ 的这些矩形面积的总和. 当 $\max|\Delta x_k|\to 0$ 时，这些矩形面积的总和，即 $\int_a^b G(x)\mathrm{d}x=\lim\limits_{\max|\Delta x_k|\to 0}\sum_{k=1}^{k=N}G(x_k)\Delta x_k$ 就代表 $G(x)$ 曲线与 x 轴及直线 $x=a$ 和 $x=b$ 围成的面积的代数值.

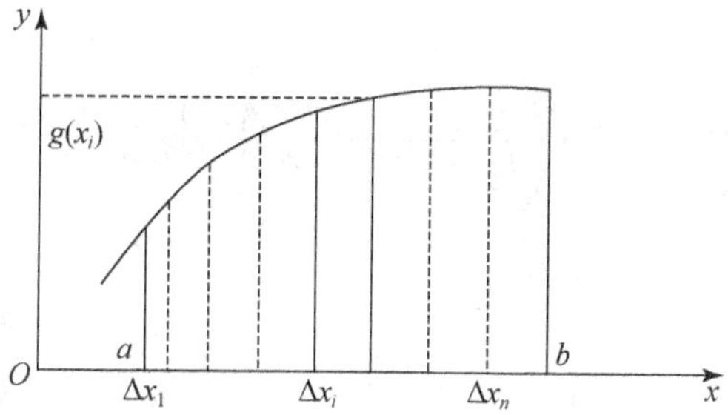

图附 2.1 定积分的几何意义

3. 定积分和不定积分的关系

在定积分$\int_a^b G(x)\mathrm{d}x$中，若已知被积函数的原函数为$F(x)$，即$G(x)=F'(x)$，则$G(x)\mathrm{d}x=F'(x)\mathrm{d}x=\mathrm{d}F$代表自变量变化$\mathrm{d}x$时原函数$F(x)$的改变量. 积分在$\int_a^b G(x)\mathrm{d}x$则代表原函数$F(x)$在整个积分区间$[a,b]$的改变量$F(b)-F(a)$，即

$$\int_a^b G(x)\mathrm{d}x=\int_a^b F'(x)\mathrm{d}x=F(b)-F(a)$$

比较该式于不定积分的表达式

$$\int G(x)\mathrm{d}x=\int F'(x)\mathrm{d}x=F(x)+c$$

可以看出定积分与不定积分的关系：定积分是不定积分的结果在积分上限和下限的差值；而不定积分可看做上限是变量时的定积分. 该关系给出了定积分的计算法——先求不定积分，得到原函数后，再代入上下限求差值.

4. 定积分的运算规则

定积分等于对应不定积分的结果在积分上限和下限的差值，因此它满足不定积分的计算规则.

此外，由定积分的定义容易证明，它还有下述计算规则：

(1) 上下限相等的定积分为零 $\int_a^a G(x)\mathrm{d}x=0$；

(2) 上下限交换的定积分异号 $\int_a^b G(x)\mathrm{d}x=-\int_b^a G(x)\mathrm{d}x$；

(3) 定积分可分段进行，即

若积分区间 $[a,b]=[a,c]+[c,d]+[d,b]$

则 $\int_a^b G(x)\mathrm{d}x=\int_a^c G(x)\mathrm{d}x+\int_c^d G(x)\mathrm{d}x+\int_d^b G(x)\mathrm{d}x$；

(4) 复合函数的定积分 $\int_a^b G(x)\mathrm{d}x=\int_a^b F(u)u'(x)\mathrm{d}x=\int_{u(a)}^{u(b)} F(u)\mathrm{d}u$.

例题 6 计算 $y=\sin x$ 曲线与 x 轴在$[0,\pi]$区间所围成的面积.

解：面积 $=\int_0^\pi \sin x\mathrm{d}x=-\cos x\Big|_0^\pi=-(\cos\pi-\cos 0)=2$，

例题 7 计算 $y=\int_0^a \frac{1}{\sqrt{a^2-x^2}}\mathrm{d}x$

解：$y=\int_0^a \frac{1}{\sqrt{a^2-x^2}}\mathrm{d}x=\int_0^a \frac{1}{\sqrt{1-\left(\frac{x}{a}\right)^2}}\mathrm{d}\left(\frac{x}{a}\right)=\int_0^1 \frac{1}{\sqrt{1-u^2}}\mathrm{d}u$

$$=\begin{cases}\sin^{-1}u\Big|_0^1=\frac{\pi}{2}-0=\frac{\pi}{2}\\ -\cos^{-1}u\Big|_0^1=-\left(0-\frac{\pi}{2}\right)=\frac{\pi}{2}\end{cases}$$

习题 2.2

1. (1) 质点以加速度 a 作匀加速直线运动，$t=0$ 时速度 $v=v_0$，$x=0$. 求 $t=T$ 时质点的速度和路程.

(2) 计算 $y=x^3$ 曲线与 x 轴在 $[-2,0]$ 区间所围成的面积.

(3) 长为 L 的直杆的单位长度的质量(质量密度)与到杆的一端的距离成正比，即 $\rho(x)=ax$，试计算杆的总质量.

2. 试利用定积分的性质简化下列计算

(1) $\int_0^{2\pi}\sin x\mathrm{d}x$　　(2) $\int_0^{\pi}\cos x\mathrm{d}x$　　(3) $\int_{-1}^{1}x^3\mathrm{d}x$　　(4) $\int_{-\pi}^{\pi}x^2\sin x\mathrm{d}x$

3. 计算下列定积分(m 和 n 均为整数，T 为常数)

(1) $\int_0^{T}\sin^2\frac{2\pi}{T}x\mathrm{d}x$　　(2) $\int_0^{2\pi}\sin mx\cdot\sin nx\mathrm{d}x$　　(3) $\int_0^{2\pi}\cos mx\cdot\cos nx\mathrm{d}x$

(4) $\int_0^{2\pi}\sin mx\cdot\cos nx\mathrm{d}x$

三、矢量运算

3.1 矢量的数乘和加减

1. 矢量的基本概念

矢量起源于物理研究. 人们发现，有些物理量，例如温度，只有大小，其运算遵从普通数值计算的规则. 有的物理量，例如作用力和速度等，它们既有大小，又有方向，运算规则也与只有大小的物理量不尽相同. 数学上把这两种量分别总结为标量和矢量.

定义：既有大小又有方向并满足平行四边形相加法则的量称为矢量.

几何表示：几何上用空间的一定长度的箭头来表示矢量. 箭头的方向为矢量的方向，箭头的长度表示矢量的大小. 书写时，一般用带上箭头的字母表示，例如 $\vec{a}$,$\vec{B}$,$\vec{F}$ 等；印刷时常用粗黑体字表示，例如 $\boldsymbol{a}$,$\boldsymbol{B}$,$\boldsymbol{F}$ 等.

单位矢量：长度为 1 的矢量称为单位矢量，通常用带上尖号的字母表示，例如 $\hat{e}$, $\hat{\theta}$, $\hat{x}$, $\hat{y}$ 等. 任何矢量都可用代表其大小的标量与同方向的单位矢量的积来表示，例如 $\boldsymbol{a}=a\hat{a}$.

零矢量：长度为 0 的矢量称为零矢量. 零矢量没有确定的方向. 通常出现在矢量的运算中.

矢量的相等：大小和方向完全相同的矢量称为相等的矢量；大小相等而方向相反的两个矢量互为负矢量，互为负矢量的两个矢量相加等于零矢量，即 $\boldsymbol{a}+(-\boldsymbol{a})=\boldsymbol{0}$.

自由矢量：物理上的矢量总是有起点的，例如力矢量的起点是力的作用点，速度的起点是运动的质点等.比较同一质点不同时刻的速度，或者比较不同物体的速度时，我们总可以把它们放到一起来比较.考察刚体的转动时，力不能随便移动；但是考察刚体质心的运动时，就可以把不同作用质点的力平行移动到质心上来相加.类似的可以平行移动的矢量，称为自由矢量.数学上考虑矢量的运算规则时，认为所涉及的矢量都是自由矢量.

2. 矢量的数乘和矢量的加减

(1) 矢量的数乘即矢量和标量的乘积.

$$(\text{标量 }\lambda)\times(\text{矢量 }\boldsymbol{a})=\lambda\boldsymbol{a}=\lambda a\hat{a}\begin{cases}\lambda>0 & \text{与原方向相同}\\ \lambda<0 & \text{与原方向相反}\\ \lambda=0 & \text{为零矢量.}\end{cases}$$

(2) 矢量的加减.

矢量的加法——平行四边形法则或三角形法则，是从实际的物理矢量相加时总结出来的规律.

平行四边形法则：两矢量相加时，把两矢量的箭尾相连组成一个平行四边形，其对角线就是和矢量，如附图 3.1.

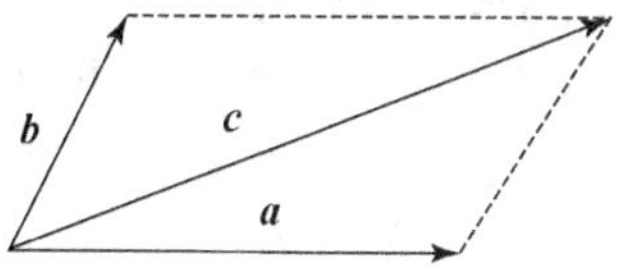

图附 3.1　矢量相加的平行四边形法则

三角形法则：两矢量相加时，把一个矢量的箭头与另一矢量的箭尾相连，组成一个三角形，三角形的第三边，即连接第一个矢量的箭尾和第二个矢量的箭头的矢量为和矢量.三角形法则的优越性在于多个矢量相加时，只需将这些矢量不间断的首尾相连.最后，连接第一个矢量的箭尾和最后一个矢量的箭头的矢量即为和矢量，如附图 3.2 和 3.3 所示.

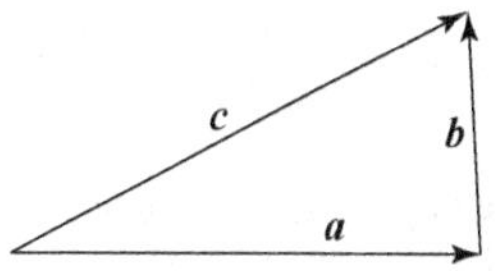

图附 3.2　矢量相加的三角形法则

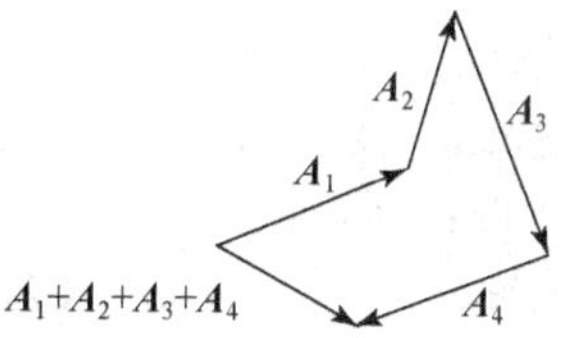

图附 3.3　多个矢量相加的情形

矢量的减法 $\boldsymbol{A}-\boldsymbol{B}=\boldsymbol{A}+(-\boldsymbol{B})$，然后按加法的法则进行.

(3) 矢量数乘和加减的运算规则.

加法交换率　$\boldsymbol{A}+\boldsymbol{B}=\boldsymbol{B}+\boldsymbol{A}$

加法结合率　$(\boldsymbol{A}+\boldsymbol{B})+\boldsymbol{C}=\boldsymbol{A}+(\boldsymbol{B}+\boldsymbol{C})$

数乘的结合率　$\lambda(\mu\boldsymbol{A})=(\lambda\mu)\boldsymbol{A}$

数乘的分配率　$\lambda(\boldsymbol{A}+\boldsymbol{B})=\lambda\boldsymbol{A}+\lambda\boldsymbol{B}$　　$(\lambda+\mu)\boldsymbol{A}=\lambda\boldsymbol{A}+\mu\boldsymbol{A}$

3. 直角坐标系中的矢量表示

矢量合成的结果是唯一的，矢量的分解则是不唯一的.为了使矢量的分解确定，二维矢量往往向在同一平面的两个互相垂直的方向（x 轴和 y 轴）分解；三维矢量往往向不在同一平面的三个互相垂直的方向（x 轴，y 轴和 z 轴）分解.

直角坐标系由和 x 轴，y 轴和 z 轴组成，具有三个基本单位矢量 $\hat{x}$, $\hat{y}$, $\hat{z}$. 任意一个矢量 $\mathbf{A}$ 均可分解为这三个方向的矢量分量之和，即

$$\mathbf{A} = A_x\hat{x} + A_y\hat{y} + A_z\hat{z} = A(\cos\alpha\hat{x} + \cos\beta\hat{y} + \cos\gamma\hat{z})$$

可以简单的写成

$$\mathbf{A} = (A_x,\ A_y,\ A_z) = A(\cos\alpha,\ \cos\beta,\ \cos\gamma)$$

其中，$A=|\mathbf{A}|=\sqrt{A_x^2+A_y^2+A_z^2}$ 是矢量的模，$\cos\alpha$, $\cos\beta$, $\cos\gamma$ 称为方向余弦，是 $\mathbf{A}$ 与三个坐标轴的交角的余弦. 它们不是完全独立的，因为它们满足 $\cos^2\alpha$, $\cos^2\beta$, $\cos^2\gamma=1$.

$\mathbf{A}$ 方向的单位矢量 $A=\dfrac{\mathbf{A}}{A}=(\cos\alpha,\ \cos\beta,\ \cos\gamma)$.

设 $\mathbf{A}$ 的起点坐标为 $(x_1,\ y_1,\ z_1)$，终点坐标为 $(x_2,\ y_2,\ z_2)$，则 $\mathbf{A}=(x_2-x_1,\ y_2-y_1,\ z_2-z_1)$.

4. 引入矢量的坐标表示法的意义

引入矢量的坐标表示后，有的矢量运算就可化为标量运算来进行，例如：

数乘和加减法

$\mathbf{A}=(A_x,\ A_y,\ A_z)$　　$\boldsymbol{B}=(B_x,\ B_y,\ B_z)$

$\mathbf{A}\pm\boldsymbol{B}=(A_x\pm B_x,\ A_y\pm B_y,\ A_z\pm B_z)$

$\lambda\mathbf{A}=(\lambda A_x,\ \lambda A_y,\ \lambda A_z)$

矢量的微分可化为标量的微分来进行

$$\mathbf{A}=\mathbf{A}(t)=A_x(t)\hat{x}+A_y(t)\hat{y}+A_z(t)\hat{z}$$

当 $\hat{x}$, $\hat{y}$, $\hat{z}$ 不随时间变化时

$$\frac{\mathrm{d}}{\mathrm{d}t}\mathbf{A}=\mathbf{A}'(t)=A_x'(t)\hat{x}+A_y'(t)\hat{y}+A_z'(t)\hat{z}$$

习题 3.1

1. 已知 $\boldsymbol{a}=(2,-2,1)$，$\boldsymbol{b}=(3,2,-2)$，$\boldsymbol{c}=(-1,2,-1)$

求：(1) $\boldsymbol{a}+\boldsymbol{b}+2\boldsymbol{c}$　　(2) $3\boldsymbol{a}-2\boldsymbol{b}+\boldsymbol{c}$

2. 已知 $\boldsymbol{a}$ 与 x 轴和 y 轴的夹角为 60 和 120，求它与 z 轴的夹角.

3. 已知 $\boldsymbol{a}$ 与三个坐标轴成相等的锐角，且 $|\boldsymbol{a}|=2\sqrt{3}$，求 $\boldsymbol{a}$ 和 $\hat{a}$.

3.2　矢量的点乘（标量积）

1. 点乘的定义和性质

物理例子　物体在力 F 的作用下，在与力成 θ 角的方向上移动了距离 L，则力所做的功为 $W=FL\cos\theta$. 如果力和距离都用矢量表示，则功表示为 $W=|\boldsymbol{F}||\boldsymbol{L}|\cos\theta$，数学上定义为矢量的点乘.

点乘的定义　矢量和矢量的点乘等于两矢量的模与两矢量交角的余弦，即

$$\boldsymbol{A}\cdot\boldsymbol{B}=|\boldsymbol{A}||\boldsymbol{B}|\cos\langle\boldsymbol{A},\boldsymbol{B}\rangle$$

两矢量点积的结果为标量，故点乘又称为标积. 由点乘的定义容易得到点乘的性质：

相同矢量的点乘等于矢量模的平方 $\boldsymbol{A}\cdot\boldsymbol{B}=|\boldsymbol{A}|^2$，

相互垂直的矢量的点乘等于零　若 $\boldsymbol{AB}$,则 $\boldsymbol{A}\cdot\boldsymbol{B}=0$，

→直角坐标系单位矢量的性质 $\hat{x}\cdot\hat{x}=\hat{y}\cdot\hat{y}=\hat{z}\cdot\hat{z}=1$，$\hat{x}\cdot\hat{y}=\hat{x}\cdot\hat{z}=\hat{y}\cdot\hat{z}=0$

由矢量点乘的结果可求出两矢量的交角 $\cos\langle\boldsymbol{A},\boldsymbol{B}\rangle=\dfrac{\boldsymbol{A}\cdot\boldsymbol{B}}{|\boldsymbol{A}||\boldsymbol{B}|}$由点乘的定义也容易得到点乘的运算规则.

2. 点乘的运算规则

点乘交换率	$\boldsymbol{A}\cdot\boldsymbol{B}=\boldsymbol{B}\cdot\boldsymbol{A}$
点乘与数乘的结合率	$(\lambda\boldsymbol{A})\cdot(\boldsymbol{B})=(\lambda\boldsymbol{B})\cdot\boldsymbol{A}=\lambda(\boldsymbol{A}\cdot\boldsymbol{B})$
点乘的分配率	$(\boldsymbol{A}+\boldsymbol{B})\cdot\boldsymbol{C}=\boldsymbol{A}\cdot\boldsymbol{C}+\boldsymbol{B}\cdot\boldsymbol{C}$

3. 直角坐标系中点乘的计算法

设 $\boldsymbol{A}=A_x\hat{x}+A_y\hat{y}+A_z\hat{z}$，$\boldsymbol{B}=B_x\hat{x}+B_y\hat{y}+B_z\hat{z}$.则 $\boldsymbol{A}\cdot\boldsymbol{B}=A_xB_x+A_yA_y+A_zB_z$

直角坐标系中两矢量的点乘等于对应坐标的乘积之和.

证明：根据点乘的分配率和结合率得

$$\begin{aligned}\boldsymbol{A}\cdot\boldsymbol{B}&=(A_x\hat{x}+A_y\hat{y}+A_z\hat{z})\cdot(B_x\hat{x}+B_y\hat{y}+B_z\hat{z})\\&=A_x\hat{x}\cdot(B_x\hat{x}+B_y\hat{y}+B_z\hat{z})\\&\quad+A_y\hat{y}\cdot(B_x\hat{x}+B_y\hat{y}+B_z\hat{z})\\&\quad+A_z\hat{z}\cdot(B_x\hat{x}+B_y\hat{y}+B_z\hat{z})\\&=A_x\hat{x}\cdot B_x\hat{x}+A_x\hat{x}\cdot B_y\hat{y}+A_x\hat{x}\cdot B_z\hat{z}\\&\quad+A_y\hat{y}\cdot B_x\hat{x}+A_y\hat{y}\cdot B_y\hat{y}+A_y\hat{y}\cdot B_z\hat{z}\\&\quad+A_z\hat{z}\cdot B_x\hat{x}+A_z\hat{z}\cdot B_y\hat{y}+A_z\hat{z}\cdot B_z\hat{z}\\&=A_xB_x+A_yB_y+A_zB_z\end{aligned}$$

上式最后一步用到了直角坐标系单位矢量的性质

$$\hat{x}\cdot\hat{x}=\hat{y}\cdot\hat{y}=\hat{z}\cdot\hat{z}=1,\ \hat{x}\cdot\hat{y}=\hat{x}\cdot\hat{z}=\hat{y}\cdot\hat{z}=0$$

4. 点乘的几何应用

(1) 求两矢量的夹角,判断两矢量是否垂直.

例题 1　已知(a) $\begin{cases}\boldsymbol{A}=(2,1,-3)\\\boldsymbol{B}=(1,2,0)\end{cases}$　(b) $\begin{cases}\boldsymbol{C}=(1,-1,0)\\\boldsymbol{D}=(3,3,1)\end{cases}$ 求$\langle\boldsymbol{A},\boldsymbol{B}\rangle$

解：(a) $\boldsymbol{A}\cdot\boldsymbol{B}=A_xB_x+A_yB_y+A_zB_z=2\times1+1\times2+(-3)\times0=4$

$|\boldsymbol{A}||\boldsymbol{B}|=\sqrt{A_x^2+A_y^2+A_z^2}\ \sqrt{B_x^2+B_y^2+B_z^2}=\sqrt{2^2+1^2+(-3)^2}\ \sqrt{1^2+2^2+0^2}=\sqrt{70}$

$\cos\langle\boldsymbol{A},\boldsymbol{B}\rangle=\dfrac{\boldsymbol{A}\cdot\boldsymbol{B}}{|\boldsymbol{A}||\boldsymbol{B}|}=\dfrac{4}{\sqrt{70}}$

(b) 因 $\boldsymbol{A}\cdot\boldsymbol{B}=A_xB_x+A_yB_y+A_zB_z=2\times1+1\times1+(-3)\times1=0$

故 $\cos\langle\boldsymbol{A},\boldsymbol{B}\rangle=\dfrac{\boldsymbol{A}\cdot\boldsymbol{B}}{|\boldsymbol{A}||\boldsymbol{B}|}=0$,所以$\langle\boldsymbol{A},\boldsymbol{B}\rangle=\dfrac{\pi}{2}$,即 $\boldsymbol{AB}$.

(2) 求一矢量在某方向的投影.

求矢量 $\boldsymbol{A}$ 在某方向 $\hat{n}=(\cos\alpha,\ \cos\beta,\ \cos\gamma)$的投影

$$A_n = \boldsymbol{A} \cdot \hat{n} = A_x \cos\alpha + A_y \cos\beta + A_z \cos\gamma$$

例题 2 求 $\boldsymbol{A}=(2,1,-3)$在 $\boldsymbol{B}=(3,3,4)$方向的投影.

解： $\boldsymbol{B}=\dfrac{B}{B}=\dfrac{(3,3,1)}{\sqrt{3^2+3^2+4^2}}=\dfrac{(3,3,1)}{5}$

$A_B=\boldsymbol{A}\cdot\boldsymbol{B}=\dfrac{2\times3+1\times3-3\times1}{5}=\dfrac{6}{5}$

(3) 用于表示直线方程和平面方程.

(a) 二维平面中的直线方程.

中学学过二维平面的直线方程为 $y=kx+c$，其中，k 是曲线的斜率，c 是直线在 y 轴上的截距. 直线方程的另一形式是 $Ax+By=D$，其中 A,B,D 的意义是什么？下面我们用矢量的点乘来分析一下.

设直线的法线方向单位矢量为 $\hat{n}=(a,b)$，直线到原点的距离为 d. 连接原点到直线上任意一点(x,y)的矢量为 $\boldsymbol{r}=(x,y)$，如图. 则 $\boldsymbol{r}=(x,\ y)$在方向上的投影为

$$d=\boldsymbol{r}\cdot\hat{n}=(x,y)\cdot\hat{n}=ax+by,\quad 即\quad ax+by=d$$

比较 $ax+by=d$ 和 $Ax+By=D$，可知

(A,B)代表法线方向的矢量，其单位矢量为 $\hat{n}=\dfrac{(A,B)}{\sqrt{A^2+B^2}}$，$\dfrac{D}{\sqrt{A^2+B^2}}=d$ 代表直线到原点的距离.

(b) 三维空间中的平面方程.

设三维空间的平面的法线方向单位矢量为 $\hat{n}=(a,b,c)$，原点到平面的距离为 d. 连接原点到平面上任意一点矢量为 $\boldsymbol{r}=(x,y,z)$，如图. 则 $\boldsymbol{r}=(x,y,z)$在 $\hat{n}$ 方向上的投影为

$$d=\boldsymbol{r}\cdot\hat{n}=(x,y,z)\cdot\hat{n}=ax+by+cz,\quad 即\quad ax+by+cz=d$$

这就是平面的方程. 因(a,b,c)为法线单位矢量，d 为原点到平面的距离，故该方程又称为平面的“法距式”方程. 一般取 $\hat{n}$ 由原点指向平面，故 $d\geqslant0$.

已知平面的法线方向单位矢量 $\hat{n}=(a,b,c)$，又知道平面上一点的坐标(x_0,y_0,z_0)，也可由矢量的点乘写出平面方程. 连接(x_0,y_0,z_0)到平面上任意一点的矢量为 $\boldsymbol{r}=(x-x_0,\ y-y_0,\ z-z_0)$，则因 $\boldsymbol{r}\hat{n}$，故有 $\boldsymbol{r}\cdot\hat{n}=(x-x_0,\ y-y_0,\ z-z_0)\cdot(a,b,c)=0$，即

$$ax+by+cz=ax_0+by_0+cz_0$$

称为平面的“点法式”方程，其中，$ax_0+by_0+cz_0=d$ 为平面到法线的距离.

习题 3.2

1. 已知 (1) $\boldsymbol{a}=(1,1,-4)$，$\boldsymbol{b}=(2,-2,1)$； (2) $\boldsymbol{a}=(2,5,-1)$，$\boldsymbol{b}=(-3,1,0)$

求：$\boldsymbol{a}\cdot\boldsymbol{b}$，角$\langle\boldsymbol{a},\boldsymbol{b}\rangle$，$\boldsymbol{a}+\boldsymbol{b}$ 的方向余弦

2. 求 $\boldsymbol{a}=(-2,3,1)$和 $\boldsymbol{b}=(2,-2,1)$在 $\boldsymbol{c}=(2,1,-1)$方向的投影.

3. 已知平面与矢量 $\hat{n}=(1,2,1)$垂直，原点到平面的距离为 d，求平面方程.

4. 已知平面与平面 $7x-3y+z=5$ 平行并通过点$(1,-2,3)$，求平面方程.

5. 已知 xy 平面的直线方程为 $4x-7y+9=0$，求该直线的法线单位矢量和原点到直线的距离.

3.3 矢量的叉乘(矢量积)

1. 叉乘的定义和性质

物理例子 力 F 对于转轴的力矩,等于转轴到力的作用点的距离 r 乘以力 F,再乘以转轴到力的作用点的直线与力所成夹角 θ 的正弦,即 $M=|\boldsymbol{F}||\boldsymbol{r}|\sin\theta$,数学上定义为矢量的叉乘.

叉乘的定义 矢量和矢量的叉乘等于矢量,其大小等于两矢量的模与两矢量交角的正弦

$$|\boldsymbol{A}\times\boldsymbol{B}|=|\boldsymbol{A}||\boldsymbol{B}|\sin\langle\boldsymbol{A},\boldsymbol{B}\rangle$$

其方向由“右手螺旋定则”决定:右手半握拳,大拇指伸开,当右手四个指头的指向为矢量 $\boldsymbol{A}$ 转到 $\boldsymbol{B}$ 的方向时,大拇指所指的方向即为 $\boldsymbol{A}\times\boldsymbol{B}$ 的方向.故 $\boldsymbol{A}\times\boldsymbol{B}$ 既垂直于 $\boldsymbol{A}$,又垂直于 $\boldsymbol{B}$.两矢量叉乘的结果为矢量,故叉乘又称为矢量积.

由叉乘的定义容易得到叉乘的几何意义和性质.

叉乘的几何意义 矢量 $\boldsymbol{A}$ 和 $\boldsymbol{B}$ 组成一个平行四边形,$|\boldsymbol{B}|\sin\langle\boldsymbol{A},\boldsymbol{B}\rangle$ 表示 $\boldsymbol{A}$ 边上的高,$|\boldsymbol{A}||\boldsymbol{B}|\sin\langle\boldsymbol{A},\boldsymbol{B}\rangle$ 则表示该平行四边形的面积,如图附 3.4 所示.

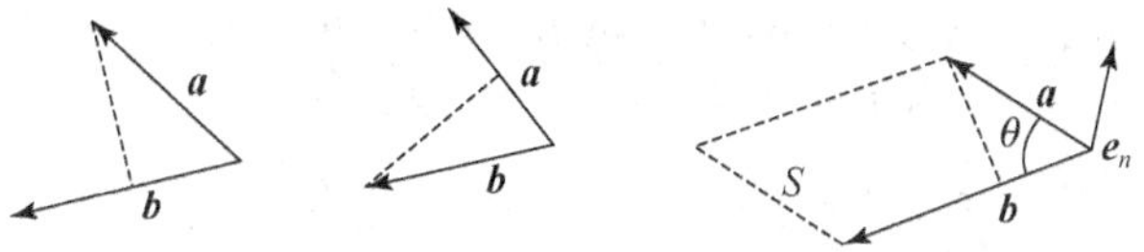

图附 3.4 $\boldsymbol{A},\boldsymbol{B}$ 和 $\boldsymbol{A}\times\boldsymbol{B}$ 的关系

叉乘的性质

相同矢量的叉乘等于零 $\boldsymbol{A}\cdot\boldsymbol{A}=0$,

相互平行的矢量的叉乘等于零 若 $\boldsymbol{A}\boldsymbol{B}$,则 $\boldsymbol{A}\times\boldsymbol{B}=0$,

直角坐标系单位矢量的性质 $\hat{x}\times\hat{x}=\hat{y}\times\hat{y}=\hat{z}\times\hat{z}=0$,

$$\hat{x}\times\hat{y}=\hat{z},\quad \hat{z}\times\hat{x}=\hat{y},\quad \hat{y}\times\hat{z}=\hat{x}$$

2. 叉乘的运算规则

叉乘的反交换率 $\boldsymbol{A}\times\boldsymbol{B}=-\boldsymbol{B}\times\boldsymbol{A}$

叉乘与数乘的结合率 $(\lambda\boldsymbol{A})\times(\boldsymbol{B})=\boldsymbol{A}\times(\lambda\boldsymbol{B})=\lambda(\boldsymbol{A}\times\boldsymbol{B})$

叉乘的分配率 $(\boldsymbol{A}+\boldsymbol{B})\times\boldsymbol{C}=\boldsymbol{A}\times\boldsymbol{C}+\boldsymbol{B}\times\boldsymbol{C}$

3. 几何应用——判断两矢量是否平行

若两个非零矢量的叉乘为零,即 $\boldsymbol{A}\times\boldsymbol{B}=0$,则 $\boldsymbol{A}\boldsymbol{B}$.

4. 直角坐标系中叉乘的计算法

设 $\boldsymbol{A}=A_x\hat{x}+A_y\hat{y}+A_z\hat{z}$,$\boldsymbol{B}=B_x\hat{x}+B_y\hat{y}+B_z\hat{z}$.

则根据叉乘的分配率和结合率得

$$\begin{aligned}\boldsymbol{A}\times\boldsymbol{B}&=(A_x\hat{x}+A_y\hat{y}+A_z\hat{z})\times(B_x\hat{x}+B_y\hat{y}+B_z\hat{z})\\&=A_x\hat{x}\times(B_x\hat{x}+B_y\hat{y}+B_z\hat{z})\\&\quad+A_y\hat{y}\times(B_x\hat{x}+B_y\hat{y}+B_z\hat{z})\end{aligned}$$

$$
\begin{aligned}
&+A_z\hat{z}\times(B_x\hat{x}+B_y\hat{y}+B_z\hat{z})\\
&=A_xB_x(\hat{x}\times\hat{x})+A_xB_y(\hat{x}\times\hat{y})+A_xB_z(\hat{x}\times\hat{z})\\
&\quad+A_yB_x(\hat{y}\times\hat{x})+A_yB_y(\hat{y}\times\hat{y})+A_yB_z(\hat{y}\times\hat{z})\\
&\quad+A_zB_x(\hat{z}\times\hat{x})+A_zB_y(\hat{z}\times\hat{y})+A_zB_z(\hat{z}\times\hat{z})\\
&=\hat{x}(A_yB_z-A_zB_y)+\hat{y}(A_zB_x-A_xB_z)+\hat{z}(A_xB_y-A_yB_x)
\end{aligned}
$$

上式最后一步用到了直角坐标系单位矢量的性质

$$\hat{x}\times\hat{x}=\hat{y}\times\hat{y}=\hat{z}\times\hat{z}=0,\ \hat{x}\times\hat{y}=\hat{z},\ \hat{z}\times\hat{x}=\hat{y},\ \hat{y}\times\hat{z}=\hat{x}$$

$\boldsymbol{A}\times\boldsymbol{B}$ 的结果又可简单地用行列式表示成

$$\boldsymbol{A}\times\boldsymbol{B}=\hat{x}(A_yB_z-A_zB_y)+\hat{y}(A_zB_x-A_xB_z)+\hat{z}(A_xB_y-A_yB_x)=\begin{vmatrix}\hat{x}&\hat{y}&\hat{z}\\A_x&A_y&A_z\\B_x&B_x&B_x\end{vmatrix}$$

推论 若两矢量 $\boldsymbol{A}$ 和 $\boldsymbol{B}$ 平行，则其对应坐标之比相等，即 $\dfrac{A_x}{B_x}=\dfrac{A_y}{B_y}=\dfrac{A_z}{B_z}=c$.

证明：若 $\boldsymbol{AB}$ 平行

则 $\boldsymbol{A}\times\boldsymbol{B}=\hat{x}(A_yB_z-A_zB_y)+\hat{y}(A_zB_x-A_xB_z)+\hat{z}(A_xB_y-A_yB_x)=0$

$\Rightarrow\quad A_yB_z-A_zB_y=0,\ A_zB_x-A_xB_z=0,\ A_xB_y-A_yB_x=0$

$\Rightarrow\quad \dfrac{A_y}{B_y}=\dfrac{A_z}{B_z},\ \dfrac{A_z}{B_z}=\dfrac{A_x}{B_x},\ \dfrac{A_x}{B_x}=\dfrac{A_y}{B_y}$

$\Rightarrow\quad \dfrac{A_x}{B_x}=\dfrac{A_y}{B_y}=\dfrac{A_z}{B_z}=c$

习题 3.3

1. 已知 (1) $\boldsymbol{a}=(1,1,-4)$，$\boldsymbol{b}=(2,-2,1)$； (2) $\boldsymbol{a}=(2,5,-1)$，$\boldsymbol{b}=(-3,1,0)$

求：$\boldsymbol{a}\times\boldsymbol{b}$，$\boldsymbol{a}$ 和 $\boldsymbol{b}$ 的夹角和两矢量所组成的三角形的面积.

2. 求垂直于 $\boldsymbol{a}=(-2,3,1)$ 和 $\boldsymbol{b}=(2,-2,1)$ 的单位矢量.

3.4 矢量的混合积和二重矢积

1. 混合积

混合积的定义：$(\boldsymbol{A}\times\boldsymbol{B})\cdot\boldsymbol{C}$ 定义为矢量的混合积，分别遵从矢积和点积的计算规则，结果为标量.

几何意义：如图附 3.5 所示，矢量 $\boldsymbol{A},\boldsymbol{B},\boldsymbol{C}$ 组成一个平行六面体. $\boldsymbol{A}$ 和 $\boldsymbol{B}$ 组成六面体的平行四边形底面，其面积为 $S_{ab}=|\boldsymbol{A}\times\boldsymbol{B}|$，其法线方向为 $\boldsymbol{A}\times\boldsymbol{B}$ 方向. 则

$$|(\boldsymbol{A}\times\boldsymbol{B})\cdot\boldsymbol{C}|=S_{ab}\cdot|C|\cdot\cos\alpha,$$

其中 α 是 $\boldsymbol{A}\times\boldsymbol{B}$ 与 $\boldsymbol{C}$ 的夹角，因此 $|\boldsymbol{C}|\cdot\cos\alpha$ 代表该平行六面体的高，故 $S_{ab}\cdot|\boldsymbol{C}|\cdot\cos\alpha$ 是平行六面体的体积. 即 $|(\boldsymbol{A}\times\boldsymbol{B})\cdot\boldsymbol{C}|$ 代表由矢量 $\boldsymbol{A},\boldsymbol{B},\boldsymbol{C}$ 组成的平行六面体的体积.

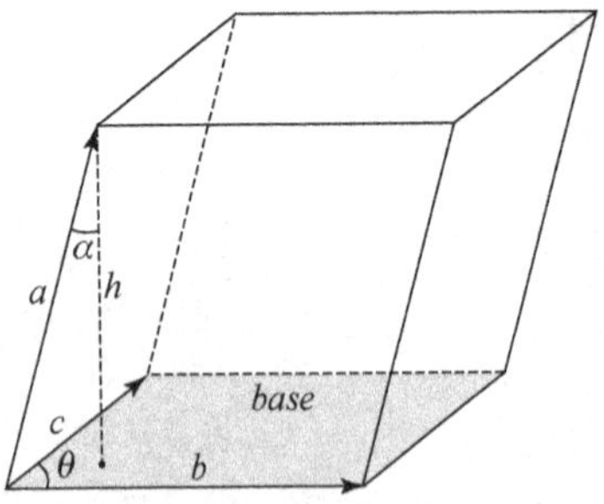

图附 3.5 混合积几何意义的图示

轮换规则：$(\boldsymbol{A}\times\boldsymbol{B})\cdot\boldsymbol{C}=(\boldsymbol{B}\times\boldsymbol{C})\cdot\boldsymbol{A}=(\boldsymbol{C}\times\boldsymbol{A})\cdot\boldsymbol{B}$

直观地看，证明是容易的，首先，三个表达式的代表同一个平行六面体的体积，数值上是相等的. 其次，根据右手定则不难判定其方向也相等. 用直角坐标表达式可严格证明.

直角坐标下的表达式：

$$(\boldsymbol{A}\times\boldsymbol{B})\cdot\boldsymbol{C}=\begin{vmatrix}\hat{x} & \hat{y} & \hat{z}\\ A_x & A_y & A_z\\ B_x & B_x & B_x\end{vmatrix}\cdot\boldsymbol{C}$$

$$=[\hat{x}(A_yB_z-A_zB_y)+\hat{y}(A_zB_x-A_xB_z)+\hat{z}(A_xB_y-A_yB_x)]\cdot(C_x,C_y,C_z)$$

$$=[C_x(A_yB_z-A_zB_y)+C_y(A_zB_x-A_xB_z)+C_z(A_xB_y-A_yB_x)]$$

$$=\begin{vmatrix}C_x & C_y & C_z\\ A_x & A_y & A_z\\ B_x & B_x & B_x\end{vmatrix}$$

几何应用：

(1) 判断三个矢量是否共面——若互不平行的三个矢量的混合积为零，即$(\boldsymbol{A}\times\boldsymbol{B})\cdot\boldsymbol{C}=0$，则此三矢量共面.

(2) 可应用于构造“三点式”平面方程.

例题 9 求经过点 $P_1(2,3,0)$，$P_2(-2,3,4)$，$P_3(0,0,0)$的平面方程.

解：设(x,y,z)为平面上任意一点 M，则

三个矢量$\overrightarrow{P_3P_1}=(2,3,0)$，$\overrightarrow{P_3P_2}=(-2,3,4)$，$\overrightarrow{P_3M}=(x,y,z)$共面，则有

$$(\overrightarrow{P_3P_1}\times\overrightarrow{P_3P_2})\cdot\overrightarrow{P_3M}=\begin{vmatrix}C_x & C_y & C_z\\ A_x & A_y & A_z\\ B_x & B_x & B_x\end{vmatrix}=\begin{vmatrix}x & y & z\\ 2 & 3 & 0\\ -2 & 3 & 4\end{vmatrix}=12x-8y+12z=0$$

所求的平面方程为 $12x-8y+12z=0$. $P_3(0,0,0)$为坐标原点，故平面到原点的距离为零.

2. 二重矢积

定义：$\boldsymbol{A}\times(\boldsymbol{B}\times\boldsymbol{C})$定义为矢量的二重矢积，按矢积的规则计算，结果仍为矢量，且在由 $\boldsymbol{B}$ 和 $\boldsymbol{C}$ 组成的平面内. 二重矢积在刚体运动学和动力学公式中都会用到.

二重矢积不遵从结合率，即 $\boldsymbol{A}\times(\boldsymbol{B}\times\boldsymbol{C})\neq(\boldsymbol{A}\times\boldsymbol{B})\times\boldsymbol{C}$

由于连续两次叉乘运算比较繁琐，故一般采用下面的公式进行计算：

$$\boldsymbol{A}\times(\boldsymbol{B}\times\boldsymbol{C})=\boldsymbol{B}(\boldsymbol{A}\cdot\boldsymbol{C})-\boldsymbol{C}(\boldsymbol{A}\cdot\boldsymbol{B})$$

该式可借助于直角坐标系表达式来证明，此处不再赘述.

习题 3.4

1. 已知 $\boldsymbol{a}=(1,1,-4)$，$\boldsymbol{b}=(2,-2,1)$，$\boldsymbol{c}=(2,5,-1)$

求 $\boldsymbol{a}$，$\boldsymbol{b}$ 和 $\boldsymbol{c}$ 所组成的平行六面体的体积.

2. 求过$(-2,3,1)$，$(2,-2,1)$和$(2,-3,-1)$三点的平面的方程.

附录Ⅱ　数学习题解答

习题 1.1

1. 求下列极限.

(1) $\lim\limits_{\Delta x\to 0}\dfrac{(x+\Delta x)^n-x^n}{\Delta x}$

$$=\lim_{\Delta x\to 0}\frac{\left[x^n+nx^{n-1}(\Delta x)+\dfrac{n(n-1)}{2}x^{n-2}(\Delta x)^2+\dfrac{n(n-1)(n-2)}{3!}x^{n-3}(\Delta x)^3+\cdots\right]-x^n}{\Delta x}$$

$$=\lim_{\Delta x\to 0}\left[nx^{n-1}+\frac{n(n-1)}{2}x^{n-2}(\Delta x)+\frac{n(n-1)(n-2)}{3!}x^{n-3}(\Delta x)^2+\cdots\right]$$

$$=nx^{n-1}+0+0+\cdots=nx^{n-1}$$

(2) $\lim\limits_{\Delta x\to 0}\dfrac{\sin(x+\Delta x)-\sin x}{\Delta x}=\lim\limits_{\Delta x\to 0}\dfrac{2\cos\dfrac{x+\Delta x+x}{2}\cdot\sin\dfrac{x+\Delta x-x}{2}}{\Delta x}$

$$=\lim_{\Delta x\to 0}\cos\left(x+\frac{\Delta x}{2}\right)\cdot\lim_{\Delta x\to 0}\frac{\sin\Delta x/2}{\Delta x/2}=\cos x$$

(3) $\lim\limits_{\Delta x\to 0}\dfrac{\tan(x+\Delta x)-\tan x}{\Delta x}=\lim\limits_{\Delta x\to 0}\dfrac{\sin(x+\Delta x)\cdot\cos x-\cos(x+\Delta x)\cdot\sin x}{\Delta x\cdot\cos(x+\Delta x)\cdot\cos x}$

$$=\lim_{\Delta x\to 0}\frac{(\sin x\cdot\cos\Delta x+\cos x\cdot\sin\Delta x)\cdot\cos x-(\cos x\cdot\cos\Delta x-\sin x\cdot\sin\Delta x)\cdot\sin x}{\Delta x\cdot\cos(x+\Delta x)\cdot\cos x}$$

$$=\lim_{\Delta x\to 0}\frac{(\cos^2 x+\sin^2 x)\cdot\sin\Delta x}{\Delta x\cdot\cos(x+\Delta x)\cdot\cos x}=\lim_{\Delta x\to 0}\frac{\sin\Delta x}{\Delta x}\cdot\lim_{\Delta x\to 0}\frac{1}{\cos(x+\Delta x)\cdot\cos x}=\frac{1}{\cos^2 x}$$

(4) $\lim\limits_{\Delta x\to 0}\dfrac{\cot(x+\Delta x)-\cot x}{\Delta x}=\lim\limits_{\Delta x\to 0}\dfrac{\cos(x+\Delta x)\cdot\sin x-\sin(x+\Delta x)\cdot\cos x}{\Delta x\cdot\sin(x+\Delta x)\cdot\sin x}$

$$=\lim_{\Delta x\to 0}\frac{(\cos x\cdot\cos\Delta x-\sin x\cdot\sin\Delta x)\cdot\sin x-(\sin x\cdot\cos\Delta x+\cos x\cdot\sin\Delta x)\cdot\cos x}{\Delta x\cdot\sin(x+\Delta x)\cdot\sin x}$$

$$=\lim_{\Delta x\to 0}\frac{-(\sin^2 x+\cos^2 x)\cdot\sin\Delta x}{\Delta x\cdot\sin(x+\Delta x)\cdot\sin x}=\lim_{\Delta x\to 0}\frac{\sin\Delta x}{\Delta x}\cdot\lim_{\Delta x\to 0}\frac{-1}{\sin(x+\Delta x)\cdot\sin x}=\frac{-1}{\sin^2 x}$$

2. 求下列极限.

(1) $\lim\limits_{x\to\infty}\dfrac{x^2+2x-3}{5x^2+8x+5}=\lim\limits_{x\to\infty}\dfrac{(x^2+2x-3)/x^2}{(5x^2+8x+5)/x^2}=\lim\limits_{x\to\infty}\dfrac{1+2/x-3/x^2}{5+8/x+5/x^2}=\lim\limits_{x\to\infty}\dfrac{1+0-0}{5+0+0}=\dfrac{1}{5}$

(2) $\lim\limits_{x\to\infty}\dfrac{x^2+2x-3}{5x^3+6x+3}=\lim\limits_{x\to\infty}\dfrac{(x^2+2x-3)/x^3}{(5x^3+6x+3)/x^3}=\lim\limits_{x\to\infty}\dfrac{1/x+2/x^2-3/x^3}{5+6/x^2+3/x^3}=\lim\limits_{x\to\infty}\dfrac{0+0-0}{5+0+0}=0$

(3) $\lim\limits_{x\to\infty}\dfrac{\sqrt{1+x^2}-x^2}{5x^3}=\lim\limits_{x\to\infty}\dfrac{(\sqrt{1+x^2}-x^2)/x^3}{5}=\lim\limits_{x\to\infty}\dfrac{\sqrt{1/x^6+1/x^4}-1/x}{5}=\lim\limits_{x\to\infty}\dfrac{0}{5}=0$

(4) $\lim\limits_{x\to\infty}\dfrac{x^2\sin x}{6x^3}=\lim\limits_{x\to\infty}\dfrac{\sin x}{6x}=\lim\limits_{x\to\infty}\dfrac{1}{6x}\cdot\lim\limits_{x\to\infty}(\sin x)=0\cdot\lim\limits_{x\to\infty}(\sin x)=0$

习题 1.2

1. 利用微商的定义求下列函数的微商.

(1) $c'=\lim\limits_{\Delta x\to 0}\frac{c_{x+\Delta x}-c_x}{\Delta x}=\lim\limits_{\Delta x\to 0}\frac{c-c}{\Delta x}=\lim\limits_{\Delta x\to 0}\frac{0}{\Delta x}=0$

(2) $(\sin x)'=\lim\limits_{\Delta x\to 0}\frac{\sin(x+\Delta x)-\sin x}{\Delta x}=\lim\limits_{\Delta x\to 0}\frac{2\cos\frac{x+\Delta x+x}{2}\cdot\sin\frac{x+\Delta x-x}{2}}{\Delta x}$

$$=\lim_{\Delta x\to 0}\cos\left(x+\frac{\Delta x}{2}\right)\cdot\lim_{\Delta x\to 0}\frac{\sin\Delta x/2}{\Delta x/2}=\cos x$$

(3) $(\cos x)'=\lim\limits_{\Delta x\to 0}\frac{\cos(x+\Delta x)-\cos x}{\Delta x}=\lim\limits_{\Delta x\to 0}\frac{-2\sin\frac{x+\Delta x+x}{2}\cdot\sin\frac{x+\Delta x-x}{2}}{\Delta x}$

$$=-\lim_{\Delta x\to 0}\sin\left(x+\frac{\Delta x}{2}\right)\cdot\lim_{\Delta x\to 0}\frac{\sin\Delta x/2}{\Delta x/2}=-\sin x$$

(4) $(x^\alpha)'=\lim\limits_{\Delta x\to 0}\frac{(x+\Delta x)^\alpha-x^\alpha}{\Delta x}$

$$=\lim_{\Delta x\to 0}\frac{\left[x^\alpha+nx^{\alpha-1}(\Delta x)+\frac{\alpha(\alpha-1)}{2}x^{\alpha-2}(\Delta x)^2+\frac{\alpha(\alpha-1)(\alpha-2)}{3!}x^{\alpha-3}(\Delta x)^3+\cdots\right]-x^\alpha}{\Delta x}$$

$$=\lim_{\Delta x\to 0}\left[\alpha x^{\alpha-1}+\frac{\alpha(\alpha-1)}{2}x^{\alpha-2}(\Delta x)+\frac{\alpha(\alpha-1)(\alpha-2)}{3!}x^{\alpha-3}(\Delta x)^2+\cdots\right]$$

$$=\alpha x^{\alpha-1}+0+0+\cdots=\alpha x^{\alpha-1}$$

(5) $(\log_a x)'=\left(\frac{\ln x}{\ln a}\right)'=\frac{1}{\ln a}\cdot\lim\limits_{\Delta x\to 0}\frac{\ln(x+\Delta x)-\ln x}{\Delta x}$

$$=\frac{1}{\ln a}\cdot\lim_{\Delta x\to 0}\frac{\ln(x+\Delta x)/x}{\Delta x}=\frac{1}{\ln a}\cdot\lim_{\Delta x\to 0}\frac{\ln(1+\Delta x/x)}{\Delta x}$$

$$=\frac{1}{\ln a}\cdot\lim_{\Delta x\to 0}\frac{\ln(1+\Delta x/x)}{\Delta x}\cdot\frac{x}{x}=\frac{1}{\ln a}\cdot\lim_{\Delta x\to 0}\frac{1}{x}\ln(1+\Delta x/x)^{x/\Delta x}$$

$$=\frac{1}{\ln a}\cdot\frac{1}{x}\lim_{x/\Delta x\to\infty}\ln\left(1+\frac{1}{x/\Delta x}\right)^{x/\Delta x}=\frac{1}{\ln a}\cdot\frac{1}{x}\cdot\ln e=\frac{1}{x\ln a}$$

2. 利用微商的运算规则下列函数的微商.

(1) $(\tan x)'=\left(\frac{\sin x}{\cos x}\right)'=\frac{(\sin x)'\cos x-(\cos x)'\sin x}{\cos^2 x}$

$$=\frac{(\cos x)\cos x-(-\sin x)\sin x}{\cos^2 x}=\frac{1}{\cos^2 x}$$

(2) $(\cot x)'=\left(\frac{\cos x}{\sin x}\right)'=\frac{(\cos x)'\sin x-(\sin x)'\cos x}{\sin^2 x}$

$$=\frac{(-\sin x)\sin x-(\cos x)\cos x}{\sin^2 x}=\frac{-1}{\sin^2 x}$$

(3) $(e^{-\beta x}\cdot\cos(\omega x+\alpha))'=(e^{-\beta x})'\cos(\omega x+\alpha)+(e^{-\beta x})(\cos(\omega x+\alpha))'$

$$=(-\beta e^{-\beta x})\cos(\omega x+\alpha)+(e^{-\beta x})((\cos u)'_u\cdot u'_x)_{u=\omega x+\alpha}$$

$$=(-\beta e^{-\beta x})\cos(\omega x+\alpha)+(e^{-\beta x})(-\sin u\cdot(\omega x+\alpha)'_x)$$

$$=(-\beta e^{-\beta x})\cos(\omega x+\alpha)+(-\omega e^{-\beta x})\sin(\omega x+\alpha)$$

(4) $\left(\dfrac{x^\alpha}{\sin\beta x}\right)'=\dfrac{(x^\alpha)'\sin\beta x-(\sin\beta x)'x^\alpha}{\sin^2\beta x}$

$$=\frac{(\alpha x^{\alpha-1})\sin\beta x-(\beta\cos\beta x)x^\alpha}{\sin^2\beta x}=\frac{x^{\alpha-1}(\alpha\sin\beta x-\beta x\cos\beta x)}{\sin^2\beta x}$$

3. 利用反函数的微商法求下列函数的微商.

(1) $y=\sin^{-1}x$

$$(\sin^{-1}x)'=\frac{1}{(\sin y)'_y}=\frac{1}{(\cos y)}=\frac{1}{\sqrt{1-x^2}}$$

(2) $y=\cos^{-1}x$

$$(\cos^{-1}x)'=\frac{1}{(\cos y)'_y}=\frac{1}{(-\sin y)}=\frac{-1}{\sqrt{1-x^2}}$$

(3) $y=\tan^{-1}x$

$$(\tan^{-1}x)'=\frac{1}{(\tan y)'_y}=\frac{1}{(1/\cos^2 y)}=\cos^2 y=\frac{1}{1+x^2}$$

(4) $y=\cot^{-1}x$

$$(\cot^{-1}x)'=\frac{1}{(\cot y)'_y}=\frac{1}{(-1/\sin^2 y)}=-\sin^2 y=\frac{-1}{1+x^2}$$

(5) $y=\mathrm{e}^x=\ln^{-1}x$

$$(\ln^{-1}x)'=\frac{1}{(\ln y)'_y}=\frac{1}{(1/y)}=y=\mathrm{e}^x$$

(6) $y=a^x=\log_a^{-1}x$

$$(\log_a^{-1}x)'=\frac{1}{(\log_a y)'_y}=\frac{1}{(\ln y/\ln a)'_y}=\frac{\ln a}{(1/y)}=y\ln a=a^x\ln a$$

习题 1.3

1. 求下列函数的极值,并说明是极大值还是极小值.

(1) $y=\sin x$

$$(\sin x)'=\cos x=0\Rightarrow x=\begin{cases}2n\pi+\pi/2\\(2n+1)\pi+\pi/2\end{cases}\text{为极值点}$$

$\because\ (\sin x)''|_{x=2n\pi+\pi/2}=(-\sin x)|_{x=2n\pi+\pi/2}=-1<0$,

$\therefore\ x=2n\pi+\pi/2$ 为极大点

$\because\ (\sin x)''|_{x=(2n+1)\pi+\pi/2}=(-\sin x)|_{x=(2n+1)\pi+\pi/2}=1>0$,

$\therefore\ x=(2n+1)\pi+\pi/2$ 为极小点

(2) $y=\mathrm{ch}x=\dfrac{\mathrm{e}^x+\mathrm{e}^{-x}}{2}$

$$(\mathrm{ch}x)'=\frac{\mathrm{e}^x-\mathrm{e}^{-x}}{2}=0\Rightarrow x=0\quad\text{为极值点}$$

$\because\ (\mathrm{ch}x)''\Big|_{x=0}=\left(\dfrac{\mathrm{e}^x-\mathrm{e}^{-x}}{2}\right)'\Big|_{x=0}=\left(\dfrac{\mathrm{e}^x+\mathrm{e}^{-x}}{2}\right)\Big|_{x=0}=1>0$, $\therefore\ x=0$ 为极小点

(3) $y=3x^2-6x+5$

$(y)'=(3x^2-6x+5)'=6x-6=0\Rightarrow x=1$ 为极值点

$\because (y)''|_{x=0}=(6x-6)'|_{x=0}=6>0$，　$\therefore x=0$ 为极小点

2. 试推导 $\sin x$，$\cos x$ 和 $(1+x)^{\alpha}$ 在 $x=0$ 点的泰勒展开式.

(1) $y=\sin x$

$$\because (\sin x)|_{x=0}=0,$$
$$(\sin x)'|_{x=0}=(\cos x)|_{x=0}=1,$$
$$(\sin x)''|_{x=0}=(\cos x)'|_{x=0}=(-\sin x)|_{x=0}=0,$$
$$(\sin x)'''|_{x=0}=(-\sin x)'|_{x=0}=(-\cos x)|_{x=0}=-1,$$

$$\therefore y=\sin x=(\sin x)|_{x=0}+(\sin x)'|_{x=0}\cdot x+\frac{1}{2!}(\sin x)''|_{x=0}\cdot x^2+\frac{1}{3!}(\sin x)'''|_{x=0}\cdot x^3+\cdots$$
$$=0+x+\frac{1}{2!}\cdot 0\cdot x^2+\frac{1}{3!}(-1)\cdot x^3+\cdots=x-\frac{1}{3!}x^3+\frac{1}{5!}x^5-+\cdots$$

(2) $y=\cos x$

$$\because (\cos x)|_{x=0}=1,$$
$$(\cos x)'|_{x=0}=(-\sin x)|_{x=0}=0,$$
$$(\cos x)''|_{x=0}=(-\sin)'|_{x=0}=(-\cos x)|_{x=0}=-1,$$
$$(\cos x)'''|_{x=0}=(-\cos x)'|_{x=0}=(\sin x)|_{x=0}=0,$$
$$(\cos x)^{(4)}|_{x=0}=(\sin x)'|_{x=0}=(\cos x)|_{x=0}=1,$$

$$\therefore y=\cos x$$
$$=(\cos x)|_{x=0}+(\cos x)'|_{x=0}\cdot x+\frac{1}{2!}(\cos x)''|_{x=0}\cdot x^2+\frac{1}{3!}(\cos x)'''|_{x=0}$$
$$\cdot x^3+\frac{1}{4!}(\cos x)^{(4)}|_{x=0}\cdot x^4+\cdots$$
$$=1+0\cdot x+\frac{1}{2!}\cdot(-1)\cdot x^2+\frac{1}{3!}\cdot 0\cdot x^3+\frac{1}{4!}\cdot(1)\cdot x^4+\cdots$$
$$=1-\frac{1}{2!}x^2+\frac{1}{4!}x^4-+\cdots$$

(3) $y=(1+x)^{\alpha}$

$$\because (1+x)^{\alpha}|_{x=0}=1,$$
$$((1+x)^{\alpha})'|_{x=0}=(\alpha(1+x)^{\alpha-1})|_{x=0}=\alpha,$$
$$((1+x)^{\alpha})''|_{x=0}=(\alpha(1+x)^{\alpha-1})'|_{x=0}=(\alpha(\alpha-1)(1+x)^{\alpha-2})|_{x=0}=\alpha(\alpha-1),$$
$$((1+x)^{\alpha})'''|_{x=0}=(\alpha(\alpha-1)(1+x)^{\alpha-2})'|_{x=0}=\alpha(\alpha-1)(\alpha-2)(1+x)^{\alpha-3}=\alpha(\alpha-1)(\alpha-2),$$

$$\therefore y=(1+x)^{\alpha}$$
$$=((1+x)^{\alpha})|_{x=0}+((1+x)^{\alpha})'|_{x=0}\cdot x+\frac{1}{2!}((1+x)^{\alpha})''|_{x=0}$$
$$\cdot x^2+\frac{1}{3!}((1+x)^{\alpha})'''|_{x=0}\cdot x^3+\cdots$$
$$=1+\alpha\cdot x+\frac{1}{2!}\cdot\alpha(\alpha-1)\cdot x^2+\frac{1}{3!}\cdot\alpha(\alpha-1)(\alpha-2)\cdot x^3+\cdots$$

3. 试求椭圆 $\frac{x^2}{a^2}+\frac{y^2}{b^2}=1$ 在 $(a,0)$ 和 $(0,b)$ 点的曲率半径.

解：函数曲线 $y=y(x)$ 的曲率半径的公式为 $\rho=\dfrac{(1+y'^2)^{3/2}}{|y''|}$.

对于椭圆可用隐函数的微商法求 y' 和 y''. 即，对于椭圆方程 $\dfrac{x^2}{a^2}+\dfrac{y^2}{b^2}=1$ 两边对 x 求微商得 $\dfrac{2x}{a^2}+\dfrac{2yy'}{b^2}=0$，从中解出 $y'=-\dfrac{b^2x}{a^2y}$

再对 x 求微商得

$$y''=-\frac{b^2}{a^2}\cdot\frac{y-y'x}{y^2}=-\frac{b^2}{a^2}\cdot\frac{y-\left(-\frac{b^2x}{a^2y}\right)x}{y^2}=-\frac{b^2}{a^2}\cdot\frac{\frac{a^2y^2+b^2x^2}{a^2y}}{y^2}=-\frac{b^4}{a^2y^3}$$

代入曲率半径的表达式得

$$\rho=\frac{(1+y'^2)^{3/2}}{|y''|}=\frac{\left(1+\left(-\frac{b^2x}{a^2y}\right)^2\right)^{3/2}}{\left|-\frac{b^4}{a^2y^3}\right|}=\frac{\left(\frac{a^4y^2+b^4x^2}{a^4y^2}\right)^{3/2}}{\left|-\frac{b^4}{a^2y^3}\right|}=\frac{(a^4y^2+b^4x^2)^{3/2}}{a^4b^4}$$

在 $(a,0)$ 点，$\rho=\dfrac{(a^4y^2+b^4x^2)^{3/2}}{a^4b^4}=\dfrac{(b^4a^2)^{3/2}}{a^4b^4}=\dfrac{b^2}{a}$

在 $(0,b)$ 点，$\rho=\dfrac{(a^4y^2+b^4x^2)^{3/2}}{a^4b^4}=\dfrac{(a^4b^2)^{3/2}}{a^4b^4}=\dfrac{a^2}{b}$

习题 2.1

1. 试用函数和的积分法积分.

(1) $$\int(ax^2+bx+c)\mathrm{d}x=\int ax^2\mathrm{d}x+\int bx\mathrm{d}x+\int c\mathrm{d}x=\frac{1}{3}ax^3+\frac{1}{2}bx^2+cx+c_1$$

(2) $$\int\frac{1}{(x+a)(x+b)}\mathrm{d}x=\frac{1}{b-a}\int\left(\frac{1}{(x+a)}-\frac{1}{(x+b)}\right)\mathrm{d}x=\frac{1}{b-a}\left[\int\frac{1}{(x+a)}\mathrm{d}x-\int\frac{1}{(x+b)}\mathrm{d}x\right]=\frac{1}{b-a}[\ln(x+a)-\ln(x+b)]+c=\frac{1}{b-a}\ln\frac{x+a}{x+b}+c$$

(3) $$\int(\sin^2ax)\mathrm{d}x=\int\frac{1-\cos2ax}{2}\mathrm{d}x=\int\frac{1}{2}\mathrm{d}x-\int\frac{\cos2ax}{2}\mathrm{d}x=\frac{x}{2}-\frac{1}{4a}\int\cos(2ax)\mathrm{d}(2ax)=\frac{x}{2}-\frac{1}{4a}\sin2ax+c$$

2. 试用换元积分法积分.

(1) $$\int\frac{x}{x^2+a^2}\mathrm{d}x=\frac{1}{2}\int\frac{2x}{x^2+a^2}\mathrm{d}x=\frac{1}{2}\int\frac{1}{x^2+a^2}\mathrm{d}x^2=\frac{1}{2}\int\frac{1}{x^2+a^2}\mathrm{d}(x^2+a^2)=\frac{1}{2}\ln(x^2+a^2)+c$$

(2) $$\int\tan x\mathrm{d}x=\int\frac{\sin x}{\cos x}\mathrm{d}x=\int\frac{-1}{\cos x}\mathrm{d}\cos x=-\ln|\cos x|+c$$

(3) $\int \sec x \mathrm{d}x = \int \frac{1}{\cos x}\mathrm{d}x = \int \frac{\cos x}{\cos^2 x}\mathrm{d}x = \int \frac{1}{1-\sin^2 x}\mathrm{d}(\sin x)$

$= \int \frac{1}{(1+\sin x)(1-\sin x)}\mathrm{d}(\sin x) = \frac{1}{2}\int\left(\frac{1}{1+\sin x}+\frac{1}{1-\sin x}\right)\mathrm{d}(\sin x)$

$= \frac{1}{2}\left[\int\frac{\mathrm{d}(\sin x)}{1+\sin x}+\int\frac{\mathrm{d}(\sin x)}{1-\sin x}\right] = \frac{1}{2}\left[\int\frac{\mathrm{d}(1+\sin x)}{1+\sin x}-\int\frac{\mathrm{d}(1-\sin x)}{1-\sin x}\right]$

$= \frac{1}{2}\ln\left|\frac{1+\sin x}{1-\sin x}\right| + c$

3. 试用部分积分法积分.

(1) $I = \int \mathrm{e}^x \cos x \mathrm{d}x = \int \cos x \mathrm{d}\mathrm{e}^x = \mathrm{e}^x\cos x - \int \mathrm{e}^x \mathrm{d}\cos x$

$= \mathrm{e}^x\cos x + \int \mathrm{e}^x \sin x \mathrm{d}x = \mathrm{e}^x\cos x + \int \sin x \mathrm{d}\mathrm{e}^x = \mathrm{e}^x\cos x + \mathrm{e}^x \sin x - \int \mathrm{e}^x \mathrm{d}\sin x$

$= \mathrm{e}^x\cos x + \mathrm{e}^x\sin x - \int \mathrm{e}^x\cos x \mathrm{d}x = \mathrm{e}^x\cos x + \mathrm{e}^x \sin x - I$

$\therefore I = \frac{1}{2}\mathrm{e}^x(\cos x + \sin x) + c$

(2) $I = \int \mathrm{e}^x(ax^2+bx+c)\mathrm{d}x = \int (ax^2+bx+c)\mathrm{d}\mathrm{e}^x = \mathrm{e}^x(ax^2+bx+c) - \int \mathrm{e}^x \mathrm{d}(ax^2+bx+c)$

$= \mathrm{e}^x(ax^2+bx+c) - \int \mathrm{e}^x(2ax+b)\mathrm{d}x = \mathrm{e}^x\cos x - \int (2ax+b)\mathrm{d}\mathrm{e}^x$

$= \mathrm{e}^x(ax^2+bx+c) - [\mathrm{e}^x(2ax+b) - \int \mathrm{e}^x \mathrm{d}(2ax+b)\ ]$

$= \mathrm{e}^x(ax^2+bx+c) - \mathrm{e}^x(2ax+b) + \int \mathrm{e}^x \cdot 2a\mathrm{d}x$

$= \mathrm{e}^x(ax^2+bx+c) - \mathrm{e}^x(2ax+b) + \mathrm{e}^x \cdot 2a + c_1$

$= \mathrm{e}^x[ax^2-(2a-b)x+c)+(2a-b+c)]+c_1$

(3) $I = \int x^2\cos x \mathrm{d}x = \int x^2 \mathrm{d}(\sin x) = x^2\sin x - \int \sin x \mathrm{d}x^2 = x^2\sin x - 2\int x\sin x \mathrm{d}x$

$= x^2\sin x + 2\int x\mathrm{d}(\cos x) = x^2\sin x + 2[x\cos x - \int \cos x \mathrm{d}x]$

$= x^2\sin x + 2x\cos x - 2\sin x + c$

(4) $I = \int (\tan^{-1}x)\mathrm{d}x = x\tan^{-1}x - \int x\mathrm{d}(\tan^{-1}x)$

$= x\tan^{-1}x - \int x \cdot \frac{1}{1+x^2}\mathrm{d}x = x\tan^{-1}x - \frac{1}{2}\int\frac{\mathrm{d}x^2}{1+x^2} = x\tan^{-1}x - \frac{1}{2}\int\frac{\mathrm{d}(1+x^2)}{1+x^2}$

$= x\tan^{-1}x - \frac{1}{2}\ln(1+x^2) + c$

(5) $I = \int (\sin^{-1}x)\mathrm{d}x = x\sin^{-1}x - \int x\mathrm{d}(\sin^{-1}x)$

$= x\sin^{-1}x - \int x \cdot \frac{1}{\sqrt{1-x^2}}\mathrm{d}x = x\sin^{-1}x - \frac{1}{2}\int\frac{\mathrm{d}x^2}{\sqrt{1-x^2}}$

$= x\sin^{-1}x + \frac{1}{2}\int\frac{\mathrm{d}(1-x^2)}{\sqrt{1-x^2}} = x\sin^{-1}x + \frac{1}{2}\cdot 2\sqrt{1-x^2} + c$

$$= x\sin^{-1}x + \sqrt{1-x^2} + c$$

习题 2.2

1.（1）质点以加速度 a 作匀加速直线运动，$t=0$ 时速度 $v=v_o$，$x=x_o$. 求 $t=T$ 时质点的速度和路程.

解：加速度与速度的关系是 $a=\dfrac{dv}{dt}$，因而 $dv=adt$，积分得 $v=v_o+\int_{t_o}^{t}a\,dt$

加速度为常数时，任意时刻的速度 $v=v_o+\int_0^t a\,dt=v_o+at$

$t=T$ 时刻的速度 $v=v_o+\int_0^T a\,dt=v_o+aT$

速度与路程的关系是 $v=\dfrac{dx}{dt}$，因而 $dx=vdt$，积分得 $x=x_o+\int_{t_o}^{t}v\,dt$

加速度为常数时，任意时刻的路程 $x=x_o+\int_0^t(v_o+at)dt=x_o+v_ot+\dfrac{1}{2}at^2$

$t=T$ 时刻的路程 $x=x_o+\int_0^t(v_o+at)dt=x_o+v_oT+\dfrac{1}{2}aT^2$

（2）计算 $y=x^3$ 曲线与 x 轴在$[-2,0]$区间所围成的面积.

解：$\int_{-2}^{0}y\,dx=\int_{-2}^{0}x^3\,dx=\dfrac{1}{4}x^4\Big|_{-2}^{0}=-4$，面积 $S=4$

（3）长为 L 的直杆的单位长度的质量（质量密度）与到杆的一端的距离成正比，即 $\rho(x)=ax$，试计算杆的总质量.

解：位置处于 x、长为 dx 的杆的质量为 $dM=\rho(x)dx$，

杆的总质量为

$$M=\int_0^L\rho(x)dx=\int_0^L ax\,dx=\frac{1}{2}ax^2\Big|_0^L=\frac{1}{2}aL^2$$

2. 试利用定积分的性质简化下列计算

（1）$\int_0^{2\pi}\sin x dx=\int_0^{\pi}\sin x dx+\int_{\pi}^{2\pi}\sin x dx=\int_0^{\pi}\sin x dx-\int_0^{\pi}\sin x dx=0$

（2）$\int_0^{\pi}\cos x dx=\int_0^{\pi/2}\cos x dx+\int_{\pi/2}^{\pi}\cos x dx=\int_0^{\pi/2}\cos x dx-\int_0^{\pi/2}\cos x dx=0$

（3）$\int_{-1}^{1}x^3\,dx=\int_{-1}^{0}x^3\,dx+\int_0^1 x^3\,dx=-\int_0^1 x^3\,dx+\int_0^1 x^3\,dx=0$

（4）$\int_{-\pi}^{\pi}x^2\sin x dx=\int_{-\pi}^{0}x^2\sin x dx+\int_0^{\pi}x^2\sin x dx=-\int_0^{\pi}x^2\sin x dx+\int_0^{\pi}x^2\sin x dx=0$

3. 计算下列定积分（m 和 n 均为整数，T 为常数）

（1）$\int_0^T\left(\sin^2\dfrac{2\pi}{T}t\right)dt=\int_0^T\dfrac{1}{2}\left(1-\cos\dfrac{4\pi}{T}t\right)dt=\dfrac{1}{2}\left(t-\dfrac{T}{4\pi}\sin\dfrac{4\pi}{T}t\right)\Big|_0^T$

$$=\frac{1}{2}\left(T-\frac{T}{4\pi}\sin 4\pi\right)=\frac{1}{2}T$$

（2）$I=\int_0^{2\pi}\sin mx\cdot\sin nx\,dx=\dfrac{1}{2}\int_0^{2\pi}[\cos(m-n)x-\cos(m+n)x]dx$

$$m = n \Rightarrow I = \frac{1}{2}\int_0^{2\pi}[1 - \cos 2mx]\mathrm{d}x = \frac{1}{2}\left[x - \frac{1}{2m}\sin 2mx\right]\Big|_0^{2\pi} = \pi$$

$$m \neq n \Rightarrow I = \frac{1}{2}\left[\frac{\sin(m-n)x}{m-n} - \frac{\sin(m+n)x}{m+n}\right]\Big|_0^{2\pi} = 0$$

(3) $I = \int_0^{2\pi}\cos mx \cdot \cos nx\,\mathrm{d}x = \frac{1}{2}\int_0^{2\pi}[\cos(m-n)x + \cos(m+n)x]\mathrm{d}x$

$$m = n \Rightarrow I = \frac{1}{2}\int_0^{2\pi}[1 + \cos 2mx]\mathrm{d}x = \frac{1}{2}\left[x + \frac{1}{2m}\sin 2mx\right]\Big|_0^{2\pi} = \pi$$

$$m \neq n \Rightarrow I = \frac{1}{2}\left[\frac{\sin(m-n)x}{m-n} + \frac{\sin(m+n)x}{m+n}\right]\Big|_0^{2\pi} = 0$$

(4) $I = \int_0^{2\pi}\sin mx \cdot \cos nx\,\mathrm{d}x = \frac{1}{2}\int_0^{2\pi}[\sin(m-n)x + \sin(m+n)x]\mathrm{d}x$

$$m = n \Rightarrow I = \frac{1}{2}\int_0^{2\pi}[0 + \sin 2mx]\mathrm{d}x = \frac{1}{2}\cdot\frac{-1}{2m}\cos 2mx\Big|_0^{2\pi} = 0$$

$$m \neq n \Rightarrow I = \frac{-1}{2}\left[\frac{\cos(m-n)x}{m-n} + \frac{\cos(m+n)x}{m+n}\right]\Big|_0^{2\pi} = 0$$

习题 3.1

1. 已知 $\boldsymbol{a}=(2,-2,1)$，$\boldsymbol{b}=(3,2,-2)$，$\boldsymbol{c}=(-1,2,-1)$

求：(1) $\boldsymbol{a}+\boldsymbol{b}+2\boldsymbol{c}$　　　　(2) $3\boldsymbol{a}-2\boldsymbol{b}+\boldsymbol{c}$

解：(1) $\boldsymbol{a}+\boldsymbol{b}+2\boldsymbol{c}=(2,-2,1)+(3,2,-2)+2(-1,2,-1)$

$=(2+3-2,-2+2+4,1-2-2)=(3,4,-3)$

(2) $3\boldsymbol{a}-2\boldsymbol{b}+\boldsymbol{c}=3(2,-2,1)-2(3,2,-2)+(-1,2,-1)$

$=(6-6-1,-6-4+2,3+4-1)=(-1,-8,6)$

2. 已知 $\boldsymbol{a}$ 与 x 轴和 y 轴的夹角分别为 $\alpha=60°$ 和 $\beta=120°$，求它与 z 轴的夹角 $\gamma=?$.

解：

∵ $\cos^2\alpha+\cos^2\beta+\cos^2\gamma=1$

∴ $\cos\gamma=\pm\sqrt{1-\cos^2\alpha-\cos^2\beta}=\pm\sqrt{1-\cos^2 60-\cos^2 120}$

$=\pm\sqrt{1-1/4-1/4}=\pm\sqrt{2}/2$

$\gamma=45°$ or $135°$

3. 已知 $\boldsymbol{a}$ 与三个坐标轴成相等的锐角，且 $|\boldsymbol{a}|=2\sqrt{3}$，求 $\boldsymbol{a}$ 和 $\hat{a}$.

解：

∵ $\alpha=\beta=\gamma$，∴ $\cos^2\alpha+\cos^2\beta+\cos^2\gamma=3\cos^2\alpha=1$，∴ $\cos^2\alpha=1/3$

已知 α 为锐角，故 $\cos\alpha=\sqrt{3}/3$，$\alpha=\cos^{-1}(\sqrt{3}/3)$

$\hat{a}=(\cos\alpha,\ \cos\beta,\ \cos\gamma)=\frac{\sqrt{3}}{3}(1,1,1)$

$\boldsymbol{a}=|\boldsymbol{a}|(\cos\alpha,\ \cos\beta,\ \cos\gamma)=\frac{2}{\sqrt{3}}\cdot\frac{\sqrt{3}}{3}(1,1,1)=\frac{2}{3}(1,1,1)$

习题 3.2

1. 已知：(1) $\boldsymbol{a}=(1,1,-4)$，$\boldsymbol{b}=(2,-2,1)$.　(2) $\boldsymbol{a}=(2,5,-1)$，$\boldsymbol{b}=(-3,1,0)$

求：$\boldsymbol{a}\cdot\boldsymbol{b}$,角$\langle\boldsymbol{a},\boldsymbol{b}\rangle$，$\boldsymbol{a}+\boldsymbol{b}$ 的方向余弦

解：(1) $\boldsymbol{a}\cdot\boldsymbol{b}=(1,1,-4)\cdot(2,-2,1)=1\cdot2+1\cdot(-2)+(-4)\cdot1=2-2-4=-4$

$\because\ \boldsymbol{a}\cdot\boldsymbol{b}=|\boldsymbol{a}|\cdot|\boldsymbol{b}|\cos\langle\boldsymbol{a},\boldsymbol{b}\rangle=|(1,1,-4)|\cdot|(2,-2,1)|\cos\langle\boldsymbol{a},\boldsymbol{b}\rangle$

$$=\sqrt{1^2+1^2+(-4)^2}\cdot\sqrt{2^2+(-2)^2+1^2}\cos\langle\boldsymbol{a},\boldsymbol{b}\rangle$$

$$=\sqrt{18}\cdot\sqrt{9}\cos\langle\boldsymbol{a},\boldsymbol{b}\rangle=9\sqrt{2}\cos\langle\boldsymbol{a},\boldsymbol{b}\rangle$$

$\therefore\ \langle\boldsymbol{a},\boldsymbol{b}\rangle=\cos^{-1}\dfrac{\boldsymbol{a}\cdot\boldsymbol{b}}{|\boldsymbol{a}|\cdot|\boldsymbol{b}|}=\cos^{-1}\dfrac{-4}{9\sqrt{2}}\doteq108.3^\circ$

$\because\ \boldsymbol{a}+\boldsymbol{b}=(1,1,-4)+(2,-2,1)=(1+2,1+(-2)+(-4)+1)=(3,-1,-3)$

$$=\frac{\sqrt{3^2+(-1)^2+(-3)^2}}{\sqrt{3^2+(-1)^2+(-3)^2}}(3,-1,-3)=\sqrt{19}\left(\frac{3}{\sqrt{19}},\ \frac{-1}{\sqrt{19}},\ \frac{-3}{\sqrt{19}}\right)$$

$\therefore\ \cos\alpha=\dfrac{3}{\sqrt{19}}$，$\cos\beta=\dfrac{-1}{\sqrt{19}}$，$\cos\gamma=\dfrac{-3}{\sqrt{19}}$

(2) $\boldsymbol{a}\cdot\boldsymbol{b}=(2,5,-1)\cdot(-3,1,0)=2\cdot(-3)+5\cdot1+(-1)\cdot0=-6+5+0=-1$

$\because\ \boldsymbol{a}\cdot\boldsymbol{b}=|\boldsymbol{a}|\cdot|\boldsymbol{b}|\cos\langle\boldsymbol{a},\boldsymbol{b}\rangle=|(2,5,-1)|\cdot|(-3,1,0)|\cos\langle\boldsymbol{a},\boldsymbol{b}\rangle$

$$=\sqrt{2^2+5^2+(-1)^2}\cdot\sqrt{(-3)^2+1^2+0^2}\cos\langle\boldsymbol{a},\boldsymbol{b}\rangle$$

$$=\sqrt{30}\cdot\sqrt{10}\cos\langle\boldsymbol{a},\boldsymbol{b}\rangle=10\sqrt{3}\cos\langle\boldsymbol{a},\boldsymbol{b}\rangle$$

$\therefore\ \langle\boldsymbol{a},\boldsymbol{b}\rangle=\cos^{-1}\dfrac{\boldsymbol{a}\cdot\boldsymbol{b}}{|\boldsymbol{a}|\cdot|\boldsymbol{b}|}=\cos^{-1}\dfrac{-1}{10\sqrt{3}}\doteq93.3^\circ$

$\because\ \boldsymbol{a}+\boldsymbol{b}=(2,5,-1)+(-3,1,0)=(2-3,5+1+(-1)+0)=(-1,6,-1)$

$$=\frac{\sqrt{(-1)^2+6^2+(-1)^2}}{\sqrt{(-1)^2+6^2+(-1)^2}}(-1,6,-1)=\sqrt{38}\left(\frac{-1}{\sqrt{38}},\ \frac{6}{\sqrt{38}},\ \frac{-1}{\sqrt{38}}\right)$$

$\therefore\ \cos\alpha=\dfrac{-1}{\sqrt{38}}$，$\cos\beta=\dfrac{6}{\sqrt{38}}$，$\cos\gamma=\dfrac{-1}{\sqrt{38}}$

2. 求 $\boldsymbol{a}=(-2,3,1)$ 和 $\boldsymbol{b}=(2,-2,1)$ 在 $\boldsymbol{c}=(2,1,-1)$方向的投影.

解：$\boldsymbol{c}$ 方向单位矢量为 $\hat{c}=\boldsymbol{c}/|\boldsymbol{c}|=(2,1,-1)/\sqrt{2^2+1^2+(-1)^2}=(2,1,-1)/\sqrt{6}$

$\boldsymbol{a}=(-2,3,1)$ 在 $\boldsymbol{c}=(2,1,-1)$方向的投影为

$\boldsymbol{a}\cdot\hat{c}=(-2,3,1)\cdot(2,1,-1)/\sqrt{6}=((-2)\cdot2+3\cdot1+1\cdot(-1))/\sqrt{6}=-2/\sqrt{6}$

$\boldsymbol{b}=(2,-2,1)$ 在 $\boldsymbol{c}=(2,1,-1)$方向的投影为

$\boldsymbol{b}\cdot\hat{c}=(2,-2,1)\cdot(2,1,-1)/\sqrt{6}=(2\cdot2+(-2)\cdot1+1\cdot(-1))/\sqrt{6}=1/\sqrt{6}$

3. 已知平面与矢量 $\boldsymbol{n}=(1,2,1)$垂直,原点到平面的距离为 d,求平面方程.

解：由已知,该平面的法线方向单位矢量为 $\hat{n}=(1,2,1)/\sqrt{1^2+2^2+1^2}=(1,2,1)/\sqrt{6}$.

设该平面上任意一点的位置矢量为 $\boldsymbol{r}=(x,y,z)$,则 $\boldsymbol{r}$ 在 $\hat{n}$ 方向上的投影即为原点到平面的距离 d,即

$$\boldsymbol{r}\cdot\hat{n}=(x,y,z)\cdot(1,2,1)/\sqrt{6}=(x+2y+z)/\sqrt{6}=\pm d$$

该平面的方程为 $x+2y+z=\sqrt{6}d$ 或 $x+2y+z=-\sqrt{6}d$

4. 已知平面与平面 $7x-3y+z=5$ 平行并通过点 $(1,-2,3)$，求该平面方程.

解：平面 $7x-3y+z=5$ 的法线方向单位矢量为

$$\hat{n}=(7,-3,1)/\sqrt{7^2+(-3)^2+1^2}=(7,-3,1)/\sqrt{59}$$

这也是待求平面的法线方向单位矢量.

设待求平面上任意一点的位置坐标为 (x,y,z)，则由点 $(1,-2,3)$ 到点 (x,y,z) 的矢量为 $\boldsymbol{a}=(x-1,\ y+2,\ z-3)$. $\boldsymbol{a}$ 在待求平面上，必与 $\hat{n}$ 垂直，所以有

$$\boldsymbol{a}\cdot\hat{n}=(x-1,y+2,z-3)\cdot(7,-3,1)/\sqrt{59}=0$$

即
$$7(x-1)-3(y+2)+1\cdot z=0$$

整理得待求平面方程
$$7x-3y+z=13$$

5. 已知 $o\text{-}xy$ 平面的直线方程为 $4x-7y+9=0$，求该直线的法线单位矢量和原点到直线的距离.

解：设该直线上任意一点的位置矢量为 $\boldsymbol{r}=(x,y)$，直线的法线单位矢量为 $\hat{n}=(a,b)$，则该原点到该直线的距离为

$$\boldsymbol{r}\cdot\hat{n}=(x,y)\cdot(a,b)=ax+by=\pm d$$

$ax+by=\pm d$ 即为直线方程.

已知直线方程 $4x-7y+9=0$ 可化为 $\dfrac{1}{\sqrt{4^2+(-7)^2}}(4x-7y+9)=0$ 即

$$\frac{1}{\sqrt{65}}(4x-7y)=\frac{-9}{\sqrt{65}}$$

将它与 $ax+by=\pm d$ 比较得：

$$\hat{n}=(a,b)=\frac{1}{\sqrt{65}}(4,-7),\ d=\frac{9}{\sqrt{65}}$$

习题 3.3

1. 已知：(1) $\boldsymbol{a}=(1,1,-4)$，$\boldsymbol{b}=(2,-2,1)$　(2) $\boldsymbol{a}=(2,5,-1)$，$\boldsymbol{b}=(-3,1,0)$

求：$\boldsymbol{a}\times\boldsymbol{b}$，$\boldsymbol{a}$ 和 $\boldsymbol{b}$ 的夹角 $\langle\boldsymbol{a},\boldsymbol{b}\rangle$ 及由两矢量所组成的三角形的面积 S.

解：(1) $\boldsymbol{a}\times\boldsymbol{b}=(1,1,-4)\times(2,-2,1)=\begin{vmatrix}\hat{i}&\hat{j}&\hat{k}\\1&1&-4\\2&-2&1\end{vmatrix}$

$$=\hat{i}\begin{vmatrix}1&-4\\-2&1\end{vmatrix}-\hat{j}\begin{vmatrix}1&-4\\2&1\end{vmatrix}+\hat{k}\begin{vmatrix}1&1\\2&-2\end{vmatrix}$$

$$=-7\hat{i}-9\hat{j}-4\hat{k}=(-7,-9,-4)$$

由 $\boldsymbol{a}$ 和 $\boldsymbol{b}$ 两矢量所组成的三角形的面积

$$S=|\boldsymbol{a}\times\boldsymbol{b}|/2=|(-7,-9,-4)|/2=\sqrt{(-7)^2+(-9)^2+(-4)^2}/2=\sqrt{146}/2$$

$$\langle\boldsymbol{a},\boldsymbol{b}\rangle=\cos^{-1}\frac{\boldsymbol{a}\cdot\boldsymbol{b}}{|\boldsymbol{a}|\cdot|\boldsymbol{b}|}$$

$$=\cos^{-1}\frac{(1,1,-4)\cdot(2,-2,1)}{\sqrt{1^2+1^2+(-4)^2}\times\sqrt{2^2+(-2)^2+1^2}}$$

$$=\cos^{-1}\frac{(1,1,-4)\cdot(2,-2,1)}{\sqrt{1^2+1^2+(-4)^2}\times\sqrt{2^2+(-2)^2+1^2}}$$

$$=\cos^{-1}\frac{1\times2+1\times(-2)+(-4)\times1}{\sqrt{18}\times\sqrt{9}}=\cos^{-1}\frac{-4}{9\sqrt{2}}\doteq108.3^\circ$$

$$\langle \boldsymbol{a},\ \boldsymbol{b}\rangle=\sin^{-1}\frac{|\boldsymbol{a}\times\boldsymbol{b}|}{|\boldsymbol{a}|\cdot|\boldsymbol{b}|}=\sin^{-1}\frac{\sqrt{146}}{\sqrt{18}\times\sqrt{9}}=\sin^{-1}\frac{\sqrt{73}}{9}\doteq71.7^\circ$$

由此看出，当$\langle \boldsymbol{a},\boldsymbol{b}\rangle$为钝角时，用$\boldsymbol{a}\times\boldsymbol{b}$来求角$\langle \boldsymbol{a},\boldsymbol{b}\rangle$，不能得到正确的结果.

$$(2)\ \boldsymbol{a}\times\boldsymbol{b}=(2,5,-1)\times(-3,1,0)=\begin{vmatrix}\hat{i}&\hat{j}&\hat{k}\\2&5&-1\\-3&1&0\end{vmatrix}$$

$$=\hat{i}\begin{vmatrix}5&-1\\1&0\end{vmatrix}-\hat{j}\begin{vmatrix}2&-1\\-3&0\end{vmatrix}+\hat{k}\begin{vmatrix}2&5\\-3&1\end{vmatrix}$$

$$=\hat{i}+3\hat{j}+17\hat{k}=(1,3,17)$$

由$\boldsymbol{a}$和$\boldsymbol{b}$两矢量所组成的三角形的面积

$$S=|\boldsymbol{a}\times\boldsymbol{b}|/2=|(1,3,17)|/2=\sqrt{1^2+3^2+17^2}/2=\sqrt{299}/2$$

$$\langle \boldsymbol{a},\boldsymbol{b}\rangle=\cos^{-1}\frac{\boldsymbol{a}\cdot\boldsymbol{b}}{|\boldsymbol{a}|\cdot|\boldsymbol{b}|}$$

$$=\cos^{-1}\frac{(2,5,-1)\cdot(-3,1,0)}{\sqrt{2^2+5^2+(-1)^2}\times\sqrt{(-3)^2+1^2+0^2}}$$

$$=\cos^{-1}\frac{2\times(-3)+5\times1+(-1)\times0}{\sqrt{30}\times\sqrt{10}}$$

$$=\cos^{-1}\frac{-1}{10\sqrt{3}}\doteq93.3^\circ$$

2. 求垂直于$\boldsymbol{a}=(-2,3,1)$和$\boldsymbol{b}=(2,-2,1)$的单位矢量.

$$\text{解：}\boldsymbol{a}\times\boldsymbol{b}=(-2,3,1)\times(2,-2,1)=\begin{vmatrix}\hat{i}&\hat{j}&\hat{k}\\-2&3&1\\2&-2&1\end{vmatrix}$$

$$=\hat{i}\begin{vmatrix}3&1\\-2&1\end{vmatrix}-\hat{j}\begin{vmatrix}-2&1\\2&1\end{vmatrix}+\hat{k}\begin{vmatrix}-2&3\\2&-2\end{vmatrix}$$

$$=5\hat{i}+4\hat{j}-2\hat{k}=(5,4,-2)$$

垂直于$\boldsymbol{a}=(-2,3,1)$和$\boldsymbol{b}=(2,-2,1)$的单位矢量为

$$\hat{n}=\frac{\boldsymbol{a}\times\boldsymbol{b}}{|\boldsymbol{a}\times\boldsymbol{b}|}=\frac{(5,4,-2)}{|(5,4,-2)|}=(5,4,-2)/\sqrt{5^2+4^2+(-2)^2}=(5,4,-2)/3\sqrt{5}.$$

习题 3.4

1. 已知$\boldsymbol{a}=(1,1,-4)$，$\boldsymbol{b}=(2,-2,1)$，$\boldsymbol{c}=(2,5,-1)$，

求$\boldsymbol{a}$,$\boldsymbol{b}$和$\boldsymbol{c}$所组成的平行六面体的体积V.

$$\text{解：}(\boldsymbol{a}\times\boldsymbol{b})\cdot\boldsymbol{c}=\begin{vmatrix} c_x & c_y & c_z \\ a_x & a_y & a_z \\ b_x & b_y & b_z \end{vmatrix}=\begin{vmatrix} 2 & 5 & -1 \\ 1 & 1 & -4 \\ 2 & -2 & 1 \end{vmatrix}$$

$$=2(1\times1-2\times4)-5(1\times1+2\times4)+(-1)(1\times(-2)-1\times2)$$

$$=2\times(-7)-5\times9+4=-55$$

$V=|(\boldsymbol{a}\times\boldsymbol{b})\cdot\boldsymbol{c}|=55$

2. 求过 $A(-2,3,1)$,$B(2,-2,1)$ 和 $C(2,-3,-1)$ 三点的平面的方程.

解：设待求平面上任意一点的位置坐标为(x,y,z),则由 A 到 C、B 到 C 和 C 到点(x,y,z)的矢量分别为

$$\boldsymbol{a}_c=(2-(-2),-3-3,-1-1)=(4,-6,-2),$$

$$\boldsymbol{b}_c=(2-2,-3-(-2),-1-1)=(0,-1,-2)$$

和
$$\boldsymbol{c}_x=(x-2,y-(-3),z-(-1))=(x-2,y+3,z+1).$$

这三个矢量都在待求平面上，必共面，所以有 $(\boldsymbol{a}_c\times\boldsymbol{b}_c)\cdot\boldsymbol{c}_x=0$. 即

$$(\boldsymbol{a}_c\times\boldsymbol{b}_c)\cdot\boldsymbol{c}_x=\begin{vmatrix} x-2 & y+3 & z+1 \\ 4 & -6 & -2 \\ 0 & -1 & -2 \end{vmatrix}$$

$$=(x-2)\begin{vmatrix} -6 & -2 \\ -1 & -2 \end{vmatrix}-(y+3)\begin{vmatrix} 4 & -2 \\ 0 & -2 \end{vmatrix}+(z+1)\begin{vmatrix} 4 & -6 \\ 0 & -1 \end{vmatrix}$$

$$=10(x-2)+6(y+3)+2(z+1)=10x+6y+2z=0$$

该平面的方程为 $5x+3y+z=0$，显然，该平面过坐标原点.